聚氨酯制品生产手册

陈鼎南　陈　童　编著

化学工业出版社
·北京·

本书首先对聚氨酯合成机理、原料与助剂、成型设备、成型模具等基础知识进行了介绍；然后对聚氨酯隔热保温制品、聚氨酯鞋底、聚氨酯跑道、聚氨酯软质泡沫制品、聚氨酯灌浆材料、聚氨酯防水材料、聚氨酯轮胎、聚氨酯筛板等的制备工艺、存在的问题等进行了详细论述；最后对聚氨酯的应用领域以及废料的回收利用进行了简单介绍。

本书可供从事聚氨酯科研开发和生产应用的技术人员参考。

图书在版编目（CIP）数据

聚氨酯制品生产手册/陈鼎南，陈童编著. —北京：化学工业出版社，2014.10

ISBN 978-7-122-21431-7

Ⅰ.①聚… Ⅱ.①陈…②陈… Ⅲ.①聚氨酯-化工生产-技术手册 Ⅳ.①TQ323.806-62

中国版本图书馆CIP数据核字（2014）第168132号

责任编辑：赵卫娟　　文字编辑：徐雪华

责任校对：吴　静　　装帧设计：孙远博

出版发行：化学工业出版社（北京市东城区青年湖南街13号　邮政编码100011）

印　　装：北京科印技术咨询服务有限公司数码印刷分部

787mm×1092mm　1/16　印张16¾　字数425千字　2014年11月北京第1版第1次印刷

购书咨询：010-64518888　　售后服务：010-64518899

网　　址：http://www.cip.com.cn

凡购买本书，如有缺损质量问题，本社销售中心负责调换。

定　　价：68.00元

前言 PREFACE

聚氨酯是新一代人工合成高分子材料，其主要特征是分子链中含有多个重复的“氨基甲酸酯”基团，既有橡胶的弹性，又有塑料的强度和优异的加工性能。因其具有橡胶和塑料的双重优点，使其成为各种高分子材料中唯一一种在塑料、橡胶、泡沫、纤维、涂料、胶黏剂和功能高分子七大领域均有重大应用价值的合成高分子材料，产品渗透到国民经济的方方面面，已成为当前高分子材料中品种最多、用途最广、发展最快的特种有机合成材料。

聚氨酯是许多传统材料如橡胶、塑料、木材、金属、涂料、保温材料等的替代物和部分替代物，广泛应用于纺织、建筑、家电、交通运输等领域。聚氨酯替代天然橡胶时，具有优于橡胶的特性，如轻、防油、弹性好等。近几年聚氨酯鞋底冲击传统橡塑鞋底的趋势十分明显。聚氨酯的翻新轮胎比新的橡胶轮胎耐用度高许多而且环保。聚氨酯用作计算机机箱既防静电，又耐磨。聚氨酯家具替代传统塑料、木材家具，耐用度提高几倍。聚氨酯替代资源匮乏的天然木材十分理想。聚氨酯“人工木材”可锯、可刨，所以人们用它来作装饰线条、顶花、贴脚线条等家庭装饰材料。聚氨酯在建材领域十分活跃，特别是用于墙体保温，表现出非常好的市场前景。聚氨酯外墙涂料抗老化性能是传统涂料无法相比的。聚氨酯塑胶跑道、聚氨酯人体器官等在人们的日常生活中无处不在。

我国聚氨酯工业经过多年的发展，从基本原料到制品和机械设备，已具有相当大的规模。“十二五”期间聚氨酯及上游原料产品仍将有较大的发展空间。预计到2015年年末，我国聚氨酯工业产业规模将达900万～1000万吨，中国将成为世界最大的聚氨酯市场。

笔者根据多年的实际经验，总结了聚氨酯制品生产过程中的各种相关问题，选取有代表性的制品编写成《聚氨酯制品生产手册》，以供从事聚氨酯工业的相关技术人员参考。

由于作者水平有限，书中不当之处，敬请读者批评指正。

编者

2014年7月

目录 CONTENTS

第1章 绪论

1.1 聚氨酯的概念

聚氨酯是新一代人工合成高分子材料。它的力学性能、物理化学性能十分特殊。选择不同数目的官能基团和不同类型的官能基，采用不同的合成工艺，能制备出性能各异的聚氨酯产品。如泡沫塑料、弹性橡胶、高光泽性的涂料、高回弹合成纤维、抗挠曲性能优良的合成皮革、粘接性能优良的胶黏剂等。

聚氨酯是聚氨基甲酸酯的简称。凡是在高分子主链上含有许多重复的 $-NH-\underset{\underset{O}{\|}}{C}-O-$ 基团的高分子化合物统称为聚氨基甲酸酯。一般聚氨酯是由二元或多元有机异氰酸酯与多元醇化合物（聚醚多元醇或聚酯多元醇）相互作用而得。根据所用原料官能团数目的不同，可以制成线型结构或体型结构的高分子聚合物。当有机异氰酸酯和多元醇化合物均为二官能团时，即可得到线型结构的高聚物，若其中之一种或两种，部分或全部具有三个及三个以上官能团时，则得到体型结构的聚合物。由于聚合物的结构不同，性能也不一样。利用这种性质，聚氨酯类聚合物可以分别制成塑料、橡胶、纤维、涂料、胶黏剂等。

1.2 聚氨酯的合成原理

聚氨酯双组分液体反应成型机理：

$$-NCO+OH\cdot \longrightarrow -NH-\overset{\overset{C}{\|}}{C}-O- \quad \text{凝胶反应　放热反应} \tag{1-1}$$

$$-NCO+H_2O \longrightarrow -NH_2+CO_2 \quad \text{发泡反应　吸热反应} \tag{1-2}$$

当然，完整的反应机理还有交联反应。但是，在设计聚氨酯设备及制品工艺过程中，须对上述两项反应有较深的体会与理解。特别是在设备设计和制品成型工艺中，如何运用及控制好这两项反应的热平衡条件十分重要。作为非化学专业人士，可以这样理解上述机理：无机化学中，酸和碱中和反应生成盐和水；有机化学中，醇和酸进行酯化反应生成聚氨酯（氨基甲酸酯）和气体（CO_2）。异氰酸酯（NCO）带弱酸性，聚酯多元醇或聚醚多元醇（OH）带弱碱性。凝胶反应与发泡反应速率，可通过锡胺类催化剂来调节控制，也可通过料温、模温、环境温度进行一定的调节控制。泡孔的均匀度可通过硅油类匀泡剂调节。泡孔的多少与大小可通过外加发泡剂来调节。

1.3 聚氨酯制品配方的基本组成

聚氨酯制品采用的配方主要由下列原料组成。

① 聚醚、聚酯或其他多元醇——主反应原料；

② 多异氰酸酯（如 TDI、MDI、PAPI 等）——主反应原料；

③ 水——链增长剂，同时也是产生二氧化碳气泡的原料来源；

④ 交联剂——提高泡沫的力学性能，如弹性等；

⑤ 催化剂（胺及有机锡）——催化发泡及凝胶反应速率；

⑥ 泡沫稳定剂——使泡沫稳定，并控制孔的大小及结构；

⑦ 外发泡剂——汽化后作为气泡来源并可移去反应热，避免泡沫中心因高温而产生“焦烧”；

⑧ 阻燃剂——使泡沫塑料具有阻燃性；

⑨ 颜料——提供各种色泽；

⑩ 脱模剂。

1.4 聚氨酯液体反应成型优势

20世纪70年代初德国将聚氨酯双组分液体反应成型技术，即RIM-PU技术商品化才真正推动了聚氨酯工业的发展。RIM-PU技术的含义：双组分聚氨酯液体反应成型工艺改变了传统的注塑工艺，它不需将聚合物材料先制成颗粒原料，再经熔融注射到模具中二次成型（物理成型），而是直接由双组分液体原料浇注（注射）到模具中常温下一次完成凝胶、发泡反应。

聚氨酯双组分液体反应成型技术为什么会成为一项划时代技术？

（1）材料特性　聚氨酯材料本身具有许多传统材料如橡胶、塑料、金属、木材等无法相比的特性：轻、强度高、耐老化、耐磨、生物相容性好等。

（2）模具费用低　当今社会，实现工业化的多数产品都需要模具，模具既保证产品质量又提高生产效率。传统的模具多数为金属模具，其制作周期长、费用昂贵。而且，各类产品市场要求其外观及结构变化要快。对同一产品，又需多副模具来适应市场需求。其费用的昂贵、制作周期的漫长以及产品成本中模具费用摊销高昂等，阻碍了许多产品的发展。聚氨酯双组分液体反应成型技术较好地解决了这一难题。双组分液体反应成型工艺中，使用的液体原料，成型压力极低，从而降低了对模具的构造要求。注塑模需要2500～5000tf（1tf＝9.8kN）的合模力，而RIM-PU仅需100tf就能加工大多数常见的制品。现在，一种快速、廉价的树脂模具制作技术已经发展成熟。其费用仅为金属模具的几分之一到几十分之一。并且，速度快到仅在24h内，就可完成模具的制作以及出样品。这种树脂模具的压缩强度可达到铝模的压缩强度。树脂模具制作的聚氨酯制品表面光洁度也是非常理想的。最近，还开发了一种聚氨酯自成模具技术，即第一次浇注聚氨酯弹性体料，形成聚氨酯弹性体模具型腔，第二次浇注聚氨酯硬泡料到弹性体模具型腔中，反应成型，取出即为聚氨酯硬泡制品。这种工艺不但快速，而且聚氨酯弹性体作模具型腔，取代硅胶类软性模具，费用省了许多，耐用度又提高了很多。不少产品的模具开发费用会大大超过设备投资费用。所以，树脂模具技术和聚氨酯弹性体模具技术在聚氨酯的发展史中有极为重要的作用。相对于传统模具技术，树脂模具技术及聚氨酯模具技术可以说是一次革命性技术。目前，在制鞋业、装饰建材业等领域用得比较成功。聚氨酯即使采用金属模具来做，模具质量也比一般注塑模具轻许多，费用仅为一般注塑模具的1/3～1/2。

（3）设备生产效率高、投资费用低　聚氨酯双组分液体反应成型过程中，双组分液体原料由浇注设备按一定的配比，经混合均匀后，浇注到模具型腔中去化学反应成型。一台浇注机配备一条模具流水线，可实现连续作业。比如：一条60工位的聚氨酯鞋底生产线3～5min即可完成120只模具的连续流程。这种连续流程包括：液体原料浇注进模具—合模—

脱模（取出制品）→喷脱模剂—液体原料浇注进模具。

聚氨酯轮胎的生产成本更低。通常，生产橡胶轮胎的过程很复杂，往往需要使用昂贵的设备，如密闭式混炼机、压光机、挤出机以及平板硫化机，而且其硫化过程长达 30～40min。聚氨酯轮胎的加工工艺则完全取消了上述过程，它只需要一个简单的旋转注塑（或浇注）操作过程，且每 3min 就可以生产出 1 个新轮胎。与具有相同生产能力的传统轮胎工厂相比，尽管上述两种原材料所耗费的成本差不多，但凭借如此高的生产效率，可以使投资减少 10%。

1.5 聚氨酯工业的历史和发展趋势

1.5.1 聚氨酯工业的发展史

有机异氰酸酯是一种不存在于天然界的化合物，最早是由德国化学家沃尔茨（Wurtz）于 1849 年用烷基硫酸盐与氰酸钾进行复分解反应合成烷基异氰酸酯。当时，没有给异氰酸酯找到合适的用途，更没有将异氰酸酯用于高分子化合物的合成。后来德国化学家拜耳（Bayer）及其同事们，对异氰酸酯的加聚反应进行了研究，发现可以生成各种聚氨酯及聚脲化合物，但实用性还不大。

在德国发展聚氨酯的同时，美国对异氰酸酯也进行研究，双方都在争取时间，希望获得专利权。德国在 1941～1942 年间，建成了 10 吨/月的试验车间。美国 1946 年后也开展了硬质聚氨酯泡沫塑料的研究工作。当时，聚氨酯的性能优良已被人们公认，但因价格高，经济过不了关，所以阻碍了工业应用。直到 1952 年聚氨酯泡沫体市场开始慢慢扩大。随着泡沫体生产的逐渐成熟，市场供应的不断扩大。聚氨酯工业又发生了一次重大的突破。

聚氨酯泡沫塑料自 20 世纪 50 年代工业化以后，一直以惊人的速度发展着，开发比较早的德国和美国名列前茅，特别在 20 世纪 60 年代，新品种、新技术、新工艺、新设备大量开发。其他如日本、法国、意大利等国家，首先依靠进口技术，建立聚氨酯工业企业，然后不断扩大生产，适应其他部门的需要，发展速度也很快。世界聚氨酯产量在 1956 年仅为 3600 多吨，到 1967 年已发展成 27 万多吨。而聚氨酯泡沫塑料在 1972 年已达 125 万吨，到 1990 年增长到 450 万吨。而 1999 年已达到 800 万吨，到 2010 世界聚氨酯产品产量达到 1690 万吨。

目前全球聚氨酯泡沫塑料的需求年均增长率一直保持在 7%左右，聚氨酯制品中泡沫需求量最大，美国和欧洲聚氨酯泡沫均以软泡为主，占泡沫比例分别为 60%和 57%，硬泡占比分别为 40%和 43%。亚洲（尤其是中国）增长速度最快，到 2010 年，中国聚氨酯市场占全球份额由此前的 21%上升到 26%，中国将成为全球最大聚氨酯市场，也是全球聚氨酯制造和消费中心。

1.5.2 中国聚氨酯工业发展概况

（1）我国有望成为全球最大聚氨酯原料生产和消费市场　中国聚氨酯工业起步于 20 世纪 50 年代末，其后 20 年发展缓慢。20 世纪 90 年代，随着国内万吨级大型异氰酸酯和聚醚装置的引进投产，中国 PU 工业步入了飞速发展阶段，至 1998 年 PU 原料产量达 29.8 万吨，制品总产量达 65 万吨，1989～1998 年间 PU 原料产量年均增长达 28.05%，PU 制品产量年均增长达 23.21%，原料和制品品种分别增加到 200 多种，质量、应用范围、科研开发水平和能力全面发展，部分达到或接近国际水平。

我国聚氨酯产业以惊人的速度发展，年均增长率达 30%以上。中国聚氨酯原料 2007 年产能达到260万吨/年，聚氨酯制品产量达到340万吨。2008年我国聚氨酯产量约为480万吨，已占全球总量的30%左右。到2010年，我国聚氨酯产量约为1600万吨。

据英国IAL咨询公司的分析，中国2006～2009年聚氨酯（PU）产品产量年均增长率为7.8%，生产量从2004年270万吨、2006年330万吨增加到2009年410万吨。软泡PU生产量年增长率为11.1%，达到2009年84万吨。在硬泡PU需求方面，保温材料增长。缺乏原材料将制约中国PU工业的发展。

英国IAL咨询公司分析显示，2010年，中国就已超过美国，成为了世界第一聚氨酯生产国，并且成为聚氨酯消费品的重要消费国，消费量可达1600万吨。

(2) 中国PU原料工业的发展

① 异氰酸酯（TDI、MDI） 近年年均增长速度为25%，大大高于世界3%、亚洲8%的增长速度，成为我国化工产品领域中发展最快的领域之一。中国MDI的生产始于20世纪60～70年代末，80年代初，山东烟台合成革总厂（现为山东烟台万华聚氨酯股份有限公司）从日本聚氨酯公司引进1万吨/年生产装置，该装置是按70年代初ICI转让给日本的2万吨/年MDI装置缩小而成，技术水平属60年代末水平。但由于装置规模缩小带来的问题，因而从1983年5月投产到1993年，运转一直不正常，始终未能达到设计能力，最高产量为8000t。后该厂与青岛化工学院合作，通过产学研相结合，共同进行MDI生产技术攻关，终于在1996年开发出2万吨/年MDI制造技术，并于1998～1999年实现产业化，后又开发出4万吨/年制造技术，并掌握了8万吨/年的核心技术。2001年通过国家4万吨/年工业试验性装置的验收，烟台万华成为中国MDI的市场主导。烟台万华成为继巴斯夫、拜耳、亨斯迈、陶氏化学和三井武田之后第6个拥有MDI自主知识产权和制造技术的企业。2002年烟台万华又开发出16万吨/年MDI工艺包，并得到国家的支持，于2003年在宁波大榭岛开始建设16万吨/年MDI生产装置。与此同时在老厂也对原装置进行改扩建，使装置能力提高到13万吨/年左右。2005年，将MDI装置的生产能力由16万吨/年扩大至（20～30）万吨/年。2009年MDI的装置能力达到70万吨/年。上海的联恒异氰酸酯公司在2006年6月底投产24万吨/年MDI、16万吨/年TDI以及苯胺和硝基苯等生产装置。2008年再建一套40万吨/年MDI生产装置，2010年投产。

另外，近年来世界各大公司为了增强竞争力，减少运输和降低成本，竞相在中国、韩国、印度及南亚各国和中国台湾等地扩大MDI/TDI生产能力。同时，世界大公司在亚洲各地区建立聚氨酯原料供货技术服务中心：如亨斯迈公司在上海、澳大利亚、印度、巴基斯坦和泰国建立了规模不同的聚氨酯原料供货中心；拜耳公司与金陵石化公司建立配制多元醇的合资公司，在新加坡建立面向亚太地区的聚氨酯原料供货技术服务中心；陶氏化学在广州黄埔工业区建立了聚氨酯原料供货中心，并且又购买了浙江太平洋化学有限公司中方的50%股权，成为独资公司，主要生产聚醚多元醇；巴斯夫公司在上海建立了聚氨酯原料供货中心；三井公司在中国、泰国、马来西亚及印尼建立了聚氨酯原料供货中心等。

TDI的情况与MDI相比有所不同，因为自2002年以来，欧美地区TDI需求增长速度较平稳，目前是向高性能和高附加值方向发展，而水性聚氨酯涂料和木工用聚氨酯胶黏剂是符合环保发展方向的产品，因此TDI还会有一定的发展，但因TDI毒性大，很多领域TDI有被MDI取代之势，估计今后世界TDI的发展速度会放慢。国内有4家TDI生产企业，它们是沧州大化、中国蓝星（太原化工厂）、甘肃银光、烟台巨力。

我国异氰酸酯市场出现供过于求的局面在所难免。万华2009年建成投产，拜耳装置也在2009年投产，到2009年中国MDI的生产能力上升到139万吨/年左右。2009年中国MDI的需求量大约在85万吨左右，中国国内的MDI处于供过于求的状态。

2010年联恒异氰酸酯公司第二套40万吨/年装置投产，则中国MDI的生产能力达到约180万吨/年，约占世界MDI生产能力的33%，即使有一部分产品出口，但仍将大大超过市场需求。

② 聚醚多元醇 目前中国聚醚多元醇生产能力已达500千吨/年以上，其中14套万吨级装置生产能力为400千吨/年，占总生产能力的81%左右。国内PU用低聚物多元醇主要有聚醚多元醇和聚酯多元醇两类。其中以聚醚多元醇为主，主要用于聚氨酯泡沫。除了环氧丙烷聚醚，还有环氧丙烷-环氧乙烷共聚醚、四氢呋喃聚醚等。目前国内聚醚从2官能度至8官能度，分子量从500至6000以上的各种牌号近百个产品，应用领域包括PU弹性体、软泡、硬泡等。目前国内主要万吨级装置由于引进了较先进的技术及装备，并且大部分配套有环氧丙烷装置，解决了聚醚生产的原料质量和数量问题，国产聚醚质量有了较大的提高，已接近或达到同类进口聚醚的水平，基本满足了国内需求，并大大缓解了聚醚多元醇的供需矛盾。

③ 聚酯多元醇 国内现有聚酯多元醇生产厂几十家，大部分能力在千吨以下，总生产能力约100千吨/年。硬质泡沫塑料用的聚酯多元醇，国内用苯酐、涤纶纤维和聚酯薄膜下脚料为原料制造。江苏化工研究所开发了聚酯多元醇JSR801，在组合料中取代50%以上的聚醚多元醇。中国林业科学院林产化工研制成松香聚醚多元醇，并已在广东始兴县林产化工厂、江苏江都市东亚精细化工厂、江西丰城化学合成厂投产。

1.6 聚氨酯制品的分类

(1) 聚氨酯软质泡沫制品

① 聚氨酯软质泡沫制品的特点 材料在常温下质地柔软。

② 典型产品 运输工具（汽车、飞机、铁路车辆的坐垫、顶棚材等）；生活用品（床、沙发等的垫材）等。图1-1所示为汽车坐垫和内饰采用聚氨酯软质泡沫的实物。

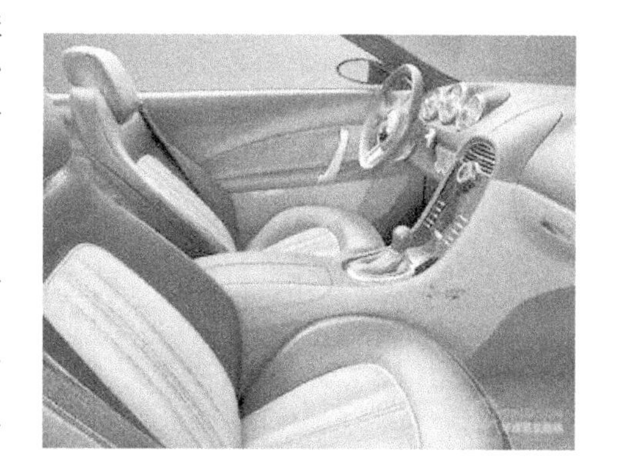

图1-1 汽车坐垫和内饰采用聚氨酯软质泡沫的实物

(2) 硬质聚氨酯泡沫制品

① 硬质聚氨酯泡沫制品特点 材料在常温下质地较硬。

② 典型产品 建筑材料（隔热）；工业用材料（地面储罐设施等的隔热）；生活用品（电冰箱等的隔热层、冲浪板等的芯材）。图1-2所示为建筑墙体采用喷涂硬质聚氨酯泡沫进行保温隔热处理剖面图。

(3) 聚氨酯弹性体制品

① 聚氨酯弹性体制品的特点 具有弹性，材料的耐磨性非常好。除了和一般橡胶材料相比较为优越之外，在低速重载情况下，其耐磨性可超过生铁几倍。

② 典型产品 工业用材料，如各种辊筒、软管、轮带、垫圈、齿轮、防振橡胶、轮胎等；电气制品，如绝缘体等；生活用品，如鞋底、实心轮胎等。图1-3所示为采用聚氨酯弹性体做的叉车轮胎产品。

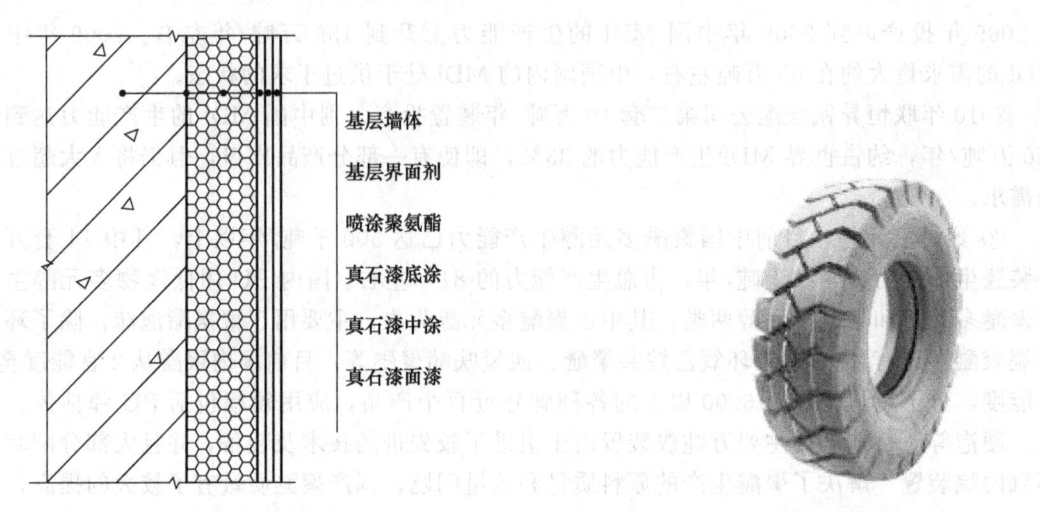

图 1-2　建筑墙体采用喷涂硬质聚氨酯泡沫进行保温隔热处理剖面图

图 1-3　聚氨酯弹性体叉车轮胎

第2章 聚氨酯制品的原料和助剂

2.1 有机异氰酸酯

2.1.1 异氰酸酯的分类

在聚氨酯工业中，主要使用的是含有两个以上的—NCO特性基团的有机二异氰酸酯和有机多异氰酸酯。它们按分子结构基本可分为：芳香族多异氰酸酯、脂肪族多异氰酸酯和脂环族多异氰酸酯三类；按功能特点，则可分为：通用型多异氰酸酯、非黄变型多异氰酸酯、无机元素型多异氰酸酯及异氰酸酯三聚体衍生物、屏蔽型异氰酸酯衍生物等。

虽然，异氰酸酯三聚体和屏蔽型异氰酸酯衍生物没有—NCO特征基团，但它们都是由异氰酸酯的—NCO基团经过转化或屏蔽处理获得。

2.1.2 异氰酸酯主要品种

（1）通用型有机异氰酸酯　该类异氰酸酯主要是指目前聚氨酯工业中产量大且广泛使用的异氰酸酯。主要有TDI、MDI和PAPI（多苯基甲烷多异氰酸酯）等。这些异氰酸酯大部分品种都具备几十万吨以上生产规模的生产装备，工艺成熟，这类芳香族异氰酸酯均存在光照变黄的缺点。

（2）非黄变型异氰酸酯　为改善传统芳香族异氰酸酯给聚氨酯材料带来的黄变性，扩大聚氨酯材料的应用领域，在要求色泽稳定的应用场合，应避免这类苯环共轭醌式结构生色团的产生，为此，除使用许多紫外线吸收剂、抗氧剂等助剂外，人们研究开发了许多非黄变型异氰酸酯。

① 亚甲基型异氰酸酯　在异氰酸基团和芳环之间增加一些烃基，以阻止氨基甲酸酯基团与芳环形成共轭醌式结构。如苯二亚甲基二异氰酸酯（简称XDI）、间或对1,4-甲基苯亚甲基二异氰酸酯（简称*m*或*p*-TMXDI）等。

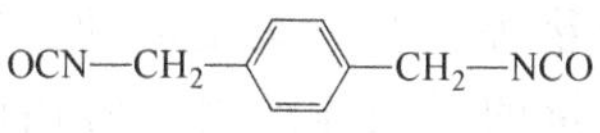

OCN—CH_2—⟨苯环⟩—CH_2—NCO

(XDI)

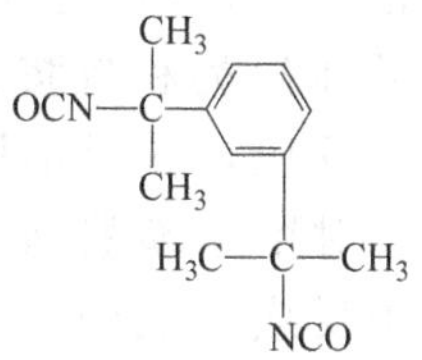

(*m*-TMXDI)

从XDI、TMXDI的化学结构来看，在分子中保留了苯环，使聚氨酯材料具有较高的机械强度，同时，由于在苯环和NCO之间引入了烃基，使产品克服了黄变现象的发生，制品热效应小，适宜制备大型聚氨酯部件。另外，*p*-TMXDI不会生成不溶性二聚物沉淀，贮存稳定性好，故广泛用于聚氨酯弹性体、涂料和高压反应注射成型（简称RIM）聚氨酯材料的生产中。

② 脂肪族和脂环族异氰酸酯　根据对聚氨酯黄变机理的研究，人们合成了脂肪族异氰酸酯，如六亚甲基二异氰酸酯（简称HDI）、2,2,4-三甲基己烷二异氰酸酯（简称TMHDI）

等，以及脂环族异氰酸酯，如甲基环亚己基二异氰酸酯（简称 TDI）、二环己基亚甲基二异氰酸酯（简称 MDI）、异佛尔酮二异氰酸酯（IPDI）等。它们都不含芳基，不会产生苯环共轭醌式生色团，不会产生黄变现象，此类异氰酸酯主要用于涂料、纤维等对色泽稳定性要求较高的产品中。

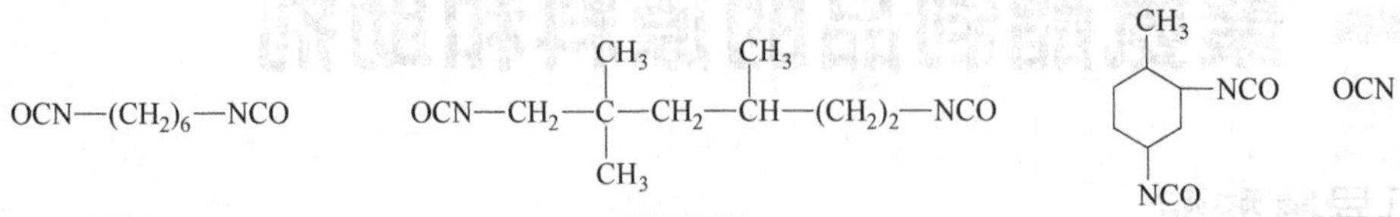

$OCN—(CH_2)_6—NCO$ (HDI)

$OCN—CH_2—C(CH_3)_2—CH_2—CH(CH_3)—(CH_2)_2—NCO$ (TMHDI)

(HTDI)

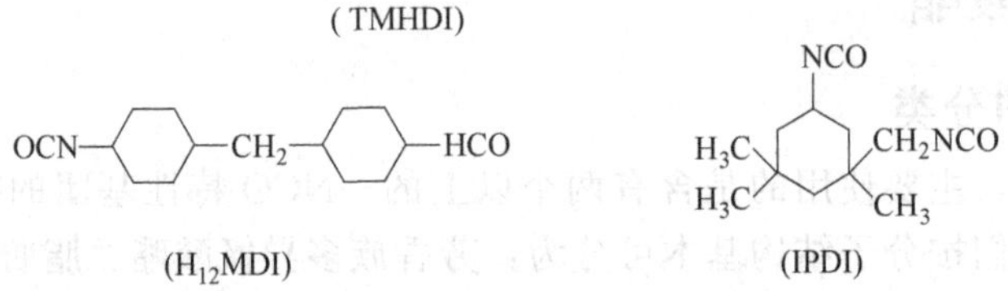

(H$_{12}$MDI)

(IPDI)

③ 异氰尿酸酯　在聚氨酯材料的合成中，提供适宜的工艺条件，使其在高分子结构中生成异氰尿酸酯环状结构，其环上的氧原子被异氰尿酸酯的六元环结构所稳定，环上的叔氮原子没有氢原子连接，在此处不会发生裂解，呈现化学性能稳定的环式结构。例如，苯二甲基二异氰酸酯形成的异氰尿酸酯结构，即使连接在异氰尿酸酯环上芳基的氨基甲酸酯键发生断裂，异氰尿酸酯环上的氮原子也能阻止醌式结构生色团的形成。因此，含有异氰尿酸酯环的聚合物，其耐光、耐热、耐氧化性能都有较大改善。

（3）元素型异氰酸酯　随着聚氨酯产品应用领域日益扩大，为满足诸如耐高温、耐化学品、阻燃、低发烟量等性能的特殊要求，除了使用各种功能助剂以外，在聚氨酯主链中引入某些“无机”元素，无疑是有效的办法。在这种思路的指导下，在使用“无机”元素改性多元醇聚合物的同时，也开发出许多含有卤素、磷原子等的异氰酸酯，以提高聚氨酯产品的阻燃性；在分子结构中引入硅，硼等元素，提高聚氨酯产品的耐高温性能；在分子结构中引入氟等元素，提高聚氨酯产品的耐化学品侵蚀性能等。

（4）异氰酸酯三聚化衍生物　人们在对聚氨酯的研究中发现，在聚合物主链上引入某些杂环结构，能有效地提高聚氨酯材料的耐热性能。异氰酸酯三聚化和引入噁唑烷酮基团等，都是一些提高聚氨酯产品使用温度的有效办法。

单独使用芳香族异氰酸酯、脂肪族异氰酸酯以及这两类异氰酸酯的混合物为原料，在适当的三聚催化剂的作用下，可以合成出含有碳、氮六元杂环结构的异氰酸酯，常用的三聚催化剂有三烷基膦、碱性盐类和叔胺类化合物等。在三聚反应的过程中，可在任意阶段加入阻聚剂，终止三聚反应，获得不同分子量的三聚体产物。常用的阻聚剂有硫酸二甲酯、磷酸、苯甲酰氯、对甲苯磺酸酯等。由于含有碳、氮六元杂环结构的产物具有较好的贮存稳定性，能赋予反应生成的聚合物突出的耐热特性，因此，常使用这种办法制备耐温型产品。

（5）屏蔽型异氰酸酯衍生物　异氰酸酯具有高反应活性的—NCO 基团，贮存条件严格。为适应异氰酸酯长期贮存、使用等要求，开发出屏蔽型异氰酸酯衍生物，它是利用某些化合物与活泼的—NCO 基团反应，使活泼基团转化成为常温下稳定的酰氨基或氨酯基等，而将高活性的—NCO 基团“屏蔽”起来。在使用时，在一定的加热条件下，这些“屏蔽”基团将会立即解封分解，重新生成高活性的—NCO 基团，恢复异氰酸酯原有的化学特性，与含活泼氢化合物反应，制备聚氨酯制品。

屏蔽型异氰酸酯衍生物主要用于单组分聚氨酯橡胶、胶黏剂、涂料、水分散聚氨酯体系等制品的生产中。

（6）特种化学结构的异氰酸酯　在聚氨酯生产、应用和性能拓展、提高的过程中，人们不断合成出一些新的异氰酸酯品种，例如乙烯异氰酸酯（TMI）、呋喃二异氰酸酯等。

$H_2C{=}C{-}CH_3$；CH_3；$C{-}NCO$；CH_3

(TMI)

TMI 的最大特点是在同一分子结构中，既有传统异氰酸酯具备的—NCO 基团，又有可供进行聚合反应的乙烯双键。利用这两种不同的结构特性，既能合成出具有不饱和键的特种聚氨酯预聚物，又能通过乙烯双键进行均聚或共聚反应，对聚氨酯进行改性，提供某些新的生产、加工途径，如辐射硫化等。但在一般情况下，乙烯异氰酸酯中的不饱和键将首先进行反应，然后再由—NCO 基团提供交联反应。目前，这种新型异氰酸酯主要用于湿固化型双组分聚氨酯涂料。

含有不饱和双键的新型异氰酸酯，还有下列结构的二异氰酸酯，这种异氰酸酯含有二烯酮结构，它在聚氨酯加成聚合反应中，首先，—NCO 基团会与二元醇中的羟基反应，生成在主链上含有不饱和双键的聚氨酯低聚物，然后可使用 β-内酯类化合物与之反应，进行交联。

$OCN(CH_2)_4{-}CH{-}C{=}CH{-}(CH_2)_4{-}NCO$；$C{-}O$；$O$

呋喃二异氰酸酯具有如下化学结构：

OCN—（呋喃环）—CH_2—（呋喃环）—NCO

它与 MDI 相比，属低挥发性液态异氰酸酯，毒性较小，适宜制备聚氨酯浇注树脂和反应注射成型工艺。使用低聚脲（Cl—C(=O)—C(=O)—Cl）反应，可以合成出下列结构的二异氰酸酯，它可以与低分子量或高分子量二元醇反应生成含有碳、氮杂环结构的聚氨酯共聚物或嵌段共聚物。其中，若与聚酯二醇共聚反应可以获得熔点较低的高聚物，若与聚醚二醇共聚反应，则能获得熔点较高的高聚物。

主要的异氰酸酯品种及性能见表 2-1。

表 2-1　主要的异氰酸酯品种及性能

类别	化学名称	结构式	—NCO 含量/%	熔点/℃	沸点/(℃/mmHg)
芳香族	甲苯二异氰酸酯(TDI)	CH_3，NCO，NCO（2,4-）；CH_3，OCN，NCO（2,6-）	48.2	21	118/10
	4,4′-二苯基甲烷二异氰酸酯(MDI)	OCN—（苯环）—CH_2—（苯环）—NCO	33.5	38	195/5

续表

类别	化学名称	结构式	—NCO含量/%	熔点/℃	沸点/(℃/mmHg)
芳香族	1,5-萘二异氰酸酯(NDI)	NCO, NCO	40.0	131	183/10
	对亚苯基二异氰酸酯(PPDI)	OCN—, —NCO	52.5	94～96	(107～109)/10
	多苯基多亚甲基多异氰酸酯(PAPI)	NCO, $—CH_2—$, NCO, $—CH_2—$, n, NCO	31.5～33		
	3,5′-二甲基-4,4′-二苯基二异氰酸酯(TODI)	CH_3, OCN—, —NCO, CH_3	31.8	71	(195～197)/5
	对苯二亚甲基二异氰酸酯(*p*-XDI)	$OCN—CH_2—$, $—CH_2—NCO$	44.6	7.5～12.5	172/12
	2,4-乙苯二异氰酸酯(EDI)	CH_2CH_3, —NCO, NCO	44.7		
	3,3′-二甲氧基4,4′-二苯基二异氰酸酯(DADI)	OCH_3, OCH_3, OCN—, —NCO	28.4		
	Δ,Δ′,Δ″-二苯基甲烷二异氰酸酯	NCO, OCN—, —CH—, —NCO	34.3	89～90	
	TDI-二聚体(Desmodur TT)	NCO, $H_3C—$, O, C, N, N, C, O, $—CH_3$, NCO	>24	>14.5	150(分解)
	TDI-TMF加成物(Desmodur L75)	CH_3CH_2C, $CH_2OCO—NH—$, NCO, $—CH_3$ (×3)	13.0±0.5		

续表

类别	化学名称	结构式	—NCO含量/%	熔点/℃	沸点/(℃/mmHg)
	戊基-苯基-3-庚烯-2,4-二壬基异氰酸酯(DDI)	苯环取代基：$OCN(CH_2)_9$—，$CH_2—CH(CH_2)_4CH_3$，$H_3C(CH_2)_4$—，—$(CH_2)_9NCO$	14.0		270/100
芳香族	间(对)四甲基苯基二亚甲基二异氰酸酯[*m*-(*p*-)TMXDI]	$C_6H_4[C(CH_3)_2NCO]_2$（间位）	34.4	−10	150/0.4kPa
	间-异丙烯基-*a*,*a*-二甲基苯基异氰酸酯(*m*-TMI)	$OCN—C(CH_3)_2—C_6H_4—C(CH_3)_2—NCO$ $H_2C{=}C(CH_3)—C_6H_4—C(CH_3)_2—NCO$			
	异佛尔酮二异氰酸酯(IPDI)	环己烷环：3,3-二CH_3，1-NCO，5-CH_3，5-CH_2NCO	37.8	−60	(158～159)/15
	甲基环己烷二异氰酸酯(HTDI)	2-CH_3-1,3-环己基二NCO；4-CH_3-1,3-环己基二NCO	47.5		(87～90)/133.32Pa
脂环族	环己基二亚甲基二异氰酸酯(HMDI)	$OCN—C_6H_{10}—CH_2—C_6H_{10}—NCO$	31.8	10～15	
	亚异丙基双(环己基异氰酸酯)	$OCN—C_6H_{10}—C(CH_3)_2—C_6H_{10}—NCO$			
	环己基-1,3-二亚甲基二异氰酸酯(HXDI)	$OCNH_2C—C_6H_{10}—CH_2NCO$	43.2	<−50	110/5
	六亚甲基二异氰酸酯(HDI)	$OCN—(CH_2)_6—NCO$	49.9	−67	(130～132)/4
脂肪族	2,2,4-三甲基己烷二异氰酸酯(TMHDI)	$OCN—CH_2—C(CH_3)_2—CH_2CH(CH_3)(CH_2)_2NCO$	40.0	−80	149/10
	甲酸甲酯五亚甲基二异氰酸酯(LDI)	$OCN—(CH_2)_4—CH(COOCH_3)—NCO$	39.6	−30	120/10

续表

类别	化学名称	结构式	—NCO含量/%	熔点/℃	沸点/(℃/mmHg)
含元素异氰酸酯	单溴化甲苯二异氰酸酯	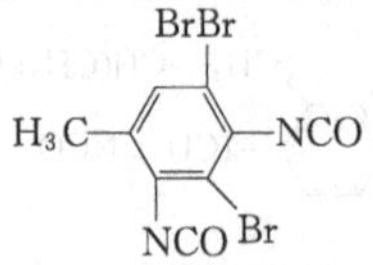 BrBr H_3C— —NCO NCO Br	20.0		(143～156)/8
	二异氰酸基苯基膦酸酯	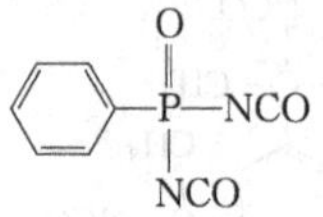 O P—NCO NCO			
	亚丁基双次磺酸二异氰酸酯	OCN—$SO_2(CH_2)_4SO_2$NCO			
	1,5萘次磺酸二异氰酸酯	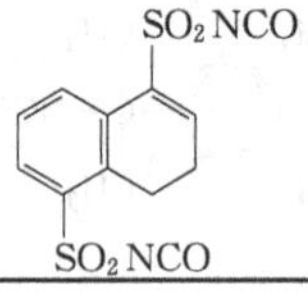 SO_2NCO SO_2NCO			

2.1.3 典型的异氰酸酯

2.1.3.1 甲苯二异氰酸酯

甲苯二异氰酸酯（TDI）是最早在聚氨酯材料中使用的异氰酸酯。在室温下，它是无色或微黄色透明液体，有强烈的刺激性气味，因两个异氰酸酯基团在苯环上所处的位置不同，它有2,4-甲苯二异氰酸酯和2,6-甲苯二异氰酸酯两种异构体。

由于生产工艺条件控制差别和聚氨酯材料使用需要，目前商业产品有三种规格甲苯二异氰酸酯。

（1）T65　为2,4-TDI和2,6-TDI两种异构体比例为（65±2）%和（35±2）%的混合体，它主要用于生产软质聚氨酯泡沫塑料。

（2）T80　为2,4-TDI和2,6-TDI两种异构体比例为（80±2）%和（20±2）%的混合体，它主要用于聚氨酯泡沫塑料以及其他聚氨酯产品的生产，是产量最高、用量最大的甲苯二异氰酸酯。

（3）T100　为2,4-TDI含量大于95%的产品，其2,6-TDI含量甚微，主要用于聚氨酯橡胶、涂料、纤维等对性能要求较高的产品。

以上三种商品国外典型产品性能列于表2-2。

表2-2　几家公司TDI产品性能

公司	日本聚氨酯工业(株)			日本厄普姜(株)			德国Bayer公司		
商品名称	Coronate T						Desmodur		
牌号	T65	T80	T100	T65	T80	T100	T65	T80	T100
2,4-结构含量/%	65±2	80±2	>95	65～70	78～82	>98	65.5±1	79±1	≥79.5
TDI纯度/%	>99.5	>99.6	>99.5	>99.5	>99.5	>99.5	>99.5	>99.5	≤2.5
凝固点/℃	5～7	12～14	>20	7～8	12～14	>21	6～7	12～13	>20
水解氯含量/%	<0.01	<0.01	<0.01	<0.006	<0.008	<0.002	<0.01	<0.01	≤0.01
酸度/%	<0.003	<0.004	<0.005	<0.003	<0.004	<0.002	<0.01	<0.01	≤0.004
总氯量/%	<0.1	<0.07	<0.2	<0.05	<0.05	<0.05	<0.1	<0.1	≤0.01
色度(APHA)	<20	<20	<20				<50	<50	20
相对密度 d_4^{25}	1.22	1.22	1.22	1.22	1.22	1.22	1.22	1.22	1.22
沸点/℃	246	246	246				246～247	246～247	251
黏度(25℃)/mPa·s	约3	约3	约3	2.8～2.9	2.8～2.9	2.8～2.9	约3	约3	3
闪点/℃				132	132	132	127	127	127

甲苯二异氰酸酯三种产品的生产流程如图 2-1 所示。

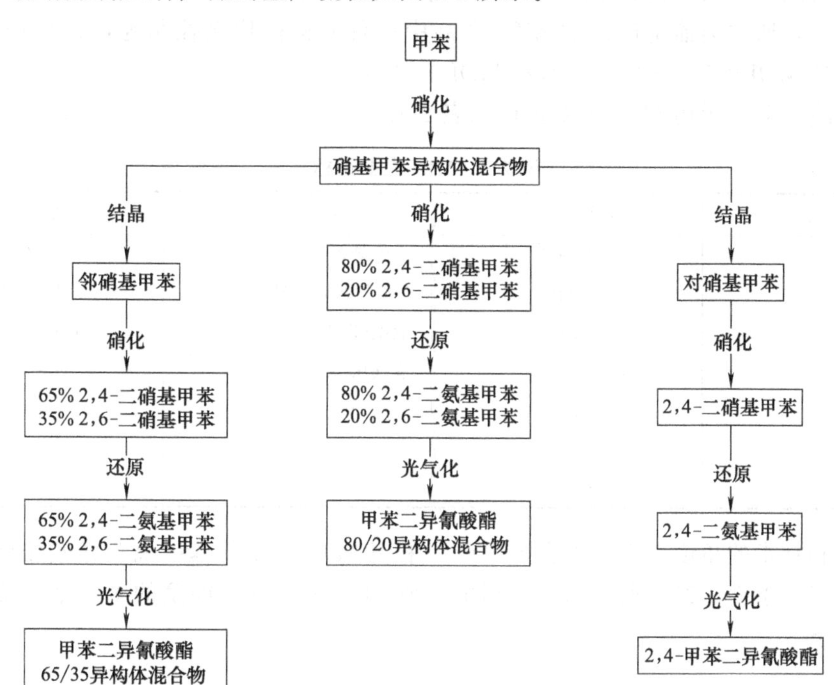

图 2-1　TDI 三种商品生产流程

2.1.3.2　二苯基甲烷二异氰酸酯和多苯基甲烷多异氰酸酯

（1）二苯基甲烷二异氰酸酯（MDI）　二苯基甲烷二异氰酸酯是在 TDI 以后发展起来、极其重要的有机异氰酸酯。它含两个苯环，分子量比 TDI 大，产品挥发性较小，蒸气压较低，对人体毒性较小，有利于安全防护，很受聚氨酯工业欢迎。聚氨酯泡沫体主要使用的异氰酸酯目前已由 TDI 和 TDI-MDI 混用向 MDI 体系转移。MDI 因其各种优点，迅速渗入聚氨酯各个领域。MDI 与其他异氰酸酯相比有下列优点。

① MDI 体系熟化速度快，几乎不用后熟化工序，制品模塑周期短，泡沫体性能好。例如，TDI 泡沫一般需要 10～24h 熟化过程后，才能达到最佳性能，而 MDI 体系制品仅需要 1h 即可达到 95％熟化程度。

② 使用 MDI 较 TDI 安全，MDI 蒸气压比 TDI 低得多，在普通良好通风情况下对人体损害性小。

③ MDI 的模塑温度较低（30～52℃），环境污染小，能源消耗低。

④ MDI 易开发多样化泡沫产品，相对密度较高，可通过改变组分比例，生产硬度范围很宽的产品。

由于上述优点，MDI 虽然较 TDI 起步晚，但发展十分迅速。目前 MDI 的产量早已超过 TDI。

纯 MDI 商品是白色至浅黄色固体，其主要化学结构为 4,4′-MDI。此外它还有另外两种异构体：2,4′-MDI 和 2,2′-MDI。

OCN—C₆H₄—CH_2—C₆H₄—NCO　　4,4′-MDI

(2-NCO)C₆H₄—CH_2—C₆H₄—NCO　　2,4′-MDI

(2-NCO)C₆H₄—CH_2—C₆H₄(2-NCO)　　2,2′-MDI

根据原料配比、工艺合成路线的不同，蒸馏出来的MDI中三种异构体的含量也有差别。作为工业商品，通常蒸馏生产出的MDI产品中三种异构体比例控制为：4,4′-MDI 60%～99.5%；2,4′-MDI 0.5%～40%；2,2′-MDI 0～2%。

在聚氨酯工业中所用MDI主要指标见表2-3。

表2-3　MDI主要指标

项　目	指　标	项　目	指　标
纯度/%	>99.5	水解氯含量/%	<0.05
凝固点/℃	>38	2,4-异构体含量/%	1.6～2.5
相对密度 d_4^{50}	1.19	酸度(以HCl计)	0.02～0.002
沸点/℃		蒸气压/kPa	
5mmHg	190	100℃	0.013
15mmHg	215～217	175℃	0.13
总氯含量/%	<0.1		

从经济和技术的角度考虑，大多数生产厂采用MDI和多苯基甲烷多异氰酸酯联产方式生产，控制工艺条件，经后期分离，分别生产纯MDI和不同官能度的多苯基甲烷多异氰酸酯，结构如下：

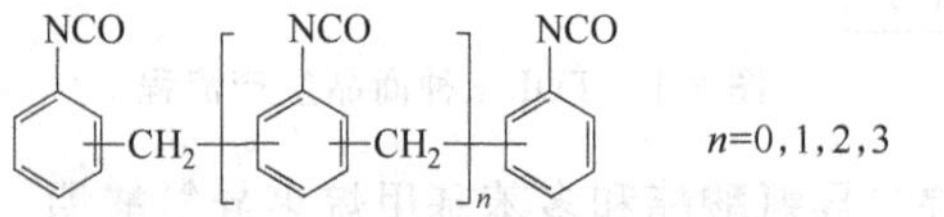

NCO　　NCO　　NCO

$-CH_2-$　$-CH_2-$　$[\ ]_n$　$n=0,1,2,3$

实际上是MDI的低聚体，也叫PAPI，或粗MDI。

(2) 多苯基甲烷多异氰酸酯（PAPI）　PAPI是褐色液体，实际上是含不同官能度的多异氰酸酯混合物。通常要求MDI应在混合物总量的50%左右，因所含多苯基甲烷多异氰酸酯的缩合度不一样，除含有总量一半的纯MDI外，还含有缩合度大于1的多异氰酸酯。多数公司生产的多苯基甲烷多异氰酸酯产品的均官能度约为2.7左右，黏度约在100～300Pa·s之间。其基本物理性能见表2-4。

表2-4　PAPI基本物理性能

性　能	指　标	性　能	指　标
—NCO含量/%	31.5	相对密度	1.20
胺当量	133.5	闪点(开口式)/℃	218
酸度(以HCl计)/%	0.11	蒸气压/10^7Pa	
水解氯含量/%	0.13	10℃	3.20
黏度(25℃)/mPa·s	0.20	25℃	2.13

实际生产中，根据产品使用目的不同，控制反应工艺条件，可生产出不同的PAPI产品，如：含纯MDI约35%的高聚合度产品，官能度为3～3.2；含纯MDI约40%的中等聚合度产品，聚合度约2.7；含纯MDI约为65%的低聚合度产品，聚合度为2.3。

在工业生产中，MDI和PAPI产品主要是根据上述反应合成出粗品MDI。然后，它们必须经过脱气、高真空蒸馏、提纯、分离等后处理工序，生产出纯MDI和不同缩合度的PAPI产品，表2-5列出了PAPI典型产品规格。

表 2-5　PAPI 典型产品规格

产品牌号	外观	—NCO 含量/%	黏度(25℃)/mPa·s	特点及典型应用
日本聚氨酯工业株式会社				
Millionate MR-100	褐色液体	30.0～32.0	100～250	反应性较高，喷涂成型，合成木材等硬泡
Millionate MR-200	褐色液体	30.0～31.5	100～250	典型反应活性，一般硬泡、半硬泡
Millionate MR-300	褐色液体	30.0～31.5	120～300	典型反应活性，2,4′-体较多，一般硬泡、半硬泡
Millionate MR-400	褐色液体	29.0～31.0	400～700	高官能度，特殊硬泡
Bayer AG				
Desmodur 44V10		30.0～32.0	110～150	硬度硬泡
Desmodur 44V20		30.0～32.0	160～240	硬泡及弹性体
Desmodur 44V40		30.0～32.0	350～450	硬泡及弹性体
日本武田药品工业株式会社				
Takenate I-3000	褐色液体	31.8	200	
BASF Wyandotte Corporation				
Lupranate M10	褐色液体	31.7	60	
Lupranate M20	褐色液体	31.4	200	
Lupranate M205	褐色液体	31.4	200	
Lupranate 200	褐色液体	30.0	2000	
日本 Upjohn				
PAPI		31.5	250	各种硬泡
PAPI 135	褐色液体	31.1	200	喷涂硬泡、高密度合成木材
PAPI 901	褐色液体	31.1	80	半硬泡、硬泡、微孔弹性体
Isonate 580	褐色液体	30.0	580	硬泡、异氰尿酸酯泡沫
中国烟台万华聚氨酯股份有限公司				
PM-100	深棕色液体	30.0～32.0	150～250	通用硬泡、保温材料
PM-130	深棕色液体	30.5～32.0	100～150	结构泡沫、自结皮泡沫
PM-200	深棕色液体	30.5～32.0	150～250	硬泡保温材料
PM-300	深棕色液体	30.0～32.0	250～350	硬泡保温材料、异氰尿酸酯泡沫
PM-400	深棕色液体	30.0～32.0	350～700	高官能(f=2.9～3.0)、高黏度

(3) 液化 MDI　MDI 是目前聚氨酯工业中最重要的二异氰酸酯之一，它在贮存、使用中存在一定缺陷。纯 MDI 的凝固点为 39.5℃，在室温下是固体状态，工厂装桶后即形成固体，在使用前必须进行加热熔融，给使用带来诸多不便，能源消耗大。MDI 具有极活泼的反应活性，极易与水甚至和空气中的湿气等发生反应，生成不溶性脲类化合物。同时，MDI 在室温下贮存，将会随时间延长发生自聚反应，生成不溶性的聚合物。因此，MDI 的生产厂均规定在运输和贮存时，必须将纯 MDI 置于 0～5℃以下的温度环境中，无疑会使使用成本上升。同时，由于 MDI 二聚体的产生，还会对输送管和计量泵产生沉积、阻塞现象，影响生产正常操作。加上对 MDI 反复加热熔化，能源浪费，对产品质量也有不利影响，这会对纯 MDI 的应用、推广造成一定困难，因此，对 MDI 的液化改性，成为 MDI 生产厂的重要任务。液化改性后的 MDI 产品不仅有效地避免了贮存、运输时的苛刻条件，同时，也为 MDI 基原料性能的提高和改善，提供了基础。

目前，工业上常用液化 MDI 改性方法有如下几种。

① 氨基甲酸酯改性的液化 MDI　该方法是使用适当的多元醇等化学品与过量的 4,4-MDI 反应，生成端基为—NCO 基团的改性 MDI。依据多元醇化学品的不同，大致可分为三种，即

低分子量多元醇化合物、聚醚多元醇和聚酯多元醇。在适当的反应条件和原料的搭配下，生成的改性 MDI 在室温下为液态，贮存稳定性得到极大提高，在制品的性能上也获得不同的改善。至于这些改性 MDI 黏度将随多元醇品种、分子量及反应程度而有所不同，其基本规律是：低分子二醇化合物较聚酯、聚醚的改性黏度要低，聚醚多元醇较聚酯多元醇改性的 MDI 黏度要低，其产品黏度随多元醇聚合物的分子量降低和聚合度减少而降低。

该种 MDI 液化改性方法，原料选择范围宽，适应性强，工艺简单，易于操作，产品规格较多，表 2-6 是日本聚氨酯工业株式会社聚醚多元醇改性 MDI 产品规格。

表 2-6 日本聚氨酯工业株式会社聚醚多元醇改性 MDI 产品规格

产品名称	—NCO 含量/%	黏度(25℃)/mPa·s	典型用途
Coronate 1040	22.6～23.6	400～600	RIM，冷熟化，自结皮泡沫
Coronate 1041	25.5～26.5	120～140	RIM 保险杠制品
Coronate 1043	25.6～26.6	140～180	高硬度 RIM 保险杆制品
Coronate 1046	22.6～23.6	500～1600	RIM，冷熟化，自结皮泡沫
Coronate 1050	22.6～23.6	400～800	RIM，冷熟化，自结皮泡沫
Millionate MRP	28.0～28.8	250～500	阻燃型硬质泡沫塑料

② 碱化二亚胺和脲酮亚胺型改性液化 MDI　选择适当的催化剂加入纯 MDI，并一起加热，使 MDI 产生缩聚反应，形成含有碳化二亚胺结构的 MDI 改性产物。这种液化 MDI 产品不仅具备较高的反成活性和较多的苯环，同时还含有重叠的不饱和双键——碳化二亚胺键。这种结构可以进行许多加成反应，在聚氨酯产品中，尤其是聚酯型聚氨酯产品中，具备优秀耐水解性能。众所周知，当聚氨酯水解时，酯基会水解断裂皂化生成羟基和羧基，后者在聚氨酯材料进一步水解时起到自动催化的作用，具有较大危害，而碳化二亚胺很容易与羧基反应，生成酰脲产物，能有效地阻止聚氨酯水解作用的蔓延。

异氰酸酯生成碳化二亚胺结构反应的关键是选择适宜的催化剂，这也是当前研究的重点。生成碳化二亚胺结构的主要催化剂有三苯基膦、三苯基砷、三苯基锑等氧化物。它们虽有一定的催化作用，但在反应过程中会产生微量的杂质而残存于产物中，对产品质量有一定影响。第二类为磷酸酯、膦酰胺等。此外还有乙酰丙酮的金属衍生物、有机金属化合物、异氰酸铝和一些金属的环烷酸盐等。但这些作用于合成碳化二亚胺时，通常反应温度较高，反应周期较长，转化率较低，产品后处理较困难。

目前，作为异氰酸酯合成碳化二亚胺使用的催化剂主要是饱和的和不饱和的环状膦氧化物。不饱和型环状膦氧化物的催化活性大于不饱和的环状膦氧化物，其中最好的是 1-乙基-3-甲基-3-膦杂环戊烯-1-氧化物和 1-苯基-甲基-3-膦杂环戊烯-1 氧化物。

这些催化剂的催化效率高，具有反应温度低，反应时间短，碳化二亚胺转化率高，无三废的特点。

脲酮亚胺型 MDI 是在以碳化二胺改性的液化 MDI 的基础进一步与 MDI 反应生成。这种液化 MDI 具有低的黏度，同时，能使最终生成的聚氨酯产品具有优良的耐水解性能和耐热性能。对初始强度等力学性能也有一定的改善。

脲酮亚胺液化 MDI 是在碳化二亚胺型液化 MDI 基础上，进一步反应衍生出来的，由于反应条件控制差别，在碳化二亚胺液化 MDI 中可能会有少量脲酮亚胺结构出现。在脲酮亚胺液化 MDI 改性过程中，也并非是将所有碳化二胺结构全部转化为脲酮亚胺结构。因此。将这两种液化改性统一为碳化二亚胺改性 MDI。表 2-7 为碳化二亚胺、脲酮亚胺改性液化 MDI 典型规格。

表 2-7　碳化二亚胺、脲酮亚胺改性液化 MDI 典型规格

产品名称	外观(25℃)	—NCO 含量/%	黏度(25℃)/mPa·s	典型用途
日本聚氨酯工业株式会社				
Millionate MTL	棕黄色液体	28.0～30.0	<100	喷涂成型,增强反应喷涂成型
Millionate MTLC	浅黄色液体	27.5～29.5	<80	工业结构泡沫体
Coronate 69	浅黄色液体	25.5～27.5	<200	弹性体
中国烟台万华聚氨酯股份有限公司				
MDI-100LL	浅黄色液体	28.0～30.0	≤60	微孔 PU 弹性体,自结皮软泡
MDI-100HL	浅黄色液体	28.0～30.0	≤60	微孔 PU 弹性体,自结皮软泡

③ 掺合型液化 MDI　该种改性方法是将纯 4,4-MDI 与其他异氰酸酯进行掺混而使 MDI 由固体转化为液体 MDI 的改性方法。所谓其他异氰酸酯包括 2,4-MDI、TDI 聚合 MDI 以及氨基甲酸酯、碳化二亚胺、脲酮亚胺等改性的 MDI。该种改性方法，操作简便，但在掺混中要严格控制各原料规格、各异氰酸酯之间的比例。改性后的液化 MDI 的平均官能度、异氰酸酯含量及黏度等指标均必须满足产品工艺加工和最终制品性能的要求。

2.1.3.3　六亚甲基二异氰酸酯

六亚甲基二异氰酸酯（简称 HDI）是典型的脂肪族异氰酸酯。该产品是无色或浅黄色透明液体，属易燃化学品，易溶于苯、氯苯、邻二氯苯等有机溶剂，遇水会产生分解，有毒，并有强烈的催泪作用，见光、受热易产生聚合作用，长期贮存容易变质，通常 HDI 的产品技术指标列于表 2-8。

表 2-8　HDI 的产品技术指标

项　目	指　标	项　目	指　标
分子量	168.1	闪点/℃	130
纯度/%	>99.5	折射率 n_D^{25}	1.4501
总氯含量/%	<0.1	沸点/(℃/mmHg)	(92～96)/1
水解氯含量/%	<0.01		112/5
密度(20℃)/(g/cm³)	1.05		(120～125)/10

2.1.3.4　氢化 TDI

氢化 TDI，学名为甲基环己基二异氰酸酯，其化学结构与甲苯二异氰酸酯（TDI）相似，在聚氨酯行业中俗称氢化 TDI，简写为 HTDI。分子量 180，胺当量 90，沸点 127～129℃（266.644Pa），它属于非黄变型的脂肪族二异氰酸酯。由于 TDI 的苯环被六元脂肪环取代，在生产中不存在不饱和双键，因此对光的作用稳定，不会产生黄变的生色基团。

HTDI 是以甲苯二胺为起始原料，使用钌系催化剂，在 25MPa 的压力下进行催化加氢制取六氢甲苯二胺，然后经二段光气化反应制得氢化 TDI。

甲苯二胺进行氢化的方法较多，但工业上仍然普遍采用铑-氧化铝等催化剂，在溶液中进行催化加氢工艺。例如：在高压反应釜中加入 44 份的甲苯二胺、225 份乙醇和 10 份含 5%铑的 $Rh\text{-}Al_2O_3$ 催化剂，在反应温度 50～150℃、压力 0.34～10.3MPa 下，通入氢气进行催化加氢反应，通常经过 8h 后，不再吸收氢气后，卸压，过滤除去催化剂，滤液减压蒸馏脱除溶剂乙醇后，获得甲基环己基二胺。

将甲基环己基二胺与 10 倍的邻二氯苯混溶，在 90～95℃下通入二氧化碳，搅拌 1h 使之充分成盐，然后降温至 0℃以下，通入光气进行二段光气化反应，低温光气化反应历时约

1h，再高温 16℃下进行热光气化反应，直至反应物料转变成透明液为止。反应液通入干燥氮气鼓泡吹除未反应的光气和反应生成的氯化氢气体，最后在 160℃、107Pa 真空下分级蒸馏获得 HTDI 成品。

2.1.3.5 氢化 MDI

氢化 MDI，化学名称为 4,4'-二环己基甲烷二异氰酸酯，它在化学结构上与 4,4'-二苯基甲烷二异氰酸酯相似，但氢化 MDI 是以六元环的脂环取代苯环，属脂肪族二异氰酸酯，简写为 $H_{12}MDI$。

$H_{12}MDI$ 分子量 262，胺当量 131，在室温下为固体，熔点 43.5℃，沸点 160～165℃。$H_{12}MDI$ 的合成通常是以苯胺为基础原料，苯胺与甲醛缩合生成 4,4'-二氨基二苯基甲烷，然后在钌系催化剂存在下，于溶剂中进行高温催化加氢制得 4,4'-二氨基二环己基甲烷，然后再经过高、低温二段光气化反应制得 $H_{12}MDI$。

例如，在高压反应釜中加入 125g 二氨基二苯基甲烷、75mL 二氧六环、25g 氨和 5%钌碳催化剂，在反应温度 190℃和 34.5MPa 压力下进行加氢反应 0.5h，卸压后过滤去除催化剂，滤液经蒸馏去除溶剂和低沸点物后获得 4,4'-二氨基环己基甲烷，经传统低、高温二段光气化反应后，吹气、蒸馏后获得 $H_{12}MDI$。

2.1.3.6 异佛尔酮二异氰酸酯

一种新型不黄变型异氰酸酯，取名为异佛尔酮二异氰酸酯，以化学结构命名为 3-亚甲基异氰酸酯-3,5,5-三甲基环己烷异氰酸酯，简写为 IPDI，其物理性能见表 2-9。

表 2-9 IPDI 的物理性能

项　　目	数　　据	项　　目	数　　据
分子量	222.3	蒸气压/Pa	
—NCO 当量	111.1	20℃	0.04
—NCO 含量/%	37.8	50℃	0.9
密度(20℃)/(g/cm³)	1.058	黏度/mPa·s	
折射率 n_D^{25}	1.4829	-20℃	150
沸点(1333Pa)/℃	158	-10℃	78
闪点(闭杯)/℃	155	0℃	37
熔点/℃	约 60	20℃	15
自燃温度/℃	430		

工业生产的 IPDI 是两种异构体的混合物，其中顺式异构体约占 75%，反式异构体约占 25%。这样，在形成聚氨酯分子中不会形成单一结构，有利于产品性能提高。

赫斯公司生产的 IPDI 及其衍生物产品见表 2-10。

表 2-10 赫斯公司生产的 IPDI 及其衍生物产品

类型	产品牌号 VESTANAT	物理状态	特　征	备　注
单体	IPDI	液态(纯度>99%)	—NCO 含量 37.8%	用于光稳定的各种用途 PU
溶剂型衍生物	IPDI-T1890S IPDI-T1890M IPDI-T1890L	液体,固含量 70%	—NCO 含量 12%	异氰酸酯加成物,用于多种双组分 PU 涂料
	IPDI-T1890/100	球状固体	—NCO 含量 17%	
无溶剂型衍生物	IPDI-H2921	液体	—NCO 含量 28%～29%,黏度 10000mPa·s	异氰酸酯加成物,制备无溶剂 PU
	IPDI-H3150	液体	—NCO 含量 31%,黏度 500mPa·s	低黏度异氰酸酯加成物,制备无溶剂 PU

续表

类型	产品牌号 VESTANAT	物理状态	特征	备注
屏蔽溶剂型	IPDI-B 1299	液体，固含量 60%	—NCO 含量 7.5%(屏蔽)	屏蔽型多异氰酸酯，用于热熟化涂料
	IPDI-B 1358	液体，固含量 65%	—NCO 含量 8.0%(屏蔽)	
	IPDI-B 1370	液体，固含量 60%	—NCO 含量 8.0%(屏蔽)	
屏蔽无溶剂型	IPDI-B 1065	固体	—NCO 含量 10.5%(屏蔽)	用于单组热硫化体系和粉末涂料
	IPDI-B 989	固体	—NCO 含量 9.6%(屏蔽)	用于粉末涂料
	IPDI-B 1530	固体	—NCO 含量 15%(屏蔽)	与聚酯 3353 配合、用于粉末涂料
	IPDI-BF 1540	固体	—NCO 含量 15%	用于耐光、耐候、高级户外涂料
预聚体	IPDI-UT 647	固含量 70%	—NCO 含量 3.5%	用于湿固化和热硫化涂料
	IPDI-UT 880	固含量 70%	—NCO 含量 5%	
	IPDI-UT 994	固含量 70%	—NCO 含量 6%	
	IPDI-UT 1021	固含量 70%	—NCO 含量 6.5%	
	IPDI-UT 556	固含量 70%	—NCO 含量 3.9%	
	IPDI-UT 900	固含量 75%	—NCO 含量 6.6%	

2.1.3.7 对苯二异氰酸酯

对苯二异氰酸酯（缩写为 PPDI）结构式如下：

OCN—⟨苯环⟩—NCO

在它的结构中，除具备苯环外，还有两个对称排布的—NCO 基团。因此，当它与二醇、二胺类原料反应生成聚氨酯大分子材料时，能在分子结构中产生致密性很高的硬链段区，具有极高的内聚力，使聚氨酯聚合物产生极好的相分离，从而使生成的聚氨酯比传统聚氨酯具有更高的耐磨性，更好的力学性能，更优秀的耐温、耐溶剂、耐水性能以及十分突出的回弹性能。虽然，该原料目前的价格较贵，但它是制备高性能浇注型和热塑型聚氨酯弹性体的重要异氰酸酯。

PPDI 外观为白色片状结晶，熔化时蒸气压较高，毒性较大，并易于生成二聚体、三聚体，并能产生一定程度的蒸发现象。其物理性能见表 2-11。

表 2-11 PPDI 物理性能

规格	数据	规格	数据
分子量	160.1	—NCO 含量/%	52.5
密度(100℃)/(g/cm^3)	1.17	沸点/(℃/kPa)	(110～112)/3.3,260/101
熔点/℃	95	黏度/(mPa·s/℃)	1.17/100,1.16/110

2.1.3.8 亚苯二甲基二异氰酸酯

亚苯二甲基二异氰酸酯（缩写为 XDI）具有一个苯环，它的两个—NCO 基团分别通过一个亚甲基与苯环相连，由于亚甲基的间隔，防止—NCO 基团与苯环形成共振，不会产生聚氨酯产品黄变现象。因此，它在异氰酸酯原料中属非黄变型异氰酸酯。XDI 和 TDI 一样含有 2,4-和 2,6-位异构体，工业生产是由 71%间二甲苯和 29%对二甲苯的混合物为基础原料，与氨及氧反应，使氨首先转化为氰基，经加氢反应还原成二甲胺，最后使二甲胺与光气进行光气化反应而生成 XDI。XDI 在室温下为无色透明液体，蒸气压较低，毒性较小，易溶于芳烃、酯、酮等有机溶剂。其基本物性见表 2-12。

2.1.3.9 含磷等元素的其他异氰酸酯

随着对高分子材料安全要求及特殊性能的需要，例如要求高分子材料耐燃、低发烟、耐

表 2-12　XDI 基本物性

项　目	指　标	项　目	指　标
异构比(2,4/2,6)	70～75/30～25	折射率 n_D^{20}	1.429
分子量	188.2	表面张力(30℃)/(10^{-3}N/m)	37.4
凝固点/℃	5.6	沸点/℃	
密度(20℃)/(g/cm³)	1.202	6×133.32Pa	151
黏度(20℃)/mPa·s	4	10×133.32Pa	161
闪点/℃	185	12×133.32Pa	167

高温等，除了在聚氨酯助剂和多元醇聚合物方面做了许多探索外，还探索在异氰酸酯分子主链中引入无机元素的方法，例如在异氰酸酯分子中引入卤素、磷、溴、硅、氟等元素。将普通含有苯环的异氰酸酯溶于四氯乙烷等溶剂中，在70～170℃下，通入氯气4h，可制得在苯环上至少有60%的氢被氯原子取代的含氯的异氰酸酯。

2.2 有机多元醇

2.2.1 聚醚多元醇

2.2.1.1　主要原料

合成通用型聚醚多元醇，主要使用三类原料，即作为聚合反应主体的有机α-氧化物和呋喃类环状化合物等；调节聚醚分子量和官能度的起始剂；促进聚合反应的催化剂。

(1) 有机α-氧化物　主要有环氧丙烷、环氧乙烷、环氧氯丙烷，此外还有四氢呋喃等。它们在一定的工艺条件下都能发生碳—氧链断裂，产生5环聚合反应，生成相应的聚醚多元醇。

(2) 起始剂　它们基本分为两类：含羟基的低分子化合物和含氨基或含羟基、氨基的低分子化合物。使用起始剂的作用主要有以下两方面。

① 控制生成聚醚多元醇分子量的大小。起始剂用量多，合成出来的聚醚多元醇分子量小；用量少则合成出来的聚醚多元醇分子量大。

② 利用起始剂所含活泼氢原子数的不同，合成不同官能度的聚醚多元醇。聚氨酯所用的多官能度的聚醚多元醇，绝大部分都是使用各种不同官能度的低分子化合物起始剂来实现的。常用的起始剂和由它们引发合成的聚氧化丙烯醚二醇结构见表2-13。

表 2-13　聚醚合成常用起始剂和聚醚产物结构

起始剂名称	官能度	分子量	聚醚多元醇产物的基本结构
丙二醇	2	76	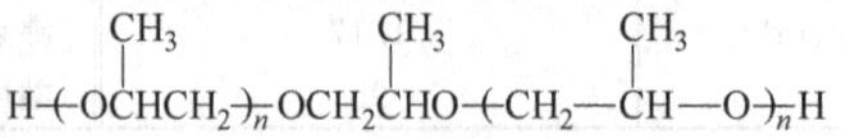 $H{-}(OCH(CH_3)CH_2)_n{-}OCH_2CH(CH_3)O{-}(CH_2{-}CH(CH_3){-}O)_n{-}H$
甘油	3	92	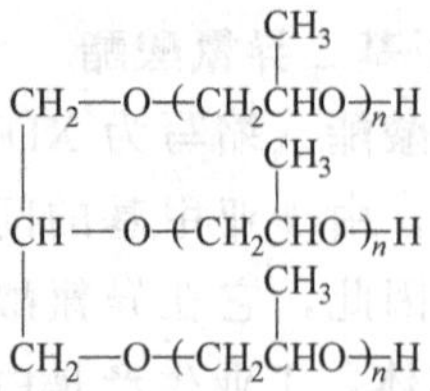 $CH_2{-}O{-}(CH_2CH(CH_3)O)_n{-}H$ $CH{-}O{-}(CH_2CH(CH_3)O)_n{-}H$ $CH_2{-}O{-}(CH_2CH(CH_3)O)_n{-}H$
三羟甲基丙烷	3	134	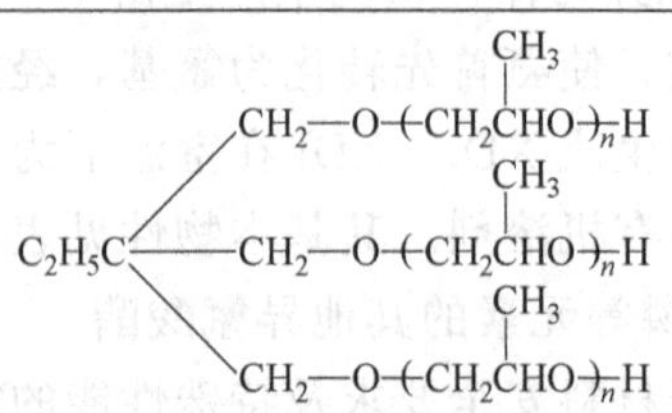 $C_2H_5C[CH_2{-}O{-}(CH_2CH(CH_3)O)_n{-}H]_3$

续表

起始剂名称	官能度	分子量	聚醚多元醇产物的基本结构
乙二胺	4	60	$[H(OCH(CH_3)CH_2)_n]_2N(CH_2)_2N[(CH_2CH(CH_3)O)_nH]_2$
季戊四醇	4	136	$H(O-CH(CH_3)CH_2)_nCH_2-C[CH_2-O(CH_2CH(CH_3)-O)_nH]_3$
木糖醇	5	152	$H(OCH(CH_3)CH_2)_nOCH_2-CH[O(CH_2CH(CH_3)O)_nH]-CH[O(CH_2CH(CH_3)O)_nH]-CH[O(CH_2CH(CH_3)O)_nH]-CH_2-O(CH_2CH(CH_3)-O)_nH$
二乙烯三胺	5	103	$[H(O-CH(CH_3)CH_2)_n]_2N(CH_2)_2N[(CH_2-CH(CH_3)-O)_nH]-(CH_2)_2-N[(CH_2CH(CH_3)O)_nH]_2$
山梨醇	6	182	$CH_2-O(CH_2-CH(CH_3)-O)_nH$ $CH-O(CH_2-CH(CH_3)-O)_mH$ $CH-O(CH_2-CH(CH_3)-O)_nH$ $CH-O(CH_2-CH(CH_3)O)_nH$ $CH-O(CH_2-CH(CH_3)O)_nH$ $CH_2-O(CH_2-CH(CH_3)-O)_nH$
蔗糖	8	342	吡喃葡萄糖环：$CH_2O(C_3H_6O)_nH$，$H(OH_6C_3)_nO$，$O(C_3H_6O)_nH$，$O(C_3H_6O)_nH$；经—O—连接呋喃果糖环：$H(OH_6C_3)_nO$，$CH_2O(C_3H_6O)_nH$，$O(C_3H_6O)_nH$

除使用普通烷基醇类化合物作起始剂外，还可以选用含其他元素或结构的起始剂，赋予合成聚醚多元醇各种特殊性能。例如，由乙二胺为起始剂制备的聚醚多元醇，具有四官能度，同时，由于这种俗称“胺醚”的聚醚多元醇含有一定的叔胺碱性，具有一定的催化作用，反应速率较快，因此，在聚氨酯工业中，多用于聚氨酯硬质泡沫塑料的现场喷涂施工配方中。

使用三氯氧磷和甘油为聚醚合成的起始剂时，三氯氧磷将会和甘油生成官能度为 3 并含有磷的磷酸三甘油酯，它作为真正的起始剂，将会使生成的三官能度聚醚中含有磷元素，由此能赋予聚氨酯材料一定的阻燃性能。

在聚醚的合成中，若使用芳香族或杂环系多元醇或多元胺为起始剂，则会在生成的聚醚多元醇结构中引入芳香环或杂环结构，它能使生成的聚氨酯材料具有较好的尺寸稳定性，耐热、耐燃。这类起始剂常用的有双酚 A、双酚 S、甲苯二胺、三（2-羟乙基）异氰尿酸酯以及苯酚甲醛缩合物、苯胺、甲醛缩合物等，见表 2-14。

表 2-14 常用芳香族、杂环系起始剂及典型聚醚

起始剂名称	官能度	分子量	聚醚多元醇产品的基本结构
双酚 A	2	228	$H\text{-}(OCH(CH_3)CH_2)_n\text{-}O\text{-}(Ph)\text{-}C(CH_3)_2\text{-}(Ph)\text{-}O\text{-}(CH_2CH(CH_3)O)_n\text{-}H$
双酚 S	2	218	$H\text{-}(OCH(CH_3)CH_2)_n\text{-}O\text{-}(Ph)\text{-}S\text{-}(Ph)\text{-}O\text{-}(CH_2CH(CH_3)O)_n\text{-}H$
三(2-羟乙基)异氰脲酸酯	3	261	异氰脲酸酯环（三个 N，三个 C=O），各 N 上连接：$(CH_2)_2O\text{-}(CH_2\text{-}CH(CH_3)\text{-}O)_n\text{-}H$；$H\text{-}(OHC(CH_3)CH_2)_n\text{-}O\text{-}(H_2C)_2\text{-}N$；$N\text{-}(CH_2)_2\text{-}O\text{-}(CH_2CH(CH_3)O)_n\text{-}H$
甲苯二胺	4	115	甲苯环上两个 N：$[H\text{-}(OHC(CH_3)H_2C)_n]_2N\text{-}$；$\text{-}N[(CH_2CH(CH_3)O)_n\text{-}H]_2$；$CH_3$
苯酚-甲醛缩合物			$(Ph)\text{-}CH_2\text{-}((Ph)\text{-}CH_2)_m\text{-}(Ph)$，每个苯环上连接 $O\text{-}(CH_2CH(CH_3)O)_n\text{-}H$
苯胺-甲醛缩合物			$(Ph)\text{-}CH_2\text{-}((Ph)\text{-}CH_2)_m\text{-}(Ph)$，每个苯环上连接 $H\text{-}(OHC(CH_3)H_2C)_n\text{-}N\text{-}(CH_2CH(CH_3)O)_n\text{-}H$

利用起始剂品种的变化，可以合成出不同官能度、不同化学结构和不同功能的聚醚多元醇，以适应聚氨酯制品的多样性变化和性能要求。

（3）催化剂 为使环氧丙烷等有机 α-氧化物顺利开环，必须使用催化剂。促进开环反应的催化剂很多，基本可分为阴离子型催化剂、阳离子型催化剂和金属络合型催化剂三类。目前，在聚氨酯工业聚醚多元醇生产中，主要使用的是阴离子型催化剂的碱金属氢氧化物和阳离子催化剂的路易斯酸。前者多用于制备分子量较低的普通聚醚多元醇，后者则多用于制备高分子量聚醚多元醇及四氢呋喃开环共聚合的特种聚醚多元醇。金属络合型催化剂，则多用于制备超高分子量等规聚醚多元醇，目前，在聚氨酯用聚醚多元醇的合成中仅有少量应用。

最常使用的碱金属氢氧化物是氢氧化钾和氢氧化钠，且以氢氧化钾最受欢迎，因为它的用量少，其大多链端形成羟基，仅有少量端基为烃氧基金属盐，在这两种端基间发生质子交换时，离子电荷从一个增长着的链向另一个链转移时，总是优先转移到较短的链上。因此，所生成的聚醚多元醇产物的分子量分布较窄。当然，聚醚多元醇分子量分布的宽窄，还受到起始剂和单体品种以及合成工艺条件的影响。

常用的阳离子型催化剂的路易斯酸为 $FeCl_3$、$AlCl_3$、$SnCl_4$、BF_3 乙醚络合物。但在聚醚多元醇合成中，容易产生副反应，生成二 烷及二氧戊环，而且羟基存在被酸性阴离子取代的可能性。在聚氨酯工业中，这类催化剂主要用于四氢呋喃催化开环制取聚四亚甲基醚型聚醚多元醇（PTMEG）。

聚醚多元醇基本原料和起始剂的性质列于表 2-15。表 2-16 为有机 α-氧化物聚合催化剂。

表 2-15 聚醚多元醇基本原料、起始剂的性质

化合物名称	形态	沸点/℃	熔点/℃	闪点/℃	毒性及备注
环氧乙烷	无色液体	13～14	−111.3	<0.6	有毒，蒸气刺激眼、鼻黏膜，易燃
环氧丙烷	无色液体	35			易挥发，属一级易燃液体
环氧氯丙烷	无色油状液体	115	−58	34	有毒，具有麻醉性，属二级易燃液体
四氢呋喃	无色透明液体	66	−65	2	属一级易燃液体
丙二醇	无色黏稠液体	187		99	低毒，易燃液体
甘油	透明黏稠液体	290		178	低毒，可燃，有吸湿性
三羟甲基丙烷	结晶或粉末	292	61		有甜味，具有吸湿性
季戊四醇	白色结晶粉末	276①	262		可燃，溶于水
木糖醇	白色结晶体	215～217	61		无毒，有甜味
山梨糖醇	白色结晶粉末		93～97②		无毒、可燃、略有甜味
蔗糖	白色晶体		160～186③		
乙二胺	无色碱性液体	116	8.5	52	有毒，强碱性腐蚀品，属二级易燃品
二乙烯三胺	黄色黏稠液体	207	−39	120	强碱性腐蚀性液体，有毒，不可接触皮肤

①30mmHg（约 3999.66Pa）。②水合物。③分解，即普通食糖。

表 2-16 有机 α-氧化物聚合催化剂

催化剂品种	典型催化剂
碱金属氢氧化物	KOH，NaOH（粉状）
路易斯酸	$FeCl_3$，$AlCl_3$，$SnCl_4$，BF_3
金属烷基氧化物	$Al(OR)_3$，$Zn(OR)_2$，$Fe(OR)_3$
金属烷基氧化物＋金属卤化物	$Al(OR)_3+ZnCl_2$，$Ti(OR)_4+ZnCl_2$
烷氧络合物	$MgAl(OR)_5$，$CaAl(OR)_5$
金属烷基化物	AlR_3，ZnR_2，MgR_2
金属烷基化物＋金属卤化物	AlR_3+FeCl_3，AlR_3+NaF

续表

催化剂品种	典型催化剂
金属烷基化物+水	AlR_3(或 MgR_2,ZnR_2)+H_2O
金属烷基化物+硅酸铝	AlR_3(或 ZnR_2)+Al_2O_3+SiO_2(87∶13)
氧化铝	活性 Al_2O_3
部分水解 $FeCl_3$+氧化丙烯	$FeCl_3$+氧化丙烯+H_2O
碱金属的碳酸盐	$CrCO_3$,$CaCO_3$,$BaCO_3$
氟硼酸酯	BF_3·EtO

2.2.1.2　特种聚醚多元醇

(1) 高活性聚醚多元醇　早期聚氨酯泡沫制品的生产均采用热熟化工艺，为提高生产率、降低成本，在研究各种催化剂的同时，对聚醚多元醇也进行了深入研究，人们发现以环氧丙烷开环聚合生成的聚醚多元醇均为仲羟基，若使它们转化为伯羟基时，反应速率将会极大提高，并在此理论上开发出一类高活性聚醚。由此，推出了冷熟化工艺、反应注射成型、浇注成型等新工艺技术以及自结皮泡沫体、高回弹泡沫体等新产品。

目前，制备高活性聚醚多元醇基本采用两种途径。使用伯羟基或使用氨基取代普通聚醚端基的仲羟基。研究发现：异氰酸酯基团与伯羟基的反应活性要比仲羟基高出3倍。在由氧化丙烯为原料制备普通聚醚时，因其化学结构，决定了它们开环聚合生成聚醚多元醇的端羟基均为仲羟基，而以氧化乙烯为原料时，则生成端基为伯羟基的聚醚多元醇。

在聚氨酯生产中，并不能使用全部端基均为伯羟基的聚醚多元醇，因为完全伯羟基化的聚醚多元醇与异氰酸酯的相容性很差，实际使用起来尚有一定困难。此外，在聚醚的制备中，即使加入超过理论量的氧化乙烯，由于分子结构的位阻效应、氧化乙烯自身的均聚作用、系统内部各反应间的竞争以及工艺条件限制等诸多因素的影响，生成的聚醚也不可能使全部端仲羟基转化为端伯羟基。因此，目前聚氨酯工业中使用的这类高活性聚醚，其端伯羟基含量占全部端羟基数量的40%～80%。其含量依据合成聚醚多元醇分子量的大小而变化，当使用大分子量聚醚时，仲羟基的浓度相应较低，与氧化乙烯反应的转化率也较低，因此，原料聚醚分子量越大，伯羟基的含量越低。

使用氧化乙烯对聚氧化丙烯二醇进行改性产生共聚物，其类型可分为如下3种。

① 在聚氧化丙烯醚二醇分子的两端，由氧化乙烷进行封端，形成二嵌段共聚物，如下所示。在聚氨酯工业中使用的氧化丙烯、氧化乙烯共聚物，大多属于这一类共聚物。

$$RO(CH_2\overset{\displaystyle CH_3}{\overset{|}{C}}HO)_a(CH_2CH_2O)_bH$$

在合成上，一般首先使起始剂和氧化丙烯反应生成中间产物，然后再进一步与氧化乙烯反应进行封端。

② 氧化乙烯链段处在共聚物中间的三嵌段共聚物，典型结构如下，这类结构共聚物的制备基本要经过3步。

$$R-O\!\leftarrow\!CH_2\overset{\displaystyle CH_3}{\overset{|}{C}}H-O\!\rightarrow_a\!\leftarrow\!CH_2CH_2O\!\rightarrow_b\!\leftarrow\!CH_2\overset{\displaystyle CH_3}{\overset{|}{C}}H-O\!\rightarrow_c\!H$$

首先将氧化丙烯和起始剂反应，然后再加入氧化乙烯反应，最后再加入氧化丙烯进行聚合反应。由于氧化乙烯没有氧化丙烯存在的侧甲基，其开环聚合很容易进行，故在适当的碱性催化剂存在下能制备高分子量共聚醚，同时，应当指出，氧化乙烯并不能平均分布在所有的分子链上，此类共聚物的分子量分布相对较宽。

一般，以伯羟基封端的聚氧化丙烯醚醇，通常在室温下为清澈透明的液体，但随着共聚物中氧化乙烯链段长度的增加，聚醚多元醇的透明性逐渐减弱，而当氧化乙烯含量达到20%～25%时，产品将会变得浑浊，如超过 30%，则会因氧化乙烯链节单元间的相互作用而逐渐成为蜡状白色固体。

③ 混合嵌段共聚物。该类共聚物是氧化丙烯和氧化乙烯混合后进行聚合的。在其分子链中两种原料形成的链节并非完全是无规分布，用先混合后再聚合的方法制备的聚醚多元醇，当氧化乙烯含量少于 50%时，仍然主要是仲羟基封端。这类共聚物虽未能提高反应活性，但却可以改善它与其他组分的互溶能力。人们在基础研究中发现，异氰酸酯基团与氨基的反应速率要比水高出近 200 倍，那么，将传统聚醚的仲羟基端基转化成氨基，无疑也是提高聚醚反应活性的好办法。以端氨基封端聚醚的合成方法有许多公司发表过专利。但基本途径是分步反应法，即首先合成出至少 15%伯羟基封端的普通聚醚多元醇，然后再用氨和氢气进行催化还原或与 4-氨基苯甲酸反应制得。前者通常是使用液氨和雷尼镍系催化剂（如 Ni/Cu/Cr 催化剂），氢气，在 250℃、20MPa 压力下反应。后者是在溶剂中于 230℃及催化剂存在下反应。目前，对于聚氨酯工业的端氨基聚醚大多使用前一种办法制备。

由于伯胺与异氰酸酯反应速率太快，不易控制，早期，这类高活性聚醚在聚氨酯工业上的应用受到了限制。20 世纪 80 年代以来，随着 RIM 工艺的发展，这类高活性聚醚获得了较大发展。例如，使用高分子量氨基封端聚醚和芳胺类扩链剂与异氰酸酯使用 RIM 机械反应而生成聚脲弹性体。这种称为聚脲 RIM 工艺和产品，因反应速度快，生产周期短，容易脱模，产品耐温性能好等优点，获得人们的欢迎。同时也极大地促进了氨基聚醚的快速发展。

（2）阻燃型聚醚多元醇　阻燃型聚氨酯材料研究主要从两个方向展开：使用含阻燃性元素的异氰酸酯；使用含有阻燃元素的有机聚醇和添加有机或无机阻燃助剂。前二者，都在参与反应的主要成分结构中含有阻燃性元素，经过化学反应而进入聚合物分子链，阻燃性能持久，使用寿命长。后者是物理性掺混，生产操作简单，成本低，但材料随使用时间的延长，阻燃效果会逐渐减弱。

在最近 20～30 年中，围绕聚氨酯行业，在普通聚醚多元醇的基础上，相继开发了许多含有磷、锑、硼及卤素的阻燃性聚醚多元醇。这类聚醚多元醇制备的主要途径有三种。

① 使用含阻燃元素的化合物作为起始剂，如三氯氧磷、五氧化二磷、四羟甲基氯化磷以及许多低分子量的磷酸酯等，与普通低分子多元醇反应，再与氧化丙烯、氧化乙烯进行开环聚合，使阻燃元素直接嵌入聚醚分子结构中。

以三氯氧磷、丙三醇和氧化丙烯开环聚合为例，反应式如下：

$$O{=}PCl_3 + 2\begin{matrix}CH_2-OH\\ |\\ CH-OH\\ |\\ CH_2-OH\end{matrix} + n\,\underset{\diagdown O \diagup}{CH_2-CH-CH_3} \longrightarrow$$

$$H\left(O-\overset{CH_3}{\overset{|}{C}}HCH_2\right)_n O-CH_2-\overset{CH_3}{\overset{|}{C}H}-CH_2-O-\underset{\underset{O-CH_2\underset{\underset{Cl}{|}}{C}H-CH_3}{|}}{\overset{O}{\overset{\|}{P}}}-O-CH_2\overset{CH_3}{\overset{|}{C}}HCH_2O\left(CH_2\overset{CH_3}{\overset{|}{C}}HO\right)_n H$$

将三氯氧磷逐步滴加至已加热到70℃的丙三醇中，控制反应温度不超过90℃，滴加完后于80℃下，维持反应30min，减压脱除反应中放出的氯化氢气体，然后进行第二阶段反应，在75～90℃温度下，逐步滴加氧化丙烯进行开环聚合反应，再后经减压等后处理程序，制备含氯、含磷的阻燃型聚醚多元醇。

② 使用含卤素的环氧化合物单体为原料进行开环聚合。常用的这类化合物有环氧氯丙烷、环氧氯乙烷、环氧氯丁烷等。这些含有氯原子的单体，通过开环聚合，使氯原子直接嵌入聚醚分子链中，生成含卤素的阻燃型聚醚多元醇。

$$n\,\underset{\backslash\,O\,/}{CH_2-\overset{\overset{CH_2Cl}{|}}{CH}} + n\ HO\sim\sim R\sim\sim \xrightarrow{BF_3\cdot[(C_2H_5)_2O]} \sim\sim R-O\!\left(\overset{\overset{CH_2Cl}{|}}{C}HCH_2O\right)_n\!H$$

③ 同时使用含卤素聚合单体和含磷、锑等化合物与起始剂混合物进行开环聚合反应，生成含有多种阻燃元素构成的复合型阻燃聚醚多元醇。

例如，将3mol甘油和适量的三氯化锑投入干燥的反应釜中，在70～80℃下，逐步滴加1mol三氯氧磷，滴加完后在80～90℃下保温反应1h，然后减压脱除反应中生成的氯化氢。第二步是往系统中滴加环氧氯丙烷7mol，控制反应温度不得超过110～20℃，并维持反应1～2h，所得产品经过必要的后处理工序，可获得阻燃效果甚佳的阻燃型聚醚多元醇。该聚醚含磷量约3%，含氯量30%～40%，含锑量约10%～15%。由于这种聚醚含有3种阻燃元素，使得由它们生成的聚氨酯材料具备优异的阻燃功能。它既具备磷、锑元素在火焰材料表面能生成一层致密的"炭化防护层"，阻止火焰向内部进一步燃烧，同时，还具备卤素聚醚高温下能分解出卤化烃类气体，隔绝外部空气中的氧，达到良好的阻燃目的。

(3) 接枝型聚醚多元醇　接枝改性型聚醚多元醇基本是以普通或高活性聚醚多元醇为母体，或以不饱和键聚醚多元醇为母体，与乙烯基单体化合物进行一步共聚或二步共聚反应生成的含自聚合物微粒分散体的接枝共聚醚多元醇，除了含有未被改性的聚醚多元醇和聚合物微粒分散相以外，还包括十分重要的第三组分，即聚醚多元醇和乙烯基单体化合物按下式反应生成的接枝共聚物。

$$\left(OCH_2\overset{\overset{CH_3}{|}}{C}H\right)_n + m\ CH_2{=}\overset{\overset{X}{|}}{C}H \xrightarrow[80\sim135℃]{自由基引发剂} -O-CH_2-\underset{\underset{\left(CH_2-\underset{\underset{X}{|}}{C}H\right)_m\left(CH_2\underset{\underset{X}{|}}{C}H\right)}{|}}{\overset{\overset{CH_3}{|}}{C}}-\left(O-CH_2\overset{\overset{CH_3}{|}}{C}H\right)_n$$

在聚合物多元醇中，虽然接枝共聚物的浓度较低，但却能使分散相十分稳定。例如，含有20%丙烯腈接枝共聚物的聚醚分散相，即使在室温下存3年之久该体系也不会产生分层。它能有效地防止分散的聚合物微粒相互紧密靠近而产生凝聚。

单体的选择必须根据烯类聚合物和多元醇的相容性以及能否生成使体系稳定的接枝共聚醚的数量而定。常用的乙烯基单体有丙烯腈、苯乙烯、氯乙烯、偏氯乙烯、醋酸乙烯酯、丙烯酸酯、甲基丙烯酸酯、乙烯基醚、丁二烯等。

接枝型聚醚多元醇最基本的原材料体系可分为3种类型，见图2-2。

Ⅰ型和Ⅱ型为接枝改性聚醚多元醇，简称为聚合物多元醇，Ⅲ型接枝改性聚醚简称为PHD多元醇（PHD为聚脲分散体的德文缩写）。

典型POP商品有关性能列于表2-17。

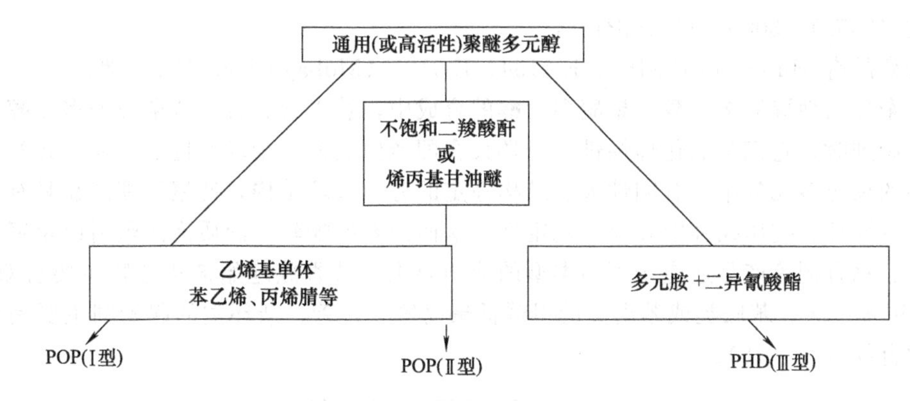

图 2-2　接枝改性型聚醚多元醇分类

表 2-17　典型 POP 产品及性能

牌　号	羟值/[mg(KOH)/g]	水分/%	pH 值	黏度(25℃)/mPa·s	固含量/%	备　注
Niax® 31-28	28				21	丙烯腈/苯乙烯:100/0
34-28	28				21	丙烯腈/苯乙烯:55.5/44.5
35-25	25.6				28	丙烯腈/苯乙烯:77/33
E608					28	
E690					28	
VORANOL®						
V3935	31	0.08		3000		分子量 3100
XAS 10952.01	26.3	0.08		3600		分子量 3600
TPOP 31-28	26～30	≤0.05	7～10	≤5000		与各种软质 PPG 混用
36-28	25～29	≤0.05	6～9	≤3500		黏度低、加工性好
36-42	40～45	≤0.05	6～9	≤2500		用于热模塑高硬度配方
36-45	39～44	≤0.05	6～9	≤2500		用于软质高硬度块泡
93-28	40～45	≤0.05	8～9	≤3000	28	高固含量(28%)POP
POP 31-28	26～29			≤5000		
36-28	25～29			≤3500		
36-42	40～45			≤2500		
GPOP 31-28	25～31	≤0.08	7～10	≤5000		
36-28	24～30	≤0.08	6～9	≤3500		
36-28G	24～30	≤0.08	6～9	≤4000		
36-45	38～45	≤0.08	6～9	≤3500		
96-30	21～27	≤0.10	6～9	≤4000		
96-36	31.5～37.5	≤0.10				
96-42	27～31	≤0.08	6～9	≤5200	42	
GP 101	26～32	≤0.10		≤3000		
102	24～30	≤0.10		≤3500		
201	30～36	≤0.10		≤5000		
4417	43～49	<0.10		≤1700		

目前，PHD 多元醇主要用于聚氨酯软质、半硬质泡沫塑料和聚氨酯弹性体等制品。国外典型的商品性能如下：

羟值：28mg(KOH)/g　　　　平均分子量：约 6000

聚脲含量：20%　　　　pH 值：8～9

黏度（25℃）：3000～4000mPa·s

典型商品有 Multranol E-9151、E-9154、E-9128（Mobay Chem. Co.）等。

（4）杂环改性聚醚多元醇　聚醚多元醇的合成中，若以含有芳环或杂环的多元醇、多元胺等为起始剂时，它们与氧化烯烃进行开环聚合即能生成芳、杂环改性的聚醚多元醇，由于这类改性的聚醚多元醇中含有刚性大、结构稳定的芳、杂环结构，使聚氨酯产品具有较高的耐热性、耐燃性、抗压缩强度和尺寸稳定性，从而使聚氨酯软、硬质泡沫塑料以及聚氨酯橡胶、涂料、黏合剂等产品适应于不同类型的使用要求。芳香族起始剂化合物主要有双酚 A、双酚 S、甲苯二胺、苯胺类或苯酚类的甲醛低聚物等。含芳、杂环类的起始剂主要是异氰尿酸酯类化合物（表 2-18）。

表 2-18　芳环、杂环化合物起始剂

名　称	化学结构式
双酚 A	$HO-C_6H_4-C(CH_3)_2-C_6H_4-OH$
双酚 S	$HO-C_6H_4-S-C_6H_4-OH$
甲苯二胺	$H_2N-C_6H_3(NH_2)-CH_3$
苯酚甲醛低聚物	$C_6H_4(OH)-CH_2-[C_6H_3(OH)-CH_2]_n-C_6H_4(OH)$
苯胺甲醛低聚物	$C_6H_4(NH_2)-CH_2-[C_6H_3(NH_2)-CH_2]_n-C_6H_4(NH_2)$
壬基苯酚-甲醛-二异丙醇胺缩合物	$CH_3(CH_2)_8-C_6H_3(OH)-CH_2-N[CH_2CH(OH)CH_3]_2$
三(2-羟乙基)异氰尿酸酯	异氰尿酸酯环（三个 $C=O$），三个 N 上各连 $(CH_2)_2OH$

我国也有一些单位曾对芳杂环改性聚醚多元醇进行了研究和合成，采用二步法合成了这类聚醚。首先使用苯酚、甲醛和二乙醇胺进行的曼尼希反应合成含有芳环结构的起始剂化合物。

$$C_6H_5OH + CH_2O + HN(CH_2CH_2OH)_2 \longrightarrow HO\text{-}C_6H_4\text{-}CH_2N(CH_2CH_2OH)_2 + H_2O$$

按比例将苯酚、二乙醇胺搅拌混合好后，将稍过量的甲醛缓慢加入，升温至 60～90℃；反应 2h 后于 80～90℃真空脱除反应生成的水，即获得芳胺缩合物的起始剂。该起始剂为异构体，甲胺基团位置可以连接在苯环羟基的邻位，也可连接在它的对位上。

第二步是将芳胺起始剂与氧化丙烯进行阴离子型开环聚合反应生成芳胺改性聚醚多元醇，它与普通氧化丙烯开环聚合相比，因芳胺起始制含有叔氨基．具有一定的催化作用，因此，往该开环聚合反应中无需添加任何催化剂，也能确保反应顺利进行。

$$HO\text{-}C_6H_4\text{-}CH_2N(CH_2CH_2OH)_2 + (n+m)\ CH_2\text{—}CHCH_3\ (\text{O}) \longrightarrow$$

$$H\text{+}OCH(CH_3)CH_2\text{+}_nO\text{-}C_6H_4\text{-}CH_2N{\Large<}^{CH_2CH_2OH}_{CH_2CH_2O\text{+}CH_2CH(CH_3)\text{—}O\text{+}_mH}$$

在干燥的聚合反应釜中加入定量的芳胺起始剂和氧化丙烯，升温 60～100℃进行反应，直至釜内压力降至零后再继续反应 0.5h，使反应完全。然后减压脱除未反应的氧化丙烯和低聚物后即可获得浅黄色黏稠液体状的芳胺改性聚醚多元醇。该产品合成的最大特点是不使用传统的强酸或强碱性催化剂，因此无需中和、水洗、过滤等后处理工序，而这些工序也正是传统聚醚合成中最繁杂、最易造成环境污染的生产环节。

(5) 聚四氢呋喃多元醇　聚四氢呋喃型聚醚多元醇是端基为伯羟基的线型或支化的特种聚醚多元醇。由于它高性能链段结构，虽然价格较贵，但它能赋予聚氨酯材料优异的低温柔韧性、耐磨性，且耐水解，耐霉菌，机械强度高，回弹性能优异，因此使用它主要用于制备高性能的聚氨酯纤维、热塑胶、合成革等制品。在通常情况下四氢呋喃单体是稳定的，常用作溶剂。构成环的张力不大，主要是氢原子间相互排斥力形成的．其张力值大约为 23.4kJ/mol；聚合自由能 ΔG 值为－8 4～－3.4kJ/mol。在阳离子催化剂存在下开环聚合，链引发形成氧　离子，继续进行链增长反应，最后加入水、低分子醇或醚，使链增长停留在一定程度。这些水、醇、醚可称为链转移剂或链终止剂。水解产物称为聚四亚甲基醚二醇（简称 PTMEG)。

虽然该聚醚分子中的醚键对碱性介质有良好的稳定性，但对酸性介质的稳定性较差，易发生热氧化降解（空气中的降解活化能约为 122kJ/mol)，故产品中应添加酚类抗氧剂。

PTMEG 分子链中醚键的存在使其分子柔顺性好，对极性溶剂有较好的溶解性，故是制备高品质聚氨酯产品的重要原料之一。目前世界上最大的生产供应公司是美国杜邦公司，它以多种规格供应市场（见表 2-19)。它基本有两个系列：均聚型聚四氧呋喃醚多元醇和以四氢呋喃和氧化丙烯等共聚合生成的共聚型聚四氢呋喃醚醚多元醇。表 2-20 为日本保土谷化学（株）商品 PTMEG 物理性质。

表 2-19　美国杜邦公司 PTMEG 商品典型性能（商品名 TERATHANE）

产品系列	650	1000	2000	2900
分子量	600～700	950～1050	1900～2100	2825～2975
羟值/[mg(KOH)/g]	160～187	107～118	53～59	37～40
黏度(40℃)/mPa·s	100～200	260～320	950～1450	3200～4200
密度(40℃)/(g/cm^3)	0.978	0.974	0.972	0.97
熔点/℃	11～19	25～33	28～40	30～43
色泽(APHA)	<50	<40	<40	<50
折射率 n_D^{25}	1.462	1.463～1.465	1.464	1.464
水含量(质量)/%	<0.025	<0.025	<0.025	<0.025
灰分含量(质量)/%	<0.001	<0.001	<0.001	<0.01
铁含量/(mg/kg)	<1	<1	<1	<1
过氧化物含量(以 H_2O_2 计)/(mg/kg)	<5	<5	<5	<5

表 2-20　日本保土谷化学（株）商品 PTMEG 物理性质

牌　号		PTG1000	PTG1000SN	PTG2000	PTG2000SN
平均分子量		1000	1000	2000	2000
分子量分布 M_w/M_n		2.1	2.0	1.6	1.4
羟值/(mgKOH/g)		112	112	56	56
酸值/(mgKOH/g)		0.05	0.05	0.05	0.05
水分/%	≤	0.02	0.02	0.02	0.02
色泽/APHA	≤	50	50	50	50
凝固点/℃		18～22	18～22	22～25	22～25
沸点/℃	≥	204	204	204	204
闪点(开杯)/℃	≥	260	260	260	260
相对密度 d_4^{40}		0.976	0.976	0.974	0.974
黏度(40℃)/mPa·s		366	272	1320	960
比热容/[kcal/(kg·℃)]		0.504	0.504	0.498	0.498

（6）组合聚醚多元醇　组合聚醚是近十几年为适用市场需要发展起来的专用性极强的产品，它是以一种或多种聚醚（或聚酯）多元醇，配合专用催化剂、泡沫稳定剂以及发泡剂等助剂，在工厂里经二次复配加工而成。目前，大部分原料生产公司都设立了组合聚醚（聚酯）多元醇专门的混配工厂，向聚氨酯制品生产单位提供各种定向专一、品质稳定的组合聚醚（聚酯）多元醇。

目前组合聚醇主要用于大批量机械生产的专一性聚氨酯泡沫塑料制品，如冰箱、冷藏柜专用的硬泡用组合聚醚；连续法、箱式法生产专用的软质泡沫塑料组合聚醚；各种聚氨酯鞋底用组合聚酯以及用于生产模塑冷熟化、半硬质泡沫塑料，自结皮泡沫塑料以及 RIM 泡沫制品的专用组合聚醚（聚酯）多元醇等。

组合聚醇的上要成分如下：①聚醚（或聚酯）多元醇，有单一的，也有多种规格聚醇配合使用的；②聚合物多元醇；③交联剂，通常为低分子二元醇；④催化剂，多为复配催化剂体系；⑤发泡剂；⑥泡沫稳定剂和开孔剂；⑦防老剂、阻燃剂等助剂；⑧色浆等。

组合聚醇的主要原料是一种或多种聚醇及聚合物多元醇，分别由各自的几个贮罐用计量泵按比例输入混配釜中，在40～50℃及干燥氮气的保护下搅拌，各种配合助剂经贮罐和计量量筒依次计量加至混配釜中，混配后放入调整釜中，根据实际需要及批次混配的差距做必要的细微调整。

(7) 农林副产衍生的聚醇化合物　在传统聚醇化合物发展的同时，对其他来源的聚醇化合物的合成和拓展研究也在不断深入。其中以农、林等产业衍生的聚醇产物在聚氨酯材料合成中，以其来源广泛、价格低廉、合成方便等优点，受到聚氨酯行业的关注。

① 蓖麻油、木焦油类聚醇化合物　蓖麻油是植物蓖麻种子经榨制或溶剂萃取等方法提取的产物。从化学组成讲，它是十八碳烯酸的甘油酯类混合物，它由大约70%的纯甘油三蓖麻酸酯和大约30%的甘油二蓖麻酸一单油酸酯或单亚油酸酯组成，而在其脂肪酸链中含有约90%的9-烯基-12羟基十八酸和约10%的不含羟基的油酸和亚油酸。蓖麻油的基本化学通式如下：

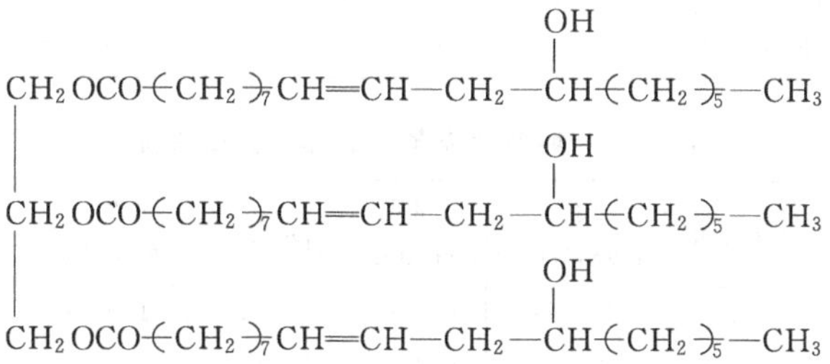

$$
\begin{array}{l}
CH_2OCO\text{-}(CH_2)_7CH{=}CH{-}CH_2{-}\underset{}{\overset{OH}{\overset{|}{C}H}}\text{-}(CH_2)_5{-}CH_3 \\
| \\
CH_2OCO\text{-}(CH_2)_7CH{=}CH{-}CH_2{-}\overset{OH}{\overset{|}{C}H}\text{-}(CH_2)_5{-}CH_3 \\
| \\
CH_2OCO\text{-}(CH_2)_7CH{=}CH{-}CH_2{-}\overset{OH}{\overset{|}{C}H}\text{-}(CH_2)_5{-}CH_3
\end{array}
$$

从以上的化学结构中可以看出，这类化合物含存酯基、烯键和羟基及较长的烷基长链结构，其羟基含量约为4.94%。原始蓖麻油经过活性白土漂制可制取适宜聚氨酯使用的蓖麻油聚醇，羟值约为163mgKOH/g，平均官能度约2.7。蓖麻油中的羟基可以与异氰酸酯反应生成氨基甲酸酯基团，它的烷烃长链结构也能赋予聚氨酯优良的耐水性能和柔顺性。故其在聚氨酯早期的开发中就已被用于聚氨酯涂料、电器灌封等材料中，并在不断的研究中进行多方面改性，使这种原料应用范围得到进一步扩大。目前在聚氨酯涂料等领域中使用的蓖麻油聚醇多是利用低分子量醇类化合物进行酯交换的改性产物。低分子醇类有丙三醇、乙二醇、三羟甲基丙烷、季戊四醇等。例如将蓖麻油与甘油在200℃以上反应进行酯交换，生成的甘油酯衍生物使产物中伯羟基含量增加，反应活性提高。以这类原料制备聚氨酯涂料具备极其优异的耐水性能。木材干馏处理可以获得水焦油，其主要是由酚类、有机酸和烃类物质组成的混合物，它含有大量羟基，因此能与异氰酸酯反应生成聚氨酯，但因木材品种不同，获得的木焦油成分也大不相同，一般使用它与普通聚氧化丙烯醚醇反应制备成由木焦油改性的聚醚多元醇，主要应用于制备聚氨酯涂料、防水材料和硬质泡沫塑料。值得指出的是，由木焦油为基础制备的聚氨酯硬质泡沫体具有极其优良的抗水汽渗透性，是用于冰箱、冷库、冷藏车等优良的绝热保温材料。

② 淀粉基聚醚多元醇　淀粉是来源极其丰富的农产品，价格便宜，运输方便，进行深度加工也比较简单，以此为基础也可以生产聚氨酯用的特种聚醇。这类聚醚多元醇虽然与蔗糖型聚醚含有类似的结构，但它的碳水化合物含量高，呈单环结构，熔融温度高。另外，这种聚醚比蔗糖型聚醚黏度低约2/3，有利于制品的加工生产，聚氨酯硬质泡沫塑料具有较好的耐热性和化学稳定性，加之基础原料来源广、价格便宜，使它也能在绝热保温材料的应用中获得某些优势。

2.2.2 聚酯多元醇

聚氨酯工业使用的聚酯多元醇多是分子量1000～3000的双官能度线型聚合物，在室温下通常为蜡状固体。在某些产品的应用中，也使用有一定支化度的聚酯多元醇。德国Bayer公司聚酯多元醇产品及中国烟台合成革厂聚酯多元醇产品及性能分别见表2-21、表2-22。

表2-21 Bayer公司生产的几种典型聚酯多元醇性能

基本原料	平均分子量	羟值/(mgKOH/g)	酸值/(mgKOH/g)	黏度(75℃)/mPa·s	水分/%	应用
己二酸-乙二醇	2000	52～58	1.0	500～600	0.3	弹性体
己二酸二乙二醇、三甲醇代丙烷	2400	57～63	1.5	920～1075	0.1	软泡
己二酸二乙二醇	2750	38～45	1.0	700～800	0.1	涂料
己二酸、邻苯二甲酸、油酸-三甲醇代丙烷	930	350～390	1.0	1300～1550	0.15	硬泡
己二酸、邻苯二甲酸丙二醇、丙三醇	1000	205～221	2.8	570～750	0.1	半硬泡
邻苯二甲酸、顺丁烯二酸-三甲醇代丙烷	2450	250～270	4.0	1700(15℃)	0.1	涂料

表2-22 烟台合成革厂聚酯多元醇性能

牌号	醇化合物	分子量	羟值/(mgKOH/g)	酸值/(mgKOH/g)	水分/%	色度/APHA	黏度(75℃)/mPa·s	应用
CMA 24	乙二醇	2000	53～59	0.1～0.8	<0.03	180		干法人造革
CMA 1024		1000	106～118	0.1～0.8	<0.03	180		干法人造革
CMA 44		2000	53～59	0.1～0.8	<0.03	180		干法人造革
CMA 1044	丁二醇	1000	106～118	0.1～0.8	<0.03	180		干法人造革
CMA 44-600		580	185～205	0.1～1.0	<0.07	180		干法人造革
CMA 244		2000	53～59	0.1～0.8	<0.03	180	625～775(40℃)	鞋用
MX 785	乙二醇/丁二醇	1500	71～79	0.1～0.8	<0.03	180	1700～2300(40℃)	鞋用
MX 355		1000	106～118	0.1～0.8	<0.03	180	600～1000	干法人造革、鞋用
CMA 254		2000	53～59	0.1～0.8	<0.03	180		干法人造革、鞋用
MX 2016	乙二醇/二乙二醇	2000	53～59	0.1～0.8	<0.03	180	500～750	鞋用
MX 706		1500	71～79	0.1～0.8	<0.03	180	1500～2000(40℃)	鞋用
MX 2325	其他二元醇	2000	57～63	0.1～0.8	<0.03	180	1000～1600	鞋用
CMA 654		1500	71～79	0.1～0.8	<0.03	180		干法人造革
ODX 218		2000	53.5～58.5	0.3～0.5	≤0.025	180		合成革

聚ε-己内酯多元醇是继普通醇酸反应合成的端羟基聚酯多元醇之后新发展起来的重要的聚酯新品种。它在聚氨酯材料的应用中，属特种聚酯系列。我国对聚己内酯多元醇的研究起步较晚，1983年山西省化工研究所首先开展了聚己内酯多元醇合成及其聚氨酯材料的研究。该类聚酯多元醇合成的催化剂为四丁基钛酸酯，起始剂为1,4-丁二醇和三甲醇代丙烷。反应物料在160～180℃温度及干燥氮气保护下进行开环聚合反应合成出聚己内酯多元醇，生产ε-己内酯单体和聚己内酯多元醇的国外厂家主要集中在美、英、日等国。表2-23列出美国UCC公司生产的聚己内酯多元醇的主要性能。表2-24列出Solvay Interox公司生产的聚己内酯多元醇的指标。

表 2-23　美国 UCC 公司聚己内酯多元醇的主要性能

牌号 Miax Polyol	PCP 0200	PCP 0210	PCP 0230	PCP 0240	PCP 0300	PCP 0301	PCP 0310
平均分子量	530	830	1250	2000	540	300	900
官能度	2	2	2	2	3	3	3
熔点/℃	30～40	35～45	37～42	45～55	15～20	<0	27～32
密度(40℃)/(g/cm³)	1.083	1.083	1.084	1.081	1.085	1.086	1.084
黏度(40℃)/mPa·s	165	300	330	—	470	580	560
羟值/(mgKOH/g)	212	135	920	56.1	310	560	187
酸值/(mgKOH/g)	0.3	0.3	0.3	0.3	0.3	0.3	0.3
水含量/%	0.03	0.03	0.03	0.03	0.03	0.03	0.03
色度(Pt-Co)	50	50	50	50	50	50	50
闪点(开口法)/℃	292	311	289	320	270	272	250

表 2-24　Solvay Interox 公司聚己内酯多元醇指标

产品牌号 CAPA	起始剂	分子量	羟值/(mgKOH/g)	酸值/(mgKOH/g)	形态	熔点/℃	应用及特点
200	二乙二醇	550	204	<0.5	液态	18～23	弹性体,优质涂料
203	1,4-丁二醇	400	280	<0.5	液态	0～10	弹性体,优质涂料
205	二乙二醇	830	135	<0.5	浆状	25～30	弹性体,织物涂层
210	新戊醇	1000	112	<0.5	浆状	30～40	弹性体,织物涂层
212	新戊醇	1000	112	<0.1	浆状	30～40	弹性体,织物涂层
214	新戊醇	1000	112	<0.1	浆状	30～40	弹性体,织物涂层
215	二乙二醇	1250	90	<0.5	蜡状	35～45	弹性体,织物涂层
216	新戊醇	1250	90	<0.5	蜡状	35～45	弹性体,织物涂层
217	二乙二醇	1250	90	<0.1	蜡状	35～45	弹性体,织物涂层
218	新戊醇	1900	53	<0.5	蜡状	35～45	
220	新戊醇	2000	56	<0.5	蜡状	40～50	弹性体,TPU,微孔泡沫
222	新戊醇	2000	56	<0.1	蜡状	40～50	弹性体,TPU,微孔泡沫
223	新戊醇	2000	56	<0.5	蜡状	40～50	弹性体,TPU,微孔泡沫
225	新戊醇	2000	56	<0.1	蜡状	40～50	弹性体,TPU,微孔泡沫
231	1,4-丁二醇	3000	37	<0.5	蜡状	50～60	黏合剂 TPU
240	1,4-丁二醇	4000	28	<0.5	蜡状	55～60	黏合剂 TPU
720	PTMEG	2000	56	<0.1	浆状	30～35	弹性体,TPU,微孔泡沫
301	三甲醇代丙烷	300	560	<0.1	液态	0～10	优质涂料
304	二乙二醇/丙三醇	240	540	<0.1	液态	0～10	优质涂料
305	三甲醇代丙烷	540	310	<0.1	液态	0～10	优质涂料
310	三甲醇代丙烷	900	183	<0.1	液态	0～10	优质涂料
316	季戊四醇	1000	218	<0.1	液态	10～10	优质涂料

2.3　助剂

2.3.1　催化剂

聚氨酯用的催化制按其化学结构类型基本可分为叔胺类催化剂和金属烷基化合物类两大类。叔胺类催化剂主要又可分为脂肪胺类、脂环胺类、芳香胺类和醇胺类及其胺盐类化合物。金属烷基化合物主要有铋、铅、锡、钛、锑、汞、锌等金属烷基化合物。

作为聚氨酯工业使用的催化剂，其使用原则不仅要根据催化剂的催化活性大小，同时还要考虑使用状态、化学品毒性、与其他原料组分的互溶能力、使用浓度和成本价格，在反应原料体系中的贮存运输中的化学稳定性，催化剂残留在制品中对聚合物性能是否有损害性影响等因素。虽然，目前开发的聚氨酯用催化剂的品种很多，但在实际聚氨酯工业生产中，最常用的仅有十几种。

(1) 叔胺类催化剂　对聚氨酯，尤其是聚氨酯泡沫体合成中的—NCO与水和—NCO与端羟基聚酯、聚醚多元醇的两个主要反应，叔胺类催化剂都有很强的催化作用，尤其是对—NCO与—OH反应的催化作用更加明显。前者能促进聚合物分子链迅速增长，黏度快速增加，泡沫网络骨架强度迅速提高。后者能促进—NCO与水反应，迅速产生二氧化碳气体，使聚合物体积迅速增大、膨胀。

作为聚氨酯催化剂的叔胺类化合物，品种很多，根据其化学结构基本可分为脂肪胺类、脂环胺类和芳香胺类三大类，其中在聚氨酯工业中使用最多的是三亚乙基二胺、*N*-烷基吗啉、双（2甲基氧基乙基）醚等。主要叔胺化合物催化剂列于表2-25中。

表2-25　主要叔胺化合物催化剂

化学名称	结构式	pK_a	相对催化活性	沸点/℃	备注
脂肪胺类					
三乙胺	$H_3CH_2CN(C_2H_5)_2$	10.65	3.32	90	氨味强烈
N,*N*-二甲基十六烷基胺	$C_{16}H_{33}N(CH_3)_2$			90	水中溶解度大，蒸气压高，发泡快，但初期黏度增长慢，气体易逃逸
二亚乙基三胺	$HN(C_2H_4NH_2)_2$				无色至淡黄色黏稠液，呈强碱性
二甲基苄胺	C_6H_5—$CH_2N(CH_3)_2$				
N,*N*,*N′*,*N′*-四甲基亚甲基二胺	$(CH_3)_2NCH_2N(CH_3)_2$				
N,*N*,*N′*,*N′*-四乙基亚甲基二胺	$(C_2H_5)_2NCH_2N(C_2H_5)_2$	10.6	0.085		
N,*N*,*N′*,*N′*-四甲基亚乙基二胺	$(CH_3)_2NCH_2CH_2N(CH_3)_2$				硬泡用
N,*N*,*N′*,*N′*-四甲基亚丙基二胺	$(CH_3)_2NCH_2CH_2CH_2N(CH_3)_2$	9.8	4.15		
N,*N*,*N′*,*N′*-四甲基亚丁基二胺	$(CH_3)_2NC_4H_8N(CH_3)_2$				

续表

化学名称	结构式	pK_a	相对催化活性	沸点/℃	备注
N,N,N′,N′,N″-五甲基二亚乙基三胺	$(CH_3)_2NC_2H_4N(CH_3)—C_2H_4N(CH_3)_2$				
双(2-甲基氨基乙基)醚	$(CH_3)_2NC_2H_4OC_2H_4N(CH_3)_2$				
脂环胺类					
三亚乙基二胺	$N(CH_2CH_2)_3N$	8.6	23.9	174	轻微氨味
N-甲基吗啉	$O(CH_2CH_2)_2N—CH_3$	1.0	7.4	115	
N-乙基吗啉	$O(CH_2CH_2)_2N—C_2H_5$				无色透明液体
N-2 羟基丙基二甲基吗啉		9.95		122℃ (20mmHg)	
N,N′-二乙基-2-甲基哌嗪	$H_5C_2N(CH(CH_3)—CH_2)(CH_2—CH_2)NC_2H_5$	10.7		186	轻微氨味
N,N′-双(α-羟丙基)2-甲基哌嗪	$H_5C_2CH(OH)N(CH(CH_3)—CH_2)(CH_2—CH_2)N—CH(OH)C_2H_5$				
N, N′-二甲基哌嗪	$H_3CN(CH_2CH_2)_2NCH_3$				
N,N′-二甲基环己胺	$(H_3C)_2N—CH(CH_2CH_2)_2CH_2$	10.0	0.7		
醇胺类					
乙醇胺	$HOC_2H_4NH_2$				无色黏稠液，强碱性
二乙醇胺	$HN(C_2H_4OH)_2$				浅黄色黏稠液或白色菱状结晶
三乙醇胺	$HOC_2H_4N(C_2H_4OH)_2$				无色至黄色黏稠液，强碱性
二甲基乙醇胺	$(H_3C)_2N—C_2H_4OH$	11.0		135	氨味强烈

续表

化学名称	结构式	pK_a	相对催化活性	沸点/℃	备注
芳胺类					
吡啶	(吡啶环结构)	5.29	0.25	114	无色透明液，有特殊臭味
二甲基吡啶	H_3C—(吡啶环)—CH_3			157	无色透明液体

叔胺化合物中氨基的3个氢原子被斥电子基及空间位阻效应较大的烷基所取代，在多种因素的影响下，虽然叔胺表现的碱性不如伯胺、仲胺强，但氮原子上特殊取代基结构，使它们成为聚氨酯合成中优秀的催化剂品种，其相对催化活性见表2-26。

表2-26 胺类催化剂的相对催化活性

催化剂	分子结构	pK_a	相对催化活性
三亚乙基二胺	$N(CH_2CH_2)_3N$	5.4	23.9
N-甲基吗啉	$H_3C—N(CH_2CH_2)_2O$	7.4	1.0
N,*N*-二甲基环己胺	$(H_3C)_2N—CH(CH_2CH_2)_2CH_2$	10.0	0.7
N,*N*,*N*′,*N*′-四甲基亚甲基二胺	$(H_3C)_2N—CH_2—N(CH_3)_2$	10.6	0.086

从表中可以看出：虽然*N*,*N*,*N*′,*N*′-四乙基亚甲基二胺的离解常数负对数（pK_a）高于其他催化剂，并和三乙胺相近，但它的催化活性都很低，作为胺类催化剂的碱度（pK_a），它是电子效应的结果，即受氮原子上取代基电子效应影响，供电子取代基将会使胺的pK_a值增加，会使催化活性提高。但同时也必须考虑取代基的位阻效应，取代基位阻效应大，则会使催化活性下降，*N*,*N*,*N*′,*N*′-四乙基亚甲基二胺，虽然pK_a值较高，但是由于氮原子上4个体积庞大的乙基取代基的空间障碍作用，使它的催化活性大大下降。相比之下，三乙胺不但碱性强，而且位阻效应小，显示出强烈的催化活性。三亚乙基二胺是具有特殊化学结构的叔胺，它的两个氮原子连接在三个亚乙基上，形成结构非常紧密且又十分对称的双环分子的笼式构造，同时，在氮原子上没有连接任何取代基，使完全暴露的氮原子上的一对空电子更容易接近—NCO基团，生成极不稳定的络合物，对异氰酸酯的反应起到强烈的催化作用。它是目前聚氨酯工业中最重要的催化剂之一。

在聚氨酯工业中，使用最广泛的叔胺类催化剂是三亚乙基二胺。其纯化学品的熔点为154℃，沸点174℃，易升华，易溶于水和多种有机溶剂，极易吸潮，含6个结晶水，作为催化剂使用和贮存都不方便，为此，通常是将它溶于低分子醇，如丙二醇、一缩二乙二醇等溶液中，配制成一定浓度的催化剂溶液，方便使用和贮存，并有利于它在反应物料中的互溶和分散。

Air Products公司的叔胺类催化剂品种及性能列于表2-27中。

表 2-27　Air Products 公司开发的叔胺催化剂品种及性能

产品	建议应用					闪点/℃	黏度/mPa·s	相对密度	凝固点/℃	蒸气压/mmHg	水中溶解度	计算羟值[1]/(mgKOH/g)
	软模	平硬	软块	硬	弹性体/鞋底							
胺催化剂												
Dabco® B-16			√			>93	ND	0.804	ND	17/21℃	不溶	NA
BLV			√			79(SETA)	60/23℃	1.0	ND	ND	溶	260
BL-11	√		√			70.6(TCC)	4.1/20℃	0.902/20℃	ND	0.58/20℃	溶	240
BL-17	√		√			65(TCC)	ND	1.64/20℃	ND	0.61/20℃	溶	276
Dabco Crystalline[2]				√	√	>38(PHCC)	NA	1.14/28℃	159.8	2.9/50℃	127g/100g(45℃)	NA
DC-1®				√		62.8(PHCC)	249/38℃	1.185/25℃	ND	ND	微溶	689
DC-2®				√		65.7(PHCC)	270/38℃	1.23/25℃	ND	ND	微溶	541
DMEA			√	√		40(OC)	ND	0.89/20℃	−58.6	4/20℃	溶	638
EG					√	105(SETA)	65/23℃	1.09/25℃	ND	ND	溶	1207
HB					√	109(SETA)	ND	1.033	−60	5/38℃	溶	932
HE					√	104(SETA)	ND	1.096	−62	1/38℃	溶	1184
NEM			√			32(TCC)	2.5/23℃	0.914/25℃	−60	5/20℃	溶	NA
NMM			√			23(CC)	2.5/23℃	0.92/23℃	−57	16.6/20℃	溶	NA
NCM			√			>93	ND	0.872	ND	7/21℃	不溶	NA
R-8020®	√	√		√		51(TOC)	2.7/25℃	0.916/20℃	ND	ND	溶	510
SB					√	93(SETA)	ND	1.03	−65	5/38℃	溶	905
SE					√	98(SETA)	ND	1.096	−57	2/38℃	溶	1198
5-25					√	108(SETA)	132/23℃	1.024/25℃	ND	ND	溶	934
T		√	√	√		99(TCC)	5/21℃	0.91/20℃	ND	81.4/38℃	溶	387
TAC		√				103(SETA)	ND	1.11/25℃	ND	ND	溶	453
TETN	√		√			−4(TCC)	ND	0.7275	ND	53.5/20℃	1.5g/100CC(20℃)	NA
TL			√			89(SETA)	40/24℃	0.988/25℃	<−20	20.1/38℃	溶	490
TMR®				√		121(TCC)	ND	1.150/25℃	ND	ND	溶	463
TMR-2®				√		121(TCC)	ND	1.150/25℃	ND	ND	溶	463

续表

产品	建议应用					闪点/℃	黏度/mPa·s	相对密度	凝固点/℃	蒸气压/mmHg	水中溶解度	计算羟值[①]/(mgKOH/g)
	软模	平硬	软块	硬	弹性体/鞋底							
胺催化剂												
Dabco Crystalline[②]												
TMR-3				√		>110(SETA)	60/23℃	1.066	-56.7	8	溶	563
TMR-4				√		100.6	ND	1.06/20℃	ND	5/38℃	溶	476
TMR-30				√		157(Cleveland)	ND	0.97/25℃	ND	ND	溶	213
WT®			√			96(PHCC)	165/23℃	1.167	-55	4/38℃	溶	742
X-543	√					88.3(SETA)	ND	1.048	ND	8/38℃	溶	NA
XDM™	√					76(TOC)	2.7/24℃	0.942/25℃	ND	3/20℃	溶	NA
33-LV®	√		√	√	√	>110(PMCC)	100/24℃	1.13/24℃	ND	2/38℃	溶	534
8154	√		√	√		>110(SETA)	186/23℃	1.058	-53	5/38℃	溶	548
8264			√			54.4(SETA)	20.5/23℃	0.9634	-57	2/0℃	溶	592
Polycat® DBU					√	>96(CC)	14/25℃	1.0192/25℃	<-78	5.3/38℃	溶	NA
SA-1				√	√	>94(CC)	433/25℃	1.073/25℃	<-78	1.29/38℃	溶	NA
SA-102				√	√	>94(CC)	3749/25℃	1.0172	1~2	>2.1/38℃	溶	NA
SA-610/50					√	>94(CC)	244/25℃	1.0810/25℃	<-78	4.0/38℃	溶	400
Polycat 5				√		75(CC)	ND	0.83/25℃	ND	ND	不溶	NA
8				√		40(CC)	2.4/20℃	0.8512/20℃	<-78	9.77/38℃	不溶	NA
9		√		√		>100(CC)	10/20℃	0.8487/25℃	<-78	8.89/38℃	溶	NA
12		√		√		>100(CC)	10/25℃	0.9235	<-78	11.4/38℃	不溶	NA
15		√		√		88.3(CC)	7.3/20℃	0.8437	<-78	2.74/38℃	溶	282
17		√		√		95(CC)	12.5/23℃	0.9041	<-78.4	6/38℃	溶	353
22		√				40(CC)	5.9/25℃	0.8655	<-78.4	10.1/38℃	不溶	NA
33				√		39(CC)	2.4/20℃	0.8512/20℃	<-78	9.77/38℃	不溶	NA
41				√		>104(CC)	26.5/38℃	0.92	141	0.1/60℃	溶	NA
43				√		94(CC)	1420/26℃	1.0893	-19	<52/33℃	溶	542

续表

产品	建议应用					闪点/℃	黏度/mPa·s	相对密度	凝固点/℃	蒸气压/mmHg	水中溶解度	计算羟值①/(mgKOH/g)
	软模	平硬	软块	硬	弹性体/鞋底							
胺催化剂												
Polycat 46				√		>110	200/25℃	ND	ND	ND	溶	NA
58	√					>27.8	ND	ND	ND	NA	溶	NA
70			√			42.2(CC)	5.2/25℃	0.867	<−78.4	15/38℃	溶	407
77	√	√				92(CC)	2.5/23℃	0.828	<−78	4/38℃	溶	NA
85				√		35.6(CC)	ND	0.8475/25℃	ND	9/21℃	溶	NA
91			√			69(CC)	81.8/25℃	0.9411	<−78	3.1/38℃	溶	208
金属基催化剂												
Dabco K-15				√		137.8(CC)	7200/27℃	1.1/15.6℃	NA	<0.1/23℃	溶	271
T-1					√	143(CC)	ND	1.32/25℃	10.0	1.31/25℃	不溶	NA
T-9			√			142(PM)	312/25℃	1.25/25℃	ND	ND	不溶	NA
T-10			√			>126.7(TCC)	85/25℃	1.10/25℃	ND	ND	不溶	NA
T-11			√			93.3(CC)	102/25℃	1.02/25℃	ND	ND	不溶	NA
T-12	√	√	√	√	√	235(COC)	43/25℃	1.05/25℃	18	0.15/160℃	不溶	NA
T-45				√		102(TCC)	2000/25℃	1.09/25℃	−5	ND	溶	86
T-95			√			>130(CC)	101/25℃	1.10/25℃	ND	ND	微溶	NA
120				√	√	121(PHCC)	19/25℃	0.995/25℃	−20	ND	不溶	NA
125				√	√	123(PHCC)	282.25℃	1.15/25℃	−25	ND	不溶	NA
131				√		130(PHCO)	33/25℃	1.11/25℃	−23	0.64/149℃	不溶	NA

① 精确范围±2%。

② 此为固体，其它为液体。

注：ND—未测；NA—未用；CC—闭杯；TCC—Tag闭杯；PHCC—Ponoky Marten闭杯；TOC—Tag开杯；OC—开杯。

在对催化剂研究中，人们还发现叔胺催化剂的协同作用。例如，在硬质聚氨酯泡沫体的生产中，使用4∶1的二甲基乙醇胺和三亚乙基二胺混合催化体系，能有效地提高反应的催化效果，缩短泡沫体制品的熟化时间使生产效率提高，见表2-28。

表2-28　催化剂的协同作用

基础配方	Pluracol FS-529 发泡剂 Mondur MR	100份 44份 91份	LK-211泡沫稳定剂 水	1.5份 1.0份
催化剂Dabco 33LV/DMEA比例		0.3/1.0	0.3/1.2	0.3/1.5
乳白时间/s		21	13	13
凝胶时间/s		64	30	35
不粘手时间/s		335	100	175
起发期/s		420	145	235
密度/(kg/m³)		22.2	20.0	22.2

催化剂的协同作用，不仅存在于叔胺与叔胺催化剂之间，在叔胺与锡类催化剂之间也同样存在（表2-29）。

表2-29　胺类与锡类催化剂的协同效应

催　化　剂	浓度/%	相对活性	催　化　剂	浓度/%	相对活性
无	9	1	辛酸亚锡＋TMBDA	0.1＋0.5	1410
四甲基丁二胺(TMBDA)	0.5	160	辛酸亚锡＋Dabco	0.1＋0.5	1510
三亚乙基二胺(Dabco)	0.1	130	二丁基锡二月桂酸酯＋TMBDA	0.1＋0.2	700
辛酸亚锡	0.1	540	二丁基锡二月桂酸酯＋Dabco	0.1＋0.2	1000
二丁基锡二月桂酸酯	0.5	670			

（2）有机金属催化剂　在催化剂研究的过程中，人们发现许多有机金属，如铅、锡、锑、钛、锌、锰、铜、铬等烷基化合物，对—NCO、OH—间的反应具有一定的催化作用。虽然品种较多，但常用的多为锡、锌、汞等烷基化合物，聚氨酯工业最为重要的是有机锡类催化剂。

根据锡原子的化合价，有机锡类催化剂可分为二价锡类化合物和四价锡类化合物。前者化合物结构中不存在碳锡键，比较重要的有辛酸亚锡、油酸亚锡等。四价锡化合物，其烷基或芳基是通过碳—锡链直接连接在锡原子上，比较重要的催化剂是二丁基锡二月桂酸酯。

有机锡催化剂的催化活性与它的分子结构有关，其活性大小顺序如下：R_2SnX_2、R_2SnO、R_2SnS>$RSnX_3$、RSnOOH、R_3SnX>R_4Sn；取代基R：CH_3>C_4H_9>C_6H_5；取代基X：OH>OC_4H_9、SC_4H_9、$OCOCH_3$>Cl>F。有机锡类催化剂与叔胺催化剂不同，在形成聚氨酯产品后，它通常会残留在产品中而不易挥发出去。它在聚合物中随着时间的延长将会产生某些化学变化，对产品性能产生一定影响。如二价锡化合物易被氧化成四价锡化合物，它在聚氨酯泡沫体内具有一定的防老化作用，可以适当延长泡沫体制品的使用寿命。

在聚氨酯泡沫体的制备中，尤其是对高水用量配方制备低密度泡沫体的过程中，对有机锡催化剂的选择和用量应十分谨慎小心，需限制使用大配比用量。这是因为有机锡催化剂对外界影响因素要比胺催化制敏感得多，如它易发生水解，会出现乳白时间、不粘手时间和脱模时间延长等催化作用失效的现象。因此，最好选用水解稳定性较好，并具有延迟催化作用的其他有机锡催化剂，如FOMREZU-1等。为避免有机锡催化剂失效，在组合料的配制中，有时不将有机锡催化剂加入，而是在组合料使用前，再行单独加入混合后即投入使用。例如二丁基锡二月桂酸酯与无机酸反应，生成无催化活性的无机酸盐。在无机碱存在下它还可生成二丁基锡的氧化物，该类氧化物是无催化作用的不溶性沉淀。二丁基锡二月桂酸酯和水反应，产生水解，最终也能生成不溶性沉淀物，使催化活性下降，甚至失去催化作用。

在聚氨酯工业中，使用有机锡催化剂时，必须慎重小心。工作中应注意以下几点：第一，在使用高含水量制备低密度泡沫体时，在可能的情况下，应尽量选择耐水解性较好的有机锡催化剂，并在生产前添加，混合均匀后立即使用，应避免它与高含水量的多元醇组分长期、高温下混合贮存；第二，在生产中，若发现混配了有机锡催化剂的多元醇组分出现浑浊或离析，必须要做发泡试验，观察发泡体的乳白、凝胶时间变化，以判断是否是因有机锡化合物发生水解而使催化剂失效；第三，有机锡催化剂在包装、贮运和使用过程中，必须使用无酸、无碱、干燥的容器，应密封贮运，使用中应尽量避免受到水及酸、碱杂质的侵扰；第四，在冬季或室温较低的情况下使用二丁基锡二月桂酸酯催化剂时，使用前应稍微加热处理，使其保持适当的催化活性。当在冬季对室外冷物体表面基材上进行喷涂聚氨酯材料施工时，冷表面基材的低温会使催化剂的催化作用下降，应适当提高含有机锡多元醇组分的物料温度，或配合使用其他活性较高的有机金属催化剂。

在聚氨酯工业中，最常用的有机锡催化剂是二丁基锡二月桂酸酯和辛酸亚锡。

① 二丁基锡二月桂酸酯　分子量 631.55，相对密度 1.025～1.065，锡含量（18.6±0.6)%，色泽（gradar 法）<3，黏度（25℃）<50mPa·s，闪点 440℃，溶于一般溶剂及增塑剂，但不溶于水。毒性较大，属有机毒品。

② 辛酸亚锡　属高效低毒有机锡催化剂，分子量 392.5，纯品为白色或微黄色膏状物，溶于石油醚，不溶于水。亚锡含量约 22%。辛酸亚锡主要用于聚氨酯软泡体、涂料、橡胶等产品的生产中，它的催化活性比二丁基锡二月桂酸酯要高，在配方中的用量较二丁基锡二月桂酸酯要少，它可以常独使用，也可以与叔胺类催化混合使用，以增强其催化效力。

除有机锡类催化剂外，有机汞化合物对异氰酸酯与羟基的反应具有催化作用。有机汞催化剂类化合物不仅能对异氰酸酯和多元醇聚合物反应显示出良好的催化作用，同时，它还具备对水迟钝这一极其独特的优点。它对脂环族异氰酸酯、芳香族异氰酸酯与仲羟基多元醇聚合物的催化反应中，其反应活性高于二丁基锡二月桂酸酯、辛酸亚锡，它能与 *N*-甲基对氧氮己环具有良好的催化作用，并能显出较大的延迟催化作用。

(3) 催化剂使用指南

① 聚氨酯软质块状泡沫体　通常使用的叔胺类催化剂有三亚乙基二胺、二甲基乙醇胺、双醚等，推荐用量为 0.1～0.3 份（指 100 质量份多元醇为基础，下同），可单独使用，但多种催化剂混合使用，催化效果更佳。通常使用的有机锡类催化剂有辛酸亚锡和二丁基锡二月桂酸酯。它们必须溶于一些增塑剂（如邻苯二甲酸二辛酯等）后使用。它们可以有效地加速泡沫体的凝胶，但其用量应控制在下限为宜，否则会因凝胶过快，产生收缩、开裂等现象。

使用 Maxfoam 工艺装备生产聚氨酯软泡，特别是采用二氯甲烷发泡体系时，推荐使用 Polycat-72 胺类催化剂，它可以较好地改善物料的流动性，降低对侧壁的摩擦力，使泡沫体表面凸起部分更趋平缓，降低废边率，同时，对泡沫体的压缩变形性能有所改善。

对于聚酯型聚氨酯软质泡沫体的生产，常使 *N*-乙基吗啉、*N*,*N*-二甲基哌嗪、*N*-甲氧基吗啉及其混合物，推荐用量范围为 1%～2%。有时也使用 *N*,*N*-二甲基十六烷基胺、*N*-椰子吗啉等，推荐用量分别为 0.1%～0.3%和 0.5%～1.2%。

牌号为 WT 的延迟性催化剂，在软泡生产中使用，也表现出较好的加工性能。

② 高回弹模塑泡沫体　高回弹模塑泡沫制品具有在模具中冷熟化成型和高回弹等特点，故要求其原料必须具有较高的反应活性，混合浆料在模腔中具有良好的流动性，即发泡乳白时间要长，熟化凝胶时间要短，对催化剂的选择也必须满足该特定工艺的需要。为此，推荐选择使用延迟性催化剂为宜。

目前，在这类泡沫体的生产中经常选用的催化剂有三亚乙二胺、双醚、N,N'-二甲基哌嗪、二吗啉乙基醚等。二吗啉乙基醚在高温下活性很高，且具有一定的延迟催化作用，能较好地改善混合物料在模腔中的流动性。

为提高泡沫制品生产的模具利用率，可使用0.01～0.03份二烷基锡硫醇盐催化剂。在块状高回弹泡沫体的生产中，也可以使用二丁基锡二月桂酸酯催化剂。

在取代氯氟烃发泡剂的过渡期中，可使用全水发泡配方体系生产低密度泡沫体，在配方中推荐使用叔胺催化剂，叔胺催化剂用以取代传统聚酯型聚氨酯泡沫配方中的N-乙基吗啉，这类叔胺催化剂臭味小，挥发性低，同时，在泡沫浇注加工性和制品耐热性能等方面都有所改进和提高。

③ 聚氨酯硬质泡沫塑料　常用的催化剂有N,N-二甲基环己胺、二甲基乙二醇胺、三亚乙基二胺等，可单独使用，也可与其他催化剂配合使用，推荐用量0.1～1.0份。对冰箱、保温车灌注聚氨酯硬泡保温层配方作业中，推荐使用牌号为Niax A-136的叔胺催化剂，据称混合浆料有很好的流动性。

牌号EC-683、EC-686两种溶于二醇溶液中的有机钾盐催化剂，能赋予泡沫体更好的物理性能。

对于聚氨酯硬泡的喷涂施工，尤其是在气温较低的冬季户外、基材表面温度较低的罐体、管道等实施保温层喷涂施工中，除适当加大常用催化剂用量或适当提高原料温度外，还可以选择二丁基锡二月桂酸酯，催化剂用量可适当加大到0.1～0.3份。

④ 包装用聚氨酯泡沫体　包装用聚氨酯泡沫多为密度在8kg/m³以下的低密度泡沫体，常用的催化剂为含有一个羟基基团的催化剂，如二甲基乙醇胺等，用量为0.3～0.5份，该类催化剂的羟基能和异氰酸酯发生反应进入聚氨酯分子结构中，可以有效地降低催化剂残留的臭味。DMAMP-80为α-甲基-α-甲氨基丙醇胺的醇胺类催化剂，它含有20%的水，通常用作生产包装泡沫的催化剂，尤其是在配方中不使用有机锡催化剂时，它含有一定的水分，能起到辅助发泡剂的作用。

⑤ 异氰尿酸酯泡沫体　异氰尿酸酯泡沫体是充分利用异氰酸酯本身产生三聚化反应而生成的泡沫体，因此，它与普通聚氨酯泡沫在结构、性能和制备上有较大区别，当然，对催化剂选择也比较特殊。一般情况下，可使用胺类、有机金属盐、羧酸季铵盐等三聚化催化剂，常用的有2,4,6-三苯酚、1,3,5-三（2-羟乙基）-六氢三嗪等，由于纯粹的异氰尿酸酯泡沫体较脆，实用性差，通常都用聚醇进行改性，其中氨基甲酸酯和异氰尿酸酯的反应速率有较大差异，使用普通聚氨酯催化剂平衡它们的反应速率困难，因此，在制备异氰尿酸酯泡沫体时，通常多选用有机金属羧酸盐和胺类催化剂予以调节，常用的有机金属羧酸盐有辛酸钾、醋酸钾等，羧酸季铵盐除具备三聚化催化作用外，还具有一定的延迟催化功效，牌号TMR是高效的三聚化催化剂，生成的泡沫体具有较好的物理性质。

⑥ RIM微孔弹性泡沫体　反应注射模制泡沫是适应汽车复杂配件而快速发展起来的、高生产效率的聚氨酯制品生产工艺技术，反应物以高压混合后注入密闭的大型、复杂的模具模腔中，快速成型并脱模。该工艺要求混合物料必须具备优良的流动性且以极快的速度固化。因此，正确选择催化剂的品种和用量将是顺利实施该工艺的关键。欧洲普遍使用的是有

机锡-叔胺复合催化体系，如三亚乙基二胺和二丁基锡二月桂酸酯等，一般用量为0.1～0.5份和0.015～0.05份。有机锡催化剂还常使用二烷基锡硫酸盐，因为它具有很好的延迟催化作用，有利于混合物料在复杂模腔中的流动。

聚氨酯用典型催化剂产品及应用列于表2-30中。

表2-30 聚氨酯用典型催化剂产品及应用

生产商	商品牌号	软泡		HR	硬泡			RIM	包装	PIR[①]
		聚醚	聚酯		喷涂	模塑	板			
Air Products Co.	Dabco T					√	√			
	Dabco TL	√								
	Dabco TMR Ⅱ									√
UCC	Niax A-1	√		√						
	Niax A-107			√						
	Niax A-98		√			√				
	Niax A-4		√	√						
	Niax A-136					√	√			
	Niax MBDA					√				
Abbott Laboratories	Polycat 8				√	√	√			
	Polycat 12	√	√							
	Polycat 34			√						
	Polycat 70	√								
	Polycat 72	√								
	Polycat 91	√								
Texae Chem. Co.	Thancat TD-33	√	√	√	√	√	√			
	Thancat TD-20	√			√	√	√			
	Thancat TDX	√								
	Thancat NEM		√							
	Thancat MM-70		√							
	Thancat DPA								√	
	Thancat DM-70		√	√						
	Thancat DM-90		√							
	Thancat DME	√			√	√	√	√	√	
Pohm & Mass Co.	DMP-30									√
Witeo Co.	Fomrez UL-1			√		√		√		
	Fomrez UL-2							√	√	
	Fomrezs SUL-3				√					
	Fomrezs SUL-4			√	√	√	√	√		
	Fomrez UL-6					√	√	√		
	Fomrez UL-8				√	√	√			
	Fomrez UL-22			√	√	√	√			
	Fomrez UL-28			√	√	√	√	√		
	Fomrez UL-29							√		
	Fomrez UL-32			√		√	√	√		
	Fomrez EC-683									√
	Fomrez EC-686									√

续表

生产商	商品牌号	软泡		HR	硬泡			RIM	包装	PIR①
		聚醚	聚酯		喷涂	模塑	板			
M & T Chem,Co.	Catalyst F9	√								
	Catalyst F10	√								
	Catalyst F12			√	√	√	√	√		
	Catalyst F120			√	√					
	Catalyst F125			√						
	Catalyst F130				√	√	√	√		
	Catalyst F45									√
其他	*N*,*N*-二甲苯胺			√						
	N,*N*-二甲基十六烷基胺			√						

① 异氰尿酸酯。

2.3.2 表面活性剂

在聚氨酯工业中，尤其是在聚氨酯泡沫体的制备中，表面活性剂是必不可少的关键助剂之一。表面活性剂在泡沫体形成的过程中，影响着原料各组分的互溶、乳化，影响着气泡核化、生成、分散及稳定，对泡沫体的结构，泡孔的大小，开、闭孔率的高低等都有着举足轻重的作用。表面活性剂在聚氨酯泡沫体配方中虽然用量较少，但作用却是十分重要的。

目前，在聚氨酯工业中普遍使用的表面活性剂是硅烷类共聚物，其主要结构为聚硅氧烷-聚氧化烯烃醚嵌段共聚物：

$$RO\left[\begin{matrix}CH_3\\|\\Si\\|\\CH_3\end{matrix}-O\right]_x\left[CH_2CH_2O\right]_y\left[\begin{matrix}CH_3\\|\\CHCH_2O\end{matrix}\right]_z R'$$

R和R′为烷基，x、y、z为整数。在该类嵌段共聚物结构中，聚硅氧烷是疏水基团。主链为重复的—Si—O—结构，在硅原子上带有两个极性很小、疏水性很强的甲基，它能有效降低原料各组分的内聚力和组分之间的范德华力，从而使整个体系的表面张力下降。结构中的聚氧化烯烃醚为亲水性基团，通常它是由氧化丙烯和氧化乙烯按一定比例开环聚合而成的无规共聚物。它们具备优越的乳化能力，能使原料各组分获得良好的乳化，形成均相反应体系。这种特殊结构的表面活性剂共聚物，既能增加原料体系的相容性，更容易形成均相乳化的相体系。同时，能提供良好的表面张力和界面定向条件，有利于泡沫结构更加精细、均匀和稳定。

根据原料品种、配比和主链上硅、氧、碳原子连接形式，通常将聚硅氧烷表面活性剂分为硅-氧-碳型（水解型）和硅-碳型（非水解型）两种。

硅-氧-碳型表面活性剂是早期普遍使用的表面活性剂。原料易得，生产工艺成熟，泡沫稳定效果好。但该类表面活性剂在与酸性或碱性物质接触时易产生水解：

$$—Si—O—C— + H_2O \xrightarrow{H^+或OH^-} —SiOH + —C—OH$$

然而，在聚氨酯原料组分中，却常常会因种种原因带有酸性或碱性物质，这样会在使用和贮存过程中引起该类表面活性剂水解，影响它们对泡沫乳化、稳定的作用，严重时会产生相分离现象，完全失去表面活性剂应有的作用。

硅-碳型表面活性剂属非水解型产品，耐水解性能优越，在无氧的条件下，即使贮存2

年以上，也不会出现变质的现象。它在分子结构上与水解型表面活性剂最大的区别，除主链原子连接方式有较大不同外，它在结构上具有较大的支链结构。典型的分子结构通式表示如下。

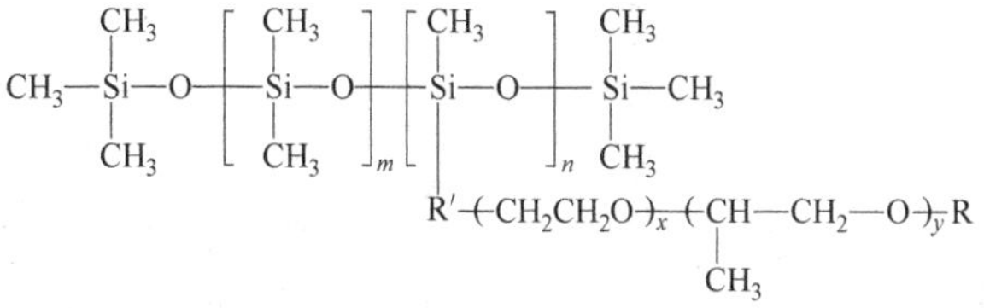

$$CH_3-\underset{CH_3}{\overset{CH_3}{Si}}-O\left[\underset{CH_3}{\overset{CH_3}{Si}}-O\right]_m\left[\underset{R'\left(CH_2CH_2O\right)_x\left(\underset{CH_3}{CH}-CH_2-O\right)_y R}{\overset{CH_3}{Si}}-O\right]_n\underset{CH_3}{\overset{CH_3}{Si}}-CH_3$$

R，R′为烷基。

从该类表面活性剂的结构上看，它是由带有极性很小的侧甲基的硅氧烷基团、聚氧化乙烯醚和氧化丙烯醚基团组成，前者表现出较强的疏水性，后二者表现出较强的亲水性，在合成时，调节、控制硅氧烷的分子量及其分布、活性氢含量；调节、控制聚氧化烯烃醚的分子量及其分布，氧化乙烯和氧化丙烯的配比及其端基类型和含量，可以制备一系列疏水和亲水效果平衡的，适宜各种操作条件和产品类型的表面活性剂。

在表面活性剂中还有一类特殊的泡沫结构调节剂，也有称它为泡沫开孔剂等。众所周知，不同类型的泡沫体和不同用途的泡沫制品对泡沫体结构的要求也是不一样的，例如，普通软质泡沫体和半硬质泡沫体一般都要求泡孔结构要具有较高的开孔率，泡沫致密而均匀；对于某些用作过滤材料的泡沫体，则要求泡沫体具有比较粗大的泡孔结构和及高开孔率；对于隔热、保温用途的聚氨酯硬质泡沫材料，则要求具有较高的闭孔结构，以获得优良的绝热效果；但如用于建筑物吸声材料的泡沫板材，则要求泡沫体的泡孔结构较粗大，并要求具备较高的吸声性能。实验表明：开孔性聚氨酯硬泡的吸声性能要比闭孔性泡沫的吸声性能大一倍左右，因此，在实际工作中，必须根据软、硬泡类型，使用要求，除对原料选择、配方和加工工艺做相应改变外，还必须对表面活性剂做相应的调整或更换。例如，在普通聚酯型聚氨酯泡沫体配方中，加入低浓度的聚甲基硅氧烷，可以使许多小泡崩塌形成类似天然海绵状、粗大泡孔结构的泡沫体。再如，在发泡配方中，也可以添加石蜡油、聚丁二烯、聚乙二醇等化学品作为聚氨酯泡沫的开孔剂，制备高开孔率的泡沫体。近年，作为聚氨酯开孔剂，大量使用了中、高分子量聚氧化烯烃类聚合物，利用分子含有一定比例的疏水基团，使它与聚醚多元醇不完全溶解。利用它含有一定比例的亲水基团所具有的亲和能力，在与普通表面活性剂配合使用中，当泡沫上升至最大时，能有效地降低泡膜强度，形成高的开孔效果。

表面活性剂的生产厂家很多，品种繁多，国外主要生产厂家的主要产品牌号、基本性能和应用特点汇集于表 2-31～表 2-33。

2.3.3　发泡剂

2.3.3.1　概述

制备聚氨酯泡沫塑料使用的发泡剂主要有两类，即水和低沸点化合物。水是制备聚氨酯泡沫塑料最主要的和使用最早的发泡剂。水和异氰酸酯反应，产生二氧化碳气体并生成脲基。

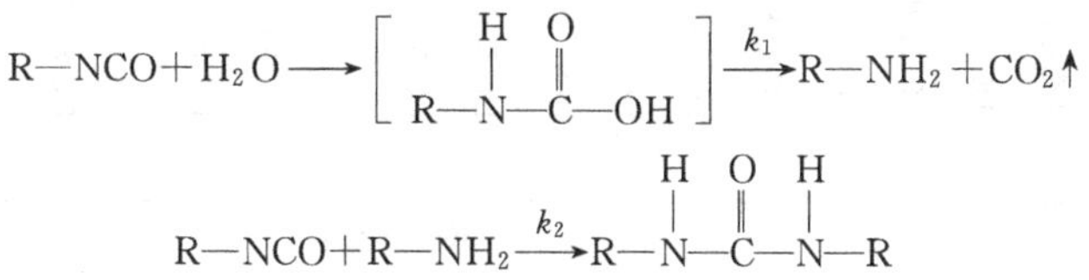

$$R-NCO+H_2O \longrightarrow \left[\begin{array}{c} HO \\ |\| \\ R-N-C-OH \end{array}\right] \xrightarrow{k_1} R-NH_2+CO_2\uparrow$$

$$R-NCO+R-NH_2 \xrightarrow{k_2} R-\overset{H}{\overset{|}{N}}-\overset{O}{\overset{\|}{C}}-\overset{H}{\overset{|}{N}}-R$$

表 2-31 Air Products Co. 表面活性剂典型品种、特性及应用指南

	牌号 Dabco	典型物理性质					应用指南				特点
		闪点/℃	黏度(25℃)/mPa·s	密度(25℃)/(g/L)	水溶性①	羟值/(mgKOH/g)	软泡	软模塑	半硬泡	硬泡	
聚硅氧烷系	DC-193	80	300	1.07	√	75			√	√	多用途,贮存稳定性高
	DC-197	66	330	1.04	√					√	适宜喷涂及仿木材料,流动性,黏着力优良
	DC-198	>100	2100	1.03	√		√			√	高活性,多用途
	DC-1598				×					√	适用不同发泡体系,流动性好
	DC-2583	>100	75	0.97	×	60		√	√		模塑配方,表皮外观、开孔性优良
	DC-2585	>100	75	0.97	×	60		√	√		MDI 冷模型、低雾化效果
	DC-5043	80	300	0.99	×		√	√	√	√	TDI/MDI、MDI 模塑,工艺宽度大,稳定性特强
	DC-5098	61	210	1.07	√	<10				√	用与和 MDI 相容的硬泡
	DC-5103	72	200	1.05	10%	104				√	标准硬泡、贮存稳定性好
	DC-5126	>100	1000	1.03	√		√	√			工艺容度宽,用于软质块泡,热模塑
	DC-5160	>100	1150	1.04	√		√		√		中等活性,改善泡沫质量及透气性
	DC-5164	>100	370	1.00	×			√			TDI 体系,高活性冷模塑,提高稳定性
	DC-5169	>100	30	0.96	×			√	√		特殊冷模塑,改善表皮外观,与 DC5043 或 5365 并用
	DC-5188	>100	670	1.02	√		√				高活性,适宜各种软泡配方,改善泡孔结构
	DC-5241	114		1.05				√			MDI 模塑,开孔比例高,低效表面活性剂
	DC-5258	>100	300	1.03	×	78		√			冷模塑配方,开孔性优良,高 MDI 比配方
	DC-5357	78	450	1.04						√	HCFC-141b 配方硬泡,极佳流动性和绝热系数
	DC-5365	>113	290	1.00	×			√	√		TDI/MDI 冷模塑,平衡开孔和良好的稳定性
	DC-5604	93	280	1.04	√	65				√	灌注及板材,优良的绝热性,稳定性
	DC-1536	191	35	1.01	×	0		√	√		微孔泡沫用,能改进低密度聚酯体系的尺寸稳定性
	DC-2517	87	345	1.01	×	78	√	√			MDI 基软泡、半硬模塑,低效、加工宽度宽,比 DC5258 有低雾性

续表

牌号 Dabco		典型物理性质					应用指南				特　点
		闪点/℃	黏度(25℃)/mPa·s	密度(25℃)/(g/L)	水溶性[1]	羟值/(mgKOH/g)	软泡	软模塑	半硬泡	硬泡	
聚硅氧烷系	DC-4000	71	300	1.45	√		√				聚酯基软泡，水溶性低，雾化聚酯基软泡硅油
	DC-5000	101	170	0.98	×	0			√	√	硬泡用开孔性表面活性剂，也适用于表皮开孔的软模制品
	DC-5125	63	1000	1.03	√	0	√				用于阻燃型聚醚块泡，活性低，容量宽
	DC-5180	190	81	1.00	×		√	√			高回弹软泡、模塑品，能用水、CO_2 发泡，泡沫稳定性好
	DC-5384	100	40	1.04	×	0			√	√	能减少模塑品表面缺陷
	DC-5598	220	525	1.03	×	48				√	通用型，用于块泡和浇注硬泡制品，泡孔小，良好的 K 值和流动性
	DC-5599	216	360	1.05	×	63			√	√	中等活性，用 HCFC-141b/R-22 共发泡层状块泡制品
	DC-5885	79	69	1.01	×	123	√	√		√	中等活性，用于抗自燃改性高回弹软泡制品，极好的开孔性
	DC-5940	116	2200	1.03	×		√				高活性硅油，适用于普通软质块状泡沫
	DC-5950	97	1945	1.00	√	0	√				中等活性硅油，适用于普通及阻燃型软块泡，泡孔致密
非硅系	LK-221	187.7	2800	1.027～1.036	×	41				√	用于硬泡，优良的乳化性、透气性
	LK-443	116	2600	1.075～1.082	20%	44				√	广泛用于硬泡喷涂，表面优良，成本低，抗水解，泡孔稳定
	LK-221E	187	2800	1.01	×	36				√	除乙烯单体含量较低外，性能与 LK-221 相同

① √表示可溶，×表示不溶，10%表示水中溶解度。

表 2-32　美国 Witco 公司典型表面活性剂品种、基本性质和应用特点

牌号 NIAX®	闪点 /℃	黏度 (25℃) /mPa·s	密度 (25℃) /(g/L)	应用			特点
				软泡	模塑	硬泡	
L-315							
L-501	315	6000	1.46	√			消泡用硅油，用量必须少而精，用以生产美观、易吸水、小孔结构大小不一软泡
L-534	93	240	1.00	√			用于聚酯型软质块泡，泡孔良好，密度梯度小，挥发性低，应用中成雾性小
L-535	>150	131	1.00	√			用于阻燃配方聚酯型块泡生产，泡孔均匀、优质
L-538	149	250	1.00	√			用于阻燃配方聚酯型块泡生产，泡孔均匀、优质
L-580	97	1000	1.026	√			用于中、低密度软泡(连续箱式)，高效，透气性良好，密度梯度小，预混稳定
L-583				√			普通软泡配方，极低的密度泡沫，胺、水预混稳定性好
L-603	109	800	1.032				用于普通及低燃性软质块泡，适用配方广泛，加工条件好，低密度配方极好
L-628	101	1500	1.0236	√			在传统低密度软泡中有良好的泡沫稳定作用，泡孔细密，品质优良
L-688	109	800	1.032	√			高效，用于块状软泡及阻燃剂配方，最高泡沫产率和最低密度梯度
L-703	75	600	1.03	√			中等效能，稳定性优良，工艺宽容度大，泡孔结构好
L-3001	113	42	0.97		√		用于 MDI 基模塑配方，稳定性优良，泡孔均细
L-3002	127	42	0.97		√		MDI、TDI/MDI 基 HR 模塑配方，最佳稳定性和良好的开孔结构
L-3100	110	13.3	0.94		√		用于难以获得剪切稳定，开孔性 HR 冷模塑(TDI 基)配方
L-3150	110	13.1	0.941		√		能达到开孔稳定和剪切稳定的平衡性
L-3200	113	13.0	0.943		√		用于难以获得剪切稳定，开孔性 HR 冷模塑(TDI 基)配方
L-3350	140	46	0.97		√		适用于要求高稳定性 HR、TDI 配方，加工容量宽，稳定性极好
L-5100							
L-5305	405	250	1.07		√		用于冷模塑高回弹及块泡，有效地控制泡孔结构，不收缩
L-5309	45	125～375	1.00				用于冷模塑 HR 及块泡，加工范围宽，泡沫稳定防止塌泡特别有效
L-5333	49	300	1.011	√	√		用于高回弹软泡、模塑，稳定性好，加工范围宽，泡孔均匀，开孔，系高效硅油
L-5340	213	700	1.051		√		加至异氰酸酯中的硅油，使各组分混合达最佳平流性和良好的流动性

续表

牌号 NIAX®	闪点 /℃	黏度 (25℃) /mPa·s	密度 (25℃) /(g/L)	应用			特　点
				软泡	模塑	硬泡	
L-5420	175	350	1.063		√		加入多元醇内的硅油互溶性好，稳定性好
L-5421	174	375	1.083		√		加入多元醇内的硅油互溶性好，稳定性好
L-5440	69	600	1.8607		×	√	更适宜高水、低 F-H 新配方，闭孔结构精细均匀性
L-5770	98	650	1.032	√			特别适用添加阻燃剂的软泡配方，可降低阻燃剂 20%～30%，性能优良
L-6164	91	5000	0.937		√		为开孔硬泡设计，水解稳定，开孔效果好
L-6701							
L-6900	108	717	1.05		√		高水、低氟，闭孔精细均匀，优良的流动性和导热性
L-6906	>77	124	1.056			√	水发泡硬泡配方使用，良好的流动性，均一的密度，尺寸稳定性好
L-6908							
L-6910							
U-2000S							一般用途高回弹软泡，适用 ULTRACEL/ULTRACELCM 配方
SC-154	91	1150	1.03	√			特别为 CO_2 发泡生产低密度泡沫设计，稳定性好，泡孔均匀
SC-232	171	300	1.01	√			适用于聚酯型软泡的复杂生产，具有良好的稳定性
Y-10366					√		HR 模塑(汽车坐垫)用，密度低、加工时间短，泡沫稳定，缺陷少
Y-10515					√		
Y-10754							
Y-10762						√	适用于 141b，水发泡体系、泡孔均匀、尺寸稳定性好
Y-10774						√	适用于 141b 发泡体系，PIR 体系工业夹芯板用硅油

表 2-33 高斯米特（Goldschmidt）公司典型表面活性剂

牌号 Tegostab®	泡沫类型	发泡体系	加工方式	密度	阻燃及改良	特点
BF-2270	软泡		连续,箱式	低-中	B8110	
BF-2370	软泡	CO_2	连续,箱式	中	B8228	
B-3136	软泡		连续		B3684	还可与 B8232、B8228 配合改善泡沫阻燃性能
B-3640	软泡			常规		阻燃型表面活性剂,具有良好的阻燃效果
B-4113	软泡		冷模塑,HR			TDI/MDI<80/20,更适宜 MDI 基 HR 泡沫,用于内在稳定性强的体系,极佳的均泡效果,开孔率高
B-4690	软,平软		冷模塑,HR			用于内在稳定性强的配方
B-4900	软泡	CO_2		中	B-8234	也可与 B-8232 配合,改善泡沫阻燃性能
B-8002	软泡			超高[①]	B-8232	高活性表面活性剂,加工容量宽
B-8021	软泡		连续,箱式	低-中	B-8228	也可与 B-8234 配合,改善泡沫阻燃性能
B-8040	软泡	CO_2		低-中	B-8220	泡沫结构优良,可提高泡沫阻燃性能
B-8110	软泡	F-H,Mo 等	连续	常规[①]	B-3640	高活性通用型表面活性剂,适宜 MC 发泡体系,制备填充泡沫,用量少,泡孔结构好,与阻燃剂有良好的协同作用(如 N-26),可节省 30%阻燃剂,有极好的阻燃效果
B-8123	软泡		连续,箱式	超低[①]	B-8110	高活性,加工容量宽,在极低密度下可显著减少脱底和顶部开裂
B-8220	软泡				√	阻燃型表面活性剂,优化泡沫结构,提高泡沫阻燃性
B-8228	软泡			中等	√	高活性,阻燃型表面活性剂、泡孔均匀,密度分布优良,与水、胺预混稳定性好,阻燃性能优良,可通过各种燃烧检测试验,减少阻燃剂用量
B-8232	软泡			中-高	√	阻燃型表面活性剂、加工容量宽,可使阻燃效果提高 15%以上
B-8234	软泡					
B-8300	软泡		模塑			适宜聚酯基软泡
B-8301	软泡		模塑			适宜聚酯基软泡
B-8404	硬泡	全氟,减半,高水				流动性好,适作冰箱、填充泡沫,用量约 1.5 份,泡沫均匀,闭孔率高,优异的绝热性能和抗压机械强度
B-8408	硬泡	氟减半,水				块状及板材硬泡,PUR 体系
B-8409	硬泡	氟减半				适宜流动性要求高的冰箱保温层填充
B-8418	半硬		模塑	高		可消除泡沫表面凸点和小孔
B-8420	软泡	CO_2				多功能性表面活性剂,极强的成核能力,优化泡孔结构,稳定性好,改善阻燃性

续表

牌号 Tegostab®	泡沫类型	发泡体系	加工方式	密度	阻燃及改良	特　点
B-8432	硬泡	氟减半				适宜块状,板材硬泡,PIR 体系
B-8433	硬泡	水、氟减半				适宜流动性好的冰箱保温层填充
B-8444	半硬		模塑			可有效地调节泡孔结构
B-8450	硬泡	水				适宜块状,板材硬泡,PIR 体系
B-8453	硬泡	水,141b				适宜喷涂施工硬泡
B-8454	硬泡					适用于建筑行业,能有效地控制泡孔结构
B-8455	硬泡				√	阻燃型表面活性剂,可显著提高泡沫阻燃效果,用于建筑业
B-8457	硬泡	141b				适宜块状、板材硬泡、PIR 体系
B-8460	硬泡	水				适宜喷涂泡沫配方
B-8461	硬泡	141b,戊烷				流动性好,适宜冰箱保温层填充
B-8462	硬泡	141b,戊烷				特别适宜 HCFC,HFC,戊烷发泡体系,相容性好,混合稳定性高,成核能力强,能明显减少“乱泡效应”,用量约 1.5 份
B-8465	硬泡	141b,F 减半				适宜 PUR 体系块泡,板材硬泡,也可喷涂,但表面较粗糙,仅用于垂直或倾斜表面的喷涂
B-8466	硬泡	戊烷				适宜 PUR 或 PIR 体系块状,板材硬泡
B-8467	硬泡	戊烷				极优良的表面活性,强烈的乳化和成核能力,适宜流动性要求高的冰箱保温层的填充
B-8469	硬泡	戊烷				适宜 PUR 体系块状,板材硬泡
B-8471	硬泡	141b				适宜 PIR 体系块状,板材硬泡,需与异氰酸酯混合使用
B-8629	半硬		模塑,高回弹			用于内在稳定性强的配方
B-8681	软泡		连续,高回弹			适应性广,如 POP、PHD、TDI 和 TDI/MDI>80/20 体系,加工容量宽,稳定性好,开孔率高,对内在稳定性弱的体作用明显
B-8694	半硬		高回弹			用于内在稳定性一般的配方
B-8708	半硬		高回弹			用于内在稳定性较差的配方
B-8715	半硬		高回弹			用于内在稳定性很强的配方
B-8716	软		高回弹			适用于大块状高回弹泡沫
B-8719	硬、半硬		高回弹			用于内在稳定性很弱的配方,真空绝热板体系中,用量约 0.5 份
B-8870	软泡	水				
B-8905	半硬		自结皮	低		用于包装泡沫,稳定性好

① 超高泡沫密度大于 40kg/m³, 常规密度为 10～40kg/m³, 超低密度为 6～16kg/m³。

根据基础研究发现，$k_2 \geqslant k_1$，即产生二氧化碳的反应速率比生成脲基的反应速率要慢，为提高、控制二氧化碳的生成速率，必须加入适当的催化剂。使用水作为聚氨酯泡沫体的发泡剂，不仅价格低廉、无任何污染，而且由二氧化碳生成的泡沫体，开孔率很高，是很理想的发泡剂。但是，在使用中发现，以水作为发泡剂尚存在以下问题。

① 完全使用水作发泡剂，虽在一定程度上能起到降低泡沫体密度的目的，但手感差。正如上述反应所示，水量越大，在聚合物链中生成的脲基刚性基团越多，密度越大，泡沫体产生的僵硬性手感越严重，这对聚氨酯软质泡沫体是很不利的。

② 水添加量越大，反应放热越激烈，加之聚氨酯泡沫体的绝热性能好，热传导率低，大量热量在泡沫体内部集聚，会引起泡沫体内芯变黄、焦烧，甚至会产生自燃，引发火灾，对于低密度大块泡沫体的生产，尤其容易产生这种危险。

③ 水是一种封端剂，它和异氰酸酯反应的主要作用是产生二氧化碳气体，并不能使聚氨酯分子链产生大幅度增长。此外，从经济角度考虑，水虽然是价格十分低廉的物质，但它却能消耗大量昂贵的异氰酸酯，即 1mol 水将消耗 9.67mol TDI，消耗 13.9mol MDI。

综合考虑上述原因，在聚氨酯泡沫体的制备中，不能仅仅采用水作为化学发泡，同时还必须使用低沸点化合物作为辅助发泡剂，即利用多元醇和异氰酸酯产生的大量热量，使低沸点化合物汽化的辅助型物理发泡剂。

辅助发泡剂主要有空气和低沸点化合物。前者是在机械搅拌发泡时，在混合头处注入少量空气，在聚合物中形成气泡。后者是聚氨酯工业几十年来普遍使用的物理发泡剂，其中最常用的是一氟三氯甲烷（简称 CFC-11）和二氟二氯甲烷（简称 CFC-12）等。然而，近年来发现，该类化合物是破坏地球臭氧层的主要物质，已被列入禁用化学品。因此，对于聚氨酯工业来说，寻找取代氯氟烃（CFCs）类发泡剂的新品种是当前聚氨酯工业发展的首要任务之一。替代 CFCs 的新的理想发泡剂应具备以下条件。

① 发泡剂分子中不含氯原子，不会造成对大气臭氧层的破坏，即 ODP（ozone deplention potential，臭氧消耗潜值）等于零。

② 要求进入大气的发泡剂化合物分子能与氢反应，吸收远红外线光波的能力要小，不造成地球温室效应，即 GWP（global warming potential，地球变暖潜值）等于零。

③ 化学品安全，不易燃，毒性低，不会对人体造成癌变或其他毒害。

④ 产品原料易得，生产简单，价格低廉。

⑤ 发泡剂配方原料组分化学稳定性好，并具备良好的互溶性。

⑥ 化学品沸点适中，易于工艺操作、汽化；潜热适中，能充分利用反应热进行汽化发泡。

⑦ 化合物分子量低，用量少，扩散速率低，热导率变化率要小。

在 CFCs 替代品的实验研究中，目前尚不能研制出完全满足上述要求的化学品，但这些要求的提出，至少已给 CFCs 替代品研究指明了努力的方向。由于世界各国基础研究水平和工业发展水平差距较大，对聚氨酯泡沫产品特定性能的要求也不尽相同，故对 CFCs 替代技术的研究、应用侧重点并不一致。例如，美国在家电冰箱制品生产中，侧重使用 HCFC-141b 和 HFC-134a 作为过渡性发泡剂；在欧洲，侧重使用环戊烷类化合物作为聚氨酯软泡等产品的过渡发泡剂，对绝热性能要求较高的建筑业用聚氨酯硬泡更多的使用 HCFC-141b 体系。对于自结皮聚氨酯泡沫体，则普遍认为以全水发泡技术最为理想。目前，我国根据自己的国情和产品生产工艺，在连续聚氨酯软质泡沫体的生产中侧重于二氯甲烷（MEC）、MEC 快速熟化的替代技术；箱式发泡生产侧重使用 MEC 和变压发泡工艺；对于半硬质泡沫体，以探索使用 HCFC-141b 和全水发泡工艺居多：对于聚氨酯硬质泡沫，则多使用 HCFC-141b 和液态二氧化碳发泡技术及环戊烷工艺。

2.3.3.2　CFCs 替代品种和技术

(1) 一氯二氯甲烷　一氯二氯甲烷（MEC)，原料易得，合成简单，价格低廉，在空气中不燃烧，自燃温度高达 605℃，臭氧消耗潜值较低，在大气中存在寿命比 CFC-11 短得多，不会产生地球温室效应。MEC 系低沸点液体，其沸点与 CFC-11 相近（CFC-11 的沸点为 23.8℃；MEC 的沸点为 39.8℃），在聚氨酯的合成中，都能被反应生成的大量热量所汽化，生成泡沫体，在制备低密度泡沫体中，都能在汽化的过程中吸收大量热量，有利于降低反应生成热。此外，MEC 分子量低（84.9），比 CFC 还要低（CFC-11 分子量为 137.4），发泡倍率高，而用量是 CFC-11 的 60%～70%，使用 MEC 作辅助发泡剂制备的聚氨酯泡沫体柔软、手感好，能生产出质量良好的泡沫体。在发泡工艺方面，对现有设备的改造费用较低。通常使用 MEC 作为辅助发泡剂时，泡沫体除回弹性能稍有降低外，其他性能均和 CFC-11 制备的泡沫体性能相似。

由于 MEC 较 CFC-11 沸点稍高，在聚氨酯反应中汽化作用较迟。MEC 对聚氨酯存在有一定的溶解作用，使用 MEC 作辅助发泡剂时，应注意选择适宜的配合剂。例如，为配合使用 MEC 的过渡性发泡剂，美国公司推出了改性的发泡剂——DOBCO MC，以加速放热反应，能使 MEC 提前汽化，调节泡沫体发泡上升速度，改善泡沫产品的 IFD 值和密度分布。美国公司推出了 MEC 发泡技术专用的催化剂 B2、B6 和 B7，并推荐使用相应的聚硅氧烷表面活性剂 DC5、DC160 等，以使生成的泡沫体性能更佳。同时，应当指出，所用二氯甲烷纯度要高、稳定性要好，以防它产生水解呈现酸性，因为酸性物质易于使催化剂失活，使泡沫体变黄。从实验经验得知，使用 MEC 发泡剂时，辛酸亚锡的用量应比 CFC-11 体系要大一些。

使用 MEC 为辅助发泡剂主要问题有两点。一是 MEC 的 ODP 值大于零，与保护大气臭氧层的环保要求有差距，二是 MEC 本身的毒性较大，有损人体健康，有致癌的嫌疑，其使用正面临日益严格的环保要求的限制，美国等许多工业先进国家已制定极其严格的 MEC 排放标准。因此，目前使 MEC 作为物理发泡剂仅仅是一种过渡性措施，从长远角度来讲，二氯甲烷作物理发泡剂将会被逐渐淘汰。

(2) 全水发泡技术　利用水和异氰酸酯反应生成的二氧化碳气体作发泡剂，是聚氨酯泡沫制备过程中最初使用的发泡技术。水也是聚氨酯泡沫体合成中最廉价、最方便的化学反应型发泡剂，并一直在聚氨酯泡沫体制备中占据着极其重要的位置。但其用量不可过大，存在着一定的缺点，在需要制备低密度泡沫体等性能要求的制品时，必须辅以物理发泡剂。它主要存在下列缺点。

① 使用水发泡，体系黏度较大，物料的流动性较差。

② 二氧化碳的气相热导率大大高于 CFC-11 的气相热导率，使用水发泡形成的泡沫体热导率要比 CFC-11 高得多。同时，二氧化碳的渗透能力强，它与空气交换的速度较快，易造成泡沫体收缩，尺寸稳定性差，绝热性下降。全水发泡体系生成的泡沫体，在 60℃下老化 30d 后，其热导率为 0.25mW/(m・K)，而使用 CFC-11 制备的泡沫体在同等条件下的热导率为 0.18mW/(m・K)。

③ 使用水发泡，由于大量脲基等刚性基团的生成，使得泡孔结构粗大，手感差。

④ 高水量发泡配方，将会产生大量反应放热，且放热持续时间长，容易造成泡沫体“焦烧”和自硫。

⑤ 发泡工艺的稳定性较差，泡沫体的弹性、强度和粘接性能等都不能完全令人满意。因此，在聚氨酯工业的发展中，逐渐使用了 CFC-11 等物理发泡剂作为辅助发泡剂，才使聚氨酯泡沫体在性能方面得以较大提高，在产量上获得快速增长，并在 CFC-11 发泡剂的基础上开发出自结皮型泡沫制品等新产品。

随着蒙特利尔协议书的贯彻、实施，在 CFC-11 被全面禁用的情况下，人们对最简单、最古老、最廉价的水发泡技术进行了大量研究，并逐渐发展成为日前已为聚氨酯工业广泛接受的全水发泡技术。针对传统水发泡工艺的缺点，全水发泡技术做了较大的改进，其措施主要有如下几点。

① 配方中，增加使用新型软化剂，降低因水发泡产生泡沫体硬度增加的倾向。

② 在高水量配方中，采用降低异氰酸酯指数的办法，以改善泡沫体硬化、物性下降及泡沫体发热量过高产生烧芯等问题。

③ 提高模具温度进行发泡操作。

④ 采用快速熟化装备生产密度较低的聚氨酯软质泡沫体。

多元醇类泡沫软化剂研究者利用富氧化乙烯（EO）聚醚多元醇具有强亲水性、增大聚脲硬链段溶解度的特性，作为全水发泡技术所需要的泡沫软化剂。在普通多元醇聚合物中混入少量该类软化剂型聚醚多元醇，可以代替 10 份 CFC-11，起到软化泡沫、提高产品弹性的作用，但该类泡沫软化剂用量不宜过高，一般不超过 10 份，否则工艺不容易稳定。

日本介绍了一种名为 XOF-1749 的多元醇型泡沫软化剂，用于 TDI 基块状软泡和模塑软泡的全水发泡工艺。它与普通多元醇混合使用，不仅可以替代 8 份 CFC-11，而且，根据结构分析发现，使用该种泡沫软化剂后，泡沫体的聚脲结晶减少，相分离程度下降，泡沫体性能良好。

有一种专利产品——软化剂 DP-1022。该软化剂可用于 TDI 基各种等级、无 CFC-11 软质泡沫塑料的制备，使配方具有较宽的锡类催化剂用量范围，有良好的加工性，制备的泡沫体具有良好的开孔率和较高的透气性。即使在降低异氰酸酯指数的情况下，也能制备出低压陷硬度的优质软泡沫体。在配方水用量为 3.3～6.0 份范围内，ILD 值（压陷载荷变形）变化幅度较小。异氰酸酯指数在 0.95～1.1 范围内，对泡沫体压缩永久变形的影响很小，尤其是在 100％～105％范围内压缩永久变形更低。水加入量大，泡沫体密度低，泡沫体硬度也随之下降，但异氰酸酯指数对泡沫体硬度有较明显的影响。当异氰酸酯指数为 0.95 时，泡沫体的 25％压陷硬度仅为指数为 1.00 的普通泡沫的一半。

用于 TDI 基块状软质泡沫体全水发泡生产中的软化剂，可采用 Ortegol 310。该软化剂与 CFC-11、二氯甲烷等物理发泡剂不同，它能参与发泡反应，并能软化泡沫体，降低其硬度。但使用它时要注意以下几点。

① 当和 TDI 反应时，它对反应生成的取代脲结构有轻微的破坏力。因此，应在配方中添加少量的阻燃剂，以抵消这种破坏作用。

② 该软化剂含有 50％的水，因此在配方计算中将此部分水分考虑在内。

③ 加入 Ortegol 310 软化剂能提高泡沫体的开孔率，同时，也增加了泡沫形成过程中的不稳定因素。因此，在配方中必须将聚硅氧烷表面活性剂用量提高约 50％。

④ 添加该种软化剂，会使加工条件范围变窄，操作不容易掌握，有时会引起泡沫破裂和塌泡。因此，建议 Ortegol 310 的用量≤1 质量份。此量可替代 7.6 质量份的 CFC-11。

美国奥斯佳公司推出了 GM201 和 GM205 泡沫软化剂，用于低异氰酸酯指数（0.85）的全水发泡技术可以生产出物性与普通泡沫相似的泡沫体，对泡体变色和烧芯以及压缩永久变形性能有一定改善作用。开发出 Geolite 210 全水发泡用泡沫软化剂，在全水发泡工艺中，异氰酸酯指数下降至 0.85，能减少 90%以上 CFC-11 发泡剂的用量。

在聚氨酯泡沫体的制备中，添加少量硅酸钠，可以对全水发泡制备的软质泡沫体产生一定的软化作用。硅酸钠对泡沫体中聚脲结构转化为缩二脲的反应有催化作用，极大地削弱了结晶聚脲的聚集，使其相分离程度减弱，从而起到泡沫软化的目的。例如在 TDI 热模塑泡沫配方中加入 0.15 份硅酸钠，即可取代 10～12 份 CFC-11 发泡剂，并能达到与之相应的性能，40%ILD 值表示的泡沫体硬度可降低至 1.8kPa；如 TDI 和 2,4-MDI 混合使用，硅酸钠的用量可提高至 0.35 份，可以达到取代 15 份 CFC-11 效果的泡沫硬度。

特种聚醚多元醇在全水发泡技术中，虽然由于引入了泡沫软化剂，克服了水量高、产生泡沫，过热易产生烧芯的难题，但在低异氰酸酯指数的条件下，将会使泡沫体交联网络不足、泡沫体物性下降，制备高密度超柔软性泡沫产品困难。针对这种新问题，许多公司成功地开发出全水发泡用新型聚醚多元醇。利用这类新型聚醚多元醇生产出无氟、高密度、超软质、高网络强度的泡沫体。

使用全水发泡技术在取代 CFCs 工作中显示出很多优点，在实际生产中也已获得了较好的评价，显示出良好的发展前景。但目前仍存在着某些缺点，如添加软化剂后，会对泡沫体结构产生一定影响，必须相应添加某些阻燃剂、增加聚硅氧烷表面活性剂用量；需重新调整催化剂用量，对催化剂的加工容量范围变窄；全水发泡将会相应增加价格较贵的异氰酸酯用量，使产品成本增加；此外，使用全水发泡技术制得的泡沫体，其绝热性能下降等。目前，全水发泡技术主要应用于非绝热性材料如家具用软泡、模塑软泡以及包装、填充、漂浮和结构泡沫产品中。

（3）液体二氧化碳发泡技术　使用液体二氧化碳作为替代 CFCs 发泡剂的优点如下。

① 二氧化碳的 ODP 值为零。二氧化碳在常温下为气体，沸点为 −78.5℃，临界温度 31℃，它在低于 31℃的任何压力下可被液化甚至固化，而在高于 31℃的任何压力下呈气体状态，它的温度、压力关系如图 2-3 所示，二氧化碳的蒸气压、汽化热数据列于表 2-34 中。

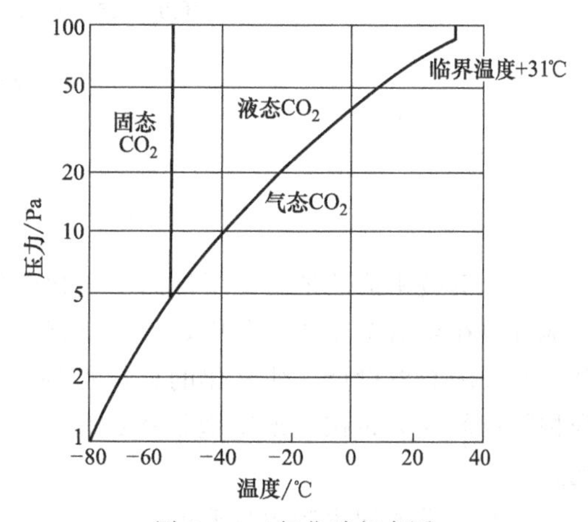

图 2-3　二氧化碳相态图

表 2-34　液态 CO_2 蒸气压、汽化热

温度/℃	蒸气压/MPa	汽化热/(kJ/mol)	温度/℃	蒸气压/MPa	汽化热/(kJ/mol)
30	7.117		−20	1.945	
20	5.653	7.89	−30	1.410	
10	4.442	10.05	−40	0.993	
0	3.444	11.63	50	0.687	
−10	2.615	12.91			

② 原料成本和生产成本低。二氧化碳的分子量为 44，仅是 CFC-11 的 1/3。与全水发泡技术反应生成的二氧化碳相比，使用二氧化碳可以节约大量昂贵的异氰酸酯消耗（1g 水将消耗 6g MDI）。而液态二氧化碳的生产技术成熟、易得、价格低廉。

③ 泡沫体性能与使用 CFC-11 生产的产品相当，属物理发泡剂，不参与系统的化学反应，对产品分子结构不会产生任何不利影响。与全水发泡相比，使用液态二氧化碳发泡不会产生过多的脲基，在同等密度下，泡沫体更加柔软，手感好。

④ 设备投资费用适中。

⑤ 使用该工艺可以在无平顶系统设备上生产出顶部较为平坦的泡沫体。但要将液态二氧化碳作为聚氨酯材料的发泡剂并非易事。必须先解决它的计算问题，同时还必须使它在聚醚多元醇中混合、输送，更为重要的是在混合头吐出时，要克服因二氧化碳液气转换时快速膨胀而产生的破泡乳化难以控制等技术问题。为解决这些技术问题，意大利进行了大量工作，率先推出使用液态二氧化碳作为聚氨酯发泡的替代技术科研成果及相应的生产装备——卡迪奥装备，该装备的示意图见图 2-4。

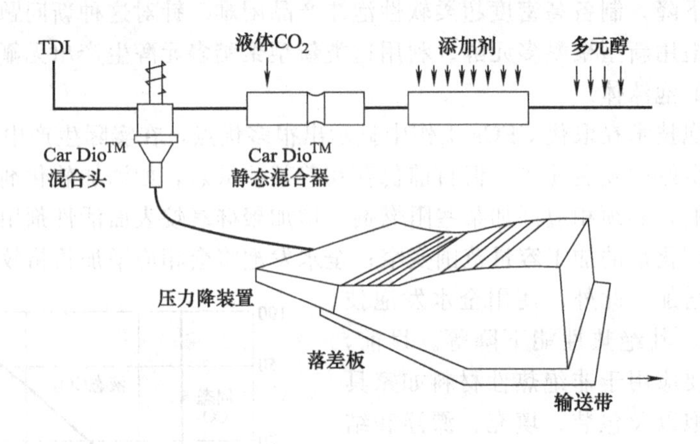

图 2-4　卡迪奥装备示意图

卡迪奥技术成功地解决了液态二氧化碳的计量，使用在线静态混合装置，使其乳化，均匀地分散在聚醚多元醇组分中，形成良好的气核，始终保持液体状态，并通过专门设计的混合头和分配装置设计，使乳化的材料得到一个渐进的压力降，使已被膨胀了 30% 的乳化混合物料均匀地分布在平顶发泡设备的传送带上，克服了泡沫体上出现针孔和烟道状的并泡现象。

卡迪奥系统的生产运行速度 1m/min，流量 40～60kg/min。意大利、美日等及欧洲的一些泡沫生产厂相继采用了这项技术并成功地生产出聚氨酯软质泡沫，使液态二氧化碳替代 CFCs 工作取得了较大进展。利用该替代技术生产 3 种密度泡沫体与 CFC-11 和 MC 发泡工艺。泡沫体配方及性能对比列于表 2-35。

表 2-35　三种发泡体系性能对比

项　目	1			2			3		
	Car Dio	MC	CFC-11	Car Dio	MC	CFC-11	Car Dio	MC	CFC-11
配方/份									
聚醚多元醇	100	100	100	100	100	100	100	100	100
80/20 TDI	57.1	57.1	57.1	50.7	50.7	50.7	40.1	40.1	40.1
水	4.6	4.6	4.6	4.0	4.0	4.0	3.0	3.0	3.0
聚硅氧烷表面活性剂	1.5	1.5	1.5	1.2	1.2	1.2	0.9	0.9	0.9
胺催化剂	0.25	0.15	0.15	0.3	0.15	0.15	0.35	0.2	0.2
锡催化剂	0.18	0.35	0.35	0.17	0.30	0.28	0.16	0.22	0.18
液体 CO_2	5.5			3.0			2.0		

续表

项　目	1			2			3		
	Car Dio	MC	CFC-11	Car Dio	MC	CFC-11	Car Dio	MC	CFC-11
二氯甲烷		17.0			9.0			6.0	
CFC-11			21.0			11.5			7.7
泡沫体性能									
密度/(kg/m^3)	15.7	14.0	15.0	18.8	18.5	17.9	22.7	25.2	24.2
CLD40%/kPa	2.17	1.92	1.95	2.3	2.19	2.36	2.38	2.7	2.45
回弹/%	40.0	40.0	40.5	47.0	44.0	43.5	50.0	47.0	46.5
空气流动(CFM)	5.15	4.1	4.3	5.15	5.55	3.3	4.45	3.75	7.4
压缩变形 90%/%	7.7	8.6	10.4	7.7	5.9	6.7	4	4	4

从表 2-36 中可以看出，使用液态二氧化碳发泡工艺生产的泡沫体性能很好。在三种发泡剂对比中，“卡迪奥”泡沫具有更高的回弹性和透气性。表 2-37 为欧洲使用的典型配方及泡沫体性能。Dow 化学公司使用扫描电镜检测了该种泡沫的微孔结构，发现它比同等密度和硬度的 MC 发泡体相比，具有更细的泡孔尺寸（平均 500μm）和高得多的开孔率，泡沫更趋向于各向同性，泡沫体物理性质更加趋于一致。

表 2-36　CO_2 发泡高回弹泡沫推荐配方

项　目	80/20 TDI 系列	MDI 系列	项　目	80/20 TDI 系列	MDI 系列
配方/份			CLD②/kPa/份		
多元醇 Specflex NC 632①	50		50%	4.2	
Specflex NC 262①		85	40%		5.1
聚合物多元醇 Specflex NC 650①	50	15	拉伸强度/kPa	124	150
液态 CO_2	2.2	2.3	伸长率/%	94	102
水	4.1	3.43	撕裂强度/(N/m)	226	240
泡沫体性能			回弹率/%	62	54
整体密度/(kg/m^3)	29		50%压缩永久变形/%	7.0	7.5
芯密度/(kg/m^3)		43	50%湿压缩永久变形/%	25	

① Specflex NC 632，NC 262，NC 650 均为 Dow Chem，公司生产的产品。

② CLD—压缩载荷变形。

表 2-37　Car Dio 欧洲使用的典型配方及泡沫体性能

等级	1720	2020	等级	1720	2020
密度/(kg/cm^3)	15.0	18.0	泡沫体性能		
CLD/kPa	1.8	2.0	密度/(kg/m^3)	15.2	17.7
配方				(15.0～15.7)	(17.3～18.1)
异氰酸酯指数	1.1	1.1	CLD(40%)/kPa	1.88	2.02
聚醚多元醇(分子量 3500)/份	100	100		(1.74～2.13)	(1.8～2.18)
TDI/份	55.96	49.59	拉伸强度/kPa	67	71
水/份	4.5	3.95		(50～80)	(57～88)
胺/份	0.53	0.53	断裂伸长率/%	150	160
聚硅氧烷表面活性剂/份	1.45	1.35		(100～185)	(90～200)
锡催化剂/份	0.22	0.20	压缩变形(70℃,90%)/%	8	7
液体 CO_2/份	4.30	2.95			

从配方中可以看出，使用液体二氧化碳配方，锡用量均比 MEC 配方要少。由于 MEC 和 CFC-11 对聚氨酯聚合物有强烈的溶解性，因此，必须增加锡催化剂用量来克服泡沫体上产生的裂口现象，在使用液体二氧化碳发泡剂配方中，锡催化剂用量减少，仍能制备出孔开率高、泡孔结构均匀、压缩变形小、不易产生裂口的泡沫制品。

在 Car Dio 系统开发的基础上，康隆公司又将液体二氧化碳发泡技术延伸到聚氨酯软质泡沫体的非连续化模塑制品的加工中，开发出新的“康奥赛”(Cann Oxide) 系统，解决了使用液体二氧化碳发泡剂的贮存、计量、与多元醇预混、高压混合以及将乳化的物料在浇注指令下达时能立即准确计量吐出至模制模具中等技术问题。该公司专门设计了专利保护的非连续发泡用的计量泵组，能在瞬间提供不变量的液体二氧化碳，从混合头下达指令到加压、无波动的液体二氧化碳进入混合室前的多元醇回路之间的时间差非常小，在输出范围3～15g/s时，其泵组精度为±2%，反应时间为0.5s，从而使计量系统能适应多硬度配比，多循环，输出比例变化频繁的转盘模塑生产线，通过液-液相混拌喷射器、可编程序开关和机计算控制系统设计，解决了系统频繁开模浇注、闭模停止的操作同步问题。同时设计高混合效率的新型混合头Triox，从而使混合物充分混合、乳化，并将25%～30%预膨胀成乳化状物料注入模腔，而又不会出现并泡和大泡孔结构，生产出泡孔细密均匀的高质量模塑产品。

此外，康隆公司还开发了专门用于液态二氧化碳与多元醇预混的预混装置——Easy Froth系统，将组合多元醇通过柱塞泵高压计量再与定量的液态二氧化碳混合，经过预混合后将其送入发泡机料罐中，该系统配合L型注射头或使用专利的注射头进行注射。

继康隆公司开发液态二氧化碳发泡技术和加工设备以后，英国的公司也开发了CO_2™系统，据称在变压发泡技术的基础上吸收了二氧化碳发泡技术，能密闭更多二氧化碳的泡沫体，内部泡孔结构均匀，表面无气泡，产品最低密度可达14kg/m³。同时，该公司宣称该工艺技术可在传统高压发泡机上安装，无须更换计量、混合装置，即可实现液态二氧化碳发泡体系的更换工作。

德国的公司也开发了使用液态二氧化碳发泡的装备系统。此外，美国的公司开发了二氧化碳计量装备。据称，可将气体二氧化碳定量地加到软泡、硬泡或聚异氰尿酸酯泡沫用的多元醇中，采用特有的L型混头，能适应更多的配方体系，如水、HCFC类发泡剂，也可直接使用掺入二氧化碳的多元醇，以改变聚氨酯泡沫体的模塑特性。

使用液态二氧化碳取代CFCs化合物作物理发泡剂的工作进展虽然很快，并已在生产中取得了一些成绩，但该取代方案仍有一些缺点，有待进一步改进。

① 产品表面针孔较多，尤其是在低密度制品上，更为明显。

② 在生产块状软泡制品时，由于物料从分配器中喷出后，二氧化碳比CFC-11有更大的急剧膨胀性，制品表皮平整性较差。

③ 二氧化碳至空气的扩散速度较快，若发泡和凝胶反应平衡稍有偏差，就会造成泡沫体收缩等质量问题。因此，使用该发泡体系，其配方和操作工艺更为严格。

④ 由于液态二氧化碳的特性，使用它必须解决它的贮存、计量及与其他组分混合等技术问题，因此必须进行较大的设备投资。

⑤ 更为重要的是二氧化碳的热导率较高［15.3mW/(m·K)］，与CFC-11［7.4mW/(m·K)］相比，高出近一倍，因此，使用该替代技术的产品，仅能用于非绝热要求的应用领域。

(4) HCFCs类替代发泡体系　在研究CFCs替代方案的最初讨论中，有些科学家根据臭氧层被破坏的程度和速度现状，主张直接采用ODP值为零的替代品，如环戊烷、某些氢氟烃等的“一步到位”的严厉措施。但根据对大量替代化学品的研究、筛选、生产和相应的生产装备等尚不成熟的情况，以及各国科技、工业发展水平参差不齐等现实问题，最后还是采取了大多数科学家的意见，在全面禁用CFCs物质以前，使用ODP值接近零的过渡性替代品的技术方案。

在过渡性替代品的研究中，氢氯氟烃类化合物（HCFCs）的研究是比较活跃的一类替代品。在分子结构上，HCFCs类化合物虽然和CFCs类的化学结构相似，但HCFCs类化合物含有氢原子，能在较低层大气中与含羟基化合物反应，它在大气中的生存期要比CFCs短得多，大多数HCFCs化合物在到达高层大气前，就可以被分解，因此，它们对大气臭氧层的破坏作用要比 CFCs 小得多。研究表明：HCFCs 的 ODP 值仅为 CFCs 化合物的 2%～10%；它们的地球温室效应值（GWP）也较 CFCs 有大幅度降低。

许多 HCFCs 化合物的沸点与传统使用的 CFC-11 发泡剂相差不大，因此，可以利用现有发泡设备或稍做改造，就可以投入生产，替代改造设备投资费用少。另外，利用 HCFCS 发泡技术生产的聚氨酯泡沫体性能良好，尤其是它的绝热性能，与 CFC-11 体系相差无几。因此，这种过渡性替代品，很受生产厂商的欢迎。目前，以美国为代表的许多工业先进国家，在要求优异绝热性能的制冷设备中采用的硬质聚氨酯泡沫体，主要使用 HCFCs 类化学品中的一氟二氯乙烷（HCFC-141b）替代发泡体系作为过渡性 CFCs 替代品。在此必须指出的是，这类物质仅仅是短暂过渡期中使用的替代品。由于 HCFC-141b 和其他 HCFCs 类化合物一样，在分子中含有氯原了，对地球上空的臭氧层仍具有破坏作用，ODP 值不等于零。在替代 CFCs 的 HCFCs 化学品中，筛选的品种很多。但目前似乎主要集中在 1,1,1-三氟-2,2,二氯乙烷（HCFC-123）、1,1,1-氟二氯乙烷（HCFC-141B）、二氟一氯甲烷（HCFC 22）等少数几个品种上，其与 CFC-11 的物性对比列于表 2-38 中。

表 2-38　主要 HCFC 和 CFC-11 物性对比

化合物	CFC-11	HCFC-123	HCFC-141b	HCFC-22
分子量	137.4	152.9	117.0	86.5
沸点/℃	23.8	28.0	32.0	40.8
ODP 值	1.0	0.02	0.11	0.05
GWP 值	1.0	0.02	0.12	0.34
气相热导率(25℃)/[W/(m·K)]	0.813×10^{-2}	0.934×10^{-2}	0.916×10^{-2}	1.3×10^{-2}(60℃)
常压、沸点下汽化潜热/(kJ/kg)	180.4	167.5	221.9	
大气中滞留寿命/年	65	1.5	8.0	15

由上表可知，这三种 HCFC 化合物的气相热导率比 CFC-11 高约 13%～60%，故使用这三种 HCFCs 的发泡体系的泡沫体其绝热性能比 CFC-11 差；HCFC-22 在室温下是气体状态，在发泡工艺和设备上都将要做较大的变动，而 HCFC-123 和 HCFC-141b 的沸点与 CFC-11 十分接近，设备改造费用小一些，工艺条件波动范围较小。但根据化学品毒性试验结果表明：HCFC-123 具有较大毒性，其入选的可能性下降，虽然在这 3 种 HCFCs 替代化学品中，HCFC-141b 最具吸引力，但由于 HCFC-141b 的 ODP 值和 GWP 值与保护大气臭氧层的要求仍有较大差距，美国和欧洲各国拟订法规，禁止 HCFC-141b 直接排入大气。对 HCFC 类化合物的筛选工作，仍然还有许多工作要做。

在 HCFCs 替代化学品中，由于 HCFC-141b、HCFC-123 的沸点与 CFC-11 相近，它们与聚醚多元醇的互溶较好，替代的工业性试验相对简单，国外许多聚氨酯产业公司，都相继对 HCFCs 类化合物制备聚氨酯硬质泡沫塑料做了许多有益的探索。

表 2-39 使用 HCFC 发泡体系和 CFC-11 发泡体系泡沫性能对比。

表 2-39　HCFC 与 CFC-11 发泡体系泡沫性能对比

项目	传统 CFC-11		HCFC-141b			HCFC-123		
	TDI	聚合 MDI	TDI	聚合 MDI	聚合 MDI	TDI	聚合 MDI	聚合 MDI
配方								
组合聚醚多元醇	100	100	100	100	100	100	100	100
改性 TDI	82.9		98			88.2		
聚合 MDI		106		107.9	124.6		106	117.6
泡沫体性能								
密度/(kg/m³)	29.4	30.7	31.5	35.7	30.7	33.4	34.4	30.7
密度比 CFC-11 体系增加百分比/%			7.1	10.1	0	13.6	10.9	0
热导率/[W/(m·K)]	0.0173	0.0177	0.0176	0.0187	0.018	0.0179	0.0187	0.0181
热导率比 CFC-11 体系减少百分比/%			1.7	5.6	1.7	3.5	5.6	1.7

HCFC-22是早已工业化的化学品，来源广，价格低。它具有不燃、低毒、热导率较低和ODP值较低的性质，同时，它还能与各原料组分极好的互溶，对聚醚多元醇有独特的亲和力。将它加至聚醚多元醇组分中，能有效地降低该组分的黏度，其作用与CFC-11相似。另外，使用该替代品还有一个优点，由于HCFC-22的沸点比CFC-11低得多，它制备的硬质泡沫塑料，其泡孔结构中的HCFC-22在低温使用情况下，仍能保持气体状态，而不会出现其他气体发泡剂的冷凝现象，因此，使用HCFC-22制备的泡沫体具有较好的绝热性能。但同时，由于HCFC-22在室温下为气体，给替代工作也带来了许多麻烦，对加工设备和发泡工艺条件等均需作较大的变动，如必须增加预混合耐压容器，耐压输送泵，静态混合器，物料的计量、混合装置以及传感、控制系统。为克服上述替代实验中的困难，许多公司试验采用它和其他发泡剂掺合使用的办法，如使用HCFC-141b或HCFC-123等与CFC-22掺混，以达到降低组分的蒸气压力，提高它们和聚醚多元醇组分的相溶性，并在一定程度还能使泡沫体的热导率有下降，见表2-40。

表2-40　HCFC-22与其他HCFC的掺合发泡试验

掺合体系	HCFC-22	HCFC-22/123	HCFC-22/141b
HCFC-22(质量)/%	100	36	42
HCFC-123(质量)/%		64	
HCFC-141b(质量)/%			58
贮槽压力			
开始峰值/kPa	700～800	350	350
工作压力/kPa	270	170	170
ODP	0.05	0.03	0.08
GWP	0.07	0.04	0.06
热导率(23℃)/[W/(m·K)]	0.0109	0.0101①	0.0101①

① 按各组分摩尔分数的线型函数的计算值。

为降低HCFCs发泡体系泡沫体的热导率，提高材料绝热性能，通常采用为它们研究开发的新型聚醚和相应的配合剂，如奥斯佳有机硅公司的L 6900、Y-10733等新型聚硅氧烷类表面活性剂和新型多元醇聚合物。有时，在配方中可以加入少量水，由于它反应产生的二氧化碳和HCFC的共发泡作用，能使泡沫结构更加细密均匀，有利于泡沫热导率的降低。

据报道，在配方中加入适量（4%～9%）的炭黑粒子，也有利于泡沫体绝热性能的提高。从目前情况看，虽然诸如HCFC-141b，作为第二代CFCs的替代品，在目前聚氨酯硬泡中使用较多，但其主要用于硬质泡沫体和对绝热性能要求不高的场所，当前，对它的应用和研究欧洲较为深入，而在美国，由于1993年开始执行家电能源消耗新标准（如对电冰箱要求比原来大于20%）并且在以后逐渐提高节能标准的形势下，对泡沫体绝热要求将越来越高，因此，使用HCFCS类替代品生产的聚氨酯硬质泡沫塑料，因绝热性能达不到要求。也逐渐被淘汰。

(5) 氢氟烃（HFCs）类发泡剂　在CFCs发泡剂的替代品中，称为第三代替代品的氢氟烃（HFCs）类化学品最受青睐，有可能成为CFCs的最佳替代品。对HFCs化学品研究十分活跃，筛选的品种较多，主要有HFC-134b（四氟乙烷）、FHC-125（五氟乙烷）、HFC-125a（二氟乙烷）、HFC-356（三氟丁烷）等。

HFCs化学品的优点是无毒、不燃、使用安全；它们的ODP值为零，分子中不含氯原子。热导率相对比较低，比较适宜制备绝热性能要求较高的硬质泡沫体。略显不足的是

GWP值尚不能达到零的要求。但在筛选的HFCs品种中，有些品种的GWP值已接近零值，如HFC-356、HFC-152的GWP值仅为CFC-11的3%～15%，很具有发展潜力。

HFCs化合物按其沸点大小，可分为在室温环境下为气体状态的低沸点HFCs和在室温环境下为液态的高沸点HFCs两大类。前者主要有HFC-134a、CH_2FCF_3等；后者主要有HFC-356、$CF_3C_2H_4CF_3$等。

在低沸点HFCs中研究较多的是HFC-134和HFC-152a，它们的分子量相对较低（分别为23.8和66），在相同发泡倍率下，其配方用量要比CFC-11少。它们的主要缺点是在多元醇组分中的溶解性偏低，相容性较差，使用时，需要选用蔗糖或蔗糖一胺醚型聚醚多元醇及相应的表面活性剂。这些HFCs发泡剂对聚醚多元醇和催化剂都十分稳定，甚至在高温下也不会产分解，利用它们可以制备冰箱等要求绝热性较高的聚氨酯硬质泡沫体。

HFC-134b作为发泡剂制备聚氨酯泡沫体，初始热导率较低，几乎与CFC-11相似，同时在使用该体系采用高压发泡机灌注家电冰箱保温层时还发现该体系的加工性能良好，它们的充填性、物料流动性和脱模时间等工艺参数都能和传统发泡剂CFC-11相当。

由于低沸点HFCs化合物在室温下为气体状态，这给它的推广使用造成了一定难度。在使用时，必须要对加工设备和加工工艺做较大改进。溶入该类发泡剂的多元醇原料，必须要在压力容器中进行贮存，并在输送、计量以及混合过程中，发泡剂不能气化逸出，否则会造成配比不准以及大量“喷沫”现象的发生。此外，为提高气体状态发泡剂在多元醇中的溶解能力、改善它们之间的乳化效果，应选用适宜的多元醇聚合物和相应的助剂，如意大利ECP公司研究的特种多元醇；奥斯佳有机硅有限公司推出的L-6901聚硅氧烷表面活性剂等。

在HFCs的筛选工作中，高沸点HFC较低沸点HFC更具竞争力，它们在室温下呈液体状态，贮存、输送、计量和混合都比较方便，对加工设备的改动小，投资少。其中在高沸点HFCs化合物中，最有发展前途的是HFC-356和HFC-245。

HFC-356的沸点与CFC-11相近，对加工设备和发泡工艺无需做多少变动，同时，该种化学品对冰箱等家用电器产品的塑料内衬等材料没有任何侵蚀。更为重要的优点是HFC-356的气相热导率与CFC-11最接近，是目前发泡替代品中，热导率最低的一种HFCs化合物，因此，使用HFC-356制备的聚氨酯硬质泡沫塑料，十分适宜制作冰箱等制冷设备的绝热保温材料。

研究比较活跃的HFCs化合物还有HFC-245f（I，I.3，3，3氟丙烷），其沸点为15℃。该化合物不燃、毒性较低，与HCFC-141相当。它在大气中的寿命短，ODP值为零，GWP值小于0.2，气体热导率低于HCFC-141和环戊烷基泡沫体，使用时设备改造费用较低。但由于它的沸点较低，汽化速率快，与聚醚多元醇相溶性较差，容易产生分离。随着新型聚醚多元醇及相关助剂的开发，这些缺点将会逐渐克服。如它在芳胺型、蔗糖型聚醚多元醇中，溶解度将有所提高，选择适宜的助剂，都能使泡沫体的流动性、闭孔率等物理性能有较大提高，获得热导率较低的泡沫体。表2-41是日本旭硝子公司发泡试验对比。

表2-41 日本旭硝子公司发泡试验对比

项　　目	HCFC-141b	HFC-245fa	环戊烷
乳白时间/s	14		10
凝胶时间/s	46	36	40
不粘时间/s	58	40	46
脱模时间/min	5	5	5
流动性①/cm	24.8	26.0	25.0

续表

项　目	HCFC-14lb	HFC-245fa	环戊烷
性能			
密度/(kg/m³)			
手工自由发泡	25.7	25.2	25.7
整体	36.8	33.2	36.8
芯部	32.9	30.7	32.6
热导率(24℃)/[mW/(m·K)]	16.2	16.3	16.3
压缩强度/kPa	133	117	125
尺寸稳定性/%			
−30℃/24h	0.4	0.2	0.4
70℃/24h	1.1	1.0	0.7

① 泡沫体物料流动性试验使用成型模尺寸150cm×30cm×3.5cm。

（6）烷烃化合物　在取代CFCs的工作中，西欧主要国家对烷烃类化合物，尤其是戊烷化合物表现出兴趣，其主要观点是戊烷化合物无卤素原子，ODP值为零，GWP值也相当小，普遍低于0.0004。目前替代CFC-11作为化学发泡剂的戊烷类化合物主要是正戊烷、异戊烷和环戊烷，其主要的物理性质和环保特性与CFC-11对比如表2-42所示。

表2-42　戊烷特性与CFC-11特性对比

特　性	CFC-11	正戊烷	异戊烷	环戊烷
分子式	CCl_3F	C_5H_{12}	C_5H_{12}	C_5H_{10}
相对分子质量	137.4	72.0	72.0	70.1
沸点/℃	24	36	28	49
密度(20℃)/(g/mL)	1.49	0.626	0.620	0.745
蒸气压(30℃)/Pa	88.25(20℃)	8.2×10^4	1.1×10^5	5.3×10^4
气相热导率(20℃)/[W/(m·K)]	0.008(20℃)	0.013	0.013	0.011
闪点/℃	无	<−50	−45	−39
着火点/℃		285	220	361
ODP值	1.0	0	0	0
GWP值	1.0	0.0004	0.0004	<0.0001
允许浓度/%(体积)	0.1	0.1	0.1	0.06
大气寿命	65年	几天	几天	几天
空气中爆炸极限/%(体积)	无	1.4～7.8	1.3～7.8	1.4～8.4

在戊烷类化合物中，使用最多的是环戊烷。目前，在西欧发达国家中，对环戊烷发泡体系研究比较系统、深入。最初在欧洲运输带层压板生产线上使用了环戊烷发泡剂，以后在金属夹心板以及块状泡沫体等产品中推广使用了环戊烷发泡剂，在家用电器、建筑行业等领域中的聚氨酯硬质泡沫体获得了较广泛的应用。使用戊烷作为CFC-11替代品的主要优点如下。

① 该类化合物不含卤素，在大气中存在寿命短，其降解半衰期为10～15h，在几天内即可被完全分解，不会消耗、破坏大气中的臭氧，ODP值等于零。

② 戊烷的GWP值很小，仅为CFC-11的1/10000～4/10000。

③ 戊烷的沸点与CFC-11相近，故在发泡工艺条件上变动不会太大。

④ 戊烷与CFC-11相比，其相对分子质量要小约50%，使用戊烷作发泡剂，用量相对要省近一半。

⑤ 戊烷的气相热导率较低。使用戊烷作发泡剂，对聚氨酯硬质泡沫体的绝热性能影响较小，可以满足冰箱等家电绝热性能的技术要求。

戊烷发泡体系配方和性能列于表 2-43。

表 2-43　戊烷发泡体系配方和性能

项　　目	戊烷				异戊烷				
	1	2	3	4	1	2	3	4	5
配方/质量份									
聚醚多元醇	100	100	100	100	100	100	100	100	100
正戊烷	10								
异戊烷		10				8	10	13	15
环戊烷			10						
正戊烷/异戊烷(1∶1)				10					
水	2.0	2.0	2.0	2.0	4.0	2.5	2.0	1.5	1.0
胺催化剂	2.0	2.0	2.0	2.0	2.0	2.0	2.0	2.0	2.0
二月桂酸二丁基锡	0.01	0.01	0.01	0.01	0.01	0.01	0.01	0.01	0.01
匀泡剂	2.0	2.0	2.0	2.0	2.0	2.0	2.0	2.0	2.0
PAPI	146	146	146	146	170	152	146	135	135
泡沫体性能									
自由发泡密度/(kg/m^3)	32.0	32.5	31.6	32.3	30.9	31.2	31.6	32.0	31.4
压缩强度/MPa	165	165	162	163	174	162	160	163	165
热导率/[W/(m·K)]	0.026	0.026	0.025	0.025	0.032	0.028	0.025	0.024	0.023

使用戊烷作物理发泡剂尚存在以下几方面问题。

① 戊烷具有可燃性，在空气中的爆炸极限范围较宽，因此，在设备和生产安全方面，则需要更大投资进行设备和生产环境的改造，制定更加严格的操作规程。

② 戊烷与普通聚醚多元醇等组分的相溶性较差，而若存在水，其相溶性则会变得更差。在这三种戊烷化合物中，相比之下，环戊烷的相溶性稍好一点。根据研究，环戊烷对羟值大于 44mgKOH/g 的主要类型聚醚的溶解度约为 12%～19%，正戊烷和异戊烷的溶解度仅为 7%，见表 2-44。

表 2-44　戊烷与聚醚多元醇的互溶性对比

聚醚多元醇	羟值/(mgKOH/g)	溶解度/%		
		正戊烷	异戊烷	环戊烷
蔗糖类多元醇	440	5	6	16
蔗糖类多元醇	310	13	13	48
山梨糖醇类多元醇	490	7	7	19
丙三醇类多元醇	540	7	7	18
芳香族类多元醇	500	4	4	12
脂肪族类多元醇(聚酯)	250	3	3	8
芳香族类多元醇(聚酯)	347	<1	<1	2

③ 戊烷易从泡沫体中逸出，对环境造成一定污染，同时，它的燃烧、爆炸特性会对生产安全造成一定的危险。

④ 气相热导率高，估计戊烷发泡制品的能量消耗将会比 CFC-11 高 10%左右。

⑤环戊烷的沸点稍高，当泡沫制品温度下降后，泡孔内的环戊烷气体会产生冷凝，影响泡沫体的尺寸稳定性，为此，该体系泡沫体的密度普遍较 CFC-11 体系要高一些。在使用环

戊烷发泡剂体系制备的绝热保温材料，如电冰箱保温层等时，为避免温度降低，泡孔中戊烷凝结，与大气压力差越来越大，产生泡沫体变形的应力，用于保温层的硬泡材料的强度必须提高。通常 CFC-11 体系泡沫体在密度 32kg/m³ 时，即能承受因泡孔内压力减小造成的收缩应力，而对戊烷发泡体系的聚氨酯硬质泡沫体来讲，密度必须提高至 37kg/m³，才能保证泡沫体在低温下的尺寸稳定性。为此，环戊烷发泡体系泡沫体的压缩强度大于 160kPa。根据经验，在戊烷发泡体系配方中，当水用量为 2 份时，戊烷发泡剂用量通常应小于 12 份，当配方中水用量为零时，戊烷用量通常应小于 25 份。

(7) 其他非 CFCs 发泡替代技术　在 CFCs 的替代发泡技术开发中，人们还探索了其他物理发泡技术替代 CFCs 的一些方法，其中，变压发泡技术（又称为真空发泡）取得了一定进展。

所谓变压发泡是利用外界环境压力的降低获得泡沫体体积增大的一种物理发泡方法。如果将发泡设备安置在一个压力可以任意调控的环境中，使用水量较低的、普通的发泡配方，而不使用其他辅助发泡剂，将泡沫体置于减压状态环境中，也能生产出密度较低的泡沫体。

美国 Foam One 公司 1994 年首先开发了以控制环境压力进行发泡的变压发泡技术。最初，该方法是将模具放在密封的容器中，使吐出的泡沫体在抽空减压的情况下，制取密度仅有 8kg/m³ 的聚氨酯泡沫体，如果在发泡的过程中增加密闭环境的压力，则可制得高密度的泡沫体，但这种方法的生产成本较高。最近，该公司在进一步研究的基础上，开发完善了这种变压发泡工艺和相应的生产装备，将模具设计成可以进行变压的容器，设备体积减小，生产成本下降，并在生产中采用了微机控制处理系统，据报道，该种控制器可以存储 125 种泡沫产品的制备方法，操作简便，控制精确。由 Foam One 公司提供工艺技术，它的合作伙伴 Edge-sweets 公司供应该类加工装备。

该变压发泡技术，虽然目前已有公司使用这种替代技术并已生产出床垫等软泡制品。但从实际生产过程来看，该种发泡技术设备要求较高，尤其是生产过程中，对压力的控制要求必须十分精确、快捷，否则会造成产品密度波动过大，同时，使该种发泡方法生产的低密度泡沫体，负荷硬度偏低，必须要在配方中加入聚合物多元醇予以改进。另外要使关键设备都在精密的变压状态下工作，其费用和难度也是很大的。目前只在箱式块泡发泡等小型制品中试用。

2.3.4 阻燃剂

(1) 三氧化二锑　又称氧化锑、锑白。分子式 Sb_2O_3，分子量 292。白色粉末，平均粒径 1～3μm，相对密度 5.2～5.7，熔点 652～656℃，沸点 1456℃，折射率 2.087，105℃、加热 2h 热损失 0.1%，不溶于水、醇和有机溶剂，溶于浓硫酸、浓盐酸、氢氧化钠、氢氧化钾和酒石酸溶液。

该种化合物单独使用时，阻燃效果较低，通常与含卤化合物（如氯化石蜡、六溴联苯等）并用，产生良好的叠加效应，使阻燃效果显著提高。一般将它作为聚氨酯硬质泡沫塑料的外添加型阻燃剂。当聚合物燃烧时，它产生分解而在材料表面形成密度较大的气体保护层，隔绝氧气，同时，它和卤化物在燃烧时生成卤化锑，能吸收大量燃烧热量，可适当降低材料的表面温度，达到抑制、延缓燃烧的目的。

该产品对人体的鼻、眼、喉有刺激作用，吸入体内能刺激呼吸器官，与皮肤接触可引发皮炎，使用时注意防护。

(2) 氢氧化铝水合物　又称水合氧化铝。分子式 $Al(OH)_3$。氢氧化铝水合物的变体很多，作为阻燃剂使用的氢氧化铝主要是 α-三水合氧化铝。外观为白色细微结晶粉末，平均粒径 1～20μm，相对密度 2.42，折射率 1.57，30%浆料 pH 值 9.5～10.5，脱水起始温度 200℃，吸热量 2.0kJ/g。

该化学品为多种聚合物用外添加型无机阻燃剂。燃烧时，在 200℃即脱出大量水，吸收热量，降低材料表面温度，形成大量水蒸气，稀释燃烧区氧气，减少烟雾和有毒可燃气浓度。燃烧中生成氧化铝能促进聚合物表面生成炭化保护层。作为聚氨酯硬质泡沫塑料的阻燃剂，主要是以外添加方式和浆液浸渍方式实施。本产品无毒，使用安全性好。国内主要有山东、贵州、郑州、上海等有关铝厂生产。

(3) 硼酸锌　分子式 $2ZnO \cdot 3B_2O_3 \cdot 3.5H_2O$，分子量 434.75。白色结晶粉末，平均粒径 2～10μm，熔点 980℃，相对密度 2.69，折射率 1.58～1.59。在冷水中溶解性极低，在热水中可缓慢溶解形成 1% B_2O_3 溶液。

该产品为聚合物及橡胶用无机阻燃剂，价格低廉。它与含卤化合物并用，有良好的阻燃叠加效应，受热脱水温度较氢氧化铝要高。

(4) 氧化锑/氧化硅复合物　白色粉末。氧化锑和氧化硅含量各占一半，相对密度 3.6，细度（325 目筛余物）0.3%。该产品可用作含氯聚合物、环氧树脂和聚氨酯材料的外添加型阻燃剂。

(5) 偏硼酸钡　分子式 $Ba(BO_2)_2$，白色粉末，相对密度 3.25～3.35，熔点 900～1050℃，折射率 1.55～1.60。不溶于水而溶于盐酸。

该产品为聚合物用无机阻燃剂，价格低廉。它与含磷、含卤素化合物阻燃剂配合使用，有良好的阻燃叠加效应。

(6) 五溴乙苯　分子量 500.7。白色结晶性粉末，熔点 136～138℃，溴含量 79.8%，易溶于苯、四氯化碳，微溶于丙酮，不溶于水。

Br　Br
Br—⟨苯环⟩—C_2H_5
Br　Br

该产品与氧化锑并用有阻燃协同作用，可作为聚合物材料添加型阻燃剂。

(7) 溴代二苯醚　典型的溴代二苯醚类阻燃剂列于表 2-45。

表 2-45　溴代二苯醚类阻燃剂

项目	五溴二苯醚	十溴二苯醚
结构式	Br_x—⟨苯环⟩—O—⟨苯环⟩—Br_y $x+y=5$	Br_x—⟨苯环⟩—O—⟨苯环⟩—Br_y $x+y=10$
外观	琥珀色高黏度液体	白色或微黄色粉末
溴含量/%	69～72	81～83
熔点/℃		285
分解温度/℃		425
酸值/(mgKOH/g)	<0.25	
热失重(105℃/1h)/%	<0.1	
水分/%		<0.1

类似的阻燃剂还有1,2-双（2,4,6-三溴苯氧基）乙烷。白色粉末，相对密度2.68，熔点223～225℃，热分解温度大于310℃（热失重5%），不溶于水，乙醇、丙酮、稍溶于热的芳烃溶剂。

此外还有五溴氯环己烷、六氯环戊二烯，等形形色色含卤素及其他具有阻燃性质元素的有机化合物。

（8）氯化石蜡　为白色或淡黄色透明树脂状粉末，相对密度1.60～1.70（25℃），软化点90～105℃，不溶于水和低级醇，溶于乙醚、芳烃、氯代烃、矿物油等有机溶剂。含氯量40%～60%的氯化石蜡主要用作合成材料的增塑剂使用，含氯量大于70%的氯化石蜡才可作为添加型阻燃剂使用。

带有溴的氯化石蜡及其相应的产品列于表2-46中。

表2-46　卤化石蜡类阻燃剂

化合物类别	商品名称	溴含量/%	氯含量/%
溴化石蜡	DD-8126	46	
溴氯化石蜡	DD-8207	32	27
	DD-8307	26	26
	Bromoklor-50	30	20
	Bromoklor-60	20	40
	Bromoklor-70	35	35
	Kyacol HA 15	溴化石蜡与胶态 Sb_2O_5 混合物	

（9）有机阻燃剂　用于聚氨酯材料的有机阻燃剂品种较多，典型产品列于表2-47中。

表2-47　有机阻燃剂一览表

名称	简称	结构简式	性　质
磷酸三甲酯	TMP	$O{=}P(OCH_3)_3$ 分子量124	无色透明液体，酸值0.2mgKOH/g，熔点−46℃，相对密度1.2144(20℃)，沸点197℃/0.1MPa，折射率1.3967(20℃)，溶于水及一般有机溶剂
磷酸三甲苯酯	TCP	$O{=}P(O{-}C_6H_4{-}CH_3)_3$ 分子量368	透明黏稠液体，酸值小于0.15mgKOH/g；凝固点小于−20℃；相对密度1.160～1.180(20℃)；沸点410～440℃(0.1MPa，伴有分解)；黏度78～185mPa·s(20℃)；闪点(开杯法)215～230℃ 溶于苯、醚、醇等有机溶剂，本品为有毒物质
磷酸二苯基异辛酯	DPOP	$O{=}P(OCH_2CH(C_2H_5)(CH_2)_3CH_3)(OC_6H_5)_2$ 分子量362	无色透明油状液体，酸度(以磷酸计)小于0.01%；相对密度1.080～1.090(25℃)；黏度21～23mPa·s(20℃)；凝固点−60℃；沸点239℃(1333Pa)；闪点(开杯法)200℃；折射率1.506～1.512(25℃) 不溶于水而溶于酮，醇等有机溶剂，与大多数聚合物有较好的相溶性

续表

名称	简称	结构简式	性　质
磷酸二苯基异癸酯	IDP	$O=P(OC_{10}H_{21})(O-C_6H_5)_2$ 分子量390	油状液体。相对密度 1.075(25℃)；凝固点小于 50℃；沸点 245℃(1333Pa)；闪点 241℃
磷酸三苯酯	TPP	$O=P(O-C_6H_5)_3$ 分子量326	白色针状结晶，微带芳香气味，熔点 49.2℃；酸值小于0.1mgKOH/g；相对密度 1.185～1.202(25℃)；黏度 11mPa·s(50℃)；沸点 370℃(0.1MPa)；闪点(开杯法)225℃；折射率 1.5518～1.5630(25℃) 溶于大部分有机溶剂
磷酸甲苯二苯酯	CDP	$O=P(O-C_6H_4-CH_3)(O-C_6H_5)_2$ 分子量340	无色透明液体，酸度(以磷酸计)小于 0.01%；相对密度 1.197～1.212(20℃)；色泽小于 50APHA；黏度 33mPa·s(25℃)；凝固点小于－30℃；沸点 360℃(0.1MPa)；闪点(开杯法)233～237℃；折射率 1.560(25℃) 本品溶于一般溶剂，不溶于水 本品属高毒性化学品
三(氯乙基)磷酸酯	TCEP	$O=P(OCH_2CH_2Cl)_3$ 分子量286	无色透明液体，酸值小于 0.2mgKOH/g，水分小于 0.2%；沸点 210～220℃/2666Pa；相对密度 1.492。磷含量 10.8%，氯含量 37.2%
三(氯丙基)磷酸酯	TCPP	$O=P(OCH_2CH_2CH_2Cl)_3$ 分子量328	无色透明液体，酸值小于 0.3mgKOH/g；相对密度 1.27～1.31；闪点 210℃；折射率 1.4916(21.5℃)。溶于一般有机溶剂，但不溶于脂肪烃。磷含量 9.5%，氯含量 32.5%
三(二氯丙基)磷酸酯	TDCPP	$O=P(OCH_2CH(Cl)CH_2Cl)_3$ 或 $O=P(OCH(Cl)CH_2CH_2Cl)_3$ 分子量428	浅黄色透明黏稠液体，酸值小于 0.3mgKOH/g；凝固点 5℃；相对密度 1.5129(25℃)；闪点 251.7℃；着火点 282℃；自燃温度 513.9℃；沸点大于 200℃(533Pa)；折射率 1.5019(25℃)；皂化值 790.6；起始分解温度 230℃。磷含量 7.2%，氯含量 49.5%

续表

名称	简称	结构简式	性质
多聚膦酸酯类阻燃剂		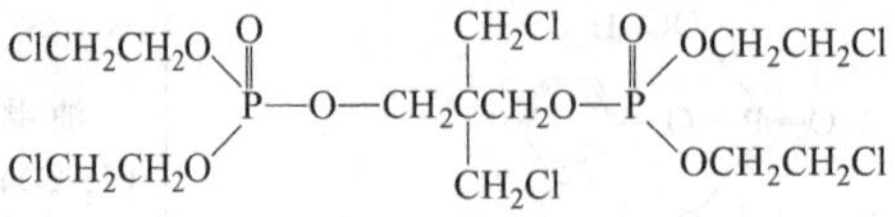 $(ClCH_2CH_2O)_2P(=O)-O-CH_2C(CH_2Cl)_2CH_2O-P(=O)(OCH_2CH_2Cl)_2$	最早开发的膦酸酯多聚体,黏度低,150~500mPa·s,加工性能好,磷含量12%,氯含量27.5%
		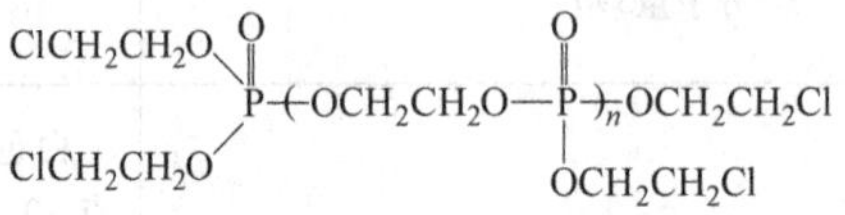 $(ClCH_2CH_2O)_2P(=O)\text{-}(OCH_2CH_2O-P(=O)(OCH_2CH_2Cl))_n\text{-}OCH_2CH_2Cl$	无色透明液,相对密度1.470 黏度20℃ 1.30Pa·s,磷含量13.3%~14.0%,氯含量26%~28%
		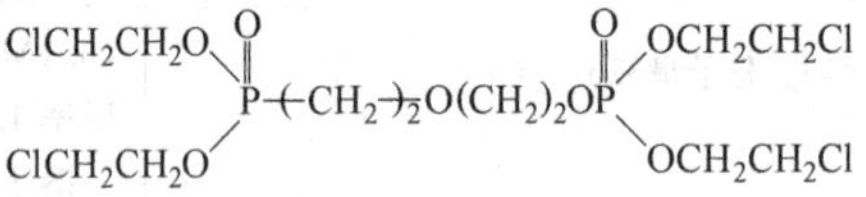 $(ClCH_2CH_2O)_2P(=O)\text{-}(CH_2)_2\text{-}O(CH_2)_2OP(=O)(OCH_2CH_2Cl)_2$	磷含量12%,氯含量27%
		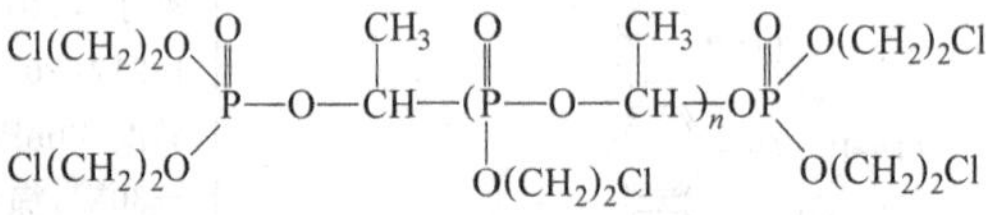 $[Cl(CH_2)_2O]_2P(=O)-O-CH(CH_3)-(P(=O)(O(CH_2)_2Cl)-O-CH(CH_3))_n-OP(=O)[O(CH_2)_2Cl]_2$	第一个工业化的低聚膦酸酯,透明黏稠液,有轻微的特殊气味,相对密度1.492~1.496,凝固点5℃,300℃分解产生气体,不溶于水,溶于除脂肪烃以外的其他溶剂,磷含量15%,氯含量27%
		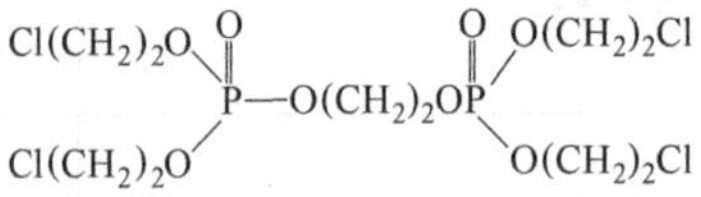 $[Cl(CH_2)_2O]_2P(=O)-O(CH_2)_2OP(=O)[O(CH_2)_2Cl]_2$	磷含量13%,氯含量30%~31%
		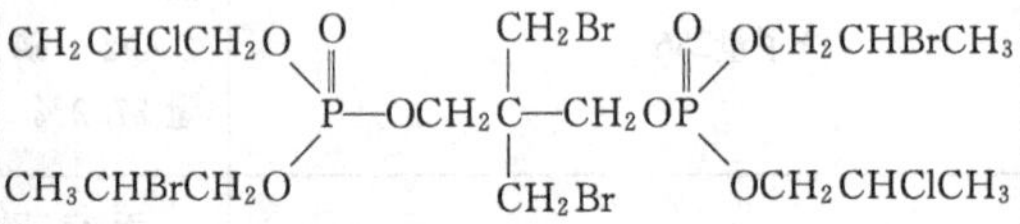 $(CH_2CHClCH_2O)(CH_3CHBrCH_2O)P(=O)-OCH_2-C(CH_2Br)_2-CH_2OP(=O)(OCH_2CHBrCH_3)(OCH_2CHClCH_3)$	有良好的阻燃协同作用 溶于大部分有机溶剂
三(2,3-二溴丙基)膦酸酯	TBP	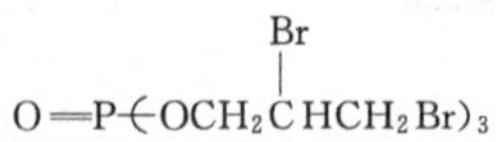 $O{=}P\text{-}(OCH_2CHBrCH_2Br)_3$ 分子量698	淡黄色黏稠液体,相对密度2.10~2.30;凝固点-3~8℃;折射率1.5730(20℃),溶于醇、苯、四氯化碳,但不溶于水 磷含量4.4%;溴含量68.7% 本品有毒,有致癌嫌疑,已被许多国家禁用
三(2,3-二溴丙基)二氯丙基膦酸酯		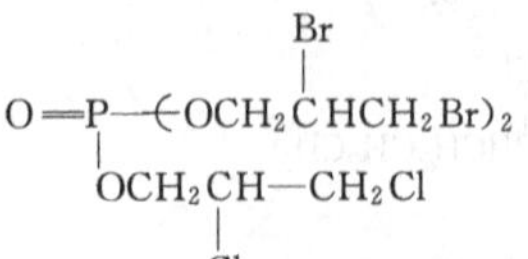 $O{=}P\text{-}(OCH_2CHBrCH_2Br)_2(OCH_2CHCl\text{-}CH_2Cl)$ 分子量608	黄色透明液体,相对密度2.09;凝固点-40℃;溶于有机溶剂;但不溶于水 磷含量5%;氯含量11.5%;溴含量52.5%

续表

名称	简称	结构简式	性 质
三(1,2-二溴丙基)膦酸酯		$O{=}P{-}(OCHBr{-}CHBr{-}CH_3)_3$ 分子量 698	
三(1,3-二溴丙基)膦酸酯		$O{=}P{-}(OCHBr{-}CH_2CH_2Br)_3$ 分子量 698	磷含量 4.4%,溴含量 69%
三(2-溴-3-氯丙基)膦酸酯		$O{=}P{-}(OCH_2CHBrCH_2Cl)_3$ 分子量 565	无色至浅黄色液体,相对密度 1.8～1.9;折射率 1.50;起始分解温度 200℃,溶于丙酮、醇类、四氯化碳,但不溶于水。磷含量 5.5%;氯含量 19%;溴含量 42.3%
三(2,3-二溴丙基)聚异氰尿酸酯	TBC;TAIC-6B	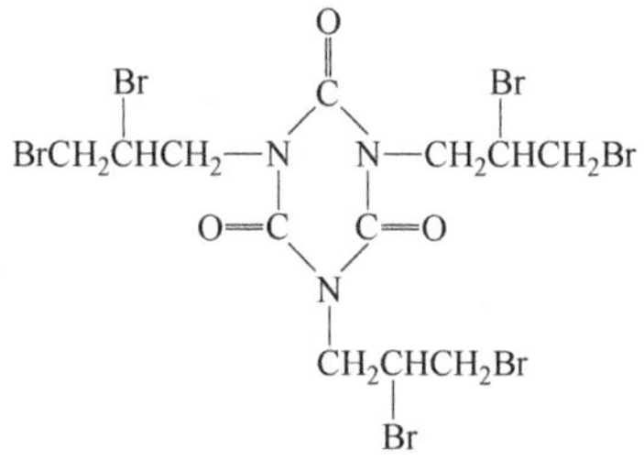 异氰尿酸酯环(三个 N 上各连 $-CH_2CHBrCH_2Br$,三个 $C{=}O$) $BrCH_2CHBrCH_2{-}N$, $N{-}CH_2CHBrCH_2Br$, $N{-}CH_2CHBrCH_2Br$ 分子量 729	白色结晶粉末,相对密度 2.50,酸值小于 0.5mgKOH/g;熔点 100～110℃;分解温度 220℃,265℃热失重 5%,不溶于水和烷烃,溶于酮、芳烃、卤代烃溶剂,溴含量 66%
三-(2,3-二溴丙基)硼酸酯		$O{=}B{-}(OCH_2CHBrCH_2Br)_3$ 分子量678	淡黄至琥珀色油状液体,折射率 1.5666(25℃);溶于芳烃、丙酮等有机溶剂,但不溶于水。溴含量 71%
含氮磷酸酯及其聚合物			白色粉末,平均粒径 10～15μm,pH 值 5～7。磷含量 30%～32%,氮含量 13%～15% 本品作为添加型阻燃剂,可抑制烟雾和有毒气体的产生
含锌、磷、锑有机金属大分子化合物			浅灰至浅黄色浆状物,黏度 10～500Pa·s(20℃),分解温度大于 300℃
其他卤代膦酸酯类阻燃剂			

2.3.5 扩链剂

聚氨酯类高分子材料是由刚性链段和柔性链段组成的嵌段共聚物，刚性链段和柔性链段的构成，除与异氰酸酯和多元醇主剂有关外，扩链剂的选择和使用对它们的形成也有着直接影响。

（1）多元醇类扩链剂　二元醇类扩链剂的品种较多，主要有1,4-丁二醇、乙二醇、丙二醇、一缩二乙二醇、新戊二醇等。二元醇化合物有丙三醇、三羟甲基丙烷（TMP）等。

在聚氨酯尤其是聚氨酯泡沫体的合成中，使用最多的是1,4-丁二醇。聚氨酯聚合物基本是（A—B）类型的线型结构的嵌段共聚物，其软链段由聚醇大分子构成，而硬链段是由二异氰酸酯与低分子二醇反应构成，而1,4-丁二醇具有适中的碳—碳链长度，能使软、硬链段产生微区向分离，使氨基甲酸酯硬链段的结晶性更好，即使得MDI—1,4-丁二醇硬链能较好地定向，这样，结晶和定向排列使聚合物分子间更容易形成氢链，这意味着它能产生较好的有序结晶，结晶的阻旋作用和聚合物链段迁移，最终表现出聚合物具有优异的韧性和硬度。

Bayer公司1,4-丁二醇型扩链剂的主要性能列于表2-48中。

表2-48　Bayer公司1,4-丁二醇型扩链剂的主要性能

名称	交联剂B	交联剂H	交联剂R	交联剂1186
主要成分	1,4-丁二醇	1,4-丁二醇加入少量特殊阻聚剂	1,4-丁二醇加少量特殊促进剂	2,3-丁二醇
密度(20℃)/(g/cm^3)	1.02	1.02	1.02	1.0
凝固点/℃	19.5	17～18	16～18	约26
水含量/%	0.1	0.1	0.2	0.15
闪点/℃	127	127	127	93
着火点/℃	390	390	390	400
固体比热容/[J/(g·K)]	2.01	2.01	2.01	2.68(平均)
液体比热容/[J/(g·K)]	2.26	2.26	2.26	
熔融潜热/(J/g)	1.90	188	188	42～63
燃烧热/(kJ/g)	28.4	28.4	28.4	25.7
蒸气压/mbar①				
111℃	6.7	6.7	6.7	
124℃	13.3	13.3	13.3	13.3(80℃)
151℃	53.3	53.3	53.3	
171℃	133.3	133.3	—	133.3(126℃)
226℃	1013.2	1013.2	1013.2	1013.2(184℃)
黏度(25℃)/mPa·s	72	72	72	117
折射率n_D^{20}	1.446	1.446	1.446	1.4390

① 1bar=10^5Pa。

以脂肪醇类为主的扩链剂，在泡沫类产品中，主要用于高回弹软泡、半硬泡、硬泡以及微孔弹性体等制品的生产中，它们不仅参与反应，具扩链和交联作用，调节泡沫体结构和开孔率，提高产品的回弹性、刚性和力学性能，同时，它还能降低原料组分黏度，改善原料各组分的相容性。典型的产品如Voranol 2025、Wyandotte 2004（HASF），以及表2-48中Bayer公司的交联剂B、H、R及1186等。

脂肪醇类扩链剂在聚氨酯弹性体、涂料等产品中，尤其在MDI基PUR产品中，是应用极广的扩链剂，在新开发的醇类扩链剂中，值得提出简称为HQEE和HER的两种带有芳环的二醇扩链剂。HOEE是由Eastman chem公司开发的二醇扩链剂的商业名称，其同类商品还有BHEB（三井石油化学）30/10（Bayer）等。其化学名称为对苯二酚双醚，化学结构及产品的性质列于表2-49中。

表 2-49　HQEE 典型性质

$HO(CH_2)_2—O—C_6H_4—O—(CH_2)_2OH$

性质	数据	性质	数据
分子量	198.2	溶解度(25℃)/%(质量)	
羟值/(mgKOH/g)	545～565	丙酮	4
外观	白色固体	乙醇	4
熔点/℃	98～102	乙酸乙酯	1
沸点/℃	185～200/0.3mmHg	水	<1
黏度(100℃)/mPa·s	20	苯	<1
比热容/[cal/(g·℃)]①	0.4	己烷	<1
相对密度		石油醚	<1
d_4^{110}	1.15		
d_4^{121}	1.14		

① 1cal/(g·℃)=4.18J/(g·℃)。

HER 是由 KOPPER 公司生产的含芳环的二醇扩链剂，分子式 $C_6H_4[O—(CH_2)_2OH]_2$（两个 $O—(CH_2)_2OH$ 处于间位），羟值 566mgKOH/g，熔点 89℃。

这两种新品种多被用于聚氨酯弹性体的生产中，它们虽然具有较长的适用期，对产品的强度等性能有所改善，但它们的反应活性较低，常需另外加入催化剂。

在脂肪醇类扩链剂中，除二官能基的化合物以外，在聚氨酯合成过程中还经常使用三官能或四官能基化合物，常用的有三羟甲基丙烷和季戊四醇等。它们在与异氰酸酯反应生成氨基甲酸酯基团使分子链增长的同时，还会从生成的分子链中引出支链的反应点，在进一步反应中使聚合物分子产生一定程度的交联，形成网状结构。在聚氨酯橡胶、涂料、黏合剂等生产中。常将它们与普通二元醇或二元胺配合使用，以获得聚氨酯产品某些性能的改善和提高。三羟甲基丙烷的物理性质列于表 2-50。

表 2-50　三羟甲基丙烷的物理性质

性能	指标	性能	指标
外观	白色结晶	平均比热容/[J/(g·K)]	
熔点/℃	58～59	20～30℃	1.47
沸点/℃	295	70～80℃	2.67
密度(20℃)/(g/cm³)	1.12	熔融潜热/(J/g)	172.5
凝固点/℃	58.5	燃烧热/(kJ/g)	27.3
羟基含量/%	>36.5	折射率 n_D^{60}	1.470
水分含量/%	<0.1	黏度(70℃)/mPa·s	230
酸度(以甲酸计)/%	<0.003	蒸气压/mbar①	
色值(APHA)	<70	162℃	0.7
闪点/℃	161	212℃	66.7
着火点/℃	370		

① 1bar=10^5Pa。

(2) 二元胺类扩链剂　低分子量二胺类化合物与二异氰酸酯反应十分激烈，凝胶迅速生产不易控制，但它与异氰酸酯反应生成内聚能高的脲基，能赋予聚氨酯聚合物很好的物理机械性能。为解决反应速率过快、不易控制的缺点，普遍采用受阻胺类化合物，其中最著名的是 3,3′-二氯-4,4-二氨基-二苯基甲烷。它首先是由美国公司开发的，商品名为莫卡（MO-

CA)，是由邻氯苯胺和甲醛进行缩合反应，并经中和、醇洗、重结晶等步骤制备的。

$$2\ \text{Cl-C}_6\text{H}_4\text{-NH}_2 + \text{HCHO} \longrightarrow \text{H}_2\text{N-C}_6\text{H}_3(\text{Cl})\text{-CH}_2\text{-C}_6\text{H}_3(\text{Cl})\text{-NH}_2 + \text{H}_2\text{O}$$

在 MOCA 分子中，由于在氨基的邻位上存在氯原子的吸电子作用和位阻功能，从而使氨基的反应活性适当降低，能够很好地适应聚氨酯凝胶工艺。同时，它又能赋予材料优异的力学性能，因此 MOCA 一直是聚氨酯，尤其是聚氨酯橡胶、涂料等产品生产中极其重要的扩链剂。

MOCA 为白色至浅黄色针状结晶体，有吸湿能力，易溶于丙酮、四氢呋喃、二甲基甲酰胺溶剂，溶于乙醇、苯、甲苯。其基本性能列于表 2-51 中。

表 2-51　MOCA 物性及产品指标

物性	指标	生产厂	(日)和歌山ビスアミン		(日)伊哈拉キエアミン	苏州吴县市特种精细化工厂	
		产品牌号	-A	-S	-M	WM-Ⅰ	WM-ⅡA
密度/(g/cm³)	1.44						
胺值/(mmol/g)	7.4～7.6	外观	浅黄色	浅黄色	浅黄色	白色	浅黄色
分解温度/℃	296	熔点/℃	100～104	93～99	≥98	100～108	≥98
蒸气压/Pa							
90℃	2.67×10^{-3}	水分/%	≤0.2	≤0.2	≤0.3	≤0.3	≤0.3
100℃	4.8×10^{-3}	丙酮不溶物/%	≤0.04	≤0.04		≤0.04	≤0.04
120℃	7.2×10^{-3}						

MOCA 和其他二胺类扩链剂一样，由于它与异氰酸酯反应迅速，通常仅用于以 TDI 为基础的聚氨酯橡胶体系的合成中，由它制备的聚氨酯橡胶机械强度优异，耐磨，耐溶剂性能好，弹性优良，在聚氨酯橡胶中一直占据着二胺类扩链剂的首要位置。但该类二胺扩链剂在 1973 年，美国有人对它提出致癌嫌疑，虽经过几十年的系统毒性研究得出了否定的结论，但许多国家对 MOCA 的使用仍持谨慎态度。在此基础上，也极大地刺激了人们对探寻 MOCA 替代品研究的积极性，并相继开发出各种新的二胺类扩链剂，见表 2-52。

表 2-52　二胺类扩链剂

化学名称	结构式	商品名
3,3′-二氯-4,4′-二胺二苯基甲烷	$\text{H}_2\text{N-C}_6\text{H}_3(\text{Cl})\text{-CH}_2\text{-C}_6\text{H}_3(\text{Cl})\text{-NH}_2$	MOCA ビスアミンA;S キコアミンMT Curene 422 MBOCA
1,2-双(2-氨基苯基硫代)乙烷	$\text{H}_2\text{N-C}_6\text{H}_4\text{-S-(CH}_2)_2\text{-S-C}_6\text{H}_4\text{-NH}_2$	Apocure 60HE Cyanacure
双(对氨基苯甲酸)丙二醇酯	$\text{H}_2\text{N-C}_6\text{H}_4\text{-COO(CH}_2)_3\text{OOC-C}_6\text{H}_4\text{-NH}_2$	Polacure 740M

续表

化学名称	结构式	商品名
双(对氨基苯甲酸)二乙二醇酯	H_2N $COO(CH_2)_2O(CH_2)_2OOC$ NH_2	Cu A 22
3,5-二氨基-4-三氟甲基苯乙醚	NH_2 F_3C OC_2H_5 NH_2	Cu A 24
3,5-二氨基-4-氯苯乙酸异丙酯	NH_2 CH_3 Cl CH_2COOCH NH_2 CH_3	Cu A 60
1,4-双(2-氨基苯基硫代乙氧基)苯	$S(CH_2)_2O$ $O(CH_2)_2S$ NH_2 NH_2	Cu A 154
1,4-双(2-氨基苯基硫代乙基)苯甲酸酯	SC_2H_4OCO $OCOC_2H_4S$ NH_2 NH_2	Cu A 160
3-氨基-4-氯苯甲基-4′-氨基苯甲酸酯	NH_2 H_2N $COOCH_2$	Cu A Ⅲ
4,4′-亚甲基双(2,6-二乙基-3-氯苯胺)	C_2H_5 Cl C_2H_5 H_2N CH_2 NH_2 C_2H_5 Cl C_2H_5	Lonzacure (MCDEA)
3,5-二氨-4-氯苯甲酸异丁醇酯	NH_2 CH_3 Cl $COOCH_2CH$ NH_2 CH_3	Baytec 1604
二乙基甲苯二胺(DETDA)	CH_3 NH_2 H_5C_2 C_2H_5 NH_2 80%；CH_3 H_2N NH_2 H_5C_2 C_2H_5 20%	Ethacure 100 DETDA 80

续表

化学名称	结构式	商品名
3,5-二甲硫基甲苯二胺	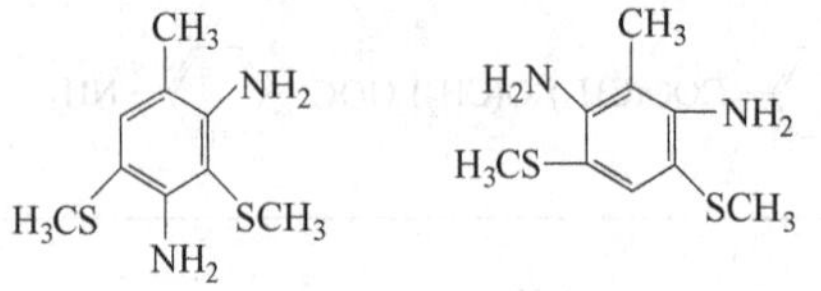 CH_3, NH_2, H_3CS, SCH_3, NH_2; CH_3, H_2N, NH_2, H_3CS, SCH_3	Ethacure 300
4,4′-亚甲基双(2,6-二乙基苯胺)	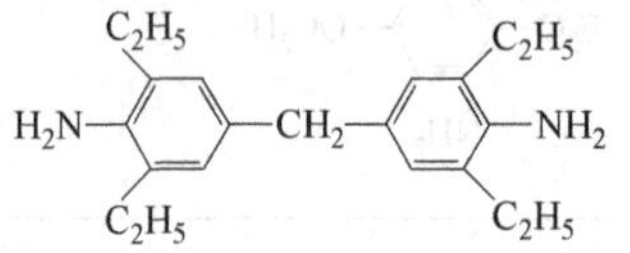 C_2H_5, H_2N—, —CH_2—, —NH_2, C_2H_5	M-DEA
4,4′-亚甲基双(2-乙基-6-甲基苯胺)	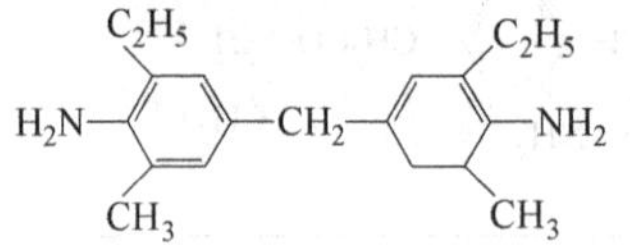 C_2H_5, H_2N—, —CH_2—, —NH_2, CH_3	M-MEA
4,4′-亚甲基双(2,6-二异丙基苯胺)	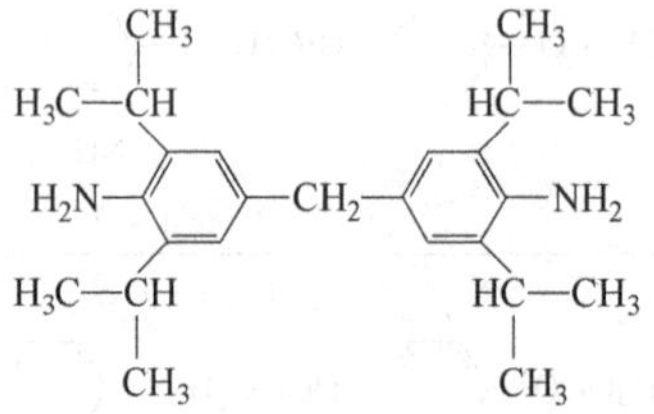 CH_3, H_3C—CH, HC—CH_3, H_2N—, —CH_2—, —NH_2	M-DIPA
4,4′-亚甲基双(2-异丙基-6-甲基苯胺)	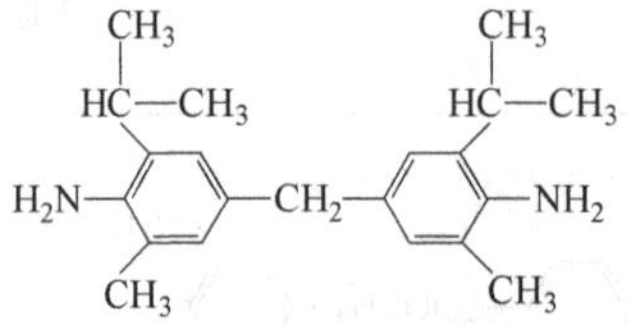 CH_3, HC—CH_3, H_2N—, —CH_2—, —NH_2, CH_3	M-MIPA
4,4′-亚甲基双(2,6-二乙基环己胺)	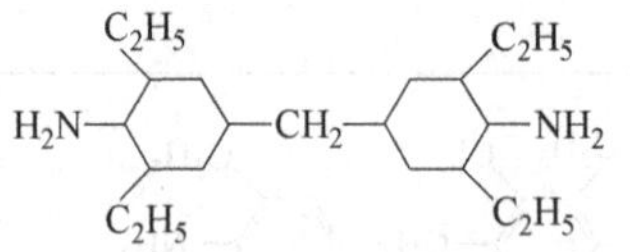 C_2H_5, H_2N—, —CH_2—, —NH_2, C_2H_5	M-DECA
4,4′-亚甲基双(2-乙基-6-甲基环己胺)	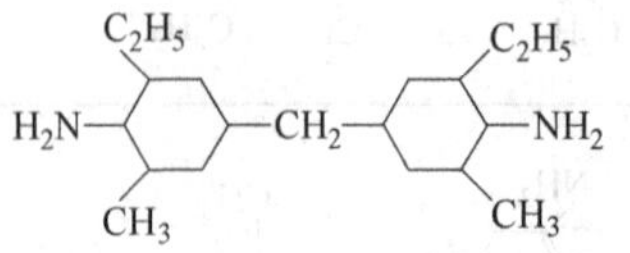 C_2H_5, H_2N—, —CH_2—, —NH_2, CH_3	M-MECA

1969年Bayer公司开发出取代MOCA的无毒型二胺扩链剂，学名为3,5-二氨-4-氯苯甲酸异丁醇酯，商品名称为Baytec 1604。该扩链剂熔点和反应活性稍低，易于加工操作，并能赋予聚氨酯橡胶优异的物理机械性能。但该扩链剂的不足之处是它熔融后呈褐色，仅适用于制备深色的高性能PUR制品。

瑞士龙沙公司开发了一系列取代MOCA的二胺类扩链剂，可以根据原料、加工体系和产品用途进行选择，不仅适用于一般聚氨酯弹性体，也可以适应RIM及RRIM工艺，这些扩链剂不仅具有低毒性特点，而且能适应中速和快速反应成型工艺，几种典型产品性能列于表2-53。

表 2-53　Lonza 几种典型的二胺扩链剂性能

简称	M-DEA	M-MEA	M-DECA	M-CDEA	M-DIPA	M-MIPA	DETDA 80
化学名称	4，4′-亚甲基双(2，6-二乙基苯胺)	4,4′-亚甲基双(2-乙基-6-甲基苯胺)	4，4′-亚甲基双(2，6-二乙基环己胺)	4,4′-亚甲基双(3-氯-2,6-二乙基苯胺)	4，4′-亚甲基双(2，6-二异丙基苯胺)	4，4′-亚甲基双(2-异丙基-6-甲基苯胺)	二乙基甲苯二胺
分子量	310.48	282.43	322.58	379.38	366.6	310.49	178.28
外观	白色至棕色片状粉末	白色至棕色片状粉末	无色黏稠液体	灰白色结晶	微红棕色至红色熔固体	浅黄棕色熔固体	透明液体，在空气，光下变暗
纯度/%	>99%	>99	>99	>97	>85	>98.5	>97.5
熔点/℃	88	85		88～90	10～30	10～30	15
毒性 LD_{50}/(mg/kg)	1900	1582	602	5000	1110	2015	738
沸点/℃			>350				132/400Pa
密度(20℃)/(g/mL)			0.934		0.99	0.99	1.022
折射率 n_D^{20}			1.496				
闪点/℃			>110				140
与—NCO 反应性	>9 倍			>1～5 倍			

在取代 MOCA 的二胺类扩链剂品种中，Lonza 公司推出的 M-CDEA 显示出较好的性能，它比 MOCA 的熔点稍低，毒性小，制品力学性能较好，耐热性能有所改善，见表 2-76。

美国 Ethyl 公司在 20 世纪 80 年代先后开发了替代 MOCA 的胺类扩链剂——Ethacurc100 和 Ethacurc300，它们在室温下均为琥珀色透明液体，毒性小且使用方便，能赋予 PUR 优良的力学性能。

Ethacurc100 化学名称是二乙基甲苯二胺，是由甲苯二胺和乙烯在三氯化铝催化下经烷基化反应制得。Ethacurc100 实际上是一种二胺的混合物，主要组成是 3,5-二乙基-2,4-甲苯二胺（约占 79%）、3,5-二乙基-2,6-甲苯二胺（约占 20%），其余还有二羟基和三羟基间苯二胺及三乙基苯二胺（约小于 1%）。它可广泛用于 RIM 工艺中，显示出反应速率快、制品初期强度高、脱模时间短的优点，制品的力学性能和耐热性均有所提高。

(3) 醇胺类扩链剂　作为 PUR 扩链剂使用的醇胺类化合物具有羟基和氨基两个不同的官能基，它们能对异氰酸酯反应产生影响。羟基与—NCO 反应，扩链生成氨基甲酸酯基团；不同取代的氨原子具有不同的碱性，即对聚氨酯合成产生一定的催化作用。因此，它们不仅具有扩链交联功能，同时，还具有一定的适用期调节功能。

目前使用脂较多的醇胺类扩链剂主要有乙醇胺、二乙醇胺、三乙醇胺、三异丙醇胺和 N,N'-双（2 羟丙基）苯胺等。前 3 种醇胺是由环氧乙烷与氨反应，在改变原料配比下分别制得的。产品的基本性能列于表 2-54 中。

表 2-54　3 种醇胺的物理性质

物理性质	乙醇胺	二乙醇胺	三乙醇胺	物理性质	乙醇胺	二乙醇胺	三乙醇胺
分子量	61	105	149	沸点/℃	171	268.8	360
外观	无色黏稠液体	无色黏稠液体	无色黏稠液体	黏度/mPa·s	24(20℃)	380(30℃)	913(25℃)
相对密度	1.0179(20℃)	1.0828(40℃)	1.1196(25℃)	闪点(开口)/℃	33	66.5	82.5
凝固点/℃	10.5	28.0	21.2				

它们不仅可以作为普通聚醚合成中的起始剂，同时，也能作聚氨酯材料的扩链剂而用于高回弹软泡、半硬泡和硬泡配方中，它们可降低物料黏度，提高物料乳化能力，有利于物料充满复杂模腔。

当使用苯胺、甲苯二胺等芳香胺为起始剂，使环氧乙烷或环氧丙烷进行聚合反应，控制聚合程度，制备出分子量200～600的芳香胺醚低聚物，它们可以作为扩链剂而被广泛用于半硬泡、RIM硬泡、弹性体等制品的生产中。

美国UPJPHN公司生产的ISONPLC-100是由苯胺与环氧丙烷在130～160℃下反应制得的胺醚低聚物类扩链剂（分子量约200），主要用于聚丁二烯基聚氨酯制品的生产。美国TEXACO公司使用苯胺和环氧乙烷在碱性催化剂下反应，制得了分子量为370的胺醚扩链剂，用于半硬质泡沫、自结皮泡沫等制品中。

该类胺醚型扩链剂黏度较低，能有效改善物料的流动性；其叔氮原子的碱性和较小的空间位阻性可以延缓含磷型聚醚和氯氟烃类化合物的水解；对反应体系具有较好的催化功能，缩短产品脱模、熟化时间；并由于在分子链中引入带有芳环的侧链，使产品的性能，如泡沫体的抗压强度、拉伸强度等都获得较大的改善。

2.3.6 脱模剂

在聚氨酯工业发展初期，主要使用的外脱模剂品种有肥皂、润滑脂、蜡以及动、植物和矿物中的某些天然物质。随着聚氨酯工业的快速发展，为适应日益广泛的产品类型的不同需要，开发并大量使用了聚氨酯专用脱模剂系列产品。当前普遍使用的是外用脱模剂，即在聚氨酯物料未注入模具以前，首先将脱模剂涂覆于模具表面，待它在模腔内形成薄薄的一层隔离膜后再注入聚氨酯物料，使它不能和模具表面接触。

外用脱模剂基本分为溶剂型脱模剂和水基型脱模剂。前者是以有机溶剂作为脱模物质的分散剂，配制成一定浓度、黏度的溶液，以喷涂、涂刷等方式处置于模具内壁中。待其中的溶剂挥发后，即可在模内形成均匀的隔离膜层。但这类脱模剂含有大量有机溶剂，如丙酮、醋酸乙酯、甲苯、汽油、甲乙酮、二甲基甲酰胺、三氯乙烯等。虽然，它们在使用中易于调节黏度，使用方便，但由于含有大量挥发性（有毒）有机溶剂，对工人的身体健康会造成一定损伤，同时还存在着易燃的火灾隐患，因此，该类脱模剂的使用，越来越受到日益严格的环保法规的限制。水基型脱模剂是在这种形势下逐渐发展起来的环保型脱模剂，它是以水为溶剂稀释脱模物质制备的脱模剂，无毒、无味、不易燃，更不会产生挥发性有机溶剂，因此，受到人们的欢迎。在实际使用中，已逐渐形成完整的产品系列，取代溶剂型脱模剂。

作为脱模剂物质通常是蜡、脂肪酸金属盐类和硅烷类聚合物。目前使用最为普遍的是硅烷类聚合物。以德国高施米特公司生产的脱模剂为例，简介如下。

LK 260M系浓缩型硅烷类脱模剂，它以二氯甲烷为稀释剂，使用前需摇匀，喷涂至25～55℃的模具中。它适用于以TDI、MDI为基础的高回弹模塑泡沫体系的生产，用以制备冷熟化高回弹的汽车用坐垫、家具坐垫等模塑制品。

LK 760M为高浓缩型硅烷类脱模剂，使用前应使用二氯甲烷和煤油或汽油（沸点60～110℃）按1：4的比例进行稀释，摇匀后喷涂使用，模温要求45～60℃为宜，适用于制备以TDI、MDI为基础的高回弹泡沫制品，如冷熟化高回弹的汽车坐垫、家具坐垫等制品。

LK887是以脂肪族碳氢化合物，如异链烷烃等为溶剂的硅烷类脱模剂，产品为半高固含量的溶液，使用前无需稀释，厂家建议使用孔径为0.5mm的喷枪实施喷涂操作，用量少，使用效果好，据称，它比其他脱模剂节约用量30%～50%。它主要用于高回弹软泡模制品的生产。

LS-828为浓缩型硅烷类脱模剂，使用前可用20%的二氯甲烷与80%的煤油-汽油（沸点60～100℃）的混合液为溶剂与浓缩脱模剂按（20：1）～（35：1）的比例配制成脱模剂溶液，以无空气喷枪喷涂，用以生产聚酯型聚氨酯单色鞋底。

LS 815M 与 LS 828 相似，主要用于聚酯型聚氨酯双色鞋的模制，使用溶剂为 50%二氯甲烷和 50%的煤油-汽油（沸点 80～100℃）的溶液。

S-2000 和 S-3000 均为浓缩型硅烷脱模剂，用于聚醚型聚氨酯鞋的模制生产。使用前，可以用煤油、汽油（沸点 60～110℃）作为溶剂将它稀释成 3%～5%的溶液使用。

LI-237 为使用特种蜡改性的硅烷类脱模剂，并使用二氯甲烷稀释后的产品，使用前无需再稀释，它主要用于具有微光表皮的高密度自结皮模制品的生产。

LR808、LR877 系膏状脱模剂，可用于聚氨酯硬泡制品的加工。

高施米特公司开发出牌号为 LN525 经济型脱模剂，使用时可用水以 1∶5 的比例稀释，用于热模塑聚氨酯泡沫制品的生产。

美国 Franklyn 工业公司开发出水基脱模剂——Aqualift，该脱模剂不含任何有机溶剂，也不会有沉淀物析出，它主要用于 TDI、MDI 基的 RIM 模制工艺，用以生产如车用方向盘、座椅扶手、仪表板等半硬质自结皮泡沫制品。据称，喷涂一次这样的脱模剂，可以生产使用 2 次以上，脱模效果极好，而在制品上黏附脱模剂却很少，有利于制品的后加工处理。

美国 GERGE 公司开发了一种名为 Aqualease 的脱模剂，可用于聚氨酯弹性体及低温 RIM 工艺，它们是水基型脱模剂，不含任何有机溶剂和其他有害物质。如 Aqualease-2853 脱模剂用于浇注型聚氨酯弹性体及泡沫制品，在 66～93℃范围内．具有良好的操作性能，不仅表现出优异的脱模性能，而且能使制品表面光洁，模制尺于、纹理清晰，黏度低。制品脱模仅需清水即可进行表面清洗。

美国 TSE 工业公司的 8000SD，也是水基型脱模剂，它用于整皮泡沫制品的模制生产，脱模效果好，制品脱模后无需进行表面清洗即可直接进行喷涂、黏合等后处理工序，据称，其泡沫产品使用热塑型聚氨酯胶黏剂等进行粘接后，其剥离强度能超过技术标准指标一倍以上。

在聚氨酯工业快速发展的过程中，冷熟化技术、快速熟化成型、反应注射模制（RIM）等新工艺、新材料、新产品不断涌现，对脱模剂的要求也日益苛刻，新脱模剂的研制和开发力度也随之加大。于是出现了第三代脱模剂，即内脱模剂。它和传统的外脱模剂的根本区别在于，该类脱模剂是与反应物料组分一并混合并一起注入模具中，它在反应过程中，能逐渐渗出，并在制品外表面形成薄而均的一个隔离层，起到脱模剂的作用。从而免除了使用外脱模剂所需的频繁涂布，有毒物质挥发，大量脱模剂在模腔内沉集等缺点。充分体现了该类脱模剂使用方便、用量较少（通常用量约为 0.1%～1%）以及劳动环境改善，符合环保要求的诸多优点。该类脱模剂必须与反应混合物组分有良好的互容性，而当反应形成聚合物时，它又是与聚合物不相容的物质。同时，它应具有优良的内润滑作用，能使混合后的反应浆料在模腔中有很好的流动性、化学稳定性和一定的抗静电性能。目前，聚氨酯用内脱模剂的主要成分是脂肪族有机酸盐及其化合物、有机硅类化合物等。

除了水基脱模剂和内脱模剂等新产品外，还有一种脱模剂值得提出，即模具防护涂料。它虽然取名为涂料范围，但它却具有良好的脱模功能。在聚氨酯泡沫制品中，尤其是各种玩具类泡沫制品生产中，将该类模具防护性涂料喷施在模腔中，注入聚氨酯物料发泡反应成型后即可脱模，该层着色的防护性涂料即与模腔分离并牢固地结合于泡沫制品表面，成为聚氨酯泡沫制品表皮层，它集工艺脱模、模具防护和产品着色修饰的三重功效为一身，一次完成制品成型和产品外涂装处理，是目前生产聚氨酯泡沫玩具合成木材类雕塑等特种产品颇受欢迎的功能性脱模剂。

另外一个值得提出的新工艺是脱塑薄膜材料的使用。许多高分子聚合物与聚氨酯材料有良好不黏性，意大利一公司就巧妙地利用了这类塑料薄膜的特性，并采用了塑料薄膜吸塑成型工艺，将这类塑料薄膜装配于高速模塑产品的自动化生产线上，连续衬入生产线的模具中，厚度仅有 30μm 的聚烯烃薄膜在模腔下部真空的作用下贴附在模腔内，并在精确加热温度控制下，形成表面无折痕、厚度均匀的模具隔离层，在大规模自动化生产线上使用，免除了清理模具和涂覆脱模剂的繁杂工序。

第3章 聚氨酯制品成型设备

3.1 聚氨酯制品成型设备分类

3.1.1 聚氨酯设备和工艺

多年前，聚氨酯手工制品在我国就出现了。这种手工制作方式俗称“手泡”，即手工发泡。把各种原料准确称量后，置于一个容器中，然后经人工搅拌或简单机械搅拌混合后，迅速倒入模具或需要填充的空间中去，进行化学反应成型。这种手工发泡的缺点是：混合均匀度差，发泡出来的制品质量差；原料浪费大，因在发泡桶上黏糊的残料较多；工人劳动强度大；生产效率极低。

我国的聚氨酯双组分液体反应成型设备的制造生产发展十分迅速。以规格、品种不同区分，这类设备数目繁多，局部结构上的差别也很大。设备的系统化、标准化目前我国还未提到议事日程。不过，国内也有单位在尝试这类设备的标准化、统一化、多功能性等，都处于试制工作阶段，要想成熟并非易事。

目前，聚氨酯浇注设备整体设计上以及一些结构设计上都存在仁者见仁、智者见智的不同设计方案。比如，对高压浇注机与低压浇注机而言，不少的聚氨酯制品的生产都能使用这两种浇注机。高压浇注机的特点是双组分原料以高压喷射方式进入到混合腔，进行撞击式混合，均匀度较高。而且，混合腔可采用机械清洗，无需清洗剂的清洗方式。但是，造价明显高。另外，高压浇注机目前对弹性体浇注还存在一定困难。低压浇注机造价明显低，对弹性体与硬泡浇注都不困难。但混合的均匀度相对高压机要差一些。也有人对混合的均匀度问题，提出以低压喷射、高速搅拌的方式，来达到较高的均匀度要求。对混合腔的清洗也有采用低压机械清洗（无清洗剂）的结构。从性价比来看，低压浇注机目前比较占优势。而在低压浇注机上，也存在结构配置上的差别，比如，喷射混合头，有转阀式喷射混合头与拉动阀式喷射混合头的区分。

双组分液体反应成型是聚氨酯制品成型的主要特点。

在双组分液体原料进入模具型腔以前，虽然双组分液体原料在混合腔中是以高压喷射、撞击混合和低压喷射、高速搅拌两种不同的混合方式，但其实质都是使双组分液体原料及助剂混合均匀度达到一定要求。

另外，从混合腔到模具型腔是采用开模浇注方式还是闭模浇注方式，这也是两种不同的工艺方案。目前，聚氨酯双组分液体反应成型设备的名称较多，有浇注机、灌注机、发泡机、注射机等。在这些设备前面又有高压与低压的区分。另外，还有专门对某一用途的称呼。这样，双组分液体反应成型设备的称呼就会不计其数。但是，聚氨酯双组分液体反应成型设备应是其总称。目前，仍以发泡机和浇注机的习惯称呼为多。

聚氨酯浇注设备属化工机械设备，技术含量也较高，它涉及机械、电器、计算机、高分子化学等方面的内容。从自动控制的角度来看，聚氨酯浇注设备的自动控制链结构如图3-1所示。

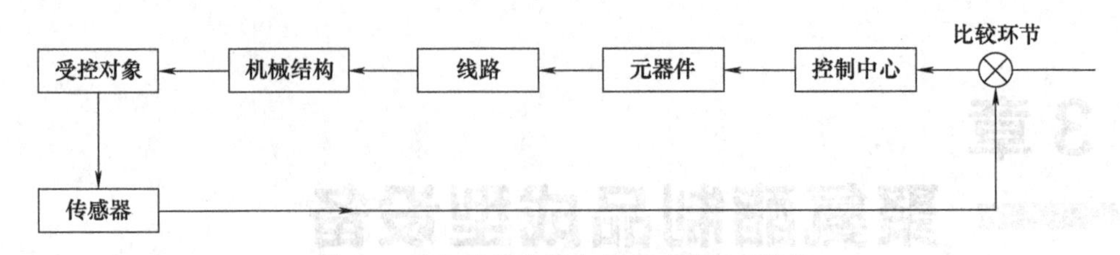

图 3-1 聚氨酯浇注设备的自动控制链结构

各种不同聚氨酯浇注机，受控对象有所不同。但可用 12 个基本受控对象来反映各类浇注设备的较为重要的共性，如图 3-2 所示。图 3-2 为聚氨酯浇注设备时序逻辑图。聚氨酯设备的浇注工艺、基本结构、控制逻辑均可从中反映出来。

图 3-2 首先表明了聚氨酯浇注设备的基本结构：计量泵系统（2）（3）；加热系统（4）（5）；混料系统（6）；测试系统（7）；喷料系统（10）；清洗系统（11）；模具流水线（8）（9）以及电器元件和 PLC 等。

图 3-2 也反映了聚氨酯浇注设备的一些常见结构。（2）（3）计量泵系统，目前有两种结构：定量泵＋变速电机和变量泵＋电机定速。加热系统采用温控仪自动控制。混料电机采用变频器变速，以控制混料转速。PLC 对喷料进程起主要监控作用等。

图 3-2 中，还可以看到聚氨酯浇注工艺的基本工作流程。在浇注工作开始前有一个准备工作时间。在这个时间段要做电源启动、双组分料泵启动、加热启动。稍后，待这些工作正常后，测试配比和流量。测试完成后，接下来浇注工作开始。

此外，在什么时间、什么时刻做什么事，哪些机构参与，哪些电器动作，聚氨酯浇注设备中使用什么电器元件以及 PLC 的工作控制情况，图 3-2 均反映出来。

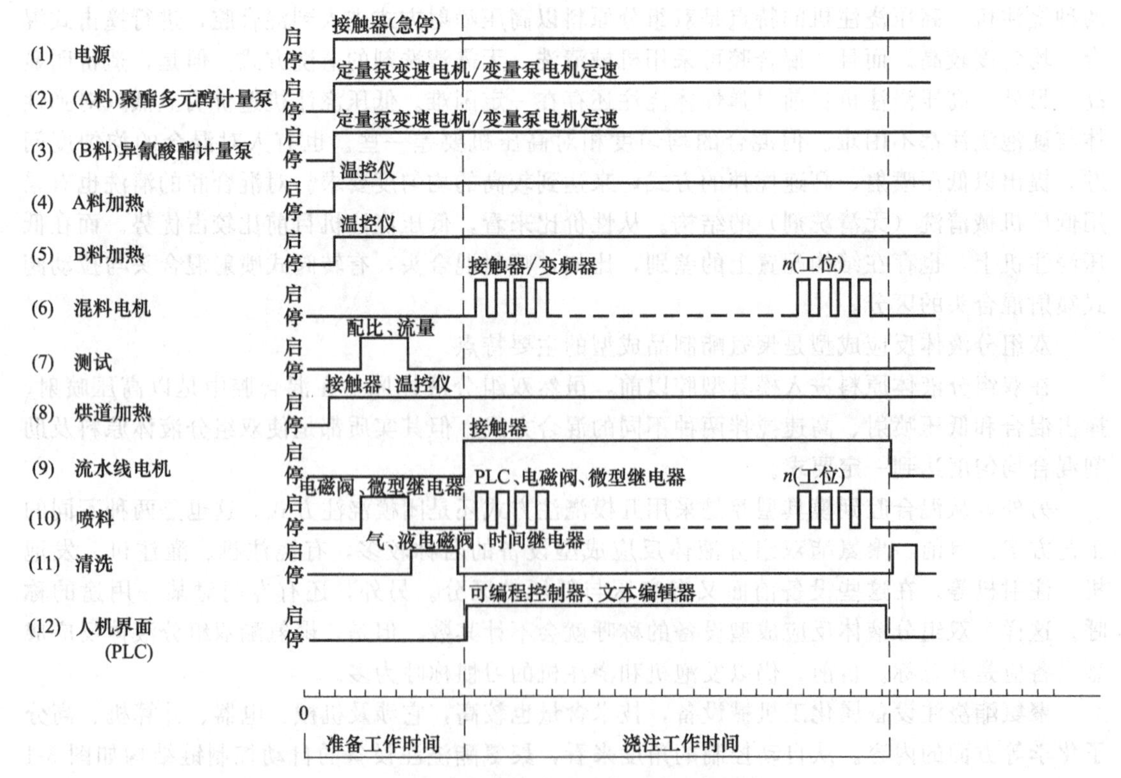

图 3-2 聚氨酯浇注设备时序逻辑图

3.1.2 聚氨酯浇注设备分类

聚氨酯浇注设备不像一般机械设备那样，按照加工产品的不同或机械结构的不同可以比较明确地进行分类，而且，规格型号和许多零部件都可标准化，互换性都较好，相应的国家标准和行业标准以及企业标准都能制定出来。聚氨酯浇注设备也不像一般塑料制品和橡胶制品的加工设备那样规格型号基本定型。

在聚氨酯双组分液体反应成型中，异氰酸酯是较难操作的一个组分料。因为异氰酸酯反应活性特别强，与空气接触时间稍长就会形成凝固状或半凝固状的物质，在料循环系统中，常常是产生压力波动的来源。压力不稳造成双组分配比不稳，从而影响双组分反应成型的质量。异氰酸酯对温度也特别敏感，稍不注意，因局部温差或冬季天气变冷就会形成结晶。所以，聚氨酯设备或配套的条件，如果能满足异氰酸酯的要求，肯定能满足聚酯或聚醚多元醇的要求。

除了异氰酸酯相对聚酯或聚醚多元醇的差别较大外，TDI、PAPI、MDI 三类异氰酸酯在化学结构、物理性能上差别也较大。所以，大家习惯上也按设备对不同的异氰酸酯的使用情况进行大致的分类。在有些情况下这几类异氰酸酯还可混合使用。

不管是聚氨酯的何种设备，只要是双组分液体反应成型的设备，都是用来完成凝胶和发泡两项化学反应。也就是在工业生产条件下来完成，并非实验室条件下完成。这两项反应要完成好的条件是：配比准确；放热吸热平衡。但是，这两个条件又受多种因素制约。所以，聚氨酯双组分液体反应成型设备要控制的参数比较多，也较为复杂。许多聚氨酯浇注设备针对某一产品或某些产品又要配上相应的流水生产线。这个流水生产线上既要用来摆放模具，又让它按一定速度转动，以实现流水作业。所以，实际上大家称呼的某一产品的聚氨酯生产线，一般是指一个聚氨酯浇注机和一条模具流水线。比如，聚氨酯鞋底生产线。购销双方在约定时，一定指明多少工位的聚氨酯鞋底生产流水线。同时，指明浇注机的主要指标。

目前习惯分类情况如下。

(1) 按照使用异氰酸酯的不同分类

聚氨酯双组分液体反应成型设备分类如图 3-3 所示。

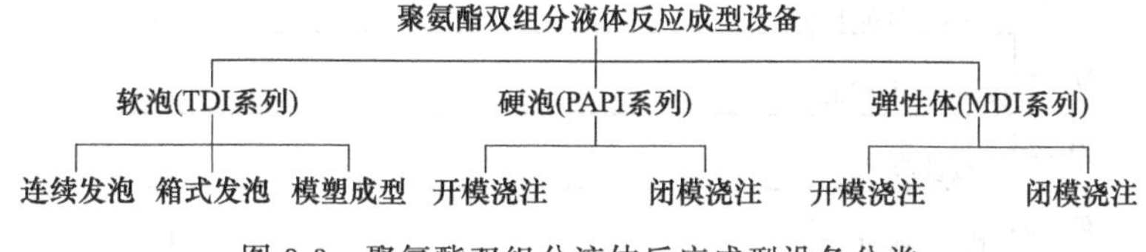

图 3-3　聚氨酯双组分液体反应成型设备分类

(2) 按商品类型分类

基本机型：高压机；低压机；软泡机。

扩展机型：多罐机；多头机；环戊烷发泡机；变压真空发泡机；喷涂机。

3.2 聚氨酯高压发泡设备

聚氨酯高压发泡机的结构如图 3-4 所示。目前，高压发泡机的主要产品对象：冰箱夹层灌注、防盗门夹层灌注、仿木类产品等。高压发泡机主要特点如下。

① 混料效果好。双组分料混合时，采用高压喷射、撞击混合这种混料方式均匀度极高。

② 无残料、无清洗剂。因混合腔是气缸、活塞结构。当双组分料在气缸中混合完毕，活塞自动压下清除残料。当然，这对气缸、活塞的配合精度和材质要求较高。

③ 制造成本较高。高压发泡机料循环压力一般在5～10MPa；高压发泡机控制油路压力一般在10～15MPa；这种高压系统相对低压机成本较高。

④ 能耗较高。相对低压机能耗高30%～50%。

⑤ 发泡过度。高压喷射，撞击混合均匀度好，但是，发热较大。如果散热处理不好极易发泡过度。

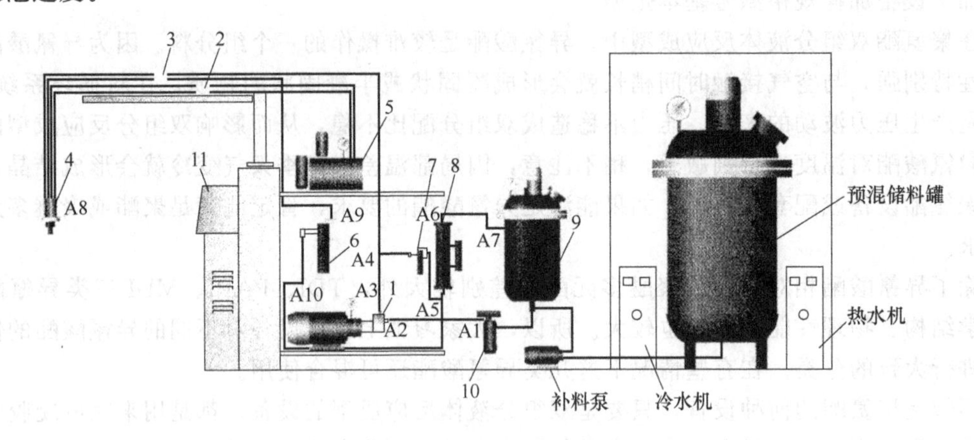

图3-4　聚氨酯高压发泡机

1—计量泵（自动密封）；2—油路换向阀；3—料路换向阀；4—枪头；5—液压站；6—料比测量阀；7—高低压转换阀；8—冷热交换器；9—工作料罐；10—过滤器；11—电脑控制台

⑥ 容易产生冲击气泡。高压喷射过程如果不采用一定的缓冲措施，喷射出来的料液容易产生冲击气泡，这容易产生发泡缺陷。目前，这些缓冲措施和结构都不是很理想。

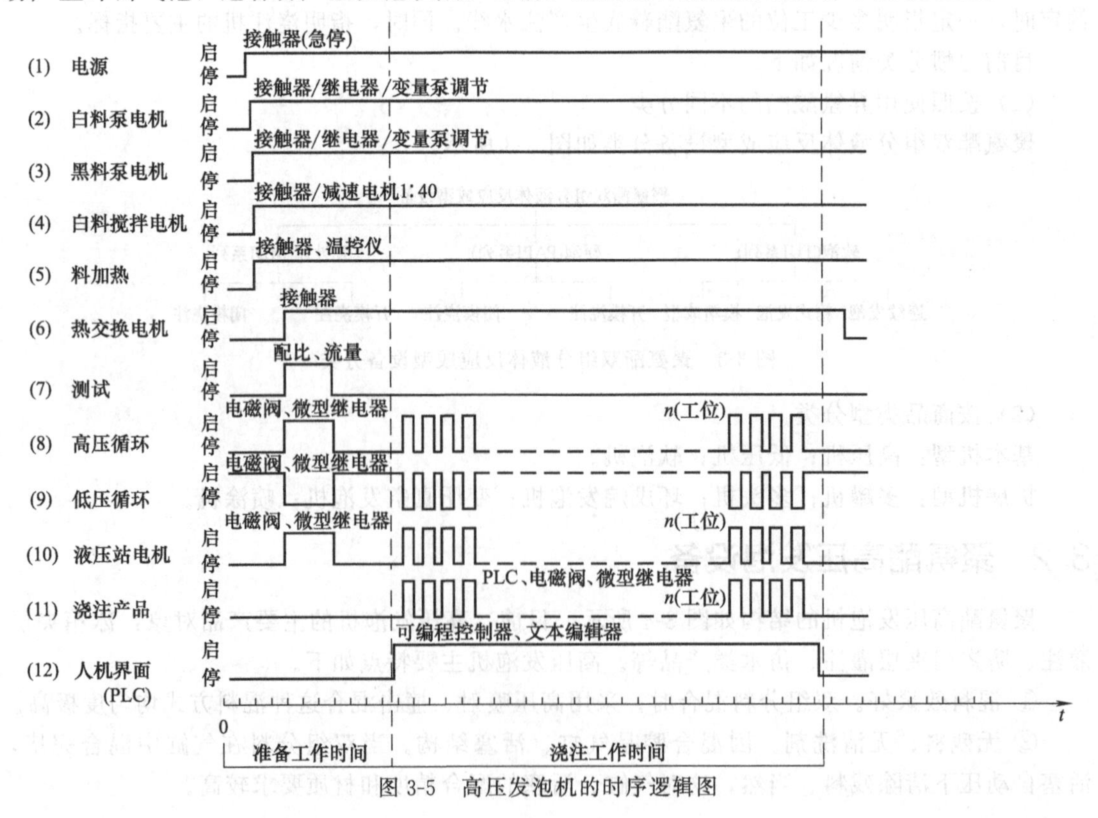

图3-5　高压发泡机的时序逻辑图

⑦ 对高黏度料处理有一定困难。高压喷射本身采用一个窄小通道形成高压。若料黏度过高，整个系统压力过高，这对设备制造带来一定困难。

高压发泡机原料循环有两个回路：高压回路和低压回路。

低压回路：料罐—A1—A2—A3—A4—A5—A6—A7—料罐；

高压回路：料罐—A1—A2、A3—A4—A8—A9—A10—A5、A6、A7—料罐。

其中，高压回路A8经枪头（喷料控制阀）通道到A9，A9经料比测量阀到A10，A5经冷热交换器到A6。低压回路A4经高低压转换阀到A5。

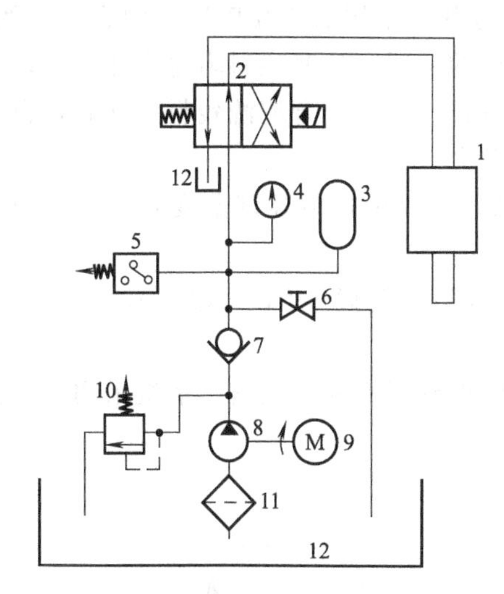

图3-6 液压系统工作原理图

1—发泡枪头；2—电磁换向阀；3—蓄能器；4—压力表；5—压力继电器；6—手动卸压阀；7—单向阀；8—泵；9—电机；10—溢流阀；11—过滤器；12—油箱

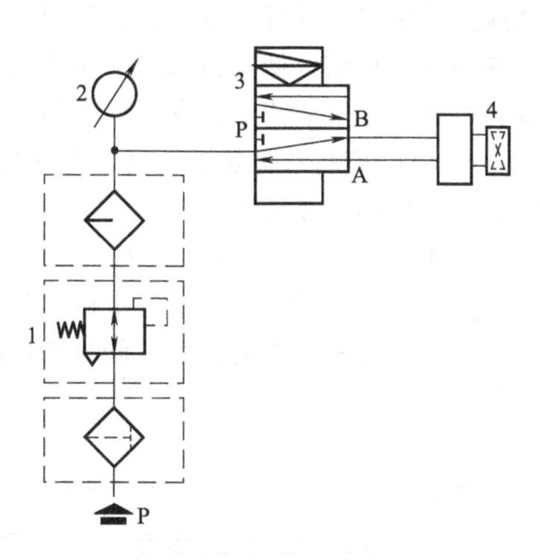

图3-7 高压发泡机主机气路系统原理图

1—空气过滤组合；2—压力表；3—二位五通电磁阀；4—料分配阀

高压发泡机工作时，高低压转换阀截断低压回路。同时，喷料枪头截断高压回路，高压料经针阀喷射进入混料腔。高压发泡机不工作时，低压回路工作，卸荷。喷料、混料、清洗采用大小活塞、油缸结构，由液压站和换向阀控制工作。高压发泡机的时序逻辑图如图3-5所示。

高压发泡机枪头的控制由一个液压系统控制。该液压系统工作原理如图3-6所示。高压发泡机中，高低压转换阀、测量阀（配比和流量）、料罐压力的控制采用气动控制。气路控制系统原理图如图3-7所示。高压发泡机中料温的控制，采用一个冷热交换器进行调节。这样，就有一个水路循环系统。该系统的工作原理如图3-8所示。

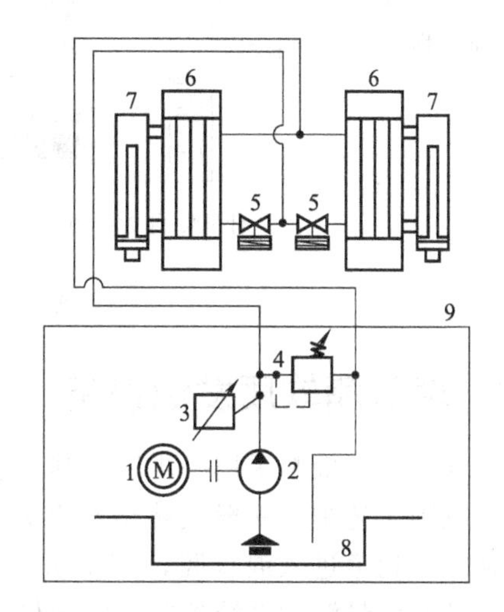

图3-8 水路系统工作原理图

1—电机；2—水泵；3—温度控制仪；4—溢流阀；5—水电磁阀；6—热交换器；7—加热器；8—水箱；9—冷水机组（组合件）

3.3 聚氨酯低压发泡设备

聚氨酯低压发泡机结构如图 3-9 所示。目前，低压发泡机的主要产品对象为鞋底、密封件、耐磨件以及一些硬泡类产品等。低压发泡机主要特点如下。

① 制造成本较低。低压发泡机中，料循环压力一般在 0.3～0.8MPa；低压发泡机控制气路压力一般也在 0.3～0.8MPa；这种低压系统相对高压机，制造成本较低。

② 结构简单、维修方便。

③ 能耗较低。

④ 残料、清洗剂浪费和消耗较大。低压机双组分料，采用低压喷射进入混合腔。然后，高速搅拌混料。这样，混合腔、混料头会留下反应后的残料。这些残料附着力非常强，必须尽快清除。目前，低压机采用二氯甲烷和压缩空气进行气、液混合清洗残料。同时，也是对混合腔散热。气液清洗过程对环境污染较大，浪费较大。

⑤ 温度控制系统要求较高。低压发泡机的料循环路径中，不容许温度死区、死角。否则，出现局部结晶堵塞系统。

低压发泡机原料循环只有一个回路，即低压回路：料罐—A1、A2—A3—A4—A5—A6—A7—料罐。其中，A5 经喷料控制阀通道到 A6。

低压发泡机工作时，喷料阀截断回路。低压料喷射到混料腔。喷料、清洗采用气动控制工作。

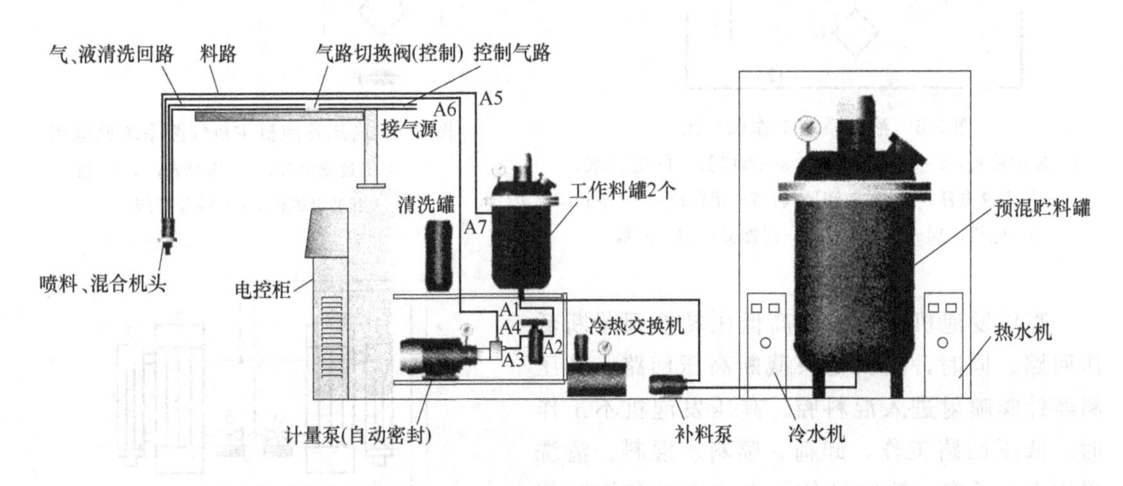

图 3-9 聚氨酯低压发泡机

3.4 聚氨酯软质发泡设备

软泡工艺一般都采用一步法，其工艺如图 3-10 所示。

在软泡工艺中，一般先将聚醚多元醇、水、催化剂、泡沫稳定剂、外发泡剂等进行预混。从一个通道进入混合腔，TDI 从另一通道进入混合腔。这些组分料的配比控制是由计量泵系统与流量测试系统控制。混合机头是一个高速搅拌器。双组分原液一经混合，反应立即开始。反应第一阶段为乳白时间，5～15s，这段时间为可操作时间，双组分原液此时还具有一定流动性。第二阶段为发泡时间，40～80s。此阶段，双组分原液由液态逐步变为固态，形成泡沫体，具有一定的支撑强度。完全熟化在室温下为 3～6d，加温到 100℃可缩短到 2h 熟化。完全熟化后才能达到检测的性能指标。

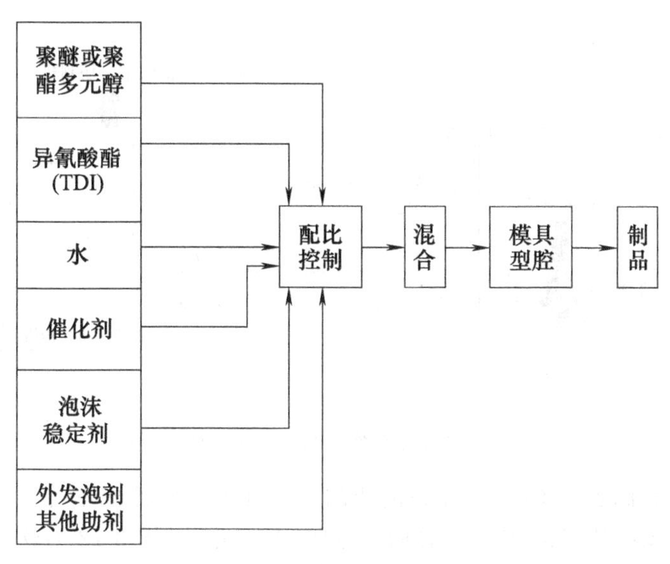

图 3-10　软泡工艺框图

异氰酸酯的反应活性较大，放在贮料罐中的时间稍长，—NCO 的含量就会降低一些。所以，在实际操作中要将 TDI 的指数适当提高一些。一般将 TDI 指数控制在 1.03～1.10，超过 1.10 易使泡沫孔径变大或泡沫开裂。

图 3-11 为连续发泡生产线结构示意图。该生产线一般都有 20 多米长，2 米多宽。它由发泡机部分和流水线部分组合而成。聚醚（PPG）、水、胺、锡、硅油、甲苯二异氰酸酯（TDI）各由一个工作料罐、一个泵、一个调速电机、一个喷料和循环控制阀以及管路构成了料循环系统。喷料及循环控制阀控制发泡工作开始与停止。调速电机、泵构成计量泵系统，该计量泵系统用来控制与调节各个组分原料的配比。图 3-10 中仅给出了连续发泡中的 6 个主要组分，实际生产中，还有色料、外发泡剂等参与发泡的附加组分。而在 6 个主要组分中，聚醚用量比例很大。所以，聚醚是一个容积很大的工作料罐。其次为 TDI。表 3-1 为 6 个主要组分的料罐容积与相应的电机功率、齿轮泵的排量配置。

表 3-1　6 个主要组分的料罐容积与相应的电机功率、齿轮泵的排量配置

组分	工作料罐容积	电机功率/kW	泵排量/(mL/r)
PPG	约装 30t	7.5	100
TDI	20t	5.5	60
水	1.5t	1.1	16
胺	75kg	1.1	10
锡	75kg	1.1	10
硅油	375kg	1.1	10

实际生产中，以表 3-1 的容积配置也只能使连续发泡中各组分的混合排量达到 50kg/min 左右。所以，有的软泡生产厂家，除了表 3-1 的基本配置外，还有容积更大的贮罐来贮备 PPG 和 TDI。

在软泡中如果要着色，还得在发泡设备中增加一套泵循环系统及控制阀。同样，增加外发泡剂如二氯甲烷时，也需准备这样一套装置。

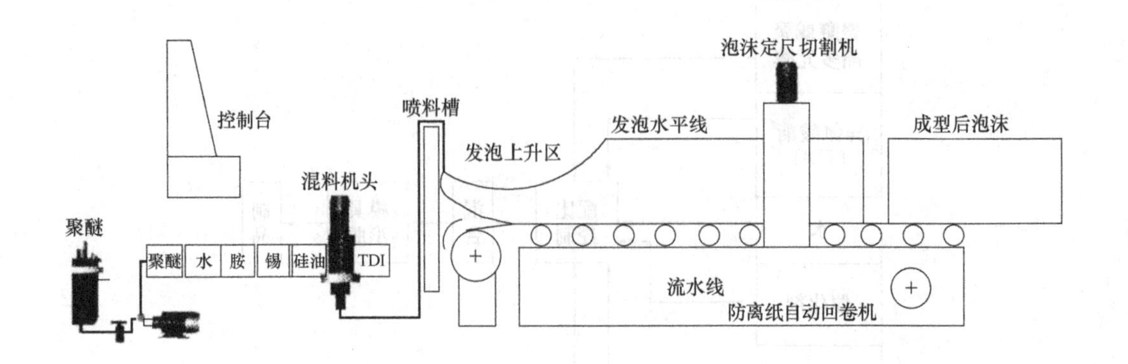

图 3-11　软泡的连续发泡生产线结构示意图

在软泡中，还有添加 $CaCO_3$ 以提高泡沫的一些硬度及降低成本等方面的考虑。$CaCO_3$ 的添加量最高可达聚醚用量的 25%，总用料量的 12%左右。图 3-12 为软泡连续发泡设备的控制系统。

TDI 系列的箱式发泡，目前基本类似手工发泡。它基本上采用较为简单的发泡机械。各组分由人工称量后倒入一个混合桶，这个混合桶转速较低。混合后，由人工快速倒入模具桶发泡。这种发泡制品的泡孔较粗大，表面结皮较粗糙。总的来讲，发泡效果较差。但是，对于单件、小批量的软泡制品生产仍有一定好处。

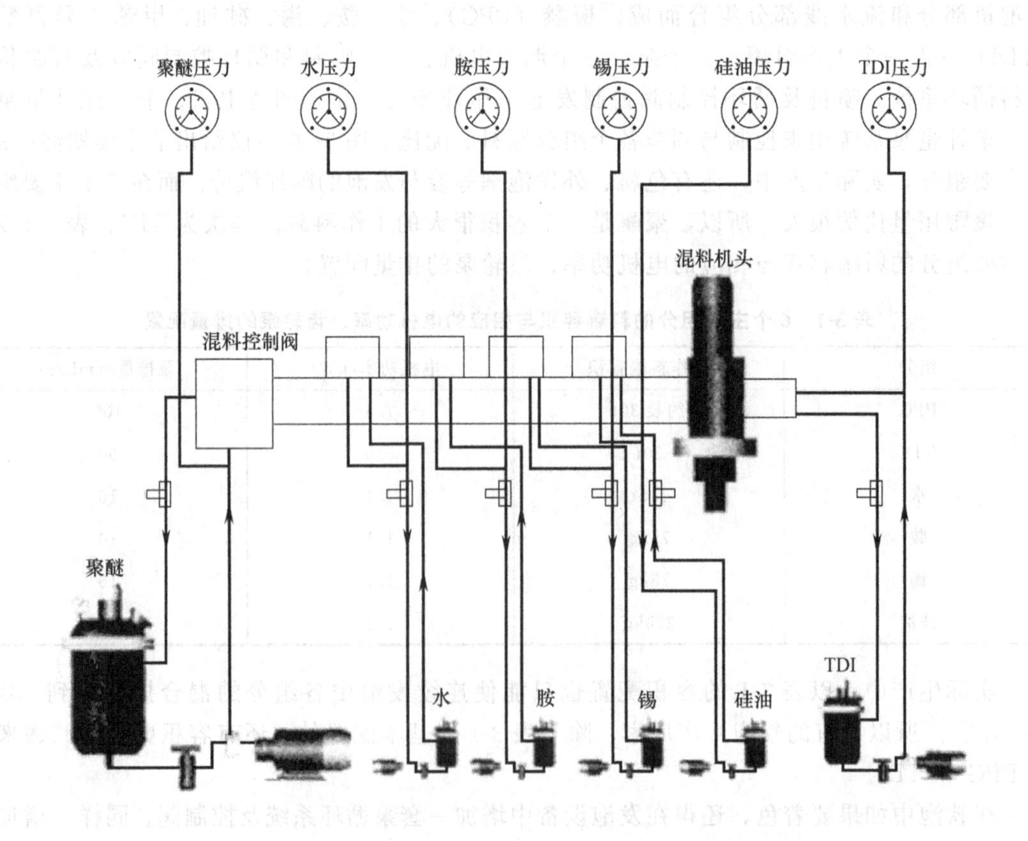

图 3-12　软泡连续发泡设备中的 6 个主要组分循环控制系统

软泡的模塑成型与弹性体、硬泡的模塑成型生产方式差不多，也是由一个软泡发泡机和一条模具流水线构成。

3.5　环戊烷发泡设备

图 3-13 为环戊烷高压发泡机结构示意图。

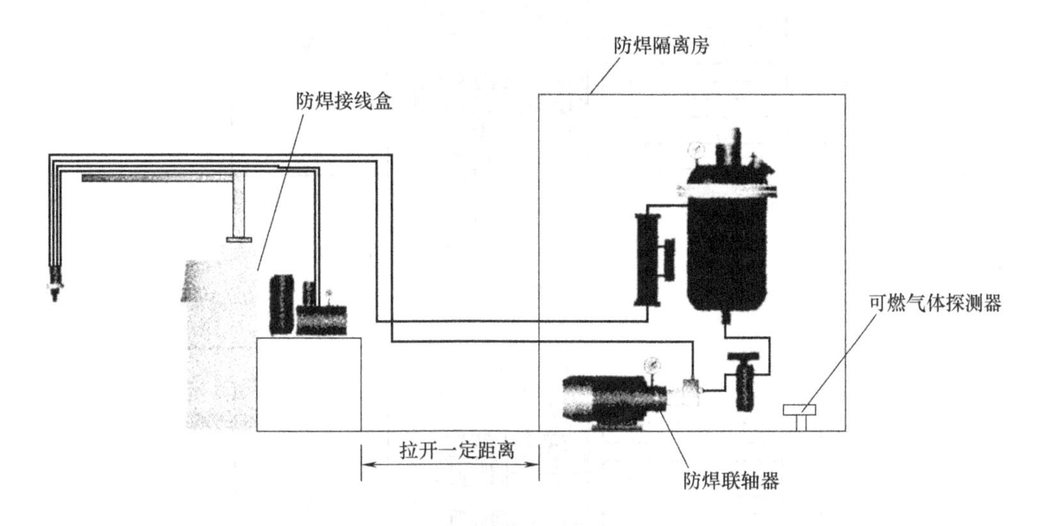

图 3-13　环戊烷高压发泡机

环戊烷高压发泡机实际上是对普通高压发泡机进行防爆处理。可燃气体探测器安放在接近地面位置是因为环戊烷气体较空气重。环戊烷液体和聚醚多元醇或聚酯多元醇，一般在一个预混罐进行静态混合。工作时将预混料自动送入工作料罐。预混料罐一般放在一个地下室，通过管道和泵与工作料罐连接。当然，还有一个自动控制系统。防爆围房一般仅对环戊烷料罐和它的循环系统进行隔离处理。可燃气体探测器也仅仅用来探测围房内的环戊烷有无泄漏。围房内还有换气扇，不断将围房内外空气进行交换。轻微的泄漏通过换气处理也可排除安全隐患。环戊烷的泄漏主要通过料循环系统的每一个接头、动静密封及计量泵的密封。其中，泵的密封是最为重要和最难处理的部分。

图 3-14 为一种增强密封结构装置。该密封结构工作原理：润滑油通过润滑泵，压入到泵的增强密封部位。通过压力调节在该部位形成一个阻力，阻止泵的泄漏。该压力（0.98～4.5N）很小即可。因泵内的原液泄漏到此处时，压力已经很小。通过压力调节阀调节的压力（0.98～4.5N）对骨架油封的压力弹簧起到一定的增强作用。但是，该增强密封结构对制造精度和装配精度要求较高。否则，保压困难。也有采用不加压，直接让润滑油回流到油箱。不定时检查油箱，查看是否有泄漏的原液回流到油箱。这样，就可不定时更换密封（骨架油封）。润滑油采用二辛酯或不对聚氨酯反应起到影响作用的润滑液均可。该增强密封结构是将联轴器和增强密封结构部分做成一个整体结构。

图 3-15 为磁性密封结构。电机带动一个磁性转子，泵轴也连接一个磁性转子。在这两个转子之间有一个静密封套将其隔开，但不隔磁。这样，动密封问题就变为静密封问题。静密封问题就不难处理。图中泄漏空间充满泄漏料液也不会泄漏到泵外，同时也不影响转动，磁性密封效果很好。但是，该密封装置的造价也很高。

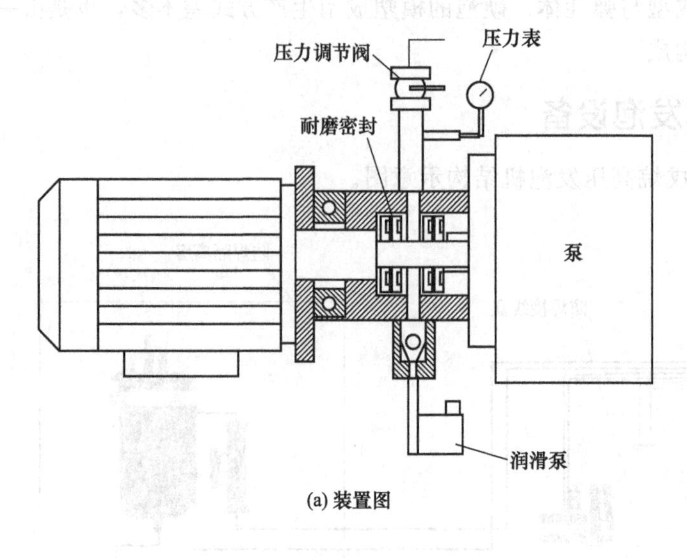

(a) 装置图

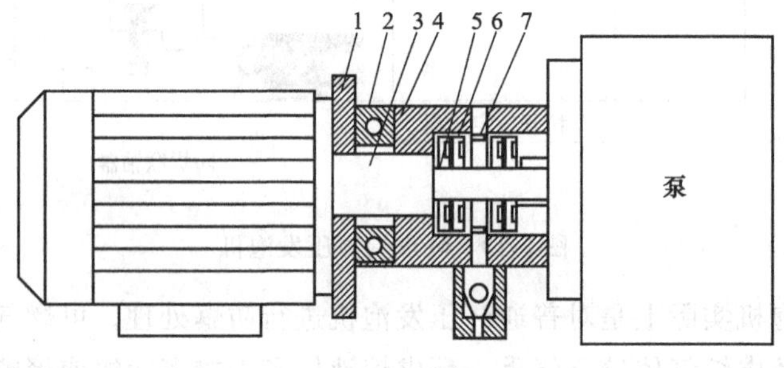

(b) 详细结构

图 3-14　增强密封结构

1—外套；2—轴承；3—电机轴；4—内套；5—耐磨轴；6—油封；7—隔环

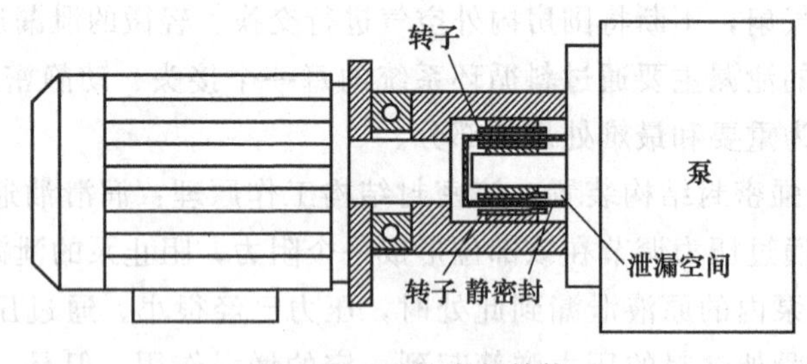

图 3-15　磁性密封结构

3.6 变压真空发泡设备

变压真空发泡工艺以少量的水作为发泡剂，让发泡在真空状态下进行。所谓真空发泡也就是在一定的负压下让泡沫迅速膨胀，在一定的控制条件下得到不同密度的泡沫体。这和“爆米花”有类似之处。既然真空发泡是利用负压发泡，产生低密度的泡沫。那么，利用正压发泡可制备高密度的 PU 制品，这就是变压真空发泡的全部含义。变压真空发泡，是一个解决环保问题较为理想的方案。特别是在低密度的软泡和一些高密度的 PU 制品生产中，采用变压真空发泡工艺还可提高产品的性价比。

变压真空发泡生产出来的低密度软泡除了“手感”好，还可省料 15%左右。尽管高密度的 PU 制品市场用量不大，但对于生产高密度的 PU 制品，变压（正压）发泡也是一个很好的工艺路线和方法。下面给出了真空（负压）发泡的一个实验记录（表 3-2）。

表 3-2　真空发泡的实验记录

配方物性	常压	−0.98N	−1.96N	−2.94N	−3.92N	−4.9N
聚醚	1000	1000	1000	1000	1000	1000
TDI	660	660	660	660	660	660
硅油	13	13	15	15	15	22
水	50	50	50	50	50	50
胺	3	3	3	3	3	3
辛酸亚锡	0.9	0.9	0.9	1	1	1.5
真空到位时间/s		30	30	30	30	30
发泡时间/s	120	116	110	110	110	110
开模时间/min	8	8	8	8	8	8
环境温度/℃	18	18	18	18	18	18
发泡温度/℃	18	20	23	23	23	23
发泡高度/cm	23	26	29	35	41	50
泡沫密度/(kg/m^3)	17	15.4	13.8	12.2	11	8.6
模具箱宽/cm	55	55	55	55	55	55
泡沫成型宽/cm	52.5	53	52.8	52.5	53	52.5
泡沫收缩率/%	4.54	3.64	4	4.54	3.64	4.54

注：绝对真空以−9.8N 表示。

从表中可见，泡沫密度随真空度加大而减小。常压下 17kg/m^3，负压达−4.9N 时发泡泡沫密度可变为 8.6kg/m^3。从收缩率来看，常压发泡和负压−4.9N 时的发泡收缩率几乎相等。

变压真空发泡设备的结构原理如图 3-16 所示。变压真空发泡设备由灌注系统、浇注头、发泡模具、真空发泡箱、抽空加压系统组成。配方料经灌注系统控制，由浇注头浇灌到发泡模箱中，紧接着送入真空发泡箱，然后，抽空系统在很短时间抽空到所需负压值，真空箱中的发泡料体积迅速膨胀，这样，实现负压发泡。

图 3-17 为变压真空发泡设备的一个平面布局图。图中的灌料架，实际上就是一个灌注系统设备。该设备的系统原理如图 3-18 所示，具体结构如图 3-19 所示。

TDI 和聚醚（及助剂）混合罐在一升降机作用下，上升到最高位，TDI 贮罐和聚醚贮罐分别装入配方料。聚醚和助剂（水、胺、锡、硅油等）在一预混机头作用下将其预混合，灌入预混贮罐。此时，TDI 也进入贮罐。然后，升降机下降到最低位置，此位置接近模具箱底部。这时，先将聚醚放入混合罐，然后，快速放入 TDI，与此同时，TDI、聚醚混合机头高速搅拌，混合罐下部阀门打开，混合料进入模具。放料完毕，升降机将其升起到最高位。模具箱快速进入到真空发泡箱，进行真空发泡。如果真空箱的数量足够可以实现连续作业，其生产效率还是很高的。

整个循环都在自动控制系统下进行。设计灌注系统部分的难点：①混合罐的内壁残留 PU 料的清除问题；②底阀密封问题；③系统程序控制问题。

当灌注完成后，发泡模具快速进入真空箱，如图 3-20 所示。该真空箱的结构尺寸较大，其结构刚性需要处理好。刚性不够，变形过大影响密封问题；刚性过强，材料浪费大。门的密封处理也是真空箱设计的关键问题。因门的尺寸较大（见图 3-17），如果要靠一种刚性的平整度来保证密封问题，其加工难度较大，费用高。如采用一种柔性密封处理，效果更好。

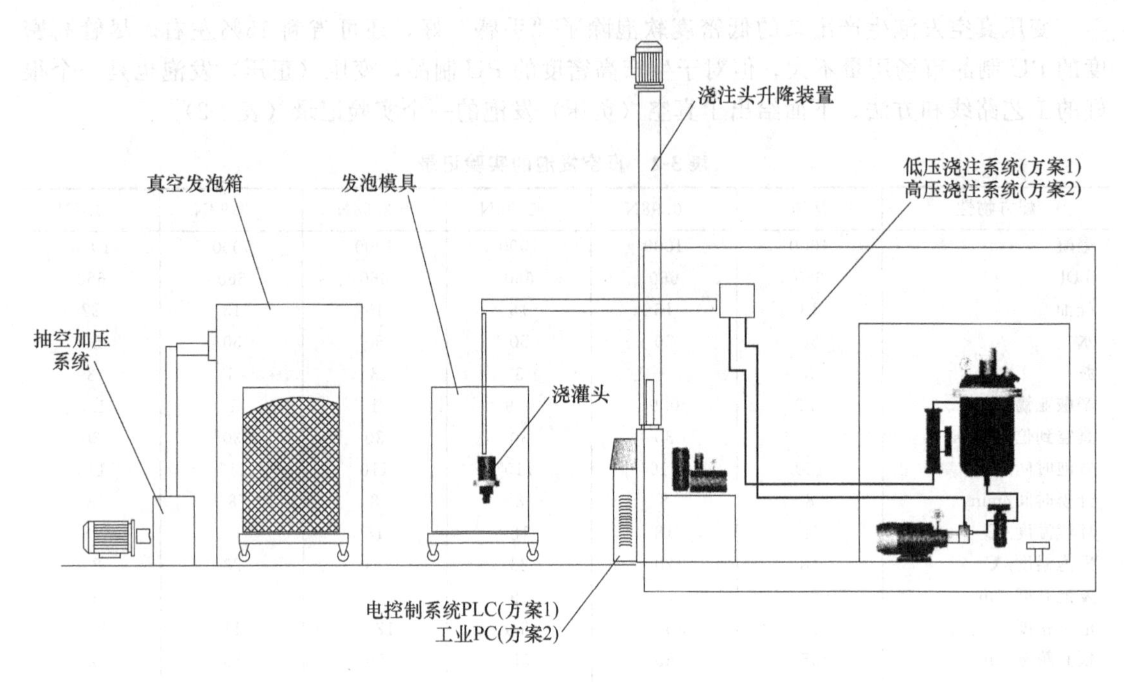

图 3-16　变压真空发泡设备结构图

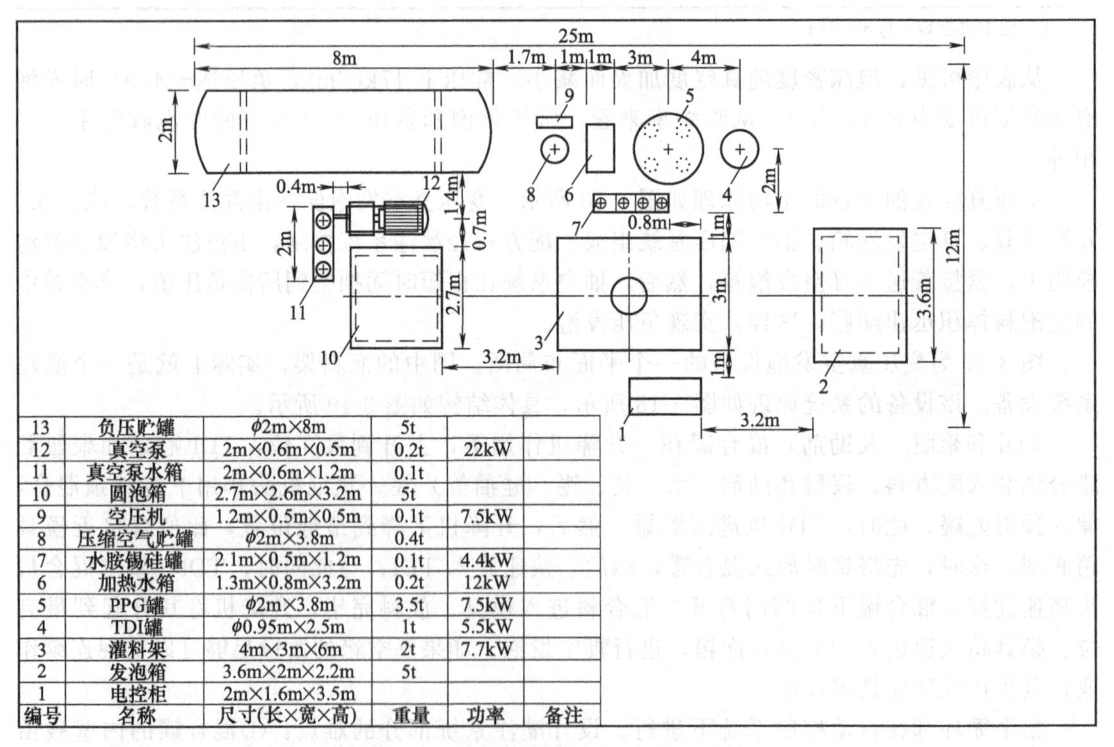

13	负压贮罐	ϕ2m×8m	5t		
12	真空泵	2m×0.6m×0.5m	0.2t	22kW	
11	真空泵水箱	2m×0.6m×1.2m	0.1t		
10	圆泡箱	2.7m×2.6m×3.2m	5t		
9	空压机	1.2m×0.5m×0.5m	0.1t	7.5kW	
8	压缩空气贮罐	ϕ2m×3.8m	0.4t		
7	水胺锡硅罐	2.1m×0.5m×1.2m	0.1t	4.4kW	
6	加热水箱	1.3m×0.8m×3.2m	0.2t	12kW	
5	PPG罐	ϕ2m×3.8m	3.5t	7.5kW	
4	TDI罐	ϕ0.95m×2.5m	1t	5.5kW	
3	灌料架	4m×3m×6m	2t	7.7kW	
2	发泡箱	3.6m×2m×2.2m	5t		
1	电控柜	2m×1.6m×3.5m			
编号	名称	尺寸(长×宽×高)	重量	功率	备注

图 3-17　变压真空发泡设备的平面布局图

真空箱门的开关采用一个大气缸控制门上下翻转。也有采用水平转动开关、水平推拉、垂直上下开关真空箱门的办法，这些方案各有优劣。在负压发泡情况下，无需专门的锁紧机构，仅靠负压即可将门拉紧。如需考虑正压发泡必须采用锁紧机构。

变压真空发泡设备中，灌注系统是一个主要部分，抽空系统也是一个主要组成部分。图

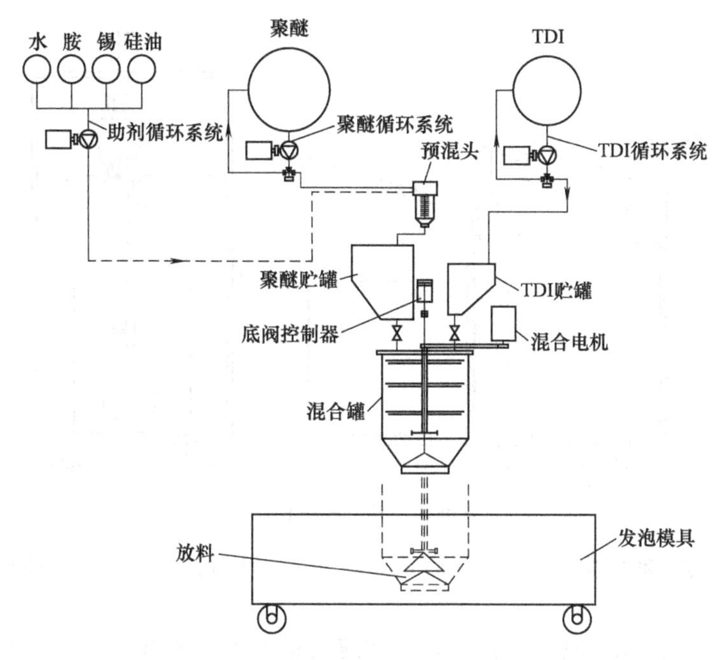

图 3-18　变压真空发泡设备灌注系统原理图

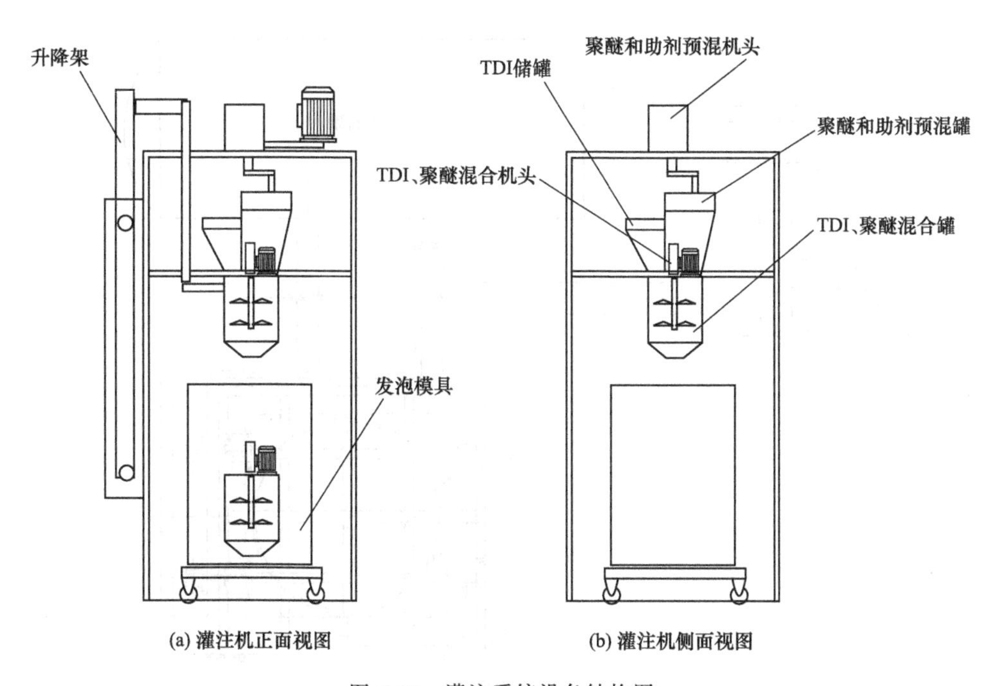

图 3-19　灌注系统设备结构图

3-21 就是一个变压真空发泡设备的抽空系统结构图。真空泵、负压贮罐、真空箱加上管路连接，构成一个抽空系统。该系统中，真空箱容积为 $18m^3$，真空泵（水环泵）采用 22kW 电机、抽空速度 30m/min、极限抽空压力－7.8N。负压贮罐容积为 $20m^3$。抽空的操作规程：先用真空泵对负压贮罐抽空 12min，压力达到 6.8N。当发泡模具进入真空箱，关上门后，立即将负压贮罐与真空箱通道阀门打开进行抽空，大约 25s 真空箱和负压贮罐处于

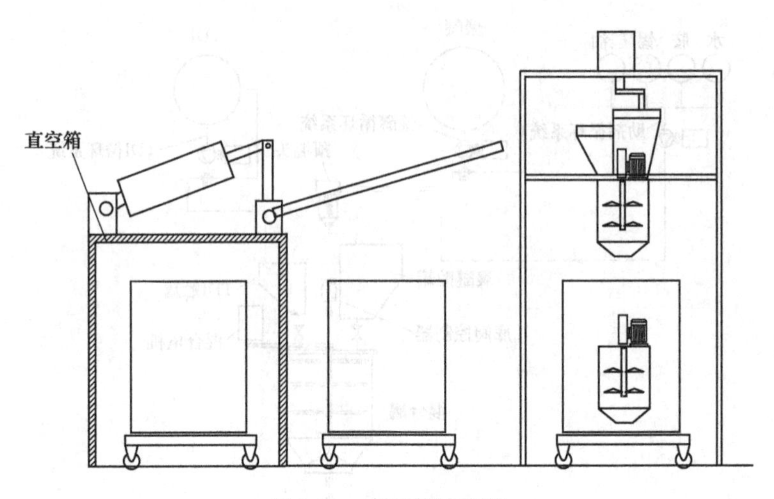

图 3-20 真空箱结构图

—3.7N。同时，真空泵继续补压 1min 后，真空箱压力达到—4.9N。这种规范基本能满足密度达到 10kg/m³。

如果直接采用真空泵对真空箱抽空，抽空速度很难满足要求。图 3-21 抽空系统中管路阀门和压力继电器均由自动控制系统操作。

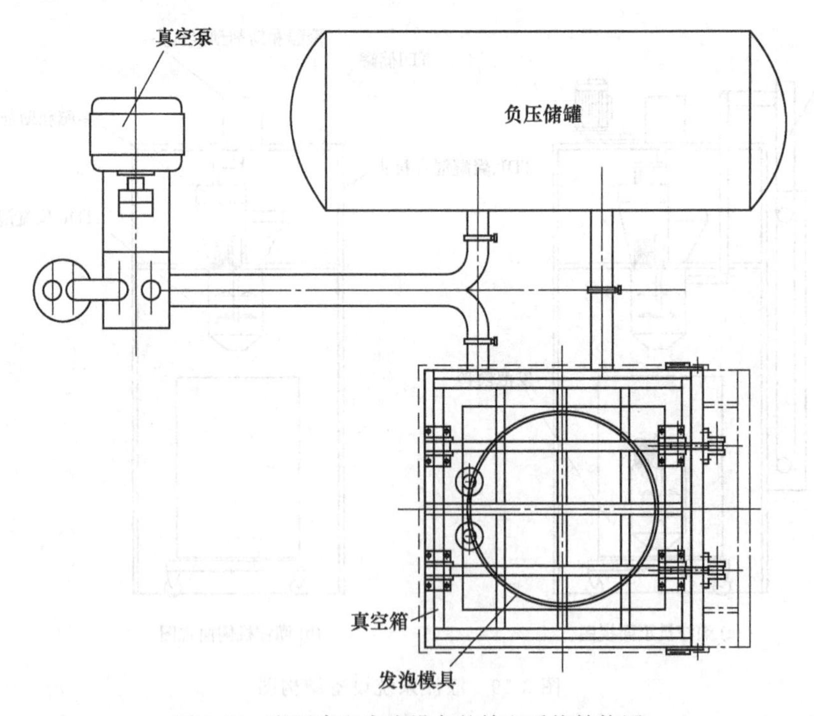

图 3-21 变压真空发泡设备的抽空系统结构图

图 3-22 为变压真空发泡设备的一个时序逻辑。由这个时序逻辑可知：变压真空发泡机在什么时间，有哪些机构，执行哪些工作，这些机构又受哪些控制元件控制，在时间进程中，机械的、电器的动作又怎样配合发泡工艺时序要求。这是一个机械、电器、工艺的完整控制逻辑。下面具体分析一下。

① 图 3-22 中，给出了一个时间坐标。发泡工艺也给出了一个时序，图中 71.86 这个时间跨度应是发泡准备工作时间；39.78 这个时间跨度应是发泡乳白工作时间；85.33 这个时间跨度应是发泡工作时间。这 3 个时间跨度完成一个发泡工艺周期。真空发泡设备必须按这样的时序来完成工作。

② 为完成上述发泡工艺时序，给出 20 个机械执行动作，也就是从 1 号电源动作到 20 号真空箱抽空动作。每一个机械执行动作肯定执行启、停两种状态。

③ 在发泡准备工作时间跨度里，电源启动，TDI、PPG（聚醚）、水、胺、锡、硅油各泵循环启动以及气泵、真空泵也启动。接下来贮气罐（负压贮罐）开始抽真空。PPG、水、胺、锡、硅油、TDI 进入中间贮罐，混料罐上升，混料罐接料，发泡模具到位。这样，在

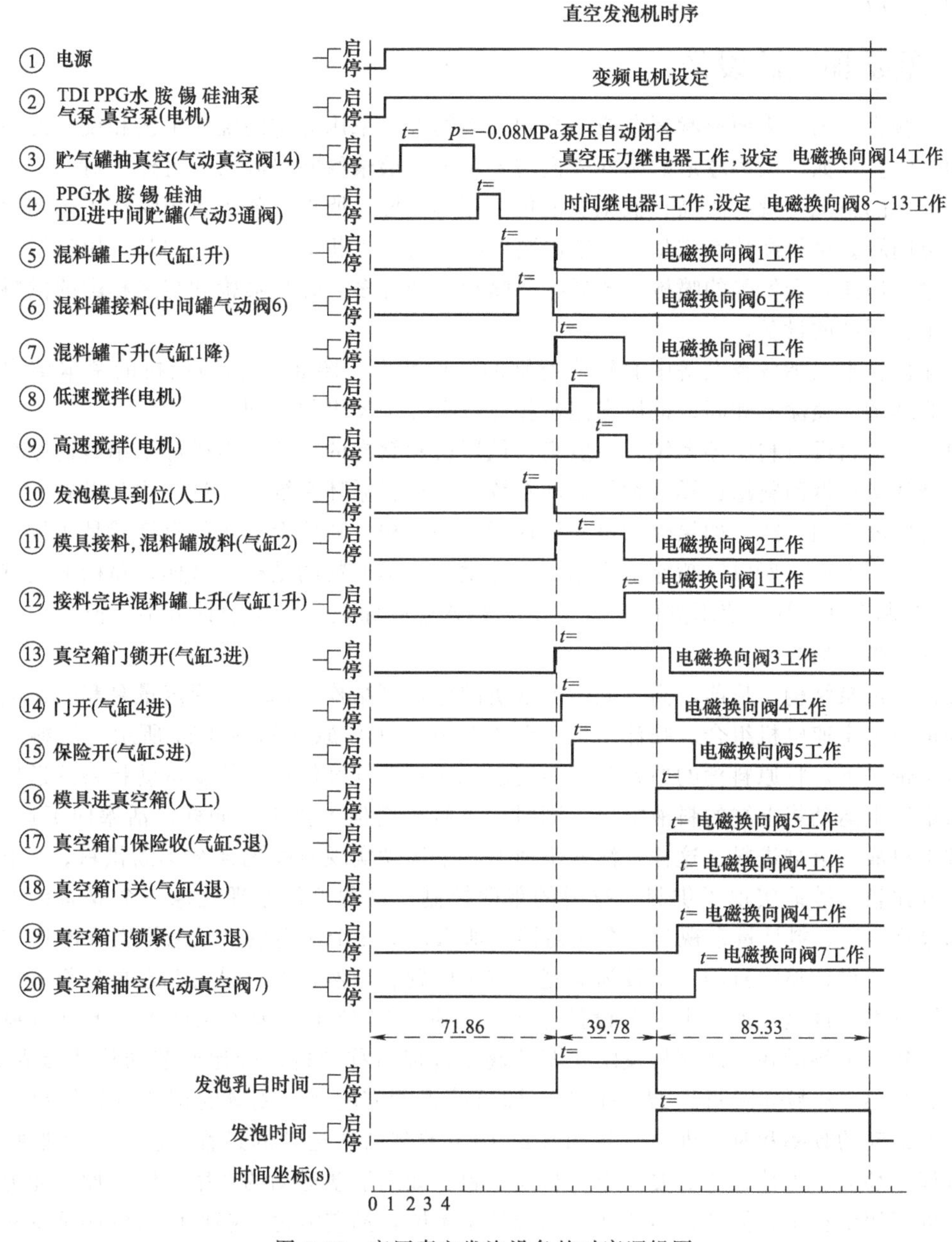

图 3-22 变压真空发泡设备的时序逻辑图

这个时间段共有 7 个机械动作执行工作。这 7 个动作的先后时序和时间跨度都按图 3-22 所示的规范执行。

④ 发泡准备工作完成后，进入发泡乳白时间段。这个时间跨度很短，也称为可操作时间。在这个时间跨度中，混料罐下降、模具接料、低速搅拌、高速搅拌、混料罐上升、真空箱门锁打开、门开、保险开（门的安全阀）、模具进真空箱，共 9 个动作在此时间跨度必须完成。

⑤ 接下来，进入真空发泡时间跨度。也有 9 个执行动作须完成。图 3-22 已标明。

⑥ 图 3-22 除将 20 个机械执行动作的时序反映出来外，还将电动、气动控制元件的时序也反映出来。这实际上是控制系统设计的逻辑图，也是真空发泡设备的工艺流程图，而且是一种动态反应。

3.7 聚氨酯喷涂设备

对一些大型的、表面形状复杂或不规则表面物件，采用通常的浇注工艺和设备处理表面是很困难的。例如，大型球形贮罐的表面需要包覆一层聚氨酯保温层。另外，对一些需要进行现场施工的情况，现有的高、低压发泡机使用不方便。所以，就需要用喷涂工艺和设备来解决这类问题。聚氨酯喷涂成型和一般涂料的喷涂有一点相似之处，它们都采用喷射枪进行表面喷涂。但是，聚氨酯的喷枪比普通涂料喷枪复杂许多，并且喷枪和与之相配的供料部分也是一个较复杂的设备。

喷涂机在聚氨酯各类设备中有较为特别的结构特点。图 3-23 为喷涂机的基本结构和它的工作原理图。喷涂机和高、低压发泡机相比，有几个突出的不同点。

（1）喷涂机没有料循环系统　一般高、低压机和软泡的连续发泡机都采用料罐原料—计量泵—浇注头—返回料罐这样一种料循环系统。这种料循环系统在经过浇注头以后一般有一回料管将料液返回料罐。如果喷涂机采用这样一种结构，喷枪上连接的料管就是 4 根，这对现场施工很不方便。所以，喷涂机采用对喷枪供料，不回料的结构。这样，喷枪上只有两根料（A、B 料各 1）管，使用方便。图 3-23 的结构是喷涂机的传统设计方案。但是，这并非是最好的、唯一的方案。

（2）计量泵结构　目前，高、低压发泡机的计量泵结构，都是采用定量泵和变速电机组合或变量泵和定速电机组合。喷涂机的计量泵结构和工作原理如图 3-24 所示。供料泵在一普通电机带动下，将原料桶的原料泵入活塞缸，活塞在气缸作用下往复运动将料液送出到喷枪。活塞往上运动将上缸的料液推出，同时，下缸进料但不排出，同样，活塞向下运动时，下缸排出料液，上缸进料，这样，活塞不断上、下运动实现对喷枪连续不断供料。4 个单向阀的安放比较巧妙地实现了供料、排料的单向控制。这种工作原理就像一个双向针管注射器。如果将 A、B 料计量泵视为 2 个注射器，那么，这 2 个注射器又是怎样实现配比和流量的调节？这是设计喷涂机的一个较为关键的技术问题。当然，各个设备制造单位都有一些独特的设计方案。这里，列举出一个设计方案，如图 3-25 所示。为了保证上、下缸进料，排料均匀一致，可将活塞、活塞杆及配比调节阀设计成对称结构。配比调节阀移动形成 H 值的变化。当 A、B 料分别调节 H_a 和 H_b，即可获得所需配比。流量的调节较为简单，只需调节活塞运动的频率和时间即可。从图 3-25 中可看到活塞运动的过程，就是一个抽吸泵的运动过程。那么，为什么还需要一个供料泵供料？如果活塞运动的功率足够，抽空能力足够完全可以不用供料泵。但是，当活塞运动的功率不够，抽空能力不够那就需供料泵供料。这样，活塞就处在一个一推一拉的工作状态。

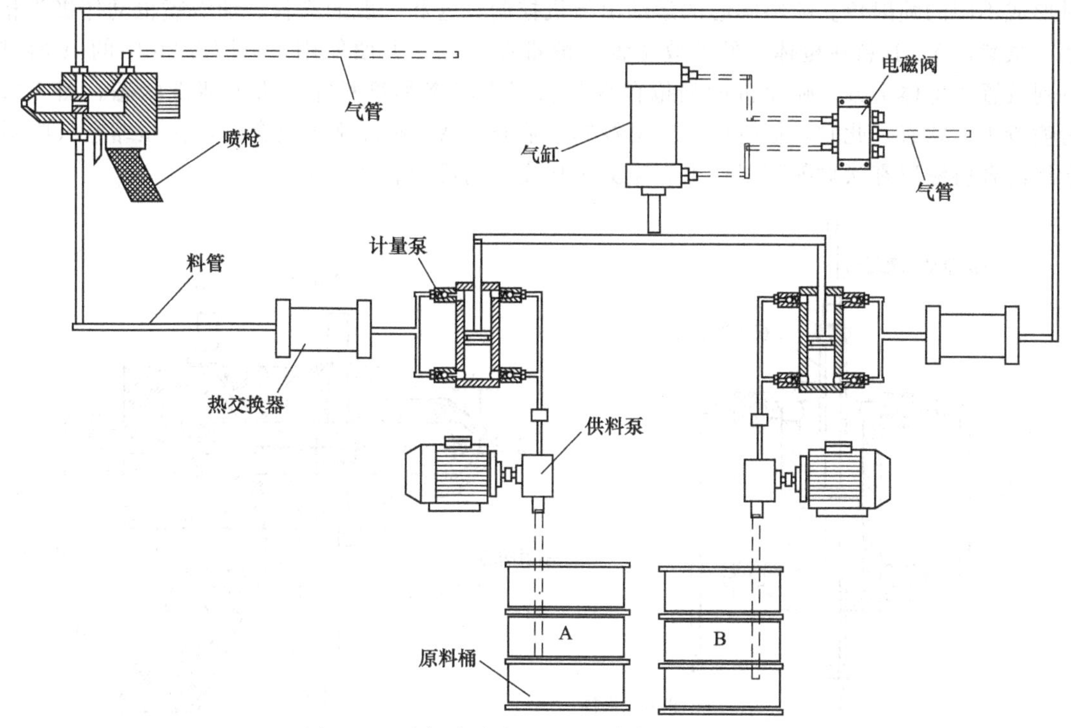

图 3-23　聚氨酯喷涂机的基本结构及工作原理

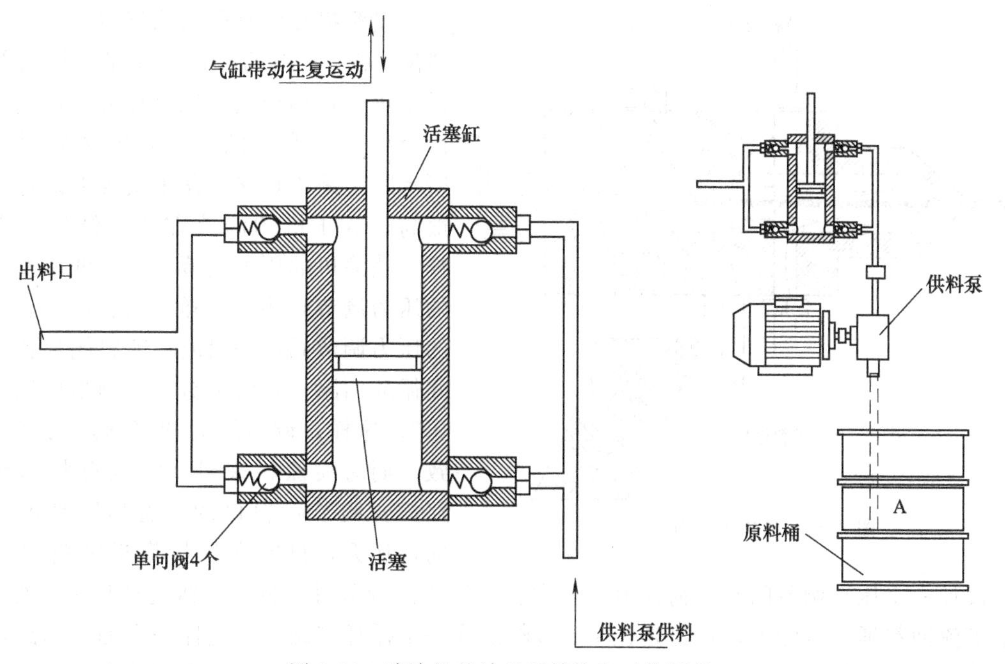

图 3-24　喷涂机的计量泵结构和工作原理

喷涂机的浇注头如果采用与高、低压机类似的结构，使用非常不方便。所以，将它设计为手枪外形结构，具体结构见图 3-26。枪体中空部分是一个 A、B 料的混合腔。料控阀芯在不需喷料工作时将 A、B 料截断。此时，如果需要清洗混合腔，将气管的压缩空气或压缩空气与清洗液的混合液进行喷射清洗。调节旋钮、调节喷射阀芯，变更 S 的大小，可在喷料时形成不同的喷射角。喷料阀芯的运动由板机控制，这和一般的涂料、油漆喷枪动作极为相似。虽然，A、B料在枪体上的安放位置一般都在下方，方便使用。但图3-26中的A料进口则放置在枪体上方。喷涂机的喷枪存在喷料工作状态和喷料完毕进入清洗状态。图3-27为喷枪工作状态。此时，板机后拉，料控阀芯后移，A、B料喷入混合腔，在压缩空气喷射下将混合料液以雾状喷射到工件上。喷涂工作完毕清洗混合腔和喷口。

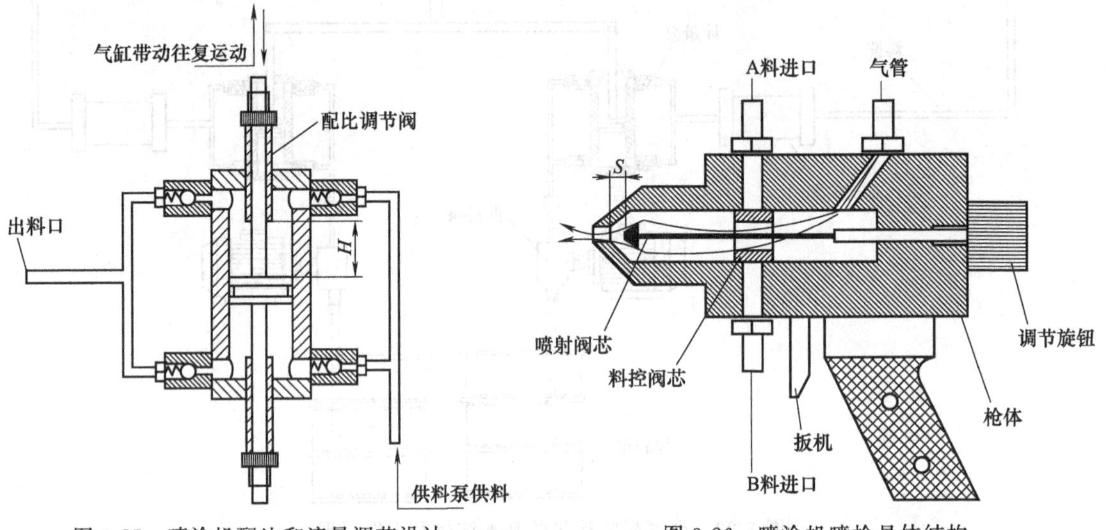

图3-25　喷涂机配比和流量调节设计

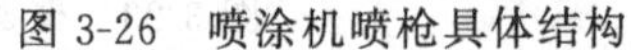
图3-26　喷涂机喷枪具体结构

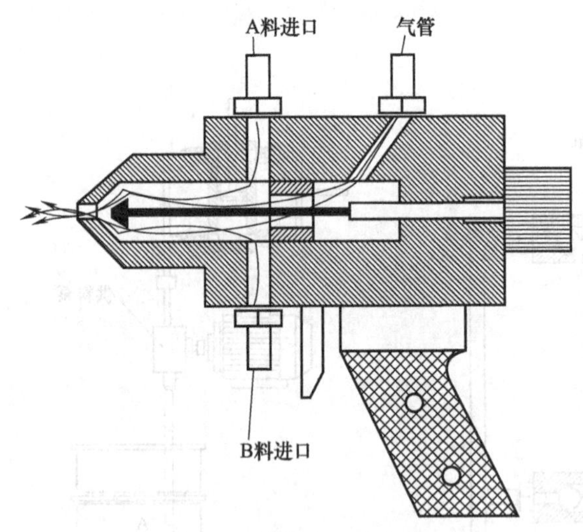

图3-27　喷枪的工作状态

喷涂机和所有聚氨酯浇注机一样，对料温，A、B料的配比，流量和压力等都需要进行自动控制。配比和流量控制上面已介绍过。喷涂机的料温控制如图3-24所示，是采用热交换器来实现的。这和一般高、低压机的温控方法及结构基本一样。喷涂机的压力调节和高、低压发泡机的压力调节有些不一样。高、低压发泡机的压力调节阀，一般放在喷料阀到料罐之间循环回路上，就是对喷料阀喷口调“背压”。这样，调节压力和喷射压力基本一致。而对喷涂机来讲，它没有料循环回路，要调节喷料口的“背压”是不可能的，那么，只能在尽量靠近喷料口的地方，设计一个压力调节阀和卸荷通道。当需要进行压力调节时，将卸荷通道打开让料液经卸荷通道流回料桶。实际上，这也是让A、B料形成一个循环回路。有这样一个循环回路，压力调节阀就可进行喷射压力的调节。卸荷通道是一个可开关的通道。卸荷通道既可用来调节喷射压力，又可用来进行A、B料的配比测试，如图3-28所示。这样，可使喷料口压力和调节压力基本一致。如果A、B料之间的喷射压力差太大，会带来相互“窜料”，即压力高的料窜进压力低的料路，形成“意大利面条”。

从图3-23中，可以看到A、B料计量泵的活塞运动是在一个气缸带动下往复进行的。

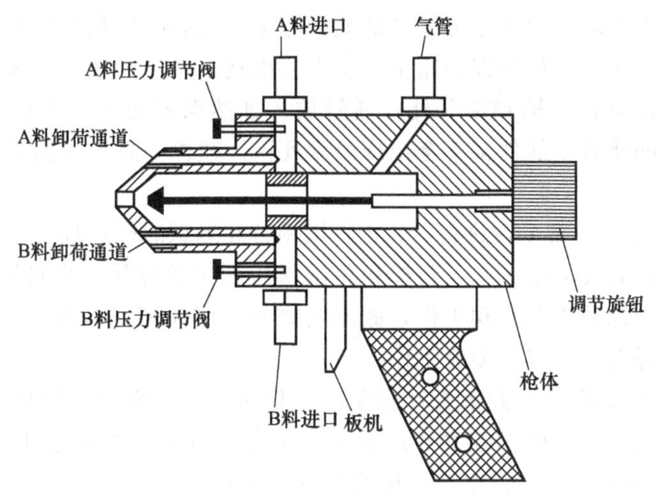

图 3-28　喷涂机的压力调节阀和卸荷通道设计

采用一个气缸带动两个活塞运动是为了保证 A、B 料计量泵的进料、排料同步一致，这和低压机控制结构基本一样。低压机是采用一个气缸连接一个齿条，齿条带动两个齿轮转动。齿轮和 A、B 料的喷料转阀连成一体。这样可保证 A、B 料在喷料时的同步性。气缸由一个气动电磁阀控制运动。气缸往复运动的频率和持续时间，由时间继电器控制。时间继电器可采用强电继电器，也可采用可编程控制器 PLC 的软继电器。

图 3-23 是较为传统的聚氨酯喷涂设备的设计方案。图 3-29 是在传统设计方案基础上进行的一种改进设计方案。现在分析一下这两种设计方案之间的差别。将图 3-23 作为方案 1，图 3-29 作为方案 2 采用集中加热，将料筒（A、B 料）、计量泵、过滤器、部分料管均置于一个保温箱中进行集中加热保温。这样设计的好处如下。

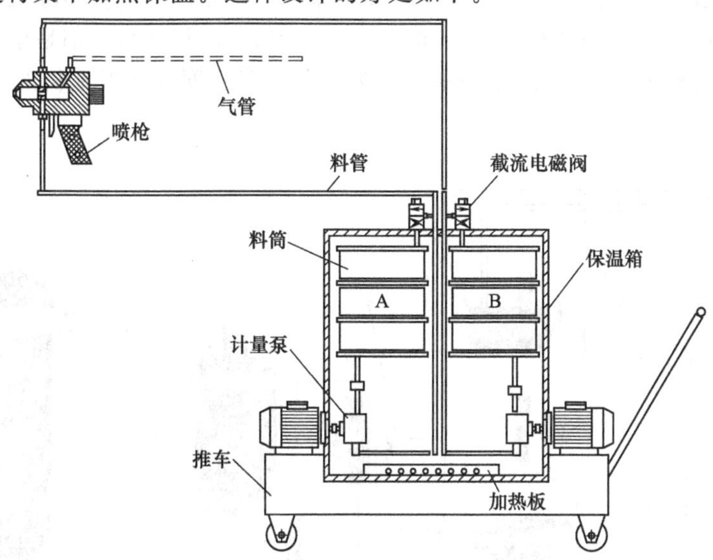

图 3-29　喷涂设备的改进设计方案

① 料温控制较理想　方案 1 采用热交换器对 A、B 料进行料温控制，容易在供料泵、计量泵、喷枪等部位形成温差和温度死区。当 B 料采用 TDI、PAPI 原料喷涂时，这种温差带来的影响相对较小；当 B 料采用 MDI（精）原料喷涂时，这样一种温控方式肯定不可行。因为，温差和温度死区很容易将 MDI（精）凝固或半凝固。一旦形成凝固或半凝固物，喷

涂质量会严重地受到影响。而采用方案 2 的温控方案，只有喷枪和部分料管没进入加热保温箱，其他零部件均处于同一加热保温箱中，就不会出现方案 1 的温度死区和温差现象。当喷涂结束，不工作时还可将喷枪和部分外露料管放入加热保温箱中，进行整体保温处理。这样，包括喷枪在内的所有零部件都不会出现温度死区。喷枪一旦出现温差和温度死区是一件很麻烦的事。

② 压力控制较好　方案 1 在进行 A、B 料压调整和测试时较麻烦。方案 2 采用两个截流电磁阀将 A、B 料液引入循环状态，调整和测试料压就比较容易。当料压调整测试完成后，喷枪的板机启动，带动截流电磁阀工作，截流电磁阀将回流料路截断，计量泵泵出的料液，进入喷枪的混合腔混合后，进行喷涂工作。

③ 结构简化、成本降低　方案 1 计量泵的工作系统由供料泵、计量泵（往复抽吸泵）、气缸、电磁阀、电动机等组成。方案 2 计量泵系统由供料泵、变速电机组成。从图 3-23 和图 3-29 的比较中基本可看出，方案 2 结构简化较为明显。

④ 使用方便　喷涂工作一般用于现场施工。所以方案 2 采用一个推车结构，将推车推到施工现场，从保温箱中取出喷枪即可工作。工作完毕将喷枪放入保温箱保温即可。

3.8 扩展机型

聚氨酯浇注设备尽管种类繁多，但是可用基本机型和扩展机型概括。扩展机型和基本机型比较，有它们各自的特点。下面介绍几个较为常见的扩展机型。

不少的聚氨酯制品都需用多种颜色及多种密度处理。这种情况下，仅用 2 个料罐、2 套计量泵循环系统处理多密度、多色的制品，非常不方便，甚至无法操作，所以就得采用多罐机。目前，用得较多的多罐机为 3 罐机，一般用来处理双色、双密度制品。每增加一个料罐，实际上是增加一套料循环系统，同时，喷料系统也有相应变化。多罐机比 2 罐机复杂一些，目前已有 6 罐机，但是喷料头复杂和庞大。一般增加的料罐系统都是聚酯多元醇或聚醚多元醇系统，异氰酸酯仍为一个罐。图 3-30 为双色、双密度高压发泡机的主要结构图。其

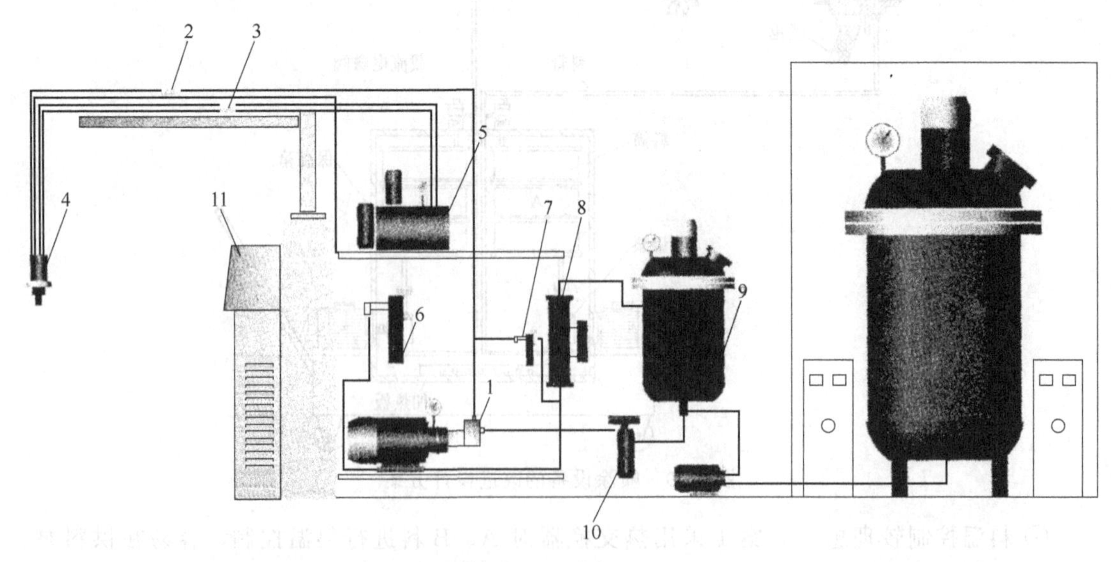

图 3-30　双色、双密度高压发泡机

1—计量泵（自动密封）；2—油路换向阀；3—料路换向阀；4—枪头；5—液压站；6—料比测量阀；7—高低压转换阀；8—冷热交换器；9—工作料罐 3 个；10—过滤器；11—电脑控制台

中，工作料罐3套，料循环系统3套。对2个A料罐的工作切换和喷料头的切换也有一套自动控制系统。图3-31为双色、双密度高压发泡机的工作原理图。图3-32为双色、双密度低压发泡机结构图，它和双色、双密度高压发泡机的差别是：

① 喷料系统高压发泡机采用油压控制，低压机采用气动控制；

② 低压机有一个清洗系统，高压机采用清洗系统情况较少；

③ 冷热交换系统结构不一样，低压机复杂一些，严格一些；

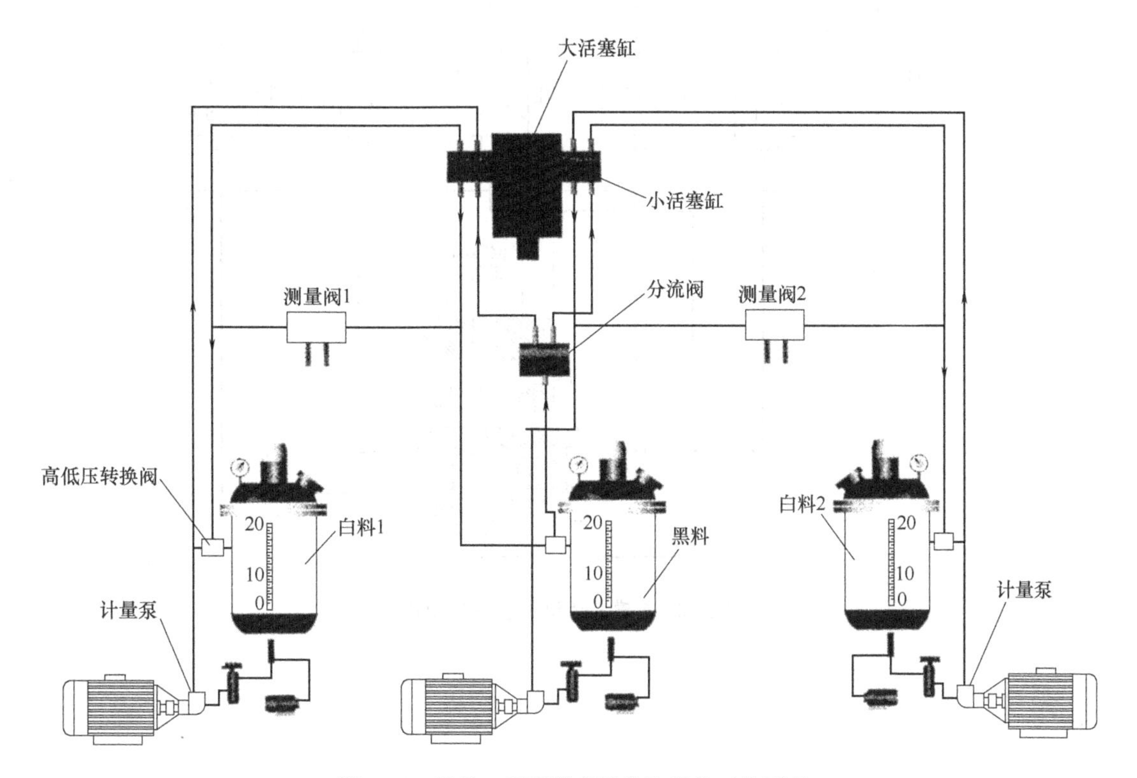

图3-31 双色、双密度高压发泡机的工作原理

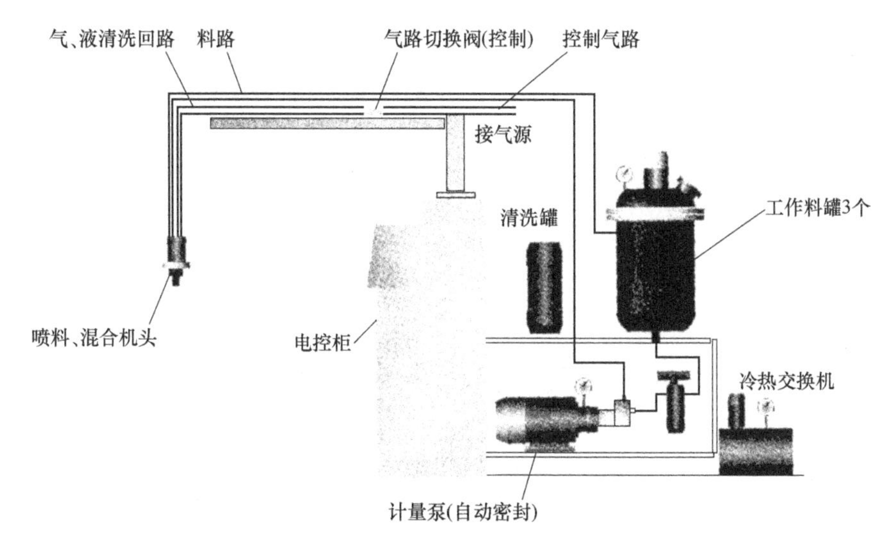

图3-32 双色、双密度低压发泡机

④ 喷料活动臂，低压机采用全钢性结构，以便喷头移动轨迹严格控制。高压机喷头一般采用柔性活动臂，高压机一般对模具采用闭模灌注，而低压机一般采用开模浇注。多罐中，切换不同颜色的料需要一个多位切换阀，这是多罐机中一个非常关键的结构，图 3-33 为 6 罐 5 色机的多位切换阀。

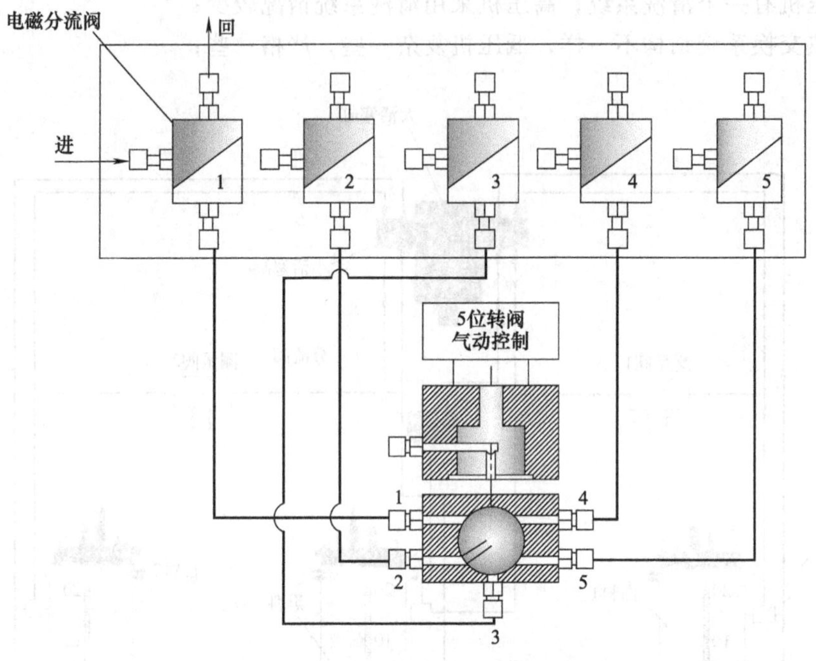

图 3-33　6 罐 5 色机的多位切换阀

第4章 聚氨酯制品成型用模具

4.1 概述

实现工业化的多数产品都需要模具。模具既保证产品质量又提高生产效率。

在聚氨酯制品的生产过程中，也有少数产品不需要模具比如冰箱夹层的灌注等。但对这类产品也需要夹具。当然，也有一些产品不需要模具，也不需要夹具如一些现场灌注等。

传统的模具多数为金属模具，其制作周期长、费用昂贵。而且，各类产品市场要求其外观及结构变化要快。对同一产品，又需多副模具来适应市场需求。其费用的昂贵、制作周期的漫长以及产品成本中模具费用摊销高昂等，阻碍了许多产品的发展。聚氨酯双组分液体反应成型技术较好地解决了这一难题。双组分液体反应成型工艺中，使用的液体原料，成型压力极低，从而降低了对模具的构造要求。注塑模需要2500～5000tf的合模力，而RIM-PU仅需100tf就能加工大多数常见的制品。现在，一种快速、廉价的树脂模具制作技术已经发展成熟。其费用仅为金属模具的几分之一到几十分之一。并且，速度快到仅在24h内，可完成模具的制作以及出样品。这种树脂模具的压缩强度可达到铝模的压缩强度。树脂模具制作的聚氨酯制品表面光洁度也是非常理想的。最近，还开发了一种聚氨酯自成模具技术。即第一次浇注聚氨酯弹性体料，形成聚氨酯弹性体模具型腔。第二次浇注聚氨酯硬泡料到弹性体模具型腔中，反应成型，取出即为聚氨酯硬泡制品。这种工艺不但快速，而且聚氨酯弹性体作模具型腔，取代硅胶类软性模具，费用省了许多，耐用度又提高了很多。不少产品的模具开发费用会大大超过设备投资费用。所以，树脂模具技术和聚氨酯弹性体模具技术在聚氨酯的发展史中有极为重要的作用。相对于传统模具技术，树脂模具技术及聚氨酯模具技术可以说是一次革命性技术。目前，在制鞋业、装饰建材业等领域用得比较成功。聚氨酯即使采用金属模具来做，模具质量也比一般注塑模具轻许多，费用仅为一般注塑模具的1/3～1/2。

聚氨酯浇注成型属于新材料、新设备、新工艺三新技术，对传统橡胶、塑料、木材及部分金属等材料是一次革命性冲击。树脂模具对传统金属模具也是一次革命性冲击。

当然，在聚氨酯浇注成型过程中也有不少的模具需要采用金属制作模具。而这些金属模具的制作方法和一般的注塑模的制作方法基本一样。所以，本书也就不对这些一般的模具制作方法进行描述，而只对树脂模具进行详细介绍。

树脂模具制作周期短，制作成本低，这是传统金属模具无法与之相比的。树脂模具对不少浇注成型的聚氨酯制品，应用效果较为理想。近年，特别在聚氨酯鞋底的制作、装饰建材等产品中树脂模具应用发展很快。可以说，廉价、快速的树脂模具一定程上促使聚氨酯鞋底市场发展，同时，也促使了原料和设备市场发展。下面仍以聚酯鞋底树脂模具作为实例进行介绍，因为聚氨酯鞋底模具在聚氨酯制品较为典型。

树脂模具与传统金属模具相比，无论材料的使用还是制作工艺完全不一样，且差别极大。图4-1是树脂模具的一个制作工艺流程。树脂模具的制作工艺：将一个鞋底母样涂上半液体状的树脂，当树脂固化后．取出鞋底母样。母样的形状、花纹、图案就像制在树脂上

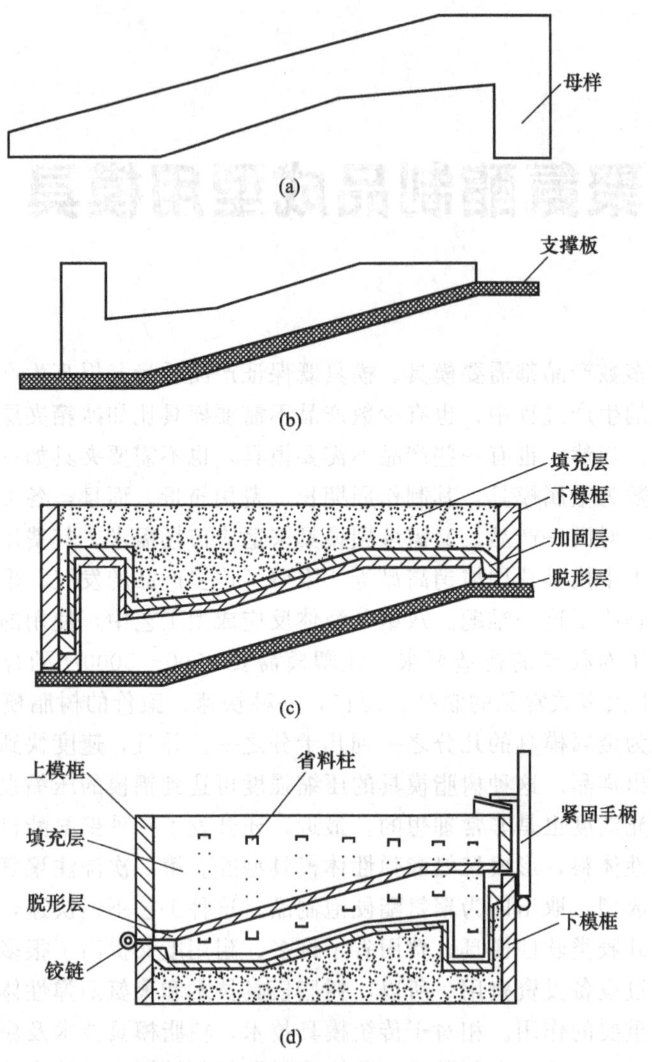

图 4-1　树脂模具的制作工艺流程

面，这就是鞋底模腔。

树脂模具的制作是一个较为复杂的过程，具有一定的技术含量，将结合图 4-1 进行详细介绍。树脂模具采用的材料——树脂。树脂材料的品种规格较多，如环氧树脂、191～196 号不饱和树脂、胶衣 33 等都可用作模具树脂，这些材料化工市场有销售。

树脂模具制作周期短。一般能达到 24h 出模具，48h 内将新款鞋底提供给市场。这非常适合当今快速多变的消费市场需求。这种快速性，传统模具无法办到。

树脂模具廉价。一套鞋楦（6 个码）材料费、人工费在人民币 150 元左右。而且，无需加工设备，一般鞋厂都能自己加工制作。树脂模具的制作费用仅为金属模具的几分之一到几十几分之一。采用金属模具制作鞋底，一个鞋厂每年少则几万元，多则几十万元、几百万元的花费，而采用树脂模具每年节省的费用十分可观。

前几年，用树脂模具生产的鞋底，表面质量不尽人意。随着行业对树脂模具技术的掌握，情况越来越好。特别是最近发展了一种光亮处理技术，使制作出来鞋底表面光洁度达到了较为理想的效果，即使传统金属模具采用电子打光也难于达到这种效果。

树脂模具的耐用度较金属模具差一些。树脂模具一般制作 6 万双（一套 6 个码）产品以后，可能会出现一些缺陷。例如，表面有细小裂纹或脱层现象，有时修补后可继续使用。现在，消费市场鞋的式样、款型快速多变，一个款型能连续生产 10 万双以上的情况不是很多。即使生产 10 万双的批量，采用 3 套树脂模具的费用也仅为金属模具的 1/4～1/2。

树脂模具的强度很高，其压缩强度还可达 120MPa。如果在树脂中添加一些铁粉，强度还可提高。从理论上讲树脂模具可以替代铝合金模具，但是，树脂材料比金属易脆裂。如果用树脂模取代金属模注塑鞋底，必须在制作工艺上非常熟悉。

PU 鞋底是化学反应成型，而且是双组分液体原料进入模具型腔完成凝胶与发泡，其发泡压力较小。PVC、TPR 鞋底是物理成型，其发泡压力较大。

4.2 母样

金属模具制作也有一个母样，如果母样为一只鞋底，就必须依母样制作一公模。这个公模可用金属材料制作，也可用石墨经设备或手工方式加工出来。然后，用公模作翻砂母样。原始母样可以是实物，也可是设计样稿。

树脂模具只要有一个实物母样，即可直接用树脂翻制出来，非常方便。母样的来源有两种，一是直接采用成型鞋底，这个成型鞋底可以是商店里走俏的成品鞋，也可是其他来源。所以，PU 鞋底经常遭遇“赶版”现象。一家开发的新款型刚上市，马上就有许多厂赶制出来了。这就是利用了树脂模具的快速、廉价的性能。一般采用鞋底作母样，都需要全套码，为了减少费用，或码无法搞齐，也有采用扩码方法的。所谓扩码，就是将小一号的母样变形处理一下，即为大一号码。这种变形处理方法可采用切割、填充办法，也可用过量的聚氨酯原料浇注后快速脱模，让其膨胀变形加大，作为大一号的母样。这种方法掌握好以后，非常方便，效果也较好。

母样是不能有缺陷的，否则，缺陷会复制出来。母样有缺陷必须修补处理，修补处理方法与细节在后面再作详细介绍。修补完后，还须做光亮处理。母样越光洁、平整，模具型腔制作出来的表面也就越光洁、平整，其产品自然光洁、平整。

现在，已有对母样采用喷塑处理方法提高母样表面光洁度的方法。喷塑处理后的母样表面形成一层塑料薄膜，塑料薄膜的光洁度非常好。通过提高母样表面光洁度来提高模具表面光洁度，这种方法省事、省费用，而且效果也不错。

另外，还有一种母样来源，根据实物或设计样稿制作一个母样，一般称为首版，也有称为“手版”的，意指手工制版。其实，首版既可用设备制作，也可手工制作，还可两者兼用。纯手工制版采用手工制楦，然后用各种花纹、图案的皮料粘贴成一个首版。设计制楦一般需一台电脑控制的三维雕刻机，但是，目前的雕刻机功能有限，许多花纹、图案不好做或做起来困难。所以，机器和人工结合的方式较多。手工制版费用相对便宜，而且采用粘贴图案的方法，改版非常容易。

4.3 复杂分型处理

有些鞋底存在上小、下大层面或者多色层面，在这种情况下，需做分型处理，一般称为双开模、三开模等。传统的金属模具制作多开模具费用非常高，而采用树脂模具制作多开模具有快速、廉价的特点。多开模的制作方法如图 4-2 所示。

如果鞋底母样的横切面是上小下大的形状，采用单开模具是不行的，因为，上小下大差别太大，PU 鞋底浇注完成后脱不出来，或者出现烂泡问题。所以，这种情况下须采用双开模具。双开模具的模框为上、中、下 3 个模框，2 个铰链，如图 4-2（d）所示。制作过程与

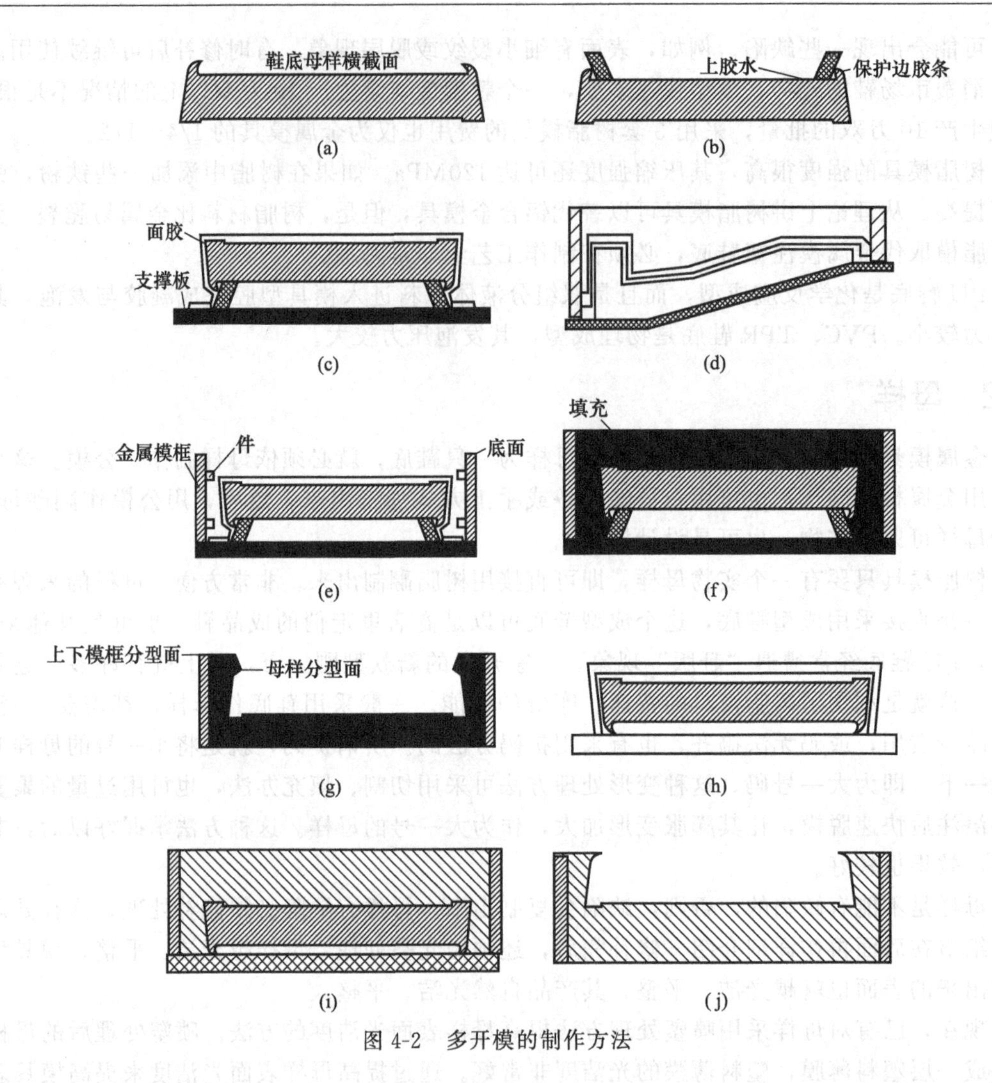

图 4-2　多开模的制作方法

单开模的差别：下模制作完后，将中间一层模框安放上去刷面胶，然后上一层紧固层，最后作一层填充层。待中模框完成后，再作上模。这样，仅仅多了一次中间模框制作，其余方法与单开模一样，类似的多开模也是这样制作的。

4.4　树脂模具的制作工艺

图 4-2（a）为一鞋底母样的横截面。在上文中，谈到制作树脂模具时，首先有一个母样。对母样的来源及母样的处理也作了介绍。将母样处理好后，按图 4-2（b）所示，准备做一个保护边胶条，这个胶条可采用橡胶条，厚度 3～5mm，高度 6～10mm，截面呈平行四边形。这个胶条可剪、可裁。类似橡胶软硬的其他材料也可制作，如 EVA 发泡板等。

准备好保护边胶条以后，将胶条用 502 胶水沿鞋底母样周边一圈涂抹粘胶。图 4-2（g）就是采用有保护边胶条最后制作出来的模具型腔。从图 4-2（g）中，可以看到模框分型面与覆盖样分型面不重合。不采用保护边胶条，最后制作出来的模具型腔如图 4-2（j）所示。模框分型面与鞋底母样分型面重合在一起。显然，模具型腔分型面的尖角部分易损坏。在许多情况下，都不会采用这种方式制作。

保护边胶条和鞋底母样粘成整体后，再粘在一个支撑板上［图 4-2（c）］，这个支撑板一般采用 PVC 塑料薄板，厚度在 1～3mm。要求表面光洁，有一定的柔软性和刚性。因为这个支撑板要随鞋底母样楦型曲线支撑母样［图 4-2 (d)］。支撑板与保护边胶条也用 502 胶水黏结成整体。

完成这一工序后，就刷脱模剂。脱模剂一般采用乳状蜡和水状蜡。水状蜡浸透性好，适合花纹图案复杂、有死角的地方，也适合第一遍脱模剂处理。第二遍一般用乳状蜡再涂刷一次，乳状蜡与水状蜡实际上是一种具有挥发性有机溶剂与固态蜡的熔融物。当挥发性溶剂散发后，留在鞋底母样表面上的是薄薄的一层固态蜡。直接采用固态蜡涂抹，抹不均匀，且脱模蜡抹得过多、过少对后面的操作都不利。

最后开发出了一种光亮剂处理鞋底母样的技术，这种光亮剂类似于一种喷塑薄膜处理技术，其操作比较简单，只需将光亮剂用喷枪喷在母样表面上，常温固化形成薄膜即可。这种薄膜仅 0.1～0.2mm 厚，将鞋底母样表面缺陷遮盖了，同时光洁度非常高。这样，树脂模具型腔表面光洁度也非常高，浇注出来的 PU 鞋底也非常光洁。另外，它使聚氨酯浇注过程中脱模剂用量减少，脱模轻松容易。模具型腔制作完成后，这层薄膜可以轻轻撕去。

待上述工序完成后，将鞋底母样翻过来刷第一层面胶，面胶一定要刷得均匀到位，同时不产生气泡。刷第一、第二遍面胶一定要薄，否则，容易产生刷不到位和产生气泡现象。气泡来源：外部空气夹在面胶内部排不出来；树脂胶在反应过程中产生的反应性气泡。面胶的厚度控制在 1～2mm 为宜。

面胶材料一般采用的是胶衣树脂，这种胶衣树脂的牌号较多，既有进口的，也有国产的。无论进口与国产，主要看其性能指标如何。面胶对压缩强度要求较高，至少要达到 100MPa 以上；硬度 90 左右；拉伸强度在 40MPa 以上；挠曲强度在 45MPa 以上；黏结强度在 12MPa 以上。满足以上指标条件的树脂，即可作面胶材料。另外，颜色多为蓝色，因为，蓝色表面观察缺陷较方便。面胶的黏度在 50000mPa・s (25℃) 以上，流动性很差，相对密度达 1.5 左右。使用时，要添固化剂和催化剂，也有将这两种助剂配制在一起的。一旦助剂与树脂混合后，要及时操作，否则，超过一定时间就无法操作了。这个可操作时间宜控制在 40min 左右。但它随环境温度变化而变化，环境温度在 30℃以上和 10℃以下都会明显影响操作。所以，有条件的最好在空调房间进行操作。环境温度在 25℃至 28℃最佳。在这个条件下，硬化时间在 2h 左右，树脂的反应性能与聚氨酯的反应性能极为相似，也是一个生热与放热的平衡关系。有的人不了解这一关系，涂上树脂以后，想尽快硬化，采用加热的办法促使其硬化。结果，表面硬化以后，里面始终不能硬化。因为表面硬化过快，里面的热释放不出来，这样肯定会产生外硬内软的现象。所以，操作时一定要按原料供应厂家提供的规范去操作。

第一层面胶处理完后，要上第二层面胶。第一层面胶可称为拓形层，第二层面胶可称为加固层。加固层的材料仍然是胶衣树脂。其拉伸强度较第一层胶衣高，压缩强度低一些。也就是韧性强一些，硬度稍低一点。但是，在第二层面胶中，应加一些铝粉 (300 目以上)，以增加强度和散热性。厚度一般在 2～4mm，仍然要注意产生气泡的问题。

两层面胶刷完后，将其放入下模金属框内，金属模框采用 5mm 厚的钢板拼接而成。金属框内焊上两层嵌件，防止树脂因粘接力不够而整体从模框脱落情况的产生。程序进行完后，进入树脂填充制作阶段。填充层材料是 191～196 树脂，另加石英砂，粒度为 30～50 目。其目的是减少树脂使用量，降低成本，同时增加散热性。树脂与石英砂比例为 1∶8 (质量比)。

金属模框内表面应作脱脂、脱油处理，以免影响树脂粘接力，金属模框一般不用金属板封底，因为这样对散热不利，这种散热是指PU鞋底浇注后模具的散热要求。

填充操作完毕后，脱掉支撑板，保护边条，鞋底母样，下模型腔就露出来了，模具型腔出来后，用油石将尖角部分轻轻去掉，然后，检查型腔表面有无缺陷，有缺陷可用树脂填补。固化后，采用600目以上的极细砂布加水砂光表面。

在树脂模具制作中，金属模框的结构和制作方法如下。图4-3（a）所示是一个树脂模具的模框结构。模框采用普通钢板。牌号：Q235（A3），厚度4～6mm。在分型面未形成以前，一个模框就是4块钢板。这4块钢板的尺寸按图4-3（a）所示确定。一套模具为6副，即6个码。将每个码的母样尺寸按图4-3（a）所示进行上、下、左、右扩放，即为下料尺寸。这个扩放量考虑了树脂模具有一定的强度。同时，尽可能用均匀的扩放量，以保证散热的均匀性。树脂从乳状到固化的过程是一个化学反应过程，也是一个生热与放热的平衡反应，这跟PU原液到固化成型极为相似。严格一点讲，上模框应按图4-3（a）中倾斜的虚线制作。实际上，虚线结构应是更为合理的结构。但许多厂家并未注意考虑虚线结构。4块钢板准备好以后，按母样曲线作为分型面曲线划在钢板上，分型面曲线划好后，可采用：①氧气乙炔火炬焰切割；②线切割（电加工）机器切割；③等离子火焰切割；④錾子切割。线切割方法分型面精度高，但费用高；氧气乙炔方法简单；用錾子切割需一定的钳工技术，费用最低，效果也不错。分型面精度越高，树脂模具制作出来效果越好。

分型面完成后，上下模框也就可组焊起来。上下模框焊接后，在内表焊上防脱落的嵌件。在上、下模框之间焊上一个铰链，用以翻转模具。金属铰链材料为45#钢，调质处理。铰链配合间隙控制在0.05～0.10mm，间隙过大，易形成抬模现象。抬模会使“飞边”（废料边）过厚，这样既浪费PU原料，又使PU鞋底质量受到影响。铰链间隙过小，又容易产生分型面排气不畅，从而形成烂泡现象。采用45#优质钢加上调质处理，可增加铰链的耐磨性。铰链制作可用冷拉优质钢棒及钢管组合而成，也有车削加工的。

同样，锁紧手柄也有一个铰链，铰链间隙也在0.05～0.10mm。锁紧手柄的作用就是让上下模框锁紧。锁紧手柄的结构如下。

① 偏心锁紧。利用一个偏心轮，偏心压紧，偏心量的大小要合适。

② 斜面锁紧，如图4-3（a）所示。利用一个斜面将上下模楔紧。这个斜面的斜度太小，太大都会锁不紧上下模框。为了增加偏心轮和斜面块的耐磨性，应采用45#钢调质处理。生产中这个锁紧手柄工作频率比较高。从可靠与方便考虑，应采用连杆结构的锁紧装置。上面①、②两种结构现在被普遍采用，但是，其效果都不如连杆锁紧结构的手柄。

在模框上面应焊2个开模支点，如图4-3（a）所示。这2个开模支点分别焊在上、下模框上，开模时，须用一根铁棒（管）放在开模点中间用力分开上下模，不可在其他地方用力，否则将损坏模具。

最后，在模框上焊上一个开合手柄，用于开合上下模。这样，一个完整的金属模框也就完成。

接下来开始制作上模。如图4-3（b）所示，将省料柱安放在下模的母样圆孔中。省料柱一般采用直径为8～10mm的金属圆条，表面可光洁一些。因为脱模时光洁的省料圆柱脱模较易。这些圆条可采用冷拉圆钢，冷拉圆钢较热轧圆钢表面光洁度高。也可用普通圆钢车削加工。当然，车削出来的效果好，但费用高一些。省料柱的长度应控制好，最好使插入母样的深度距底面的尺寸一致。同时，不能插得太深、太浅。过深，浇注出来的PU鞋底易变形；过浅，省料效果又不好。在插入省料柱前，先将下模分型面喷上或刷上脱模蜡。这时，合上模框，并锁紧。然后刷面胶，上加固层树脂。最后，作填充层。步骤及方法与前面介绍

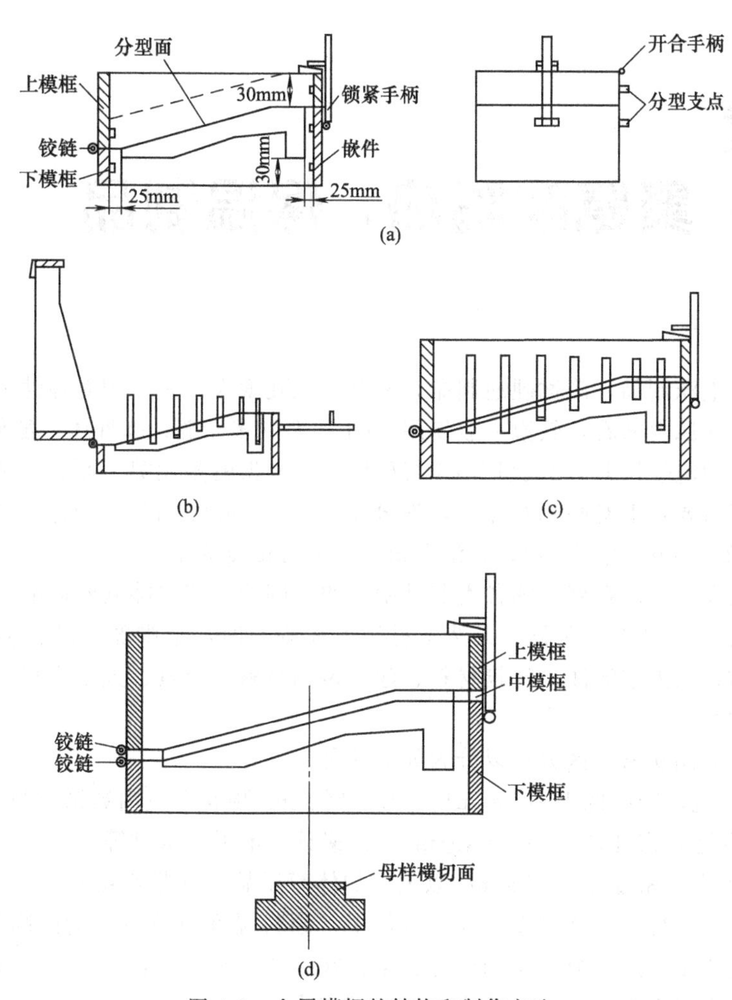

图 4-3　金属模框的结构和制作方法

的制作下模基本一样。

第5章 聚氨酯隔热、保温制品

5.1 概述

硬质聚氨酯泡沫制品，简称硬泡制品，相对软泡硬度大许多，相对弹性体它又不具备弹性。从双组分浇注原料来看，软泡一般使用TDI和聚醚多元醇；弹性体一般使用MDI（精）和聚酯多元醇；硬泡使用PAPI（粗MDI俗称黑料）和聚醚多元醇。而软、硬泡对聚醚多元醇在分子量和羟值要求上有些相对性。软泡分子量高（4000左右），硬泡分子量低（400左右）；软泡羟值低（50mg/g左右），硬泡羟值高（500mg/g左右）。

硬泡制品的发展速度在聚氨酯各类制品中最快。因为，聚氨酯硬泡制品在替代和部分替代传统保温材料、PVC工程塑料、天然木材等方面制品时，范围宽、品种多、数量大。硬泡用于冰箱、防盗门夹层灌注，建筑材料、建筑装饰材料、家具、人工木材、木板等潜在的市场价值都非常大。

聚氨酯硬泡制品从密度区分可以分为如下几种。

① 低密度硬泡，密度低于20kg/m³。如装饰线条、顶花等室内装饰材料。

② 中密度硬泡，密度在20～800kg/m³。如家具、木板、木材等。

③ 高密度硬泡，密度在800kg/m³以上。如体育用品、电器外壳等。

软泡、硬泡、弹性体在浇注发泡成型过程中，原料温度与环境温度的高低及恒定与否，直接影响制品的质量。双组分聚氨酯反应成型存在一个热平衡过程，即凝胶和发泡，其中放热和吸热速度一定要平衡。否则，反应不能正常完成。

温度偏低时，发泡不足；温度偏高，凝胶不够。温度过高或过低，都不易得到高质量的制品。所以，需要控制料温、模具温度、环境温度来满足反应条件。其实，要完全靠设备或其他手段来符合要求非常困难。特别对环境温度的控制难度更大。但是，靠人的经验去调节掌握一些条件也能达到要求。环境温度以20～30℃为宜。原料温度可控制在20～30℃范围或稍高一些。对于特大、特小型制品浇注成型，难以控制环境温度时，应适当控制原料温度和调节催化剂用量。

模具温度一般控制在40～50℃范围。制品脱模后，应在一定温度下放置一定时间，目的是让化学反应进行完全，得到良好的制品。在注入模具内发泡时，应在脱模前把制品与模具一起放在较高温度的环境中熟化。熟化温度越高，所需时间越短。熟化不充分，泡沫制品强度达不到应有的水平。原料品种与制件形状尺寸不同，所需的熟化时间与温度也不同。固化性能好的原料，制品体积不大，几分钟即可脱模。一些较大型的制品脱模时间需要十几分钟。

浇注发泡时，反应液在发泡机混合室内停留的时间是很短的，一般仅数秒或十多秒。所以，混合均匀度是一个很重要的因素。根据反应液的性质，特别是黏度较大的情况，应选用合适的高效混合装置，以便达到充分混合的目的。手工浇注发泡，搅拌器应有足够的功率与转速，使反应液混合得均匀。混合不好，泡孔粗而不均匀，甚至在局部范围内出现化学组成不符合配方要求的现象，大大影响制品质量。必须指出，手工发泡在效率、质量，甚至成本上都不能和机器发泡相比。

硬质聚氨酯泡沫塑料发泡过程中产生一定的压力，模具应有足够的强度。下列几种材料适合制作模具。

① 碳钢、合金铝等材料对生产批量较大、尺寸要求较高的制品，用金属模具较为合适。它的优点是寿命大，模具表面光洁度、精度高，则制品光洁度、精度也高。它的缺点是模具费用高，制作周期长。

② 树脂玻璃纤维增强的环氧树脂，特别是耐温性较高的环氧树脂基本上能满足模具设计的要求。有时，在树脂内加入铝粉以改善模具的导热性。环氧树脂模具的缺点是模具温度不容易控制，只适合小规模生产。近年，一种采用 191～196 以及胶衣树脂制作聚氨酯制品模具的应用范围越来越宽、数量越来越大。这说明树脂模具技术越来越成熟。

③ 硅橡胶用硅橡胶比较容易制造出形状复杂的模具。发泡过程中，不必使用脱模剂。硅橡胶模具质量轻，搬动方便。缺点是价格高，尺寸精密度差，使用寿命短。

浇注发泡成型中，发泡压力是一个值得注意的参数。硬质聚氨酯泡沫塑料的浇注发泡过程中，发泡压力是随着时间而变化的。反应原料注入后，压力逐渐上升，达到最高值后，逐渐降低。

发泡压力受多种因素的影响。这些因素是多元醇的官能团数、羟值与结构；异氰酸酯品种；催化剂品种及用量；发泡剂品种及用量；原料温度；模具温度；制品尺寸和浇注次数等。在其他条件大体相同时，一般来说，芳香族聚醚的发泡压力比脂肪族聚醚，如山梨糖醇聚醚的发泡压力高；多元醇的羟值相等时，官能团数高的品种，发泡压力较高；粗 MDI 一步法发泡时的发泡压力大于由 TDI 制得的预聚体发泡时的发泡压力；催化剂用量增大，发泡压力也随着增大。

模具温度对发泡压力的影响也很明显。模具温度低，发泡压力小；反之，压力大。一般制品越大，发泡压力越高。同样数量的原料，一次浇注时，发泡压力较大，分多次浇注，压力较小。一次浇注与分多次浇注的发泡压力差别较大。所以多次浇注是降低发泡压力的有效方法。

此外，在反应液中加入少量酸性物质也可降低发泡压力。但是，发泡过程中发泡压力过低，所得制品往往会出现显著的收缩、表面发脆、湿老化性能差、表皮厚和泡孔质量差等弊病。

5.2 冰箱

直接发泡制备隔热材料最典型的例子是电冰箱、冰柜等。由于聚氨酯硬泡的密度小，导热性能最低，目前，全世界的电冰箱、冰柜等保冷设备的隔热材料均使用聚氨酯硬泡。在我国冰箱、冰柜生产厂基本上配备了聚氨酯硬泡的灌注设备，但有少数的厂家仍旧采用手工发泡方式生产。

冰箱发泡都是将聚氨酯混合浆料直接注入冰箱的壳体和门板的夹缝空间中，原料浆液反应并发泡、充满壳体空腔和门扉的空腔，形成一层致密的保温层。由于冰箱等设备对保温性的严格要求以及物料在狭窄、复杂的夹层空间要充分发泡充填，对冰箱保温层所用 PU 硬泡的配方和灌注工艺要求都比较严格，聚氨硬泡原料主要使用 MDI 系列。

5.2.1 冰箱发泡生产线

冰箱的发泡机基本采用高压发泡机，吐出量在 20～120L/min，一般要求在 5～10s 内，即在物料乳白时间以前，应将所需物料全部注入至电箱夹层中，以避免出现泡沫缺陷。冰箱保温层的灌注均在连续化的生产线上实施的。

冰箱发泡生产线由发泡机和流水线组成。发泡机多数采用高压发泡机，也有采用低压发泡机的。

冰箱壳体、门体保温层的发泡普遍采用的连续化生产方式的流水生产线常用的流水线有下面几种方式（图 5-1～图 5-3）。

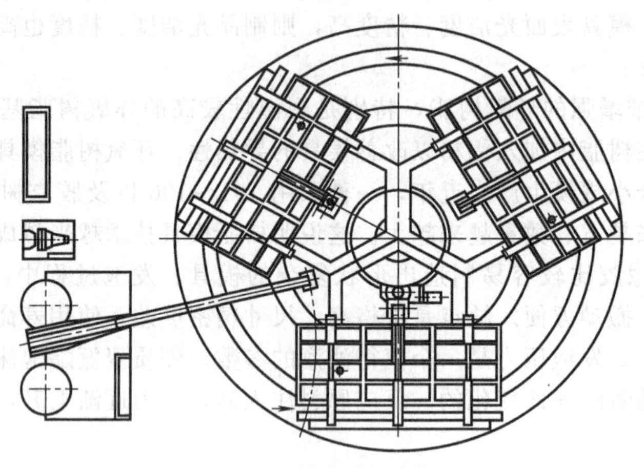

图 5-1　转盘式生产线

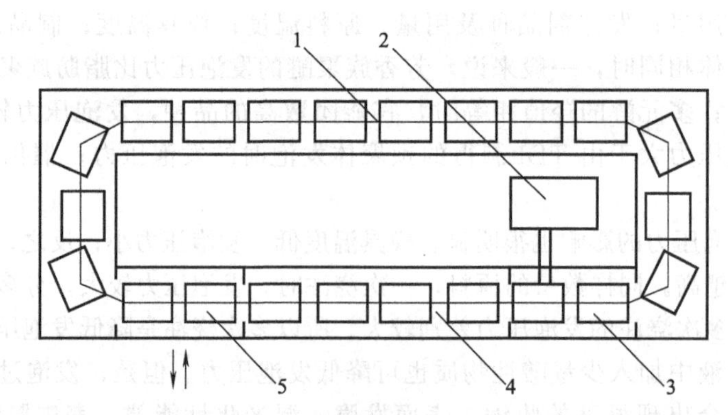

图 5-2　矩形转盘式生产线

1—熟化烘道；2—发泡机；3—发泡工位；4—预热烘道；5—振动脱模工位

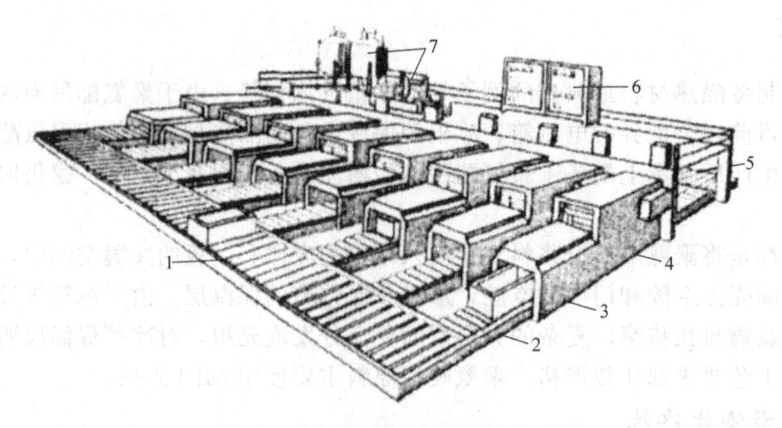

图 5-3　固定式多线冰箱发泡生产线

1—主输入线；2—分输入线；3—壳体预热区；4—固定模架（带装配式混合头）；
5—成品输出线；6—中心控制站；7—发泡机

转盘式生产线的冰箱壳体装配在转盘式模架生产线上，转盘转动，在通过聚氨酯发泡机灌注工作点时，注入聚氨酯浆液，转动发泡后取下。这种生产线存在缺点：

① 在电箱款式变化时，整条生产必须全部停止，更换模具，费工费时，对市场需求变化的适应性差；

② 能量损耗大；

③ 产量低，且设备占地面积相对较大。

矩形转盘式生产线的冰箱壳体置于矩形生产线的模具上，发泡机灌注部位注入反应浆料，然后进入熟化烘道，熟化后脱模。这种生产线由于带动诸多模具输送，能量消耗大，因此，它和转盘式生产线一样，已逐渐被固定多线式生产线所取代。

固定多线式生产线是目前冰箱保温层较先进的生产线。该生产线上有多条分输送线，在每个分输送线上都配备有一个电冰箱模具装备，无需在转盘循环生产线上移动笨重的模具。更换电冰箱款式并不需要停止整条生产线的运行。在每条支线上，均设有壳体预热装置，能使壳体统一达到设定温度，通常40℃。整条生产线由电冰箱壳体主输送线、分输送线、壳体预热烘道、模架、发泡后箱体输出线、发泡机、中心控制台和多个注射枪头组成（图5-4）。对于产量较小或特种品种冰箱的保温层的生产也可以使用单混合枪头移动注射发泡生

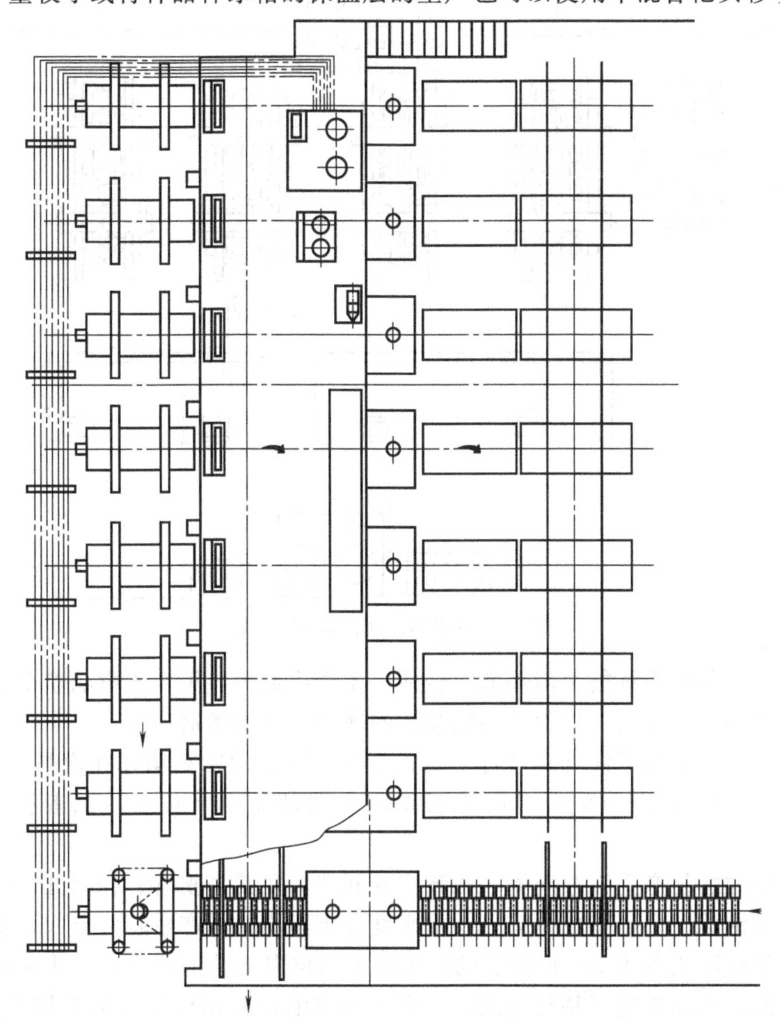

图5-4　多枪头多线冰箱箱体发泡生产线

产线，如图 5-5 所示。

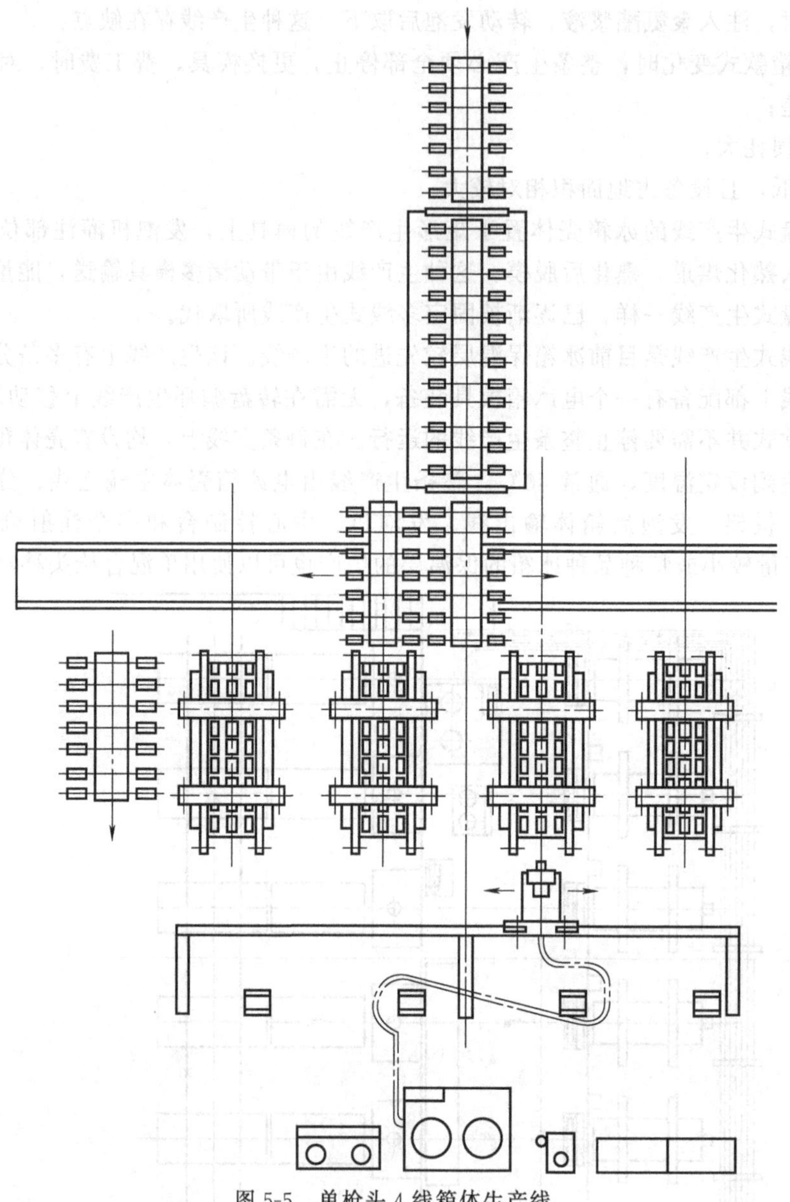

图 5-5　单枪头 4 线箱体生产线

这类生产线，传输系统能量消耗低、轻便、生产周期短，可在不影响整个生产线工作的情况下，任意更换某一模具，以生产不同款式的冰箱，对市场适应性大。

生产过程中，人们对灌注方式进行了较大变革。原有的冰箱箱体在模具中是门位向下，发泡浆料由上部注入，向下流动，而浆料发泡方向却是由下往上，二者相反，如图 5-6 所示。

从上往下灌注容易产生浆液潜流，在狭窄的间隙，尤其是拐弯、转向处，极易产生物料堆积，妨碍下部泡沫上升，造成冰箱上、下密度分布不均并易产生较大空穴，影响冰箱保温层绝热效果。目前冰箱壳体 PU 保温层的均采用了门位向上的配置方式，使浆液的进入方向与发泡方向一致，从而避免了物料潜流、夹裹大型气泡以及箱体保温泡沫体上、下密度差。大型冰箱一般采用倾斜注射，见图 5-7。

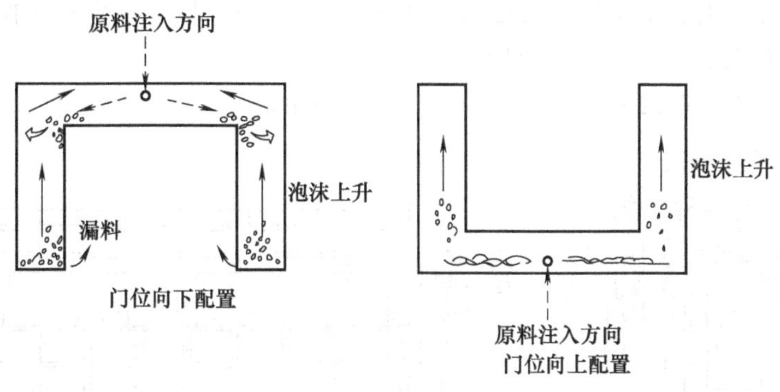

图 5-6　冰箱箱体灌注方式

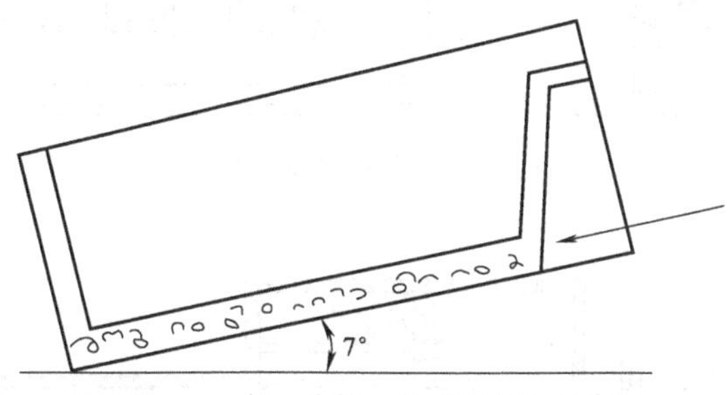

图 5-7　大型冰箱一般采用倾斜注射

冰箱门体、冷藏柜的盖板通常是由外层金属板、真空热成型的热塑型塑料内衬板组成的，形状较简单，重量也比箱体轻得多，因此，对门体、盖板的保温层生产相对简单一些。基本生产线配置大致有如下几种。

① 转盘式生产方式　该生产方式存在着与箱体保温层生产的同样缺点。

② 抽屉式门体发泡生产线　抽屉式生产线和 PU 保温板材生产方式差不多。设备平台可以上升、下降，可以逐层将冰箱门体放置在模具中，自动闭合，灌注泡沫体，自动开模，因此，它具有产量较大、生产效率较高、设备占地面积小的特点。

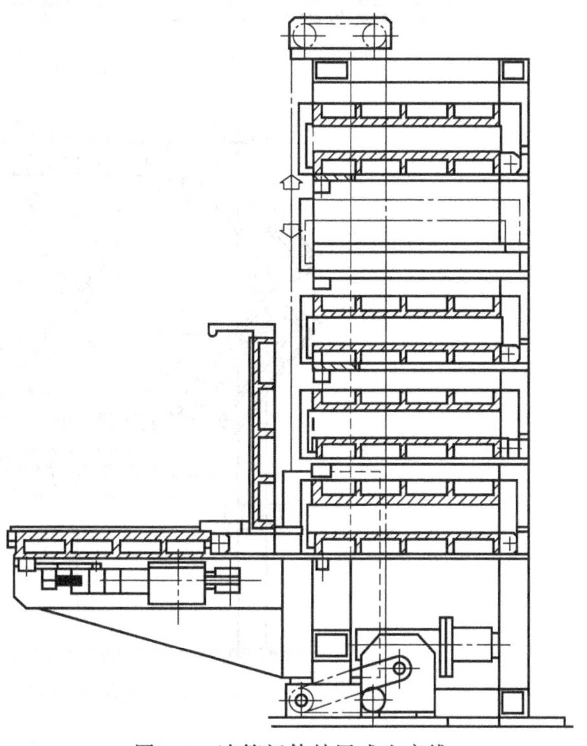

图 5-8　冰箱门体抽屉式生产线

③ 转筒式生产线　冰箱门体模具以 4 个或 6 个配置在转动轴架上形成一个转筒状，它利用模具自身的重量平衡配置，转动时能量消耗低，具有占地面积小、能量消耗低、产量高、设备结构简单等特点，是目前冰箱门体 PU 保温层生产的主要方法。

④ 双层立体循环生产线　对于规格变化小而产量很大的冰箱门体保温层的生产，可选用双层立式循环式的生产

线。该生产线设计为上、下两层，可配置多达 20～30 套门体模具，生产线作立体循环运动。它具有设备占地面积小、产量较高的特点。

上述几种门体生产线的简图如图 5-8～图 5-11 所示。

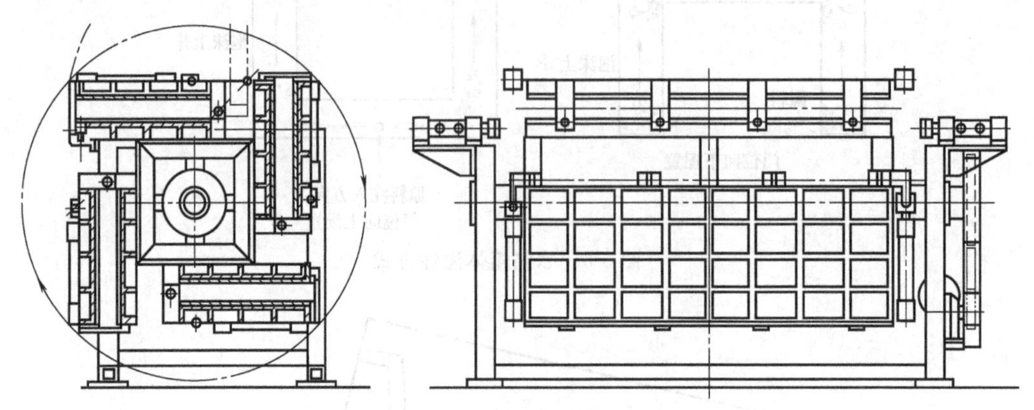

图 5-9　滚筒式门体生产线

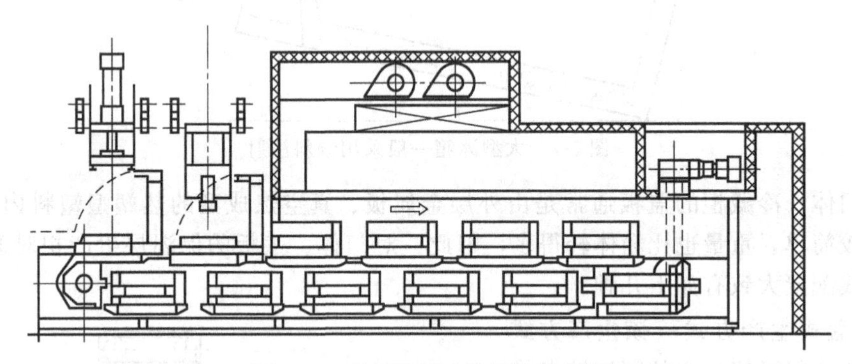

图 5-10　双层循环冰箱门体生产线

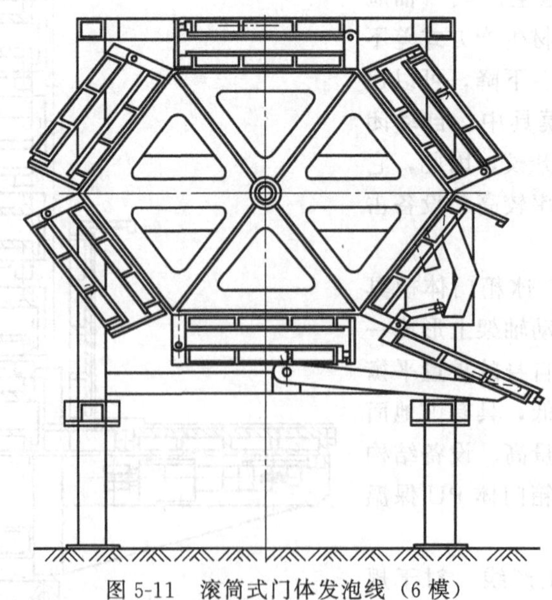

图 5-11　滚筒式门体发泡线（6 模）

门体注射也采用向上注射方式，如图 5-12 所示。

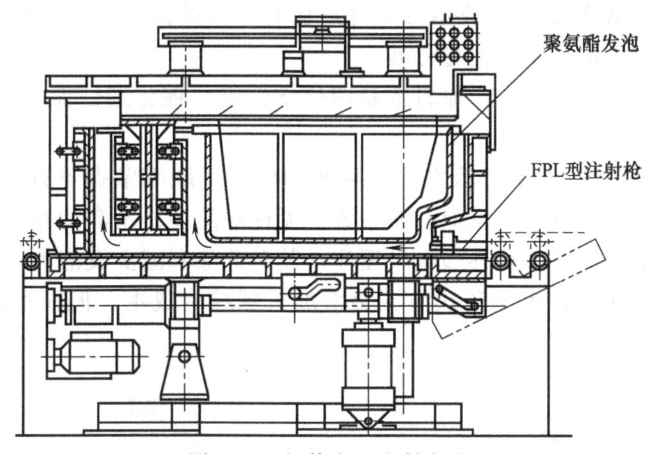

图 5-12　门体向上注射方式

5.2.2　冰箱灌注工艺

冰箱夹层采用聚氨酯灌注成型，是聚氨酯硬泡应用领域中应用较早、应用较成熟的产品。冰箱夹层采用传统玻璃纤维类隔热材料的缺陷是：

① 隔热层厚度和聚氨酯发泡料相差较大，在同样的隔热效果上，厚度比为 10∶6；

② 采用聚氨酯灌注成型，较容易实现自动化的高效生产。

冰箱夹层灌注，一般采用高压发泡机灌注。同时，配合流水线进行连续生产。冰箱夹层灌注工艺过程中有两个重要的工艺问题，流动性和脱模性，这两个问题必须解决好。所谓流动性是指发泡料液灌注到冰箱夹层后，在发泡膨胀基本结束后，能否将夹层空间填充饱满，而且达到一定的指标。冰箱夹层从下到上是一个狭长的通道，发泡料在经过这个狭长通道时阻力较大，如果发泡料的初始黏度过大，随发泡反应不断进行，黏度越来越大，这种情况下，要填充饱满夹层是很困难的。如果采用过量的发泡料去填充饱满，那么，夹层密度过高，又不能达到经济的密度指标要求。如果发泡料液的初始黏度过低，表面上看流动性好，容易填充，但是，黏度过低，料液容易泄漏，而且发泡反应速率过低，料液中的发泡剂容易逸出，这样夹层密度仍较高。这里讲的密度还是夹层的平均密度。事实上，冰箱夹层灌注不可避免地会产生“发泡梯度”。所以，如能将发泡梯度降到最低，必须会获得最佳的经济密度。发泡梯度问题是冰箱夹层灌注质量的核心问题。所谓流动性问题也就是发泡梯度问题。

发泡梯度的测试，世界各国冰箱行业有各自的测试方法和标准。测试方法也较简单，如图 5-13 所示。将测试模具做成一个长方体条状空间，当长方体长宽一定时，灌注一定质量的发泡料。当发泡高度越高或发泡高度一定时，质量越轻说明流动性越好，或者说经济密度性好。数学表达式为：$A=H/G$。A 值越高流动性和经济密度性越好。

只有当发泡梯度越小，流动性才越好。将长方体发泡试品收出切为 n 小段，用统计数学表达：

$$S=\sqrt{\frac{1}{n-1}\sum(X_i-X)^2} \tag{5-1}$$

式中　S——均匀度；

n——试样块数；

X_i——每块泡沫的密度；

X——整体泡沫密度。

对发泡梯度的测试除图 5-13 所示方法外，还有一些其他的测试方法。比如，采用普通塑料管作为测试模的方法也是简便可行的。

影响发泡梯度的因素主要有：原料本身的化学性能、催化剂性能；发泡剂性能；料温；模温；操作方法。

冰箱灌注一般采用图 5-14 所示方法，顺灌和倒灌。顺灌掌握不好容易产生发泡缺陷，因顺灌和发泡方向相反，倒灌和发泡方向一致。无论顺灌还是倒灌的操作方法对消除或减少发泡梯度都不利。这里推荐一种环型水平灌注，其对消除和减少发泡梯度非常有好处，如图 5-15 所示。虽然，采用这种水平环状灌注会增加机械结构成本，但在消除发泡梯度和减少原料消耗上很有好处。

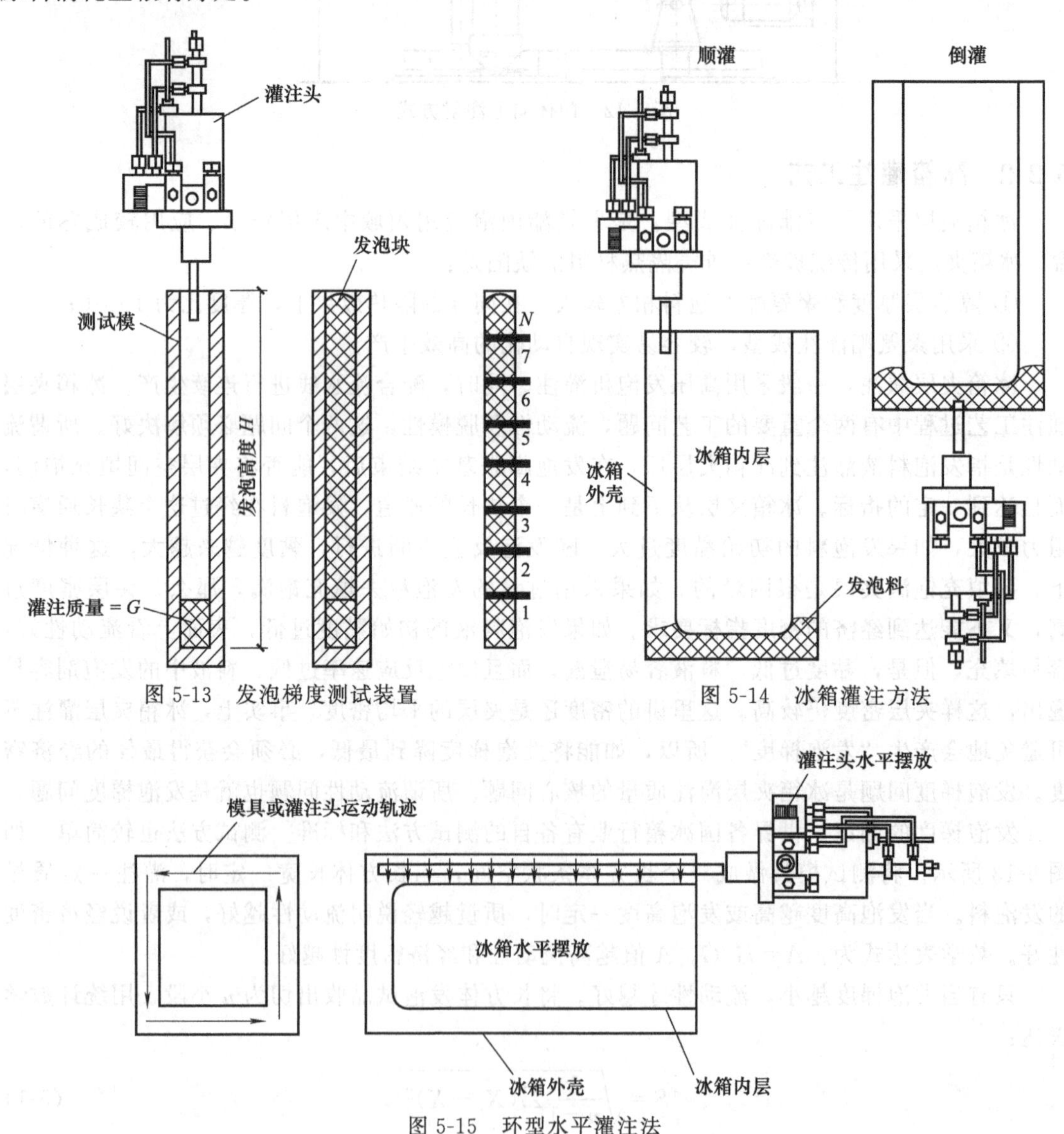

图 5-13　发泡梯度测试装置

图 5-14　冰箱灌注方法

图 5-15　环型水平灌注法

关于冰箱灌注过程中脱模时间长短，脱模变形也是一个非常重要的工艺问题。

冰箱灌注时一般要采用夹具来约束发泡过程中产生的膨胀变形。当冰箱发泡料基本定型后，才能脱开模具。模具脱开后，冰箱放置一定时间不产生过量的膨胀变形和收缩变形。如果用较少的发泡料灌注，较短的时间脱模，而变形量较小，这就可称为脱模性好。影响脱模性的因素较多。

5.3 聚氨酯保温管材

在人们生产、生活的各个领域中，有大量液体、气体需要在保温管道中输送。传统的保温材料，如玻璃纤维、石棉、矿渣棉、珍珠岩、锯末、沥青等都存在许多缺点。这些保温材料施工程序复杂、操作不便，有些材料对施工人员健康有较大损害。另外，这些保温材料的热导率较高，绝热效果差，能量损失严重，使用寿命较短。相比之下，目前使用聚氨酯硬质泡沫体材料作为管道的保温材料较好地克服传统保温材料的缺点，特别在保温性能方面是其他保温材无法与之相比的。有关性能对比参见表5-1～表5-3。

表5-1 聚氨酯泡沫和其他材料导热性能比较

材　料	PU硬泡	PS、PF硬泡	矿棉	软木	玻璃棉	泡沫玻璃
热导率/[W/(m·K)]	0.025	0.03	0.035	0.04	0.041～0.044	0.045
材　料	牛毛毡	建筑轻质刨花板	矿渣棉	沥青珍珠岩	沥青	
热导率/[W/(m·K)]	0.046	0.047	0.047～0.058	0.052	0.175	

表5-2 材料厚度比较

材料	PU硬泡	PS硬泡	矿棉	软木	刨花板	低硬度木板	混凝土块	砖块
相对厚度/mm	50	80	90	100	130	280	760	1720

表5-3 结构、效能比较

材料	热导率/[W/(m·K)]	保温层结构	效　能	施工条件
PU硬泡	0.035	厚度25mm，密度50kg/m³	保温，防腐	机械化施工
沥青	0.175	加强保温厚5mm	仅能防腐	机械化施工
玻璃棉	0.041～0.044	厚度50mm，外覆玻璃丝布、沥青防护层	保温、存在防水问题	手工施工
矿棉渣	0.047～0.058	厚度50mm，外覆铁丝网、玻璃丝布及沥青防护层	保温、存在防水问题	手工施工

使用聚氨酯硬质泡沫体作为绝热材料对管道保温处理，具有下列优点。

① 绝热效果好。使用聚氨酯硬泡和聚异氰尿酸酯硬泡保温层薄而轻，而且绝热效果优越。

② 可以在工厂进行批量化生产。

③ 耐化学性能好，不仅耐热保温，而且具有较好的防腐功能。

④ 聚氨酯泡沫体可以生成密实的外表皮层，不易渗水，使用寿命长。

⑤ 施工简单方便，效率高，对施工人员的健康无损害，安全、可靠。

⑥ 热稳定性能好，工作温度范围广。PU硬泡保温层，可以在140～160℃下工作，服务期可达25年之久。

聚氨酯保温管是由输送流体的金属内管和由聚氨酯硬泡构成的外套管层组成，有时，还须在保温层外再加一层保护套管或高强度硬质保护层。实际工业化生产中，聚氨酯保温管保温层的生产工艺有以下几种方法。

(1) 直接灌注法　对于有内管和外套管的保温层实施，通常是在两管之间直接灌注发泡浆料，一次发泡成型。浇注浆料前，内管和外套管要使它们保持良好的同心度，下部的密封处理要严密，防止浆料泄漏。根据浆料的流动状态和发泡速率情况，长度较小的保温层可直立浇注，但对大多数长度较大的保温层，则多采用倾斜方式浇注，以便浆料流动和发泡。直接灌注法示意见图 5-16。

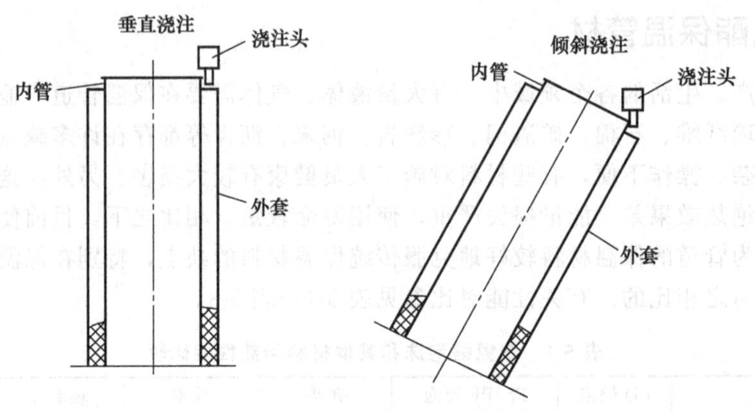

图 5-16 直接灌注法示意图

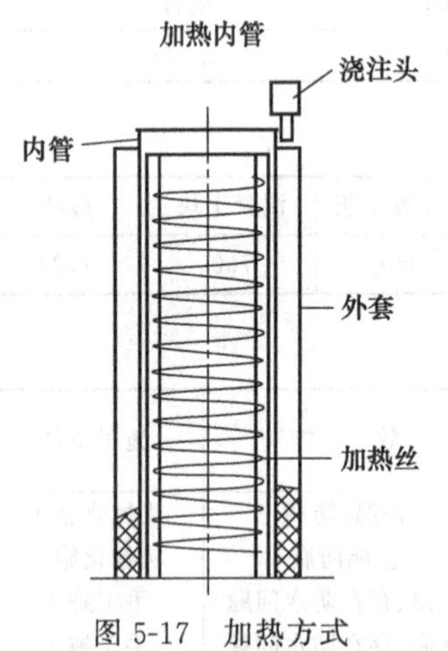

图 5-17 加热方式

应当说，垂直浇注的发泡效果较倾斜效果好。内管一定要加热到 45～55℃，加热方式如图 5-17 所示。

(2) 卧式灌注法　对过长的保温管道无法进行垂直灌注时可采用卧式灌注。卧式直接灌注法是将特制的混合头直接插入套管的间隙中，物料通过导管输送至混合头进行混合和吐出，与此同时，混合头边吐出物料边向后匀速运动，采用这种方法可以对长达 16m 的管道进行保温层处理，如图 5-18 所示。

这种卧式直接灌注法，技术难度较大。混合头直接进入夹层的难度很大。

(3) 纸带灌注法　纸带灌注方式，是将混合头置于管外，而将混合好的物料吐出至通过套管的纸质输送带上，移动的纸带将发泡物料带入套管内发泡，如图 5-19 所示。这种方法具有发泡浆料流动距离短，发泡均匀的优点。但必须要在混合浆液发泡起发时间之内，将载有发泡料的纸带牵引到管道中。

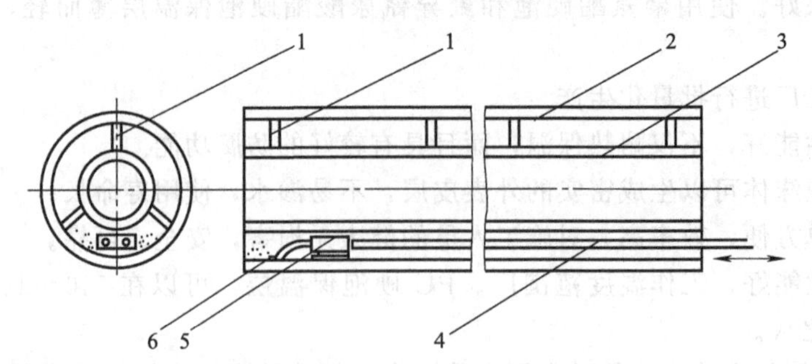

图 5-18 卧式直接灌注示意图

1—间隔支架；2—外套管；3—内管；4—供料管线；5—混合头；6—排料口

纸带灌注法的可操作性还是不太好。

(4) 旋转喷涂成型法　将金属管直接置于旋转架上，通过驱动轮转动带动金属管做匀速转动，与此同时，配置在金属管上方丝杠上的混合喷头将发泡料均匀地喷涂在金属管外壁

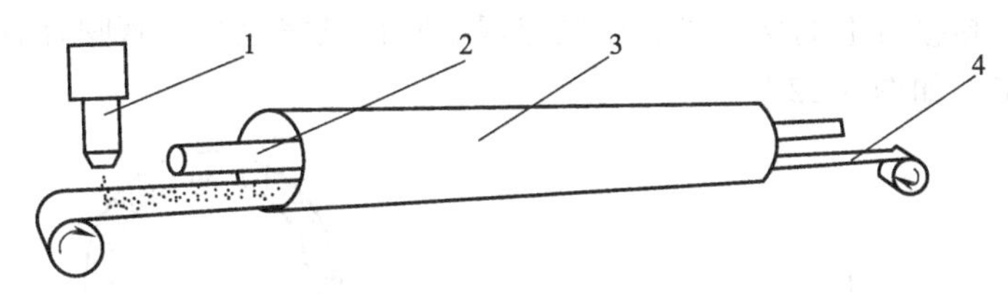

图 5-19　纸带灌注法示意图

1—混合头；2—内管；3—外套管；4—纸带

上，如图 5-20 所示。

保温层施工的厚度可根据管的转速、混合头移动速度及喷涂量加以调节和控制。在一次喷涂达不到预定厚度时，可在已发泡的管件上进行第二次，第三次喷涂，直至达到预定厚度。采用喷涂工艺生产的保温管的保温层直接暴露在外部，很容易受到运输装卸、安装施工等人为的损伤，为此，在聚氨酯保温层外需加套塑料管线包覆玻璃纤维带并涂覆沥青等涂层。

（5）Hexalag 工艺连续法　该工艺是由英国发明的，它在管道实施发泡保温层的同时连续缠绕两层内层纸带，并用密封带贴牢接缝，发泡浆料直接浇注在衬纸或塑料带上，在发泡过程中将其连续缠绕在内管上，然后在衬纸或塑料带外封涂或套在外保护管中。在工业化生产中，内管道常改为芯轴管式模具，成型后的泡沫保温层管经过切割制成一定长度规格的保温套管，在施工中，只要选择相应直径保温套管，套在相应的管道上即可，安装方便，快捷。该工艺的基本生产示意如图 5-21 所示。

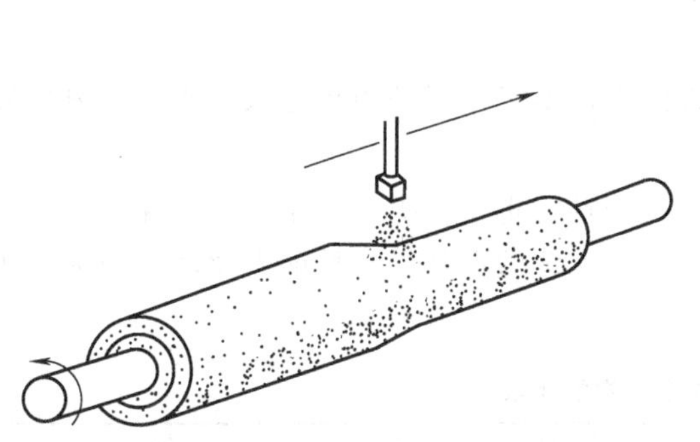

图 5-20　旋转喷涂保温管示意图

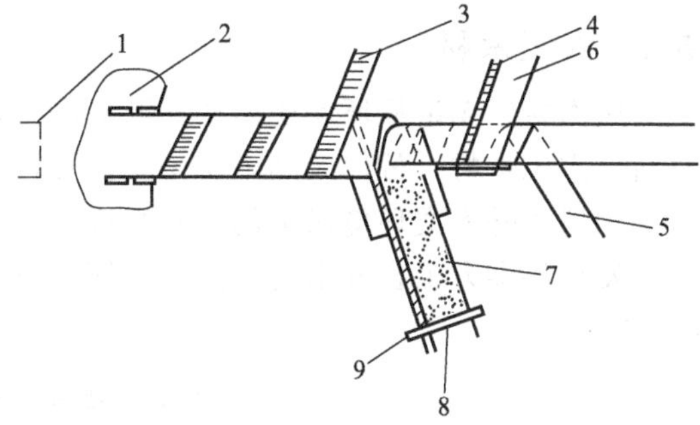

图 5-21　Hexalag 工艺连续法

1—刀具；2—缠绕设备；3—外封涂覆带；4—密封带；
5—内层纸（1）；6—内层纸（2）；7—发泡液；
8—喷雾孔；9—发泡机

5.4　聚氨酯保温套

该方法对芯轴模具需要特殊设计，生产出来的保温层成品可以是半圆形断面，也可以是圆形断面。内壁衬有牛皮纸，外部可包覆 PVC 外皮或铝箔等不同材料，这些外包覆层一般在工厂生产中一并制造，也可以在现场施工时另行包覆。半圆形保温层，在合缝一侧粘接有纵向的、带有保护膜的圆形保温层，在合缝一侧粘接有纵向的、带有保护膜的粘接带。在施工中，将两个半圆保温层合拢，用粘接带将它们粘接在一起即可。工业化生产的圆形保温层的一侧有开口缝并附有带保护膜的粘接带，在开缝对应的另一侧泡沫体的内侧开有纵向 1/2～1/3 壁厚的沟槽，以方便施工中将圆形保温套管打开，可以使保温管直接扣在需要保温的管道上，去除粘接带上的保护膜，压紧保温套管使其完全与内管吻合后将其粘接，即可完成保温层的施工，如图 5-22 所示。

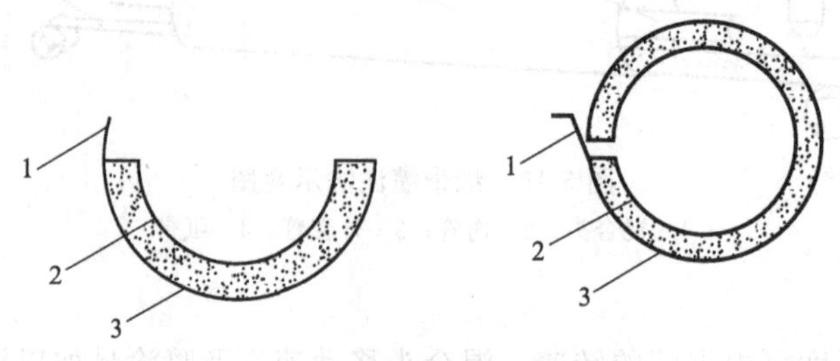

图 5-22 保温层示意图

1—密封带；2—牛皮纸；3—外保护层

在专业生产保温层的工厂生产中，也可以将开卷后的牛皮纸内衬层和 PVC 外保护层材料，使用相应的装备使其在运行的过程中形成“U”形，并在两层之间注入发泡浆料后与管状芯模一起连续进入模压成型工段。该工段的外模是一对对的半圆形模瓦，它伴随着内模和发泡的保温套一起在热风烘道中熟化定型，开模后保温套管经切开、修理、粘贴粘接带等工序后，即可按一定管径和长度进行包装。通常 PU 保温套管长度不超过 2m，允许金属管内输送流体的工作温度范围一般为－50～110℃，聚异氰尿酸酯硬泡的允许工作温度为－50～150℃，其热导率小于 0.126kJ/(m·℃)。

5.5 聚氨酯人工木材和板材

5.5.1 人工木材

天然木材，无论从环保还是从资源上讲，肯定满足不了今后的市场需求。采用聚氨酯硬泡材料（人工木材）替代天然木材是完全可行的。

保护树木是人类环境保护的重要组成部分，人们日益重视人类居住生态环境保护，人们研究开发出许多人工合成木材，其中聚氨酯自结皮型泡沫塑料从综合性能上比较，最为理想(见表 5-4)。

表 5-4 典型合成木材物性比较

合成木材	PS	ABS	聚酯	PU	合成木材	PS	ABS	聚酯	PU
密度/(kg/m³)	0.4～0.55	0.5～0.7	0.5～0.6	0.3～0.6	弯曲强度/MPa	9.8～23.5	16.7～17.6	11.8～16.7	7.84～32.2
拉伸强度/MPa	7.84～11.8	12.7～14.7	6.86～9.6	6.86～13.7	冲击强度/(kJ/m)	3.9～15.7	9.8～10.8		9.8～19.6

在聚氨酯硬质泡沫体的实际应用过程中，逐渐形成了两大应用分支，即保温、保冷用绝热材料和用于取代天然木材的聚氨酯人工木材。人工木材是一种具有光滑、坚韧的高密度外表皮层和低密度内芯泡沫体结构的材料，属自结皮型聚氨酯硬质泡沫体。根据这些泡沫体的密度和用途，大致可分为三类（见表 5-5)。

表 5-5 PU 硬泡的典型分类

密度范围/(kg/m³)	特　点	典型应用
200～400	非承载型自结皮硬泡	建筑装饰条、板、罗马柱、雕刻工艺品等
400～600	承载型自结皮硬泡	桌椅、家具、沙发腿、镜框、门、窗框、床头、化妆台等
＞600	增强型结构自结皮硬泡	电视、电脑、空调器等家电外壳，蓄电池箱、滑雪板、雪橇、高尔夫球杆等

聚氨酯合成木材具有以下优点。

① 高密度聚氨酯硬泡强度高，承载能力强，而重量却很轻，可以取代密度较大的传统石膏板、聚酯、玻璃钢等其他合成木材，制备装饰性条板、天花板、大型吊灯图案板等。

② PU合成木材模塑生产重复性能优良，制品尺寸精确，复制花纹图案清晰，木材纹理逼真，可以精确复制各种复杂的雕刻工艺品，省工省时。

③ 制品质地轻盈而又不变形，着色性好，抗磨损，耐冲击，防虫蛀，耐腐蚀。

④ 产品可实现大规模工业化生产，生产工艺简单，一次成型生产效率高。

⑤ PU“合成木材”不仅外观酷似天然木材，而且也能采用钻、刨、锯、钉等传统木工方式加工、组装。

(1) 原料　目前，制备自结皮PU硬泡，主要使用A、B二组分原料，异氰酸酯组分为MDI系异氰酸酯，如多亚甲基多苯基多异氰酸酯（MR，烟台万华合成革集团）、纯MDI（烟台万华合成革集团）、MR-200（日本聚氨酯工业公司）、MV5005（ICI）等，一般它们的官能度以2.5左右较为适宜。

多元醇组分是以多官能度、高羟值的聚醚多元醇为主，并配有扩链剂、催化剂、发泡剂、表面活性剂、阻燃剂等配合剂。该组分的指标和性能将直接影响液体原料的加工性能。为适应性能的要求，在多官能度聚醚主料中，还常配有二元或三元聚醚多元醇、多官能度聚醚，以使生成的聚合物产生较多的支化点，赋予制品较高的表面硬度和机械强度，但这类聚醚一般黏度较大，与异氰酸酯的混溶性较差，混合物料的流动性不佳，这对大尺寸或复杂结构制品的生产不利，容易产生形状不够饱满、花纹图案不清晰等缺陷。如果在这些聚醚中适当添加部分二元或三元聚醚多元醇时，就可以降低体系的黏度，改善它们与异氰酸酯的混溶能力。同时，低官能度聚醚的引入还可以相应降低聚合物分子的交联点，增加材料的柔韧性。但它们的掺入量不可过高，否则将会大幅度降低制品的表面硬度和物理机械性能。因此，二元聚醚的添加量不超过20%；三元聚醚的添加量不超过30%～40%。使总的聚醚多元醇的官能度总数值控制在3.5～4为宜，分子量控制在400～600，工作黏度小于1000mPa·s为宜。

为改善因添加低官能度聚醚造成的性能下降问题，可以加入低分子量醇类或胺类扩链剂，其加入量应控制在10%以下。

催化剂的选择和添加是十分必要的，选择不同催化剂品种和数量可有效调节物料的流动、发泡和凝胶过程。针对类似雕刻型合成木材制品的生产，应选择反应速率适中、物料流动能力较强，且后硫化速率快的催化剂，尤其是复合催化剂或延迟性催化剂。

自结皮型聚氨酯硬泡所生成良好的高密度外皮层，主要是由低沸点物理性发泡剂所致。在目前使用较多的是HCFC-141b与其他低沸点化合物组成的复合型物理发泡剂。

作为家具等制品的合成木材，必须使用阻燃剂。当前，我国主要使用磷系阻燃剂，如二甲基磷酸酯（DMMP）等，添加量在4.5%～5.0%即可达到氧指数26%以上。如加入量过高，将会使制品的弯曲强度明显下降，成本增加。

在聚醚组分中还需加入非水解型聚硅氧烷类表面活性剂（即泡沫稳定剂），如Niax L-5420、Nixa L-5440等，它可以降低原料黏度，改善流动性，使生成的泡沫更加均匀、细密，一般加入量为1.5%～2.0%，密度达到200kg/m^3。

以上的聚氨酯硬质泡沫，具有木材的一些特性，可刨、可钉、可锯，常作为家具，特别是一些高级家具的结构材料。并可用模塑的方式模制出各种复杂的结构及图案，从而降低了家具的成本。如采用水纹型的聚氨酯模塑成型桌椅板凳，用整皮硬泡模塑出雕花的屏风、椅、门、窗等家具，立体感强、色彩鲜艳，不但外观好，而且耐磨、耐用。

人工合成木材的配方和性能（供参考）如下。

配方1

聚醚多元醇	100	核心密度/(kg/m^3)	114.2
发泡剂	9.0	压缩强度/MPa	1.31
聚硅氧烷乳化剂	2.0	挠曲强度/MPa	4.27
二月桂酸二丁基锡	0.2	干燥热扭畸（93℃，7d）	无变化
异氰酸酯（PAPI）	65.6	尺寸稳定（−27℃，7d）	无变化

配方2

项目	家具	仿木PU硬泡	雕刻型合成木材	装饰型
配方				
复合聚醚	100	100	100	
泡沫稳定剂	2～3	2.0	1.5	
胺扩链剂	2～5			
复合催化剂	1～3	0.2	0.5	
发泡剂	2～5	9.0	0.3	
阻燃剂	4.5～5.0			
MDI系异氰酸酯		65.6	114	
异氰酸酯指数	1.10～1.15			
产品性能				
密度/(kg/m^3)	400～600	144.2	302	330
压缩强度/MPa	≥5.0	1.31		5.1
弯曲强度/MPa	≥20	4.27	6.9	13.0
表皮硬度(邵尔D)	≥50			51

(2) 主要工艺因素　自结皮型PU硬泡具有高密度的表皮层和低密度的芯部，在由其表面至材料中心的横断面上有十分明显的密度递减梯度，即一个斜率很大的密度分布曲线，这也是自结皮型PU泡沫体的主要特征（见图5-23）。

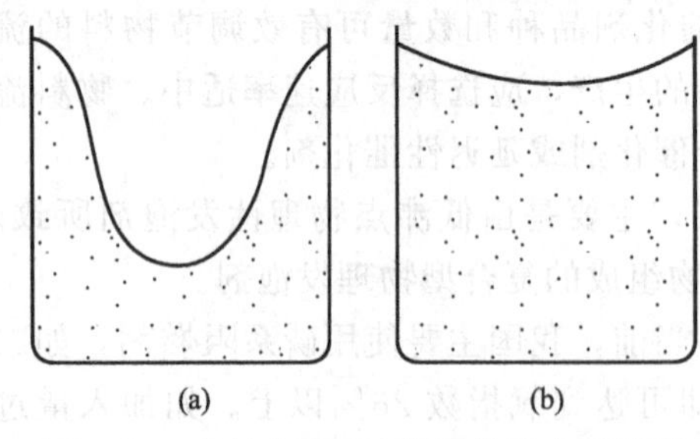

图5-23　自结皮型PU泡沫体的主要特征

这种“V”形密度曲线，不仅与模具的温度有关，同时，也与生产中物料填充量有直接关系，它决定了泡沫体的表皮层厚度、泡沫密度分布和产品的物理机械性能。根据实验测定：填充系数a（指自由发泡时泡沫体密度/泡沫体制品总密度）越大，泡沫体产品断面密度梯度越大，制品的弯曲强度、模量越大，表皮硬度也就越高，在实际生产中，应根据制品用途、密度要求，选择不同的物料填充系数。对普通低密度装饰性制品，填充系数在2～3之间即可；而对于负荷性能要求较高的制品，则填充系数选择在3～4之间为宜，以确保形成密度较高，表皮致密的合成木材，但填充系数一般不超过4.5，否则发泡压力过大，对模具承载标准提高，使模具过于笨重。

为提高制品的合格率，对于大型制品多采用开模浇注方式生产，同时，使用移动混合头，首先灌注花纹图案复杂、型腔较深的部位，充分利用物料良好的流动性，减少物料流动距离。对于小型制品则应采取闭模方式。为保证物料能完全充满模腔，应合理选择浇注入口并应在容易产生残留空气的部位设置排气孔道。不论采取哪种灌注方式，都必须掌握物料在乳白期以前应全部注入模具和严格控制模具温度和物料温度这两条基本要点，确保产品质量。

模具的材质对制品表面质量有一定影响，对于生产雕花家具、床头，尤其是某些华贵典雅的工艺装饰品一般不使用金属模具，它们不仅操作笨重不便，而且表面效果较差，产品外观设计更新费用高，时间长。根据实际经验，制作花纹细腻模具的材料最好是硅树脂，其次是环氧树脂，利用硅树脂制备的模具，除了具有成型性好，无需喷施脱模剂外，还具有翻模速度快、制造简单、翻模木纹纹理清晰、图案逼真的特点，能很好地适应市场需要，及时推出新产品。

聚氨酯泡沫塑料用在家具上以后，将使家具的制造者改变常规的设计方法。一种低成本的聚氨酯组合家具，仅由一些聚氨酯结构件、板件组成，相互之间用铝质型条固定，极易装配和组合成不同形状和用途的家具。

5.5.2 聚氨酯板材

聚氨酯硬泡板材原料，早期基本是使用—NCO含量约为20%～30%的TDI预聚。但由于预聚体黏度过高，加工难度大，成型困难，只能用来生产一些形状简单的中小板材，在许多应用领域受到了很大限制，发展速度缓慢。目前该法已很少使用。

现在，一般采用MDI、多元醇、发泡剂、催化剂等一步法聚合工艺的生产方法。该工艺原料黏度低，操作简单，反应速率快，生产效率高，泡沫体的绝热性能、力学性能和尺寸稳定性能好，是目前生产聚氨酯硬泡的主要方法。为适应大规模生产的需要，原料生产厂除供应基础原料外，还将这些原料按市场需求，配制生产出适应不同要求的多元醇组分和异氰酸酯组分，配套提供给制品生产厂，使得原料稳定，使用方便。批量较小、性能要求特殊的小宗产品，一般仍由制品生产厂自行配制。

聚氨酯硬泡板材，最初采用的生产方式和聚氨酯软泡的生产方式基本一样。首先制得体积较大的硬泡，熟化后根据需要切割成板材销售。但是，无外表皮层的硬泡板材极易受湿，吸水后绝热性能下降。为避免性能下降，切割后的板材外表面需做涂覆处理。但这种方式的工序复杂，劳动生产效率低，产品质量稳定性较差。目前，这种大块切割生产绝热板材的方法已逐渐被带有各种装饰面或自结皮的绝热板所取代。如钢、铝等刚性饰面复合板，纸、革、纤维等柔性饰面复合板。这些产品性能好，质量优，是目前应用的主要产品。

聚氨酯绝热板材的生产方式较多，一般有间歇浇注和连续浇注两种方式。对这两种生产方式有两种观点：一种观点认为，间歇浇注产量低，但设备投资费用较小。连续浇注产量大，生产效率高，但设备投资费用较高。另一种观点认为，适当提高一点设备投资，间歇浇注产量并不低。连续浇注设备投资费用和设计方案有很大关系。

(1) 一种手工操作的板材生产方式　采用普通箱式软泡生产过程中，将聚醚多元醇、水、发泡剂、泡沫稳定剂、催化剂等称量后放入混合搅拌桶预混，搅拌1～3min，然后，将称量好的异氰酸酯（PAPI）迅速倒入混合桶，高速搅拌20～30s后，提起搅拌桶，使混合后的料液平稳地倒入衬有聚乙烯薄膜或涂有脱模剂的木质箱式模具中，放置浮动顶板，混合物进行发泡、上升成型。基本完成熟化，10～15min后，即可将木质箱体的四边侧板打开，取出制成的聚氨酯硬泡。自然熟化24h后，即可进行切割加工。加工出的板材一般要将硬、软装饰面材进行粘贴处理。这种板材的加工方式特点是设备投资很小，但劳动强度大，属劳动密集型生产方式。生产过程示意图如图5-24所示。

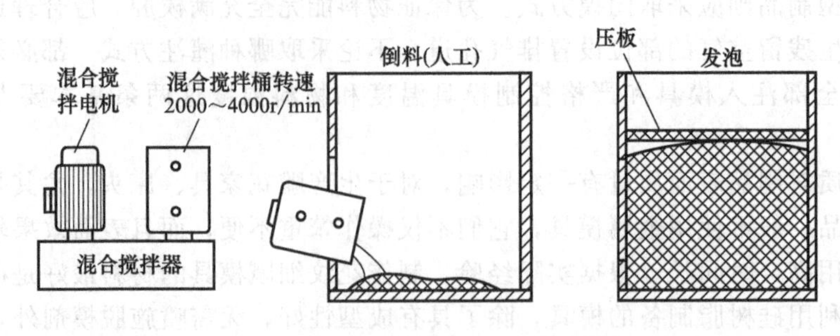

图 5-24　手工操作的板材生产过程

在聚氨酯箱式硬泡的生产中注意，选用高支化度聚醚多元醇，水量应控制在1%～0.5%，避免激烈的反应放热而产生制品烧芯现象。这与环境温度和散热条件有很大关系。降低制品密度，可带走更多的反应热。—NCO和—OH比例范围在1.03～1.08为宜。催化剂主要使用叔胺和有机锡类复合型催化体系。选用性能较好的延迟催化剂，有利于混合料液在模具中流动性能的改善。同时，反应热上升速度可减慢。

原料温度是影响发泡速率的重要因素。原料温度控制通常应比软泡生产要低，一般料温应控制在10～25℃，这也跟环境温度有很大关系。同时，注意搅拌速度和搅拌时间对混合料液起始反应热有较大的影响。料温过高，反应速率较快，在激烈的放热情况下，加之泡沫体本身的热导率低，热量不易扩散，易造成泡沫体烧芯。

聚氨酯箱式硬泡生产的基本配方较多，现提供一个配方供参考。

组　分	质量份
聚醚多元醇（羟值500mgKOH/g）	100
水	0.1～0.5
表面活性剂	2～5
叔胺催化剂	0.1～0.2
有机锡催化剂	0.01～0.02
发泡剂	10～20
异氰酸酯指数	1.03～1.05
操作条件	
搅拌时间/s	30～35
乳白时间/s	75～85
脱模时间/s	500～700
闭孔率/%	>90
物性	
密度/（kg/m³）	35～40
压缩强度/kPa	>200
剪切强度/kPa	>170
闭孔率/%	>90

（2）间歇式复合板材的生产　对于批量较小、规格尺寸变化较多的板材，采用间歇式生产方式是降低成本、适应市场需求的较好方式。对于非柔性装饰面板材，如石膏板、石棉水泥板、珍珠岩板、木板和木质层压板、硬质塑料板等，实施连续化生产较为困难，更适宜间歇式的生产方式。这类间歇式生产方式因其方便、灵活、投资相对较少而受到中、小型生产企业的普遍欢迎。

所谓间歇式、多层式板材的生产，就是用一台发泡机，对多层式板材模具进行浇注发泡成型。可采用低压发泡机，也可采用高压发泡机进行浇注或灌注，这两种设备浇注效果相差不大。高压机设备投资要大一些。高压机本身的浇注头可以做到无残料、无需清洗液清洗。但是，在板材生产工艺中很难实现无残料、无清洗液清洗的工艺。因为，板材浇注面积较大，仅靠浇注头本身一股料液，无论怎样运动，很难将混合液在很短时间浇注均匀。如果浇注不均匀发泡效果会受影响。为了更好解决这一问题，一般采用一个喷洒头，将浇注头出来的一股料液，通过喷洒头较快、较均匀地喷洒到板材模具上面。这样，喷洒头必然有残料，而且必须清洗，如图 5-25 所示。

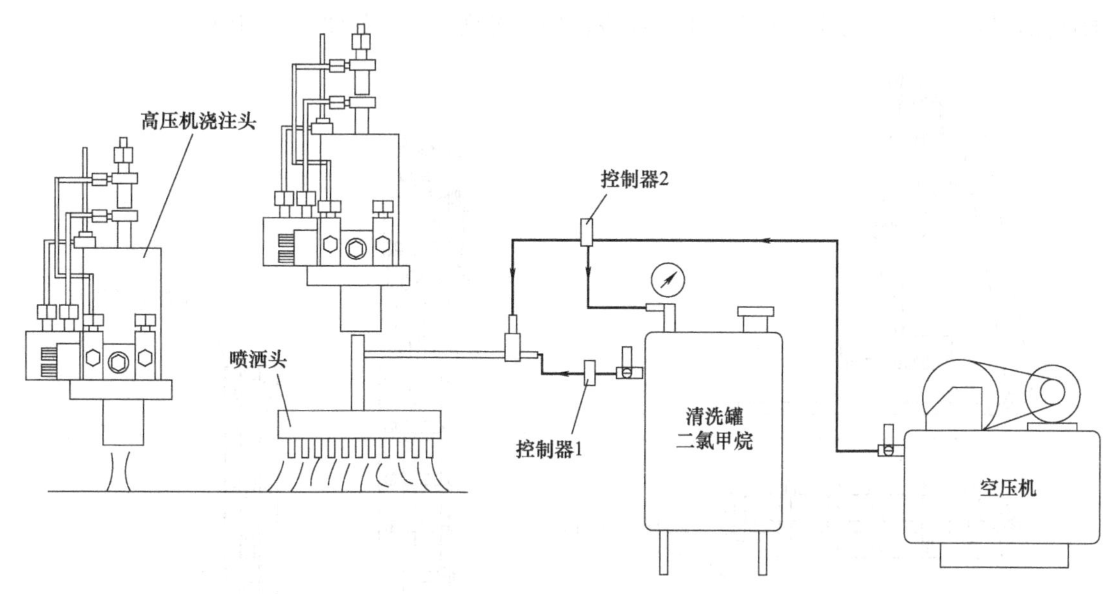

图 5-25　间歇式复合板材的生产

在板材成型中，有开模浇注和闭模灌注两种方式，如图 5-26 所示。

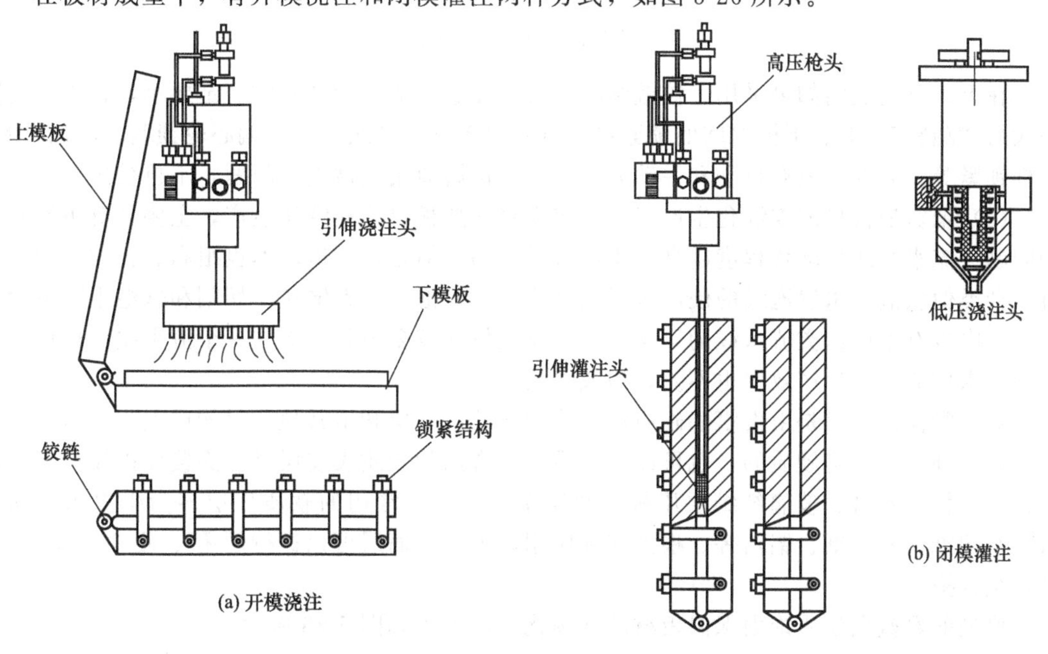

图 5-26　板材成型方式

这两种成型方式有各自不同的特点。开模浇注，从升模、浇注、合模、锁紧这一过程，要求很紧急，必须在几秒到十几秒完成。如果采用人工方式操作显得很紧张，稍微迟缓一点，可能“跑料”，如果采用自动控制方式操作，结构较复杂，成本较高。如果采用闭模灌注，可预先将模具锁紧，留出一个很小的灌注进出口，灌注完毕后封闭进出口较方便、容易。这种闭模灌注一般不会“跑料”，可同时灌注多个模具，效率较高，模具成本较低，采用人工操作也较方便。闭模操作对发泡顺畅进行较有利，因为，闭模发泡时发泡是以垂直方向进行，而在垂直方向上闭模方式最有利发泡顺畅进行。开模浇注方式，发泡的膨胀以横向为主，这对发泡的顺畅进行不很有利，而且对排气不利。尽管闭模灌注相比开模浇注有较多的优点，但是，闭模浇注掌握不好会产生发泡密度梯度现象，如图 5-27 所示。

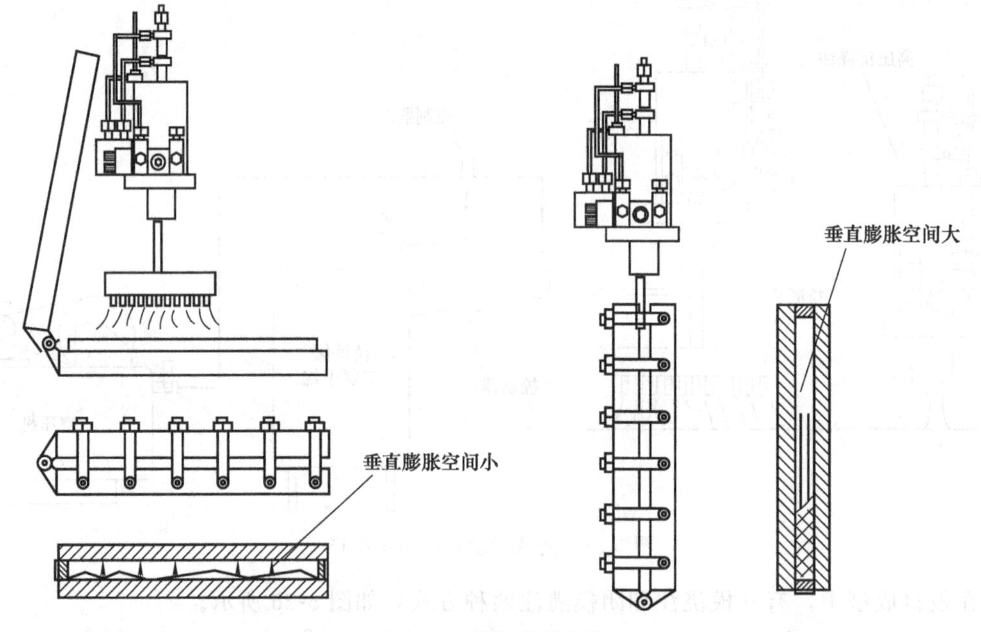

图 5-27 密度梯度现象

在上、下模之间如果采用了铰链结构，必须注意铰链的配合间隙一定要小，否则，间隙一大易“跑料”。上、下模之间的锁紧结构方式较多，有螺纹锁紧、偏心轮锁紧、斜面锁紧、杠杆锁紧等。另外，还有自动和手动方式。这些都属通用机械设计问题，不再赘述。

(3) 聚氨酯板材的连续化生产工艺 实现聚氨酯板材的连续化生产，主要是解决流水线的问题。流水线的自动化程度越高，生产效率越高。但是，制造成本也很高。目前，国外流行一种类似软泡流水发泡线的硬泡板材生产线。从发泡、物料输送、切割和软泡生产极为相似。国内也有生产这类流水线的厂家。一台发泡机和较多模具摆放住一个流水线上也可基本实现流水作业，其生产效率也不差，但成本较低。

聚氨酯保温板材是由聚氨酯硬质泡沫体形成的中间层和由其他片材构成上、下表皮层构成。表皮饰层可以是硬质的，也可以是软质的。常用的硬质表皮层是经涂覆保护涂料后的薄钢板、铝板、木材、玻璃纤维层压板、硬质塑料板等。常用的软质表层多为牛皮纸、沥青纸、石棉纸、皱纹纸、铝箔等。根据实际应用，上、下面层可以进行硬-硬、硬-软、软-软等各种组合搭配。

典型的聚氨酯软质饰面保温板材的连续化生产流程如图 5-28 所示。

图中，上、下软质表层饰面卷材的输送辊，经过传动辊 2 使它们被拉伸平整、无皱折展

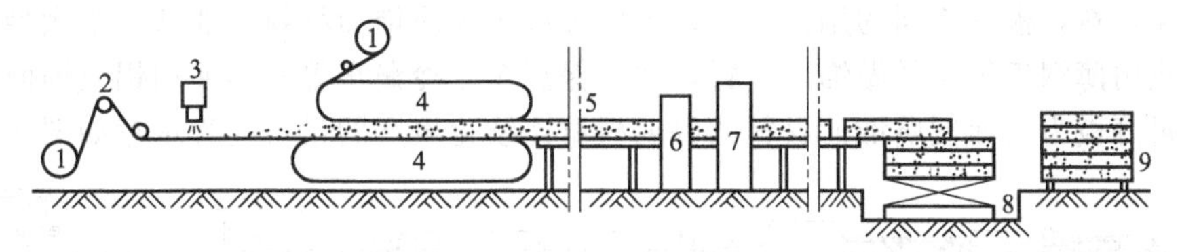

图 5-28　双软表面保温板材生产示意图

1—上、下表面输送辊；2—传动辊；3—混合头；4—压缩输送带；5—冷却区；
6—纵向切割机；7—横向切割机；8—码垛机；9—成品

开，下表皮饰材被平坦地输送至发泡机可左右自动移动的混合头 3 下，混合好的浆料浇注在底饰面层上，在压缩输送带 4 的作用下，向前移动并发泡，上层饰面层经传动辊 2 和压缩输送带 4，将它们黏合在泡沫体的上表面，经过上下输送带的夹持作用，板材进入冷却区 5，使用纵向切割机 6 和横向切割机 7 将板材切割成一定规模尺寸的保温板成品。夹持输送带的上下间距可以调节，根据发泡配方和调节厚度，可以生产厚度为 10～200mm 的软质面层的聚氨酯保温板材。

软-硬饰面层复合板材的连续化生产。对于不易连续开卷、输送的硬质饰面，如木材硬质塑料板、层压板等，在连续化生产中，可将它们依次排列放置在传输带上，将柔性饰面材料置于生产线上方浇注聚氨酯硬泡，以反面复合方式进行连续化生产，如图 5-29 所示。

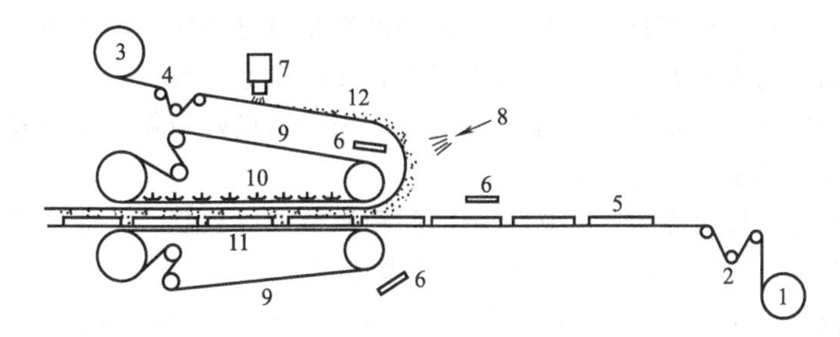

图 5-29　软-硬表面保温板材生产示意图

1—衬材输送辊；2,4—传动辊；3—软表面输送辊；5—硬饰面放置区；6—加热器；
7—混合头；8—冷却段；9—输送带；10—浮动压板；11—固定板；12—发泡区

软质面层在图中 3 处开卷，经传动辊 4，使其平坦展开进入物料浇注区，发泡物料经混合头 7 浇注并均匀分散至软质面层的内表面上，在 12 处发泡，经过冷却段 8 后，泡沫层和软质面料在输送带 9 的作用下反转。衬材输送辊 1 经传动辊 2 进入硬饰面放置区 5，将硬质饰面块，一块块地摆放在输送带的衬纸上，在输送带 9 和浮动压板 10 的作用下，使带有泡沫层的软饰面和硬饰面层黏结在一起。必要时，可使用加热器 6 做适当的加热处理，使软质上饰面和泡沫体翻转后与下部硬质饰面在浮动板的作用下牢固地粘接在一起，并以此控制复合板材的厚度规格，然后产品经过切割后即为成品。

在这种反面发泡生产工艺中，泡沫体的配方是顺利生产的重要因素，在软饰面背面左、右移动的混合头，不断地将混合好的浆料连续吐出，分散在软饰面背部，它以 3°～8°的倾斜角度向下流动并反应发泡，它们在进入翻转弯道以前，发泡物料应完成基本反应，否则会使泡沫保温层产生开裂等质量缺陷，为促进反应，必要时可适当进行加热处理。有时，为使泡沫体和硬质饰面材料获得优异的粘接效果，也可以在硬质饰面材表面适当喷涂聚氨酯类胶黏剂。

双硬质饰面的聚氨酯保温板材主要用于大型工厂厂房、仓库、冷库等非承重外墙、屋顶等隔热保温材料，根据不同的用途，选择不同金属等硬质饰面材料。通常对于大型建筑物的保温材多使用薄钢板等材料做饰面材料，对于保温车、冷藏车等则多使用铝质饰面。

以金属薄板为双面硬质饰面材料的保温板材连续化生产的设备流程示意如图 5-30 所示。

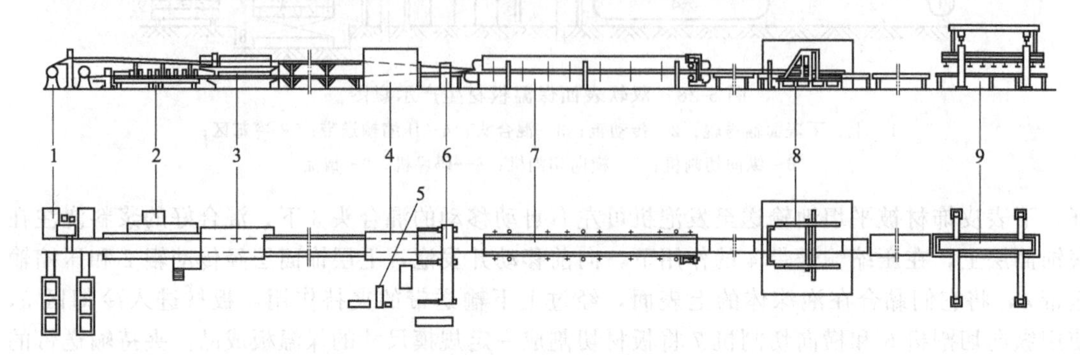

图 5-30　双金属硬饰面保温板材生产示意流程图

1—金属薄板开卷机；2—波纹辊成型机组；3—金属饰面成型机组；4—预热装置；5—发泡机；6—发泡控制桥；7—层压输送系统；8—切割机械；9—码垛装置

金属薄板卷材经喂料开卷装置开卷后，进入波纹辊轧机组进行金属薄板的压型处理。根据市场需要，将钢板连续压制成不同规格、式样的瓦楞形上、下表皮层，然后经过加热烘道使钢板被加热至工艺规定的温度，在通风良好的发泡物料浇注区，混合头在上、下两层表面饰层之间左右移动，将发泡浆料浇注在底饰材上，逐渐发泡上升，由夹持输送带将其在两个饰面板之间生成预定高度的泡沫保温层，并与两个表面层良好地粘接在一起，经过冷却后进行切割，生成硬饰面的复合保温板材。

该类保温板材的厚度可根据夹持输送带的间距调节加以控制。一般这类机械的连续化生产线可生产厚度为 30～200mm 的硬表面复合保温板材。

在复合保温板材的生产中，夹持输送带及浮动板装置等不仅起到限定保温板厚度的作用，同时，还能使泡沫体与表皮饰材产生优异的粘接强度，因此，在金属等硬饰面保温板的生产中，对饰面材在浇注泡沫前，还应经过清洗油污、喷涂黏合剂等表面涂覆处理工序。实验证明：一般非粘接组装式的复合板不能承受负荷，而粘接较好的复合板材却能承受一定负荷。另外，粘接良好的复合板材，使用寿命也会相对延长。研究还发现，聚氨酯硬质泡沫体的粘接强度不仅与靠近表面饰层泡沫体的密度有关，而且也和表面饰材的材质有关，见表 5-6。

表 5-6　PU 硬泡与硬质饰面材料的粘接强度与饰面品种和泡沫体密度的关系

硬饰面品种	密度/(kg/m³)	30	80	160	320	硬饰面品种	密度/(kg/m³)	30	80	160	320
玻璃 铝	与饰板层接近泡沫的粘接强度/(9.8N/cm²)	0.6 0.7	1.8 1.9	3.5 3.9	10.0 11.0	钢 木材	与饰板层接近泡沫的粘接强度/(9.8N/cm²)	0.8 1.2	2.0 2.0	4.4 4.3	10.3 12.0

第 6 章 聚氨酯鞋底

6.1 聚氨酯鞋底特点

使用聚氨酯微孔弹性体制作鞋底始于 1960 年左右，英国、日本、德国、奥地利等国先后于 1967 年前后在制鞋业中推广使用了聚氨酯泡沫材料，由于它在鞋业中表现出优良性能，到 1974 年西欧各国使用聚氨酯泡沫制作的鞋底就已发展到 1.6 亿双左右，约占其总产量的 20%。在制鞋业中，由于使用了聚氨酯泡沫材料，使鞋子不仅轻便舒适，而且极其耐磨。在生产效率方面，也因独特的加工工艺而获得了极大的提高，从而使这种材料在制鞋工业中获得迅速发展。目前，在制鞋工业所使用的材料中，聚氨酯泡沫体已占全部材料的 6%～8%。

微孔聚氨酯弹性体的鞋底优点如下。

① 聚氨酯微孔弹性体密度低而又柔软，穿着舒适而轻便。普通橡胶和 PVC 等橡塑鞋底密度通常在 1.2～1.4g/cm^3，即使将它们进行发泡，其密度也只能在 0.8g/cm^3 左右。而聚氨酯微孔弹性体鞋底的密度都在 0.6g/cm^3 以下。

② 聚氨酯鞋底的尺寸稳定性好、耐久时间长。实践证明：高性能聚氨酯鞋底的贮存寿命至少为 10 年。在相对湿度 100%、于 70℃和 80℃下进行为期 7d 的加速老化模拟试验（相当于在普通环境下存放 10 年），结果显示聚氨酯料在 7d 内性质没有明显的变化，而其他材料制备的外底，在同样试验条件下，均已彻底被破坏。

③ 聚氨酯鞋底具有优异的耐磨性能，完全能满足严格的德国工业标准。根据英国 SATRA 制鞋研究所所做的对比性实验显示：聚氨酯鞋外底的耐磨性能均明显优于普通橡胶外底，而采用双密度聚氨酯鞋底（以中密度中底和高密度外底）的耐磨性能则更加显著。

④ 聚氨酯鞋具有优异的耐挠曲性能。鞋在穿着行走的过程中，要承受较大的挠曲弯曲，氨酯鞋底的耐挠曲性能均能超过 25 万次，比其他材料鞋底要好得多，而聚醚型聚氨酯鞋底，低温下的耐挠曲性能则更佳。

⑤ 聚氨酯鞋底的耐化学品性能优于其他常用鞋底用材，例如其耐石油和石油系燃料性明显优于一般塑料和橡胶材料；耐碱性能与普通橡胶材料相似，但耐酸性化学品方面，聚氨酯鞋底则要比橡胶底差一些。

⑥ 使用聚氨酯微孔弹性体制备的鞋品，缓冲性能好，对人体足部有很好的保护作用。正因为如此，目前，大多数运动鞋底都将聚氨酯材料作为首选材料。

⑦ 聚氨酯鞋底具有较好的耐温性能。如钢铁工业、机械工业等的工作环境温度较高或常有高温铁屑、废渣等物体，在这类场合工作的劳保工作鞋，必须具备较高的耐温性能。一般来讲，橡胶材料的耐热性能最好，PVC 等热塑性材料最差，聚氨酯材料居中，它在有限的时间内，可抵抗 150℃的高温，但其隔热性能却是最好的。

6.2 聚氨酯鞋底原料及配方

用于制备聚氨酯鞋底的异氰酸酯主要是 MDI 及其液化改性的 MDI 品种（又称为液化

MDI)；它具有蒸气压小，对工作环境和操作人员的危害性小的优点。同时，反应容易控制，生成的微孔聚氨酯弹性体力学性能好，耐磨性及抗挠曲性能优异。其缺点主要是由于 MDI 的氮原子直接连接在芳香环结构上，在长期使用的过程中，容易产生泛黄现象。

在 MDI 的使用中，应严格控制 MDI 的水解氯和酸值指标，这两个指标偏高将会使异氰酸酯和多元醇的反应速率下降，或使碱性催化剂的反应催化效力降低，影响正常生产的工艺性能。目前，我国生产 MDI 的工厂是烟台万华合成革集团有限公司（原烟台合成革厂），原设计生产能力为 10kt/a（MDI-PAPI 联产），现经逐步改造、扩建，其生产能力已提高至 15～20kt/a，改变了我国 MDI 基础原料长期依赖进口的局面，有力地推动了我国聚氨酯材料在制鞋工业中的发展。烟台万华合成革集团生产 MDI 产品的主要性能如表 6-1 所示。

表 6-1　烟台万华合成革集团 MDI 及鞋底专用 MDI 组合料

性能	MDI		改性 MDI	改性聚合 MDI		
	优等品	一级品	MT-145			
MDI 含量/%	99.6	99.6				
凝固点/℃	38.1	38.1				
水解氯含量/%	0.003	0.005				
色度(Pt-Co)	30	100				
外观	白色结晶		淡黄色透明液	深褐色液体		
—NCO 含量/%			28～30	27～29		
黏度(25℃)/mPa·s			≤60	200±50		
酸度(以 HCl 计)			0.04	0.1		
密度(25℃)/(g/cm³)			1.21～1.23	1.22±0.05		
鞋用 MDI 组合料	F-2160		F-2180	F-2540	F-2563	F-2580
外观	液体或蜡状固体					
黏度(40℃)/mPa·s	900±200		400±200	1500±300	900±200	500±200
密度(40℃)/(g/cm³)	1.20±0.01		1.20±0.01	1.19±0.01	1.19±0.01	1.19±0.01
使用前熔融条件	50～60℃/10～15h		50～70℃/16～24h			

聚氨酯鞋用聚醇聚合物主要为聚己二酸酯系列产品。这是由于聚酯型聚氨酯力学性能优越，其拉伸强度、抗撕裂性能、耐磨性能等都比聚醚型聚氨酯要好，能满足国际鞋业普遍采用的以性能要求最为严格的劳保工作鞋对材料的苛刻要求，即目前德国工业标准 DIN 4843。表 6-2 为聚酯型和聚醚型 PU 鞋性能对比。

表 6-2　聚酯型和聚醚型 PU 鞋性能比较

性能	聚酯型	聚醚型	性能	聚酯型	聚醚型
密度/(g/cm³)	0.6	0.6	伸长率/%	450	450
硬度(邵尔 A)	75	70	撕裂强度/(kN/m)	20	16
拉伸强度/MPa	7.5	5.0	磨耗量/mg	50	150

聚氨酯鞋用聚酯多元醇的分子量约为 2000，根据鞋子的用途不同、性能要求的差异，需使用不同品种的聚酯多元醇，常用的有聚己二酸乙二醇酯、聚己二酸乙二醇丙二醇酯、聚己二酸丁二醇聚己二酸一缩二乙二醇酯等。在使用中有时单独使用一种，有时选择两种并用。但聚酯型聚氨酯鞋用材料在耐水解性能和低温柔顺性上不如聚醚型聚氨酯。目前也已有不少鞋类品种采用聚醚多元醇来制备。通常前者适宜制备劳保工作鞋、皮鞋、运动鞋等，而聚醚型聚氨酯多用于制备轻便式休闲鞋、女鞋、童鞋类鞋底。

随着对聚氨酯鞋用材料研究开发的不断深入，国外许多有关公司对鞋用聚酯和聚醚多元醇进行了大量改性研究，并推出了许多新品种。德国 BASF 公司推出了以聚酯多元醇-MDI

合成的新型预聚体 Elastopan S 4500。这种预聚体在加热到 40℃后再冷却至室温，它能在几天内始终保持在液体状态，而其黏度仅为传统预聚体的 1/2。使它的加工性能大为改善，改变了普通聚酯不易加工双层组合鞋底的状况，扩大了聚酯多元醇的应用范围。使用这种预聚体制备的聚氨酯鞋底的物理机械性能均优于传统聚酯型聚氨酯鞋底，尤其是它的耐挠曲性能极为突出，受到鞋业的极大关注。Elastopan S 4500 加工特性及性能对比见表 6-3。

表 6-3 Elastopan S 4500 加工特性及性能对比

加工特性	指标		
乳白时间/s	7～8		
发泡上升时间/s	15～18		
不粘于时间/s	44～50		
夹紧时间/s	100～110		
基础预聚体	Elastopan S 4500	普通 pol 型 A	普通 pol 型 B
密度/(g/cm^3)	0.6	0.6	0.6
拉伸强度/MPa	6.9	7.6	5.5
伸长率/%	700	680	450
撕裂强度/(kN/m)	23.5	28.2	24
硬度(邵尔 A)	65	70	55
耐磨性能(Taber)/mg	35	40	
Ross 挠曲次数			
－18℃	＞30 万	1.5 万	＜8.0 万
－28℃	6.4 万	3 万	1.8 万

美国莫贝（Mobay）公司开发了 Bayflex 系列改性聚酯型聚氨酯鞋底料。如采用 flex435，更适宜制备各种运动鞋用中底，它能提供极好的减震缓冲性能；使用 Bayflex291，适宜制备各种运动鞋外底，使其具备优异的耐磨性能。二者组合可生产出双层底式高级运动鞋，它不仅重量比普通聚氨酯运动鞋要轻 25g，更耐紫外光照射而不易泛黄，而且生产的脱模时间还能极大地缩短，能使生产效率提高 20%以上。在性能上，它不仅比普通聚酯型聚氨酯鞋更耐磨，而且，这种鞋底与地面的摩擦力大，不易打滑，对运动员的安全和运动员成绩的提高都有很好的作用。聚醚基聚氨酯虽然力学性能不如聚酯基聚氨酯，但其耐水解性、抗挠曲疲劳性和低温柔顺性等却能使它在力学性能要求不高的鞋子品种上，如休闲、女士鞋、凉鞋。另外由于聚醚多元醇在室温下为液体状态，黏度低，使用方便，发泡范围较宽，生产成本较低，因此，近年来被许多公司大量采用，同时，对它的研究开发工作也比较活跃。

意大利开发了全水发泡鞋用聚醚多元醇系列有 GL、GF、GB4500 等。其中 GL 系列主要用于生产中密度和高密度休闲鞋鞋底；GF 系列主要用于生产低密度的凉鞋、拖鞋等鞋底；GB4500 系列则具备普通多元醇无法比拟的耐挠曲性能，它在冰面上的防滑能力更是其他鞋底材料无法比拟的，它在－20～30℃的低温下，仍能保持极高的摩擦系数，而在－20～20℃时，性能保持不变。

英国推出了无 CFCs 的鞋用聚醚多元醇体系——PBA2393，虽然它的黏度稍高，但其加工性能以及由它制备的聚氨酯鞋底所表现出的力学性能都比以往 CFCs 体系要好得多，而且它还能获得传统 CFCs 配方产生相似的自结皮层外观，其与普通聚醚基 PU 的性能比较见表 6-4。

表 6-4 ICI 公司 PBA2393 和普通聚醚基 PU 的性能

项目	PBA 2393 无 CFCs	普通聚醚基 PU 有 CFCs	项目	PBA 2393 无 CFCs	普通聚醚基 PU 有 CFCs
工艺性能			泡沫性能		
乳白时间/s	6	7	密度/(g/cm³)	0.56	0.54
凝胶时间/s	13	18	拉伸强度/MPa	4.9	4.52
不粘手时间/s	17	20	伸长率/%	395	320
泡沫上升时间/s	30	32	撕裂强度/(kN/m)	12	10.1
夹紧时间/s	45	65	耐挠曲,Deggen 试验,切口增长/%	0	50
最短脱模时间/s	280	260	回弹率/%	32	28

我国许多公司在这方面也做了大量工作，例如使用分子量 2000 的聚醚二元醇、聚醚三元醇和聚合物多元醇与低分子二醇扩链剂配制的无 CFCs 鞋底组合料 A 组分，以—NCO 含量为 18%～20%的改性 DMI 为 B 组分，也投入批量生产，生产出性能较好的聚氨酯鞋类产品。

波兰研究并推出了取名 Mipolur PE-Polidol A 的聚酯-醚型多元醇。实际上，它是聚酯和聚醚多元醇的混合物与 MDI 反应生成的预聚物，其异氰酸酯指数约为 0.9～1.2。它的加工性能和生成聚氨酯的力学性能介于单纯的聚酯和聚醚多元醇之间，兼备了聚酯多元醇基聚氨酯的高耐磨性和聚醚多元醇基聚氨酯的低温柔顺性，同时，它还具备在较宽的异氰酸酯指数波动范围下，对性能影响很小的优点，这一点对产品生产计量有一定好处，在实际生产中，能使加工配比容量扩大，有效地提高了产品的成品率。

扩链剂的作用是加速凝胶反应，改善加工工艺及制品性能。常用的扩链剂主要是低分子量二醇类化合物，如乙二醇、一缩二乙二醇、1,4-丁二醇、1,6-己二醇等，其中以 1,4-丁二醇的性能最好，在配方中的用量一般为每 100 质量份聚酯多元醇用 10～16 质量份。

催化剂普遍使用三亚乙基二胺等胺类催化剂与有机锡类催化剂配合，以调整反应体系的发泡和凝胶反应的平衡，适应发泡工艺的要求。通常为每 100 份聚醇的用量为 0.01～0.02 质量份。由于制备聚氨酯鞋底普遍使用黏度较大的聚酯多元醇，因此，在生产中，需要使用催化作用比较适中的催化剂，其中以 *N*-甲基吗啉和 *N*-乙基吗啉较为适宜，但由于它们的臭味较大，目前已逐渐被新的催化剂所取代。

由于聚酯多元醇黏度较大，与异氰酸酯和水等不容易互溶、混合，因此，应该选择亲水性能强的表面活性剂，如常用的氧化烯烃类聚硅氧烷类聚合物非离子型表面活性剂，如 L-5303、L-540 等。根据需要，在配方中有时还需加入抗氧剂、颜料、填充剂等配合助剂。烟台万华合成革集团组合料见表 6-5 和表 6-6，具体配方见表 6-7。

表 6-5 烟台万华合成革集团公司鞋用组合料规格（A 组分）

特征	牌号	黏度(40℃)/mPa·s	密度(40℃)/(g/cm³)	水分/%	原料组合 A+C/B	原料比例	主要用途
高硬度	HT-9035	650±200	1.15±0.01	0.42±0.01	HT-9305+SM_2/F-2580	100/125.5～126.0	男鞋、工作鞋或女鞋
	HT-8801	1200±400	1.18±0.04	0.24±0.01	HT8801+SM_2/F-2580	100/86～87	双色鞋外底
中高硬度	HT-5603	700±200	1.17±0.01	0.37±0.01	HT5630+SM_2/F-2580	100/124～125	绅士鞋、女鞋、便鞋
	HT-5610	700±200	1.17±0.01	0.50±0.01	HT-5610+SM_2/F-2180	100/126～127	女鞋、童鞋

续表

特征	牌号	黏度(40℃)/mPa·s	密度(40℃)/(g/cm^3)	水分/%	原料组合 A+C/B	原料比例	主要用途
中硬度	HT-5600	700±200	1.17±0.01	0.46±0.01	HT-5600+SM_2/F-2180	100/119～119.5	女鞋、凉鞋或男鞋
	HT-2004	2400±400	1.16±0.01	0.40±0.01	HT-2004+SM_2/F-2580	100/94～94.5	耐寒鞋底、便鞋
	HT-5606	1000±400	1.16±0.04	0.46±0.01	HT5606+SM_2/F-2180	100/99～101	旅游鞋、凉鞋
	HT-8740	1200±400	1.18±0.04	0.46±0.01	HT8740+SM_2/F-2580	100/92～93	旅游鞋、双色鞋内层底
	HT-8500	1700±300	1.15±0.01	1.28±0.01	HT8500+SM_2/F-2160	100/122～123	高档白色运动鞋、中底
低硬度	HT-2161	2200±400	1.19±0.01	0.45±0.01	HT2161+SM_2/F-2540	100/95.5～96	白色网球鞋、运动鞋
	HT-4035	2300±600	0.65±0.01	0.65±0.01	HT4035+SM_2/F-2580	100/76～78	旅游鞋、中底
	HT-4020	2400±600	0.65±0.01	0.65±0.01	HT4020+SM_2/F-2580	100/63～64	旅游鞋、中底
	HT-5637	900±200	1.17±0.01	0.51±0.01	HT5637+SM_2/F-2580	100/109～110	女鞋、绅士鞋、轻便鞋
	HT-4030	2000±600	1.12±0.02	0.60±0.01	HT4030+SM_2/F-2563	100/75～76	男鞋、轻便鞋、旅游鞋
耐黄基	HT-2033	1800±300	1.15±0.01	0.15±0.01	HT2033+SM_2/F-2563	100/73～74	双色运动鞋

表 6-6　烟台万华合成革集团公司鞋用组合料规格（B 组分和 C 组分）

B 组分牌号	黏度(40℃)/mPa·s	密度(40℃)/(g/cm^3)	异氰酸酯当量
F-2180	400±200	1.20±0.01	217～213
F-2580	500±200	1.19±0.01	224～230
F-2450	1500±300	1.19±0.01	282～288
F-2563	900±200	1.19±0.01	246～254
F-2160	900±200	1.19±0.01	248～250

B 组分牌号	黏度(40℃)/mPa·s	密度(40℃)/(g/cm^3)	异氰酸酯当量
F-2270	400±200	1.20±0.01	224～230
F-3270	1020±300	1.20±0.01	267～273

C 组分牌号	黏度(125℃)/mPa·s	密度/(g/cm^3)	水分/%	pH 值
SM-2	60±20	1.09±0.01	0.45	10.6～11.6

表 6-7　典型鞋底配方

项目		数据	项目	数据
B 组分	Isonate®225①	108.5(质量份)	MDI-聚酯预聚体	94.7(质量份)
A 组分	聚酯多元醇(分子量 2000)	100	聚酯多元醇	78.5
	水	0.3	水	0.4
	Dabco 33LV	0.7	Dabco 33LV	0.5
	锡催化剂	0.06		
	L-5303	1.0	L-5303	1.0
性　能	自由发泡密度(g/cm^3)	0.34		
	模制发泡密度/(g/cm^3)	0.61		0.6
	硬度(邵尔 A)	60～70		72
	拉伸强度/MPa	8.4		6.7
	伸长率/%	440		480
	撕裂强度/(kN/m)	15.3		6.22
	Ross 挠曲次数/次	98000		
	Taber 磨耗/mg	25		

① Isonate 225 为 MDI-聚酯预聚体，相对密度 1.20，异氰酸酯当量 223。

6.3 聚氨酯鞋底生产设备

PU鞋底浇生产线由浇注机（发泡机）和模具流水线组成。20世纪70～80年代期间国内基本是引进国外设备进行生产。90年代以后，国内不少厂家都在国外机型的基础上进行了不断的改进设计、生产。这些改进是比较适合国情。特别是国内中小企业基本上是采用国产浇注机进行鞋底生产。国产设备价格是大大低于进口设备。在许多性能上并不比国外的低。通过下面的介绍即可知道。

PU鞋底浇注设备的4个控制系统、7个结构，都与鞋底浇注工艺有密切关系。它们是：温度控制系统；压力控制系统；流量控制系统；电控系统；清洗控制结构；喷料结构；混合头结构；原料循环结构；计量泵结构；料罐结构；流水线结构。

在PU鞋底浇注工作中，必须要做好以下工作：调整设备的工作参数，保证设备正常工作；通过检修和更换零件，排除设备故障；PU鞋底有质量缺陷，分析哪些由设备引起，哪些与设备无关；做好PU鞋底的成本控制。

聚氨酯合成反应完成得好坏，温度控制是非常重要的。温度控制系统包括料温、模具温度、环境温度。

使用规范：原料厂家提供A、B料给出了各种牌号的温度使用规范（标准）。现在多数牌号的A、B料使用温度在35～40℃，也有25～50℃牌号的A、B料。使用温度偏低的A、B料主要是黏度偏低。使用温度偏高的A、B料黏度较高。一般B料的黏度与使用温度变化较小，A料的黏度往往较B料高，使用的温度变化也就较大。

从原料的使用温度规范来看，偏差在5～10℃都是可以的。在实际工作中，能将A、B料的使用温度偏高使用，而又不影响产品质量，应是一种最佳操作。因为A料温度高一些，黏度可下降一些，流动性增高一些。B料同样，料温高一点，黏度可下降一些，流动性增高对循环管道及计量泵的阻塞现象可减缓。温度偏高使用需要一定的经验来掌握。

B料使用温度偏高的情况下，最好将C料（催化剂）偏低使用，模温也偏低使用，并在环境温度不太高，A、B料混合搅拌转速偏低的情况下使用。因为，PU的形成过程就是一个热平衡控制过程。

PU浇注机中，原料罐、过滤器、计量泵、管路（料管）均需加热保温控制，这个控制系统就是料温控制系统。目前，PU浇注机有两种典型的料温控制方式。

① 分散式温控。料罐、过滤器、计量泵、管路（料管）均采用独立的加热元件加热，如图6-1所示。

② 集中加热温控。料罐、计量泵、过滤器、部分管路集中在一个保温箱中加热，如图6-2所示。

上述两种温度控制均采用一个温度控制仪。工作时，先将A、B料加热开关启动，加热工作，然后在温控仪上设定所需温度。这时，温度仪上展示当前温度，这个温度是通过插入在料罐内的传感器反馈到温控仪，当反馈回来的温度高于设定温度时，温控仪将加热元件的电源自动断开，停止加热。当反馈回来的温度低于设定温度时，温控仪将加热元件的电源自动导通，继续加热。这样，就实现了PU浇注机对料温的自动控制。图6-1的加热系统中有几个问题需注意。

① 传感头放置在料罐中，代表的传感温度是料罐中的原料温度。过滤器、计量泵、料管的加热元件开关完全是随料罐温度变化而控制。过滤器、计量泵、料管的保温性较差，热耗散大。

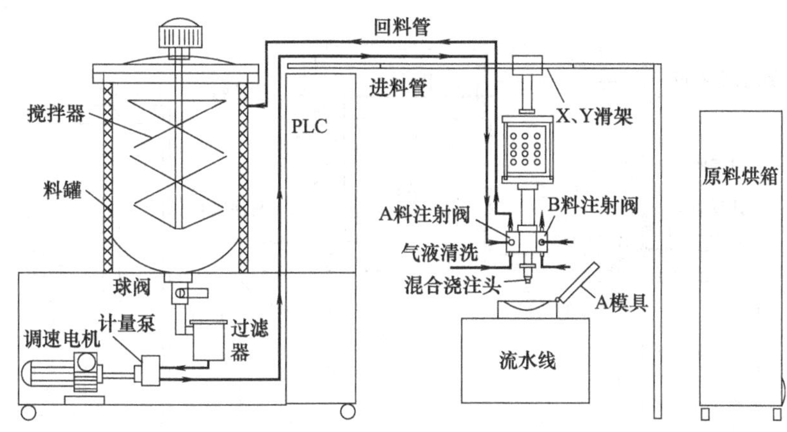

图 6-1 分散式温控

② 不能停机。图 6-1 这种分散式温控系统无论 PU 浇注机工作与否，计量泵与加热保温系统必须工作。原因在于 B 料的一般使用温度在 35～45℃，当温度在 30℃以下时，B 料开始逐渐结冻。不能停机的原因还有过滤器、计量泵是金属件，散热快，内外温差很难消除。同样，料管的加热保温也很难控制。所以，为了防止过滤器、计量泵、料管产生局部受冻的情况，只得将计量泵开启，不断地将料罐中加热的原液带动循环，以维持系统的温度平衡。但是，B 料不断地循环易加剧变质，同时增加计量泵的磨损，增加电耗等，这些不利因素是传统 PU 浇注机的一种设计缺陷。

③ 过滤器是用来过滤料中的杂物的，特别是 B 料因局部受冻后会产生一些结晶物及 B 料与空气中的水反应生成的聚合物。这些凝固物、半凝固物会影响注射到混合腔的 B 料的准确性、可靠性，从而造成配比失调。过滤器就是将这些杂物过滤。滤网的网孔孔径依据注射的喷口直径而定。现在喷口直径有 1.7mm、2mm、2.5mm 等几种。

④ 图 6-1 中的料罐结构存在保温性与散热性问题。

有的 PU 浇注机采用保温层、加热层、内胆结构，也有加热层、内胆、无保温层结构。

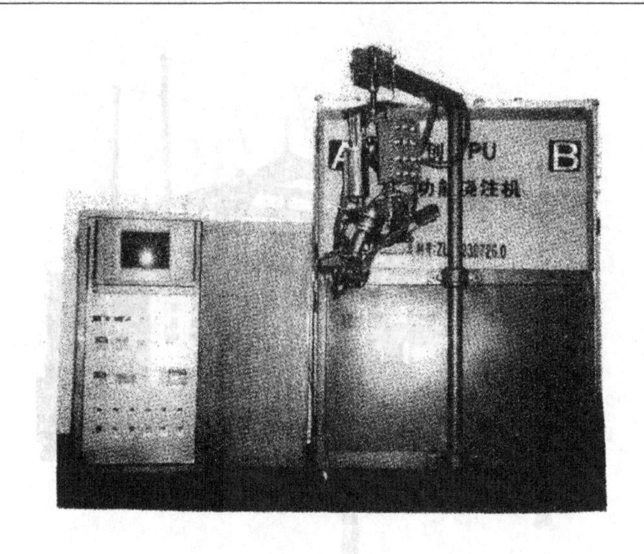

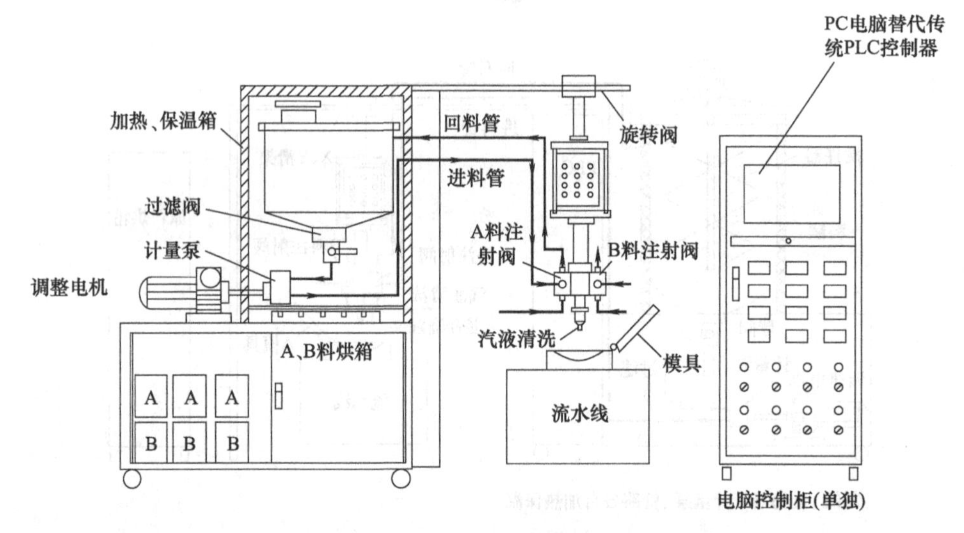

图 6-2 集中加热温控

料罐 1 保温性好，但散热性差。当发现料温过高，需散热降温时，料罐 1 散热速度太慢。另外，当传感头或温控仪失灵时，不易发现料温偏高或偏低。而料罐 2 就可通过手触摸外壁感受温度，但料罐 2 的热耗散大。

有的 PU 浇注机采用循环热油方式加热。这种 PU 机增加了一个加热油箱，将加热后的油用泵带到加热料罐、过滤器、计量泵。

图 6-2 所示改进型的加热保温控制系统基本可以解决上述问题。这种改进型的加热保温系统将过滤器、计量泵、部分管路及料罐内胆均置于一保温箱中，加热元件既可以是电热丝，也可以是燃气红外板。这种集中加热保温控制与分散式加热温控方式比较，具有如下特点。

① 温差小。

② 可以停机。当 PU 浇注机不工作时，将裸露在保温箱外的注射阀及部分管路放进保温箱中，进行加热保温即可。此时，可停止计量泵工作。

③ 散热效果好。当发现料温偏高时，打开加热保温箱的门，料罐内胆、计量泵等直接

散热，非常省事。

④ 不怕停电。采用燃气红外加热保温控制，加上这种集中加热保温箱结构，当偶遇停电故障时，不必启动备用发动机。

⑤ 省电。采用热效率极高的燃气红外加热，费用仅为用电方式的 1/8～1/4。

⑥ 料管不用加热保温。这种集中加热保温系统的管路较传统方式缩短了许多，而且部分管路又在保温箱中。所以，这种方式的料管不用加热丝与保温层，用起来非常方便，同时“堵管”现象也减少。

⑦ 从图 6-2 中可以看到，将原料烘箱放在浇注机的下部集中起来，采用集中加热保温方式，可明显节省能耗。图 6-1 机型中，原料烘箱是单独的。

6.4 聚氨酯鞋底成型工艺

聚氨酯制品的品种数目很多。尽管可将它们分为硬泡、软泡、弹性体三大类，但是每一大类的制品数也很多，而每一品种的制作工艺都有它们各自的特点。分析制品工艺时，只能将其有代表性的一些工艺作为重点。其中聚氨酯鞋底浇注工艺是非常有代表性的制品工艺。

（1）鞋底原料、辅料使用方法　在 PU 浇注过程中，要使用各种化学原料。这些原料包括 PU 原液、脱模剂、料罐清洗剂、机头清洗剂、色浆、色料等。这些原料都有其物理化学性能指标，所以在生产操作时不能依靠经验或感觉来衡量产品合格与否。原料厂家提供 PU 鞋底原液时，都有一份使用说明书，详细地给出了每一个牌号 A、B 料的物理性能指标、成品指标、自由发泡实验指标等。其中乳白时间、升起时间（发泡）、不粘手时间、出弹性时间等几个时间指标过快，说明发泡速率大于凝胶速率，过慢说明凝胶速率大于发泡速率。如果乳白时间过短，混合液的流动性将变差，不好操作并容易出现质量问题。

一般情况下，自由发泡情况正常，就可浇注模具。但是在有些情况下，自由发泡正常，模具取出的成品不正常。反之，自由发泡不正常而模具出来的成品又正常。这种问题在环境温度过高或是过低的情况下易出现。这说明，杯试与实际的模具反应有差别。主要差别在于生热与散热的条件不一致。

PU 浇注过程中，有时可适当调整一些使用指标，以利于操作和解决一些质量问题。同时，不影响成品指标。例如，原料使用指标中，A 料使用温度为 35～40℃。由于有些牌号 A 料黏度高于 B 料黏度，如果按标定温度去操作，A、B 料循环压差大，这对配比调节不利，另外，“喷差”也大。这时，可将 A 料使用温度适当提升到 45～50℃。A、B 料的黏度差别减少，压差也就相应减少。但是，此时应注意将混合搅拌转速适当降低，使得反应顺利、正常进行。有时，为了减少 B 料因局部温差而造成的局部受冻，也可将 B 料温度适当提升。

PU 鞋底浇注原料的性能及使用方法。

① A 料　现在使用的 A 料一般都是聚酯多元醇。A 料在常温下不会冻结，这相对 B 料要好使用一些。A 料黏度往往高于 B 料。在使用中的调节方法，上面已谈到。需要补充说明的是，如果不适当调节 A 料的黏度，将对计量泵的密封不利，容易漏料。A 料的保质期一般六个月，时间过长，容易带入空气中过量的水分，造成变质。如果注意密封与干燥，保质期可适当加长。A 料使用前的预热熔融温度、时间和 B 料不一样。如果 A、B 料用同一温度，同一时间进行熔融，容易造成质量问题。

② B 料　B 料的主要成分为异氰酸酯，也叫精 MDI（液化 MDI）。另外，B 料中含有部分 A 料，所以，B 料也可以称为是 A、B 料的预聚体。B 料使用温度一般在 35～40℃，凝固

温度为20℃。B料反应活性非常大，空气中的水分对它的影响很大，保质期只有三个月。

许多PU鞋底生产厂家往往出现这种现象：一批按比例购进的A、B料，生产时会多出A料。这说明调节配比时，往往将B料的用量偏高使用。当然，B料放置时间过长，用量也要增高。因为B料中的NCO含量减少，只能多用B料才能平衡NCO与OH的反应数量。

B料一旦受冻，二次融化较困难。此时，如果注射阀是金属件可加温至180～220℃即可融化。而胶管一旦受冻，只能更换。

③ C料　C料为催化剂，控制反应速率。在鞋底原料使用说明中，C料有一个上限使用量和下限使用量。一般因料温、模温、环境温度等使得发泡速率减慢，可用上限量，以加快反应速率。反之，亦然。C料从密度上看要轻于A料5%左右，操作时应先放入A料筒（出厂时的小包装）预混，再放入A料罐进行搅拌。

④ 脱模剂　PU鞋底浇注前，模具须涂上一层脱模剂，以利于脱模。现有脱模剂，一般采用硅油与二氯甲烷的混合液，用喷雾的方法将其均匀喷在模具表面。二氯甲烷挥发性强，能短时间内在模具表面形成薄薄的一层硅油而起到脱模作用。

脱模剂中的二氯甲烷含水量与杂质对PU反应成型，特别是表面质量有较大影响。出现“烂花”、“烂泡”等质量问题都可能与脱模剂有关。

⑤ 洗模剂　洗模剂的化学名称为二甲基甲酰胺。二甲基甲酰胺对有机物的溶解性很强，特别是对聚氨酯有较强的溶解作用，是目前有机溶剂中最好的一种。当模具中出现聚氨酯黏附其表面时，可用二甲基甲酰胺浸泡、清洗残留物。洗模完毕后，也是要将二甲基甲酰胺清洗干净。特别注意它对手和皮肤的侵害作用。

⑥ 料罐清洗剂　A、B料罐采用的清洗剂一般是邻苯二甲酸二辛酯。A料罐主要针对色浆、色料的沉淀物进行清洗。B料罐采用邻苯二甲酸二辛酯进行清洗作用不大。如B料因局部受冻产生的凝固物用邻苯二甲酸二辛酯清洗不掉，邻苯二甲酸二辛酯对B料也能起到一定软化作用，延迟B料凝固时间。

⑦ 机头清洗剂　清洗机头，实际上是清洗A、B料的混合腔。A、B料经混合腔混合后，浇注到模具中。在这个过程中不可避免地会有A、B料反应物——聚氨酯残留在混合腔内。而且越积越多，所以在浇注一定时间后，要清洗一次残留物。同时也有让混合腔散热的作用。机头清洗剂由二氯甲烷与压缩空气组成。二氯甲烷减缓腔内残留物的凝固，二氯甲烷的残留对二次浇注非常不利；气冲的作用是将残留物、杂质及二氯甲烷吹干净。二氯甲烷与压缩空气的调节量可通过PU浇注机上的时间控制器调整与设置。多长时间清洗一次机头是和机头结构参数、温度控制条件、操作方法相关的。

⑧ 色浆、色料　聚氨酯材料的染色性比较好。可用许多色料调配成色彩各异的制品。红色：硫化镉、氧化铁；黄色：钛黄、黄色氧化铁；黑色：钛黑；绿色：氧化镉（绿）；青色：群青；橙色：铬红；真珠色：氧化钛系。

以上是部分使用效果较好的色料，一般化工市场有售。现在PU鞋底制作中，常用的色浆实际上是用色料与聚氨酯进行接枝反应而得到的一种混合物。它使用方便、牢固、不褪色。在PU浇注过程中，加色浆、色料时，应注意对A、B料反应效果的影响。色浆比例过少，色泽效果差并且容易出现色差分层，过多则影响反应。不加色料的聚氨酯时间一长会发黄，原因是聚氨酯发生了氮化反应。

(2) 发泡密度　PU鞋底生产过程中，通常用鞋底材料的密度来计算每一只鞋底用料量。鞋底的密度通常按照以下的公式来计算：密度（g/cm^3）＝每只鞋底质量（g）/每只鞋底体积（cm^3）。

其中，鞋底的体积通常用排水法来测量。因此，在PU鞋底浇注现场最好准备一个0～500g的普通天平称重和一个2000mL的量杯或量筒测量鞋底体积。

一般，现在企业所采用的PU浇注机中，都有一个预先设置每一双PU鞋底用料量的操作程序。该预置用料量是根据成品标准密度乘以每只鞋底体积所得。鞋底材料的标准密度值，一般在原料使用手册中都有推荐值。

此外，有些PU浇注机在浇注前，预置一个浇注时间量，并将它按照一定的泵转速与浇注时间换算成浇注克数，这种换算方式不一定可靠。通常只能作为使用的参考，使用时要根据实际情况作一些调整。

如何合理科学地节省材料，这是每一个PU鞋底厂家特别关注的问题。省料实质就是降低成品密度。然而。在降低成品密度的过程中，存在这样的矛盾：当鞋底发泡过大，其密度减小，支撑硬度就达不到相应的需求。即使支撑强度能够达标，其弹性、耐磨性、穿用舒适性指标又会有大幅的下降。现在的PU鞋底成品密度一般都在0.5～0.7g/cm^{3}的指标。这种密度下PU底的支撑强度、弹性、舒适度等性能指标尚能达到实际穿用的要求，但其耐磨性指标却有所欠缺。此外，由于材料密度小，组织疏松，表面的光洁度、平整度也相对较差。而目前市场上TPR，PVC鞋底的成品密度在1.2～1.4g/cm^3，所以，PU鞋底较TPR、PVC鞋底的表面质量差一些。

此外，现在市场上出现了一种成品密度在1.0g/cm^{3}的PU鞋底原液。原料厂家推荐采用加水和加固化剂的方法，将成品密度降到0.35g/cm^{3}左右使用。这种低密度、高硬度的PU鞋底，以降低一些弹性、耐磨性、穿着舒适性为代价来节省一些原材料。然而，用水做发泡剂虽然可以增加材料的发泡度，但盲目加水也会导致材料相关性能的下降。同时，所谓固化剂实际上就是扩链剂。一般采用1,4-丁二醇、乙二醇等。减小使用密度的方法节省原材料，除了加水、加扩链剂（固化剂）以外，还应适量添加匀泡剂（一般为硅油）。

上面说到的密度概念是一种平均密度。实际上，PU鞋底的密度存在表面密度比里面密度高，下部密度比上部密度高的现象，即所谓的密度梯度。减小或消除密度梯度可在模温、料温、混合均匀度、结皮厚度上控制。但这种下密上疏正好符合鞋底的使用需求。

在连帮成型PU鞋中，还有一种省料的方法，即在PU鞋底中使用低密度、低成本的填充料，如：EVA发泡料填充。这样，既可省出一部分PU料去填充表面密度，增加表面的光洁度和平整度，同时还可省出一部分PU料节省成本。这种鞋底的耐磨性较好，但舒适性要相对差一些，这也是一种降低密度的特殊方法。

自由发泡试验的过程中，也存在一个发泡密度问题。自由发泡试验，也称杯试，即使用一个杯，接入一定量的A、B料混合液来观察其自由发泡反应情况。通常，正式投入大规模生产之前，都要进行自由发泡试验。自由发泡目的如下。

① 观察A、B料配比　当A、B料配比失调，自由发泡料的撕裂强度特别容易观察到。这时，增加或减少一点A、B料再进行杯试，如此反复，直至寻找到两者的配比中心。但有的时候会出现配比中心寻找困难的现象。可能是混合不均匀、二氯甲烷（清洗液）泄漏、环境温度过热、过冷等原因而引起。此时，单独测试一下A、B料各自的流量以确定A、B料的流量比是否正常。需要注意的是如果原料放置时间过长，配比中心值就不是标准配比值。许多情况下B料的用量会增加，配比中心需要重新寻找。

② 检测自由发泡密度　自由发泡密度是否与标准自由发泡密度相吻合，是观察原液反应性是否正常的一个重要指标，过高、过低都说明反应进行的不正常，而且凝胶与发泡速率也不协调。自由发泡密度与成品密度的差值不能太小，否则，发泡压力过小，成品的表面质

量会变差。在实际生产中，因发泡压力不够而造成问题。比如，常用的PU鞋底原液一般自由发泡密度标准为0.25g/cm³左右，成品密度在0.5～0.7g/cm³，其差值在0.25g/cm³以上。如果为了省料而将成品密度降为0.4g/cm³左右，造成两者差值在0.15g/cm³以下，生产出的PU鞋底表面质量就会较差。

③ 检查混合液有无带气泡现象有时，刚刚浇注出A、B料的混合液时，就已经带入气泡。这可能是机头密封不严、喷料阀的密封不严等原因造成的。因此，通过自由发泡可观察。刚换上新的搅拌头时，开始几杯容易出气泡，但多试几杯后，由于漏气来源已经被混合液封住，情况就会有所好转。此外，杯试有一个手法问题，自由发泡试验时，须倾斜一点试杯，不要冲击成气泡，以免与设备带来的泡混淆，如图6-3所示。

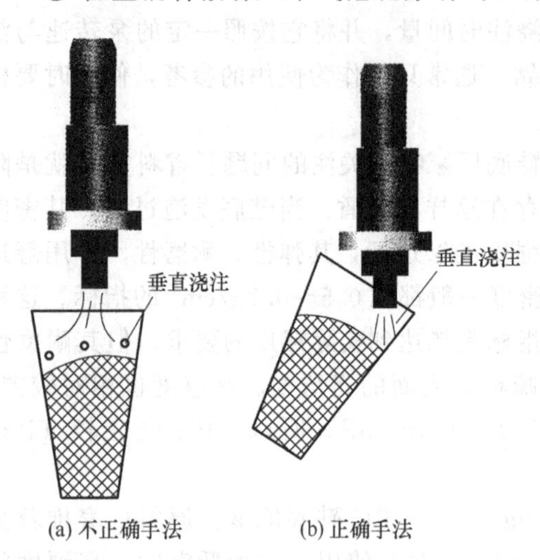

图6-3　检查混合液有无带气泡现象的杯试方法

④ 检测自动发泡过程中的阶段性指标 自动发泡试验反应性指标，除强度指际外，还有乳白时间、升起时间、不粘手时间、出弹性时间。检测这几个时间值较复杂，但很重要。

需要注意的是：在杯试的实际操作过程中，目前原料厂家给出的自由发泡试验条件不很规范，例如，试杯的材料就是一个很大的问题。在实际的操作中纸杯、塑料杯、金属杯都有采用。不同材质的试杯的热导率都有一定的差别。而A、B料的反应过程就是一个热平衡反应过程。不同的生热、散热条件，就会导致不同结果。又如，从浇注机的混合头一次浇多少克试样到杯中，这又涉及试验量多少的问题。不同的量，实验反应性也不同。并且在杯试时，一般都有放掉一点"头料"，再接入杯中的操作，而放多少"头料"也是一个问题。所谓"头料"是由"喷差"形成的。目前，没有一个统一的标准。企业应自行制定一系列的生产标准，以增强杯试的观察规律与结果的可靠性。

6.5　浇注型聚氨酯鞋底（CPU）和传统注塑底的比较

传统鞋底TPR、EVA、PVC等使用注塑方法成型，密度高，成本高。CPU为浇注型聚氨酯，密度低，成本低，使用范围极广。注塑成型与浇注成型差别很大，主要差别如下。

① 注塑成型为物理成型，浇注成型为化学反应成型。

② 注塑成型对模具压力很大，一般都在10MPa以上。浇注成型对模具压力很小，一般1MPa以下。压力小，对模具要求低。所以，CPU可采用一种快速、廉价树脂模具。

③ 浇注成型可以灵活改变配方，生产不同产品。

④ 浇注成型无论从原料价格、设备价格、制作成本都明显低于注塑成型。

下面比较一下PU与TPR、PVC的特点：与PVC、TPR相比，PU在轻便、耐磨、弹性、不断底、防滑、防油、穿着舒适等方面更为突出；PVC、TPR较PU废料回收性好；设备投资PU较PVC、TPR便宜；生产效率两者大致相等；模具费用PU可采用一种快速、廉价的树脂模具，费用为金属模具的1/10～1/5，24h可完成，PVC、TPR只能采用金属模具，费用高、周期长；PVC、TPR外观质量要好控制一些；PVC、TPR设备和工艺成熟。

PU鞋底主要缺陷是：表面光洁度、平整度不够。色差明显，气孔、毛细孔多。此外，还有烂花、烂泡等缺陷。这说明PU鞋底目前的制作技术及PU设备等还不成熟。PU鞋底采用低密度的发泡料经化学反应成型，其设备难度和工艺难度较大。当然，PU发展史较短，人们对它的认识与掌握还有一个过程。

目前，国内外的PU设备还不很成熟，在许多情况下要靠经验控制PU鞋底的化学反应成型。另外，配方工艺也存在一定缺陷，如PU鞋底原液的配方使用条件限制较严、调整配方不够灵活等。

PU鞋底原料、设备、模具、操作工艺是PU鞋底生产的要素。原料、PU设备、模具是硬件，PU鞋底工艺（制作技术）就是软件。硬件、软件的发展互相影响，相互制约。

6.6 制品成型中各影响因素的控制

6.6.1 如何满负荷使用流水线

目前，一般PU鞋底生产流水线为60工位。摆放1～3套模具在流水线上使用的情况居多，仅占流水线的1/5～3/5。满负荷时，摆放5套模具与1套模具用电量差不多。5套模具的生产成本明显低于1～3套模具。因为，除了电耗低外，人工耗费、残料耗费、辅料耗资都很低。5套模具的生产能力为：6双/套×5套×60min×24/3～5min＝14400～8640双/日。按30%的误工因素计算，实际生产量为6000～9000双/日。

一套模具的生产能力为满负荷（5套模具）的1/5。目前，满负荷生产情况较少。处理满负荷生产问题的方法如下。

① 选好畅销底型，采用快速、廉价的树脂模具满负荷生产。

② 套型处理将男鞋底、女鞋底、童鞋底等不同底型模具，尽可能组合摆满流水线。

③ 套色处理将不同颜色鞋底模具组合摆满流水线。聚氨酯鞋底切换颜色有两种情况，一种是同一双鞋底作成多色。这种用切换PU颜色浇注而成的鞋底是不多的。因为，用这种方式做的PU多色鞋底成本高，模具昂贵。另一种情况是在流水线上摆放多套模具，每一套模具制作不同颜色的鞋，特别是在制作童鞋和专门制作大底的鞋厂就很需要多色浇注机。比如，在60工位的流水线上摆放5套不同颜色的鞋模，运行一圈就能生产出5种不同颜色的鞋底，这种生产方式效率非常高。

目前，三罐两色PU机居多，每次也只能摆放两种不同颜色的模具。那么，就有一半以上的工位在空运行。一般60工位流水线的加热烘道用电量在20～30kW。这样，电耗、人工费等成本就明显加高，生产率也低。所以，要解决多色浇注必须有相应的多色浇注机。目前，已有六罐五色PU浇注机，其特点如下：六个料罐，六套计量泵循环系统；A料（聚酯多元醇）五个罐，可同时存放五种色料；浇注头能自动切换不同色料。

PU鞋底的生产流水线是以工位多少区分。现在最常用的流水线是60工位，长度20m左右。工位大小有区别，生产连帮PU鞋时模具较大，一个工位的宽度在60cm左右。生产PU大底时，每个工位宽度40cm就够了。流水线长度为20m时，生产大底用的流水线是90工位，生产连帮PU鞋就是60工位。

6.6.2 模具温度

模具温度也有使用规范，即45～55℃。显然，模具温度是不能低于料温。当模具温度达到50℃时，手摸感觉有一点烫，料温40℃感觉有一点热。模具温度的上、下限应考虑到，环境温度偏高，料温使用规范温度偏低时，应使用下限温度。反之，则使用上限温度。

PU鞋底浇注工作中，常出现一种现象：开始浇注的几只都不太好，随着浇注次数的增加，质量不断改善。这种现象的出现有一个主要原因，即模具温度表里不一，也是模具预热时间不够造成的。模具的预热时间应在5h以上。

模具的预热一般都放在PU浇注机流水线的烘道中进行。但是，有的流水线加热管安放在烘道侧面，烘道下面又无保温层，这样，容易造成上、下温差太大，难将模具烘透。烘道的耗电一般都在20kW左右，在模具数量少的情况下，非常不合算，这种情况下可采用在一烘箱（或原料烘箱）中进行集中加热。

6.6.3 环境温度

环境温度的控制是一个比较困难的事。PU浇注过程中较为适宜的环境温度在25℃左右。当环境温度偏高时，模具内的反应散热困难，这种情况下可采用强力排扇对模具散热。在最热的天气，采用夜间工作。环境温度过高时，还会造成混合头散热不好，造成混合出来的原液反应速率太快，形成质量问题，这种情况下，应清洗混合头，多用一些清洗液（二氯甲烷），以便及时带走热量，也可在混合头上加装一个散热套，让循环冷水通过，进行散热。当环境温度偏低时，注意模具及流水线烘道保温。

6.6.4 配比问题

配比的准确性、可靠性在PU鞋底浇注工艺中是极为重要的一个环节。PU浇注设备对双组分液体原料的流量控制包括配比控制与浇注量的控制。软泡、硬泡、弹性体类的配比各不一样。每一制品的配方不一样，配比也不一样。有时，根据工艺需要也可能进行配比调整。所以，配比的变化也较大。不同的浇注设备对配比都有一定的配比调整适应范围。

配比是指异氰酸酯和聚酯多元醇（聚醚多元醇）混合比例。配比的准确性对制品质量指标有较大影响。

影响配比准确性及可靠性的因素较多，如设备性能、原料温度、循环压力等因素的变化都会引起配比变化。目前的PU浇注设备水平对配比控制还难于达到精度较高、稳定性较好的水平。许多情况下，操作经验有很大程度的影响。特别是一台新浇注设备使用一段时间后，配比不稳定因素增多，配比偏差、误差会增大。此时，必须作相应的配比调整。而且，在浇注过程中应随时监视配比的变化。否则，配比变化会给产品质量带来重大影响与损失。在实际生产中，有很多由此而造成重大损失的例子。虽然，双组分聚氨酯液体反应成型设备——PU浇注机不像一般机械设备，也不像注塑设备那样对产品质量的可控性较高。但是随着配方工艺的不断改进与提高，PU制品浇注工艺的可操作性也提高了。

配比偏差一般的指标是±1%。但是，目前的PU浇注设备多数难以控制在这个范围内。配比偏差大，除影响制品性能外，还将熟化时间延长。这对有些制品的浇注相当不利。PU鞋底一般采用60工位流水线连续作业进行生产，5min一个周期。在连续作业过程中，一边浇注，一边脱模。如果此时配比中心控制不好，在这样紧迫的时间中，很难脱模（脱模强度不够）。

在各类PU浇注设备中都有一个配比测量。高压发泡机和软泡连续发泡设备的配比都采用循环管路截流法测量。截流位置一般在喷料阀后至原料罐的循环管路上。严格来讲，测量配比应测喷料阀出口处的实际流量。由于高压发泡机和软泡连续发泡设备要测喷料出口处的配比，有一定技术难度。另外，在循环管路上采用截流测量配比，也基本能满足实际生产需要。

配比失调，也就是存在过量的A料或B料进行化学反应，会影响PU鞋底的浇注质量。

配比误差一般要求控制在1%左右。测试方法：将混合头取下，A、B料喷在两个试杯中，时间都是3s，称其质量。通过反复几次的质量比，基本判断该设备对配比控制的准确性与可靠性。

PU浇注时，A、B料的循环压力大小及循环压力的波动都会影响配比的准确性与可靠性。

PU浇注机压力控制系统基本上不能实现自动控制。因为实现自动控制有一定难度：①技术问题解决较为困难；②成本较高，一般用户难以承受。实际上，现在的压力控制系统就是一个压力检测系统，通过一个压力传感器来检测压力变化量。根据压力的变化，人为地做些调整以适应工作条件。

压力传感器的传感头一般安放在计量泵的出口端，如图6-4所示。这个传感头是一个鼓膜，当压力变化，引起鼓膜变化，鼓膜变化引起电感量的变化，通过模拟量与数字量转换，变成数字显示的压力值。操作B料计量泵的压力传感头需特别注意：当B料泵使用时间过长，局部受冻，都会在压力传感鼓膜上粘上很硬的B料冻结物。这时，压力传感器会失灵。这种情况下，可将传感头放在加热烘箱中，温度定在180～200℃，烘上几个小时，使B料溶化。A料传感头基本不会有多大问题，在常温下不会像B料那样冻结。

除了压力鼓膜传感方式外，还可直接使用普通压力表（弹簧压力表）。采用普通压力表有两点好处：

① 普通压力表是指针显示压力变化，比数字显示更为清楚可靠；

② 普通压力表便宜，两者相差较大。当然，普通压力表也可能堵死。注意将压力表保温，使其使用时间延长，而更换一支普通压力表的费用也很低。

压力传感器使用一段时间后容易失灵，注意及时更换。PU浇注中，压力是一个非常重要的指标，因为压力稳定是保证配比准确性的重要条件。这存在一个认识问题：有人认为，计量的准确性主要在于计量泵的精度，笔者经过多年对普通泵与所谓高精度泵进行的对比试验发现：高精度泵对排量的稳定性有一定作用，对配比的准确性与可靠性不起主要作用。普通泵的排量精度完全满足这类设备的要求。重要的问题仍是原料的循环压力、喷射压力的稳定性。A、B料的循环压偏差太大，循环压的波动太大，配比就会失调。循环压与喷射压的稳定性与许多因素有关。

循环压力大小与管路口径、长短有关。现在PU浇注机采用的口径在8～12mm。循环

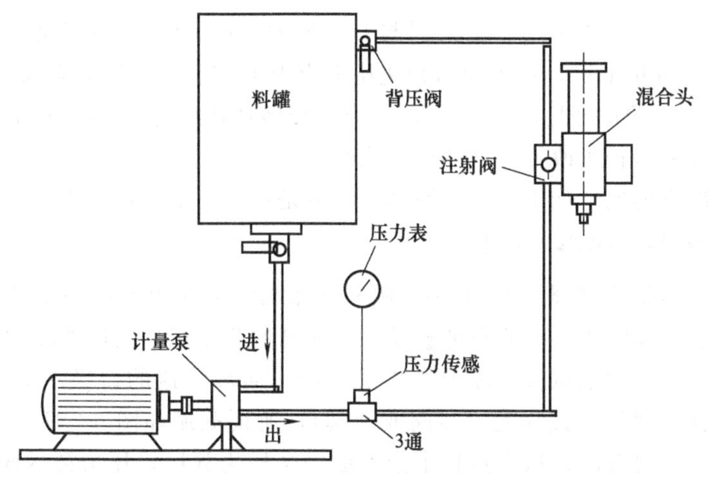

图6-4　压力控制系统简图

管道越长，口径越大。为了使A、B料循环压差不要太大，在PU设备上设置有一个“背压”调节阀，这个“背压”调节阀要放在注射阀上或料罐的回料口上，如图6-4所示。

循环压力大小对浇注时间有影响。例如，一只鞋底浇注量为200g，当循环压力为0.2MPa，浇注时间为2s。当循环压力为0.4MPa时，1s即可浇注完成。循环压力大，喷射压力也大，可能产生混合腔“反压”过大现象，如图6-5所示。反压会使原料上窜到混合腔上端的轴承位及密封部位，这种情况会使密封损坏，轴承卡死，或发热明显增加，对原料混合带来不利影响等。循环压力过大，喷射流量大，可能造成混合腔出口料阻塞或冲击时产生气泡，使鞋底产生烂泡现象。循环压过小，喷射时混合腔可能产生“负压”或漏气现象，如图6-6所示。当混合腔上部密封性能较好时，就可能产生“负压”现象。当上部密封性能差时就会产生“漏气”现象。此时，浇注口出来的料明显有气泡产生。有负压产生会出现残留料明显减少现象，因为负压会将少量的残留料收缩回到喷口内。要完全消除PU浇注机的残留料现象不可能，只能做到尽量减少残留料。采用“负压”减少残留料的方法，有利有弊。因为负压减少残留料流出到出料口外的同时，将残留料又留在了料口内，这是利弊共存的矛盾。

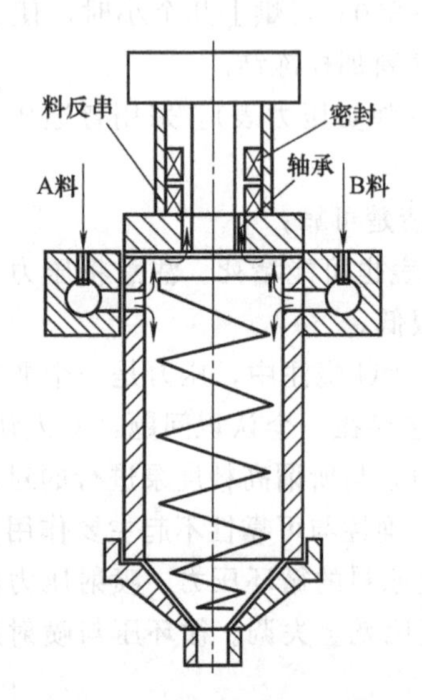

图6-5 混合腔反压过大现象

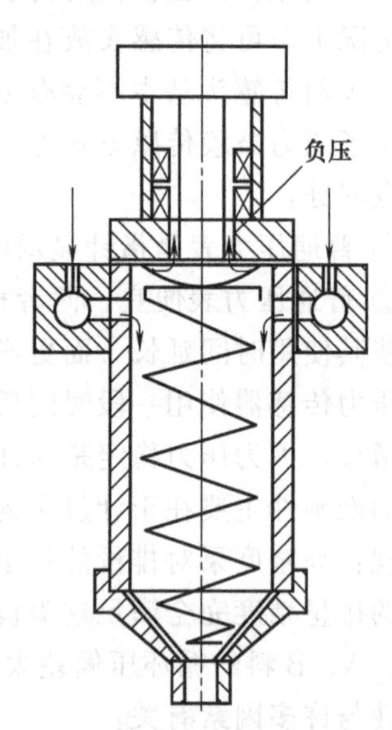

图6-6 混合腔负压和漏气现象

循环压力应适合配比要求。一般A料与B料的配比在1∶1左右变化。如：A料与B料的配比为1∶1.2。理论上讲，压力比与转速比都应为1∶1.2。此时，喷料口的口径应相同，即1∶1。如果喷料口的口径比为1∶1.2，压力比与转速比应为1∶1。在PU浇注量一定的情况下，压力与喷料口径可改变，但乘积不能变。

上述喷料情况下的比值如不正确，原因有可能是：压力表或转速表失灵；配比有偏差。

6.6.5 循环压力与“喷差”问题

所谓“喷差”是指注射阀（A、B料）喷料开始与结束时出现的一个A、B料喷射不同步现象，在压力表上反映出一个明显的波动。喷料开始阶段产生的压差波动叫前喷差，喷料结束时产生的压差波动叫后喷差。喷差产生的原因：循环管道的口径一般都比注射阀口径大；注射阀都是截流喷料方式（无论转阀或针阀），所谓截流如图6-7所示。截断循环原料的回路，将原料喷进混合腔，这个过程中会形成一个压力死区，压力死区瞬间将压力增高。当转阀进入到喷料位置时，压力迅速掉下来。这样，产生压力波动就形成喷差，此喷差叫前喷差。当喷料结束回位时，就形成后喷差。减少喷差的方法有几种，有的设备上设有一背压调节阀，如图6-8所示，将背压调节到回流压力较高，减少喷差，但要完全消除喷差，这种方法还办不到。由于A、B料的黏度不一，喷差也不一样。

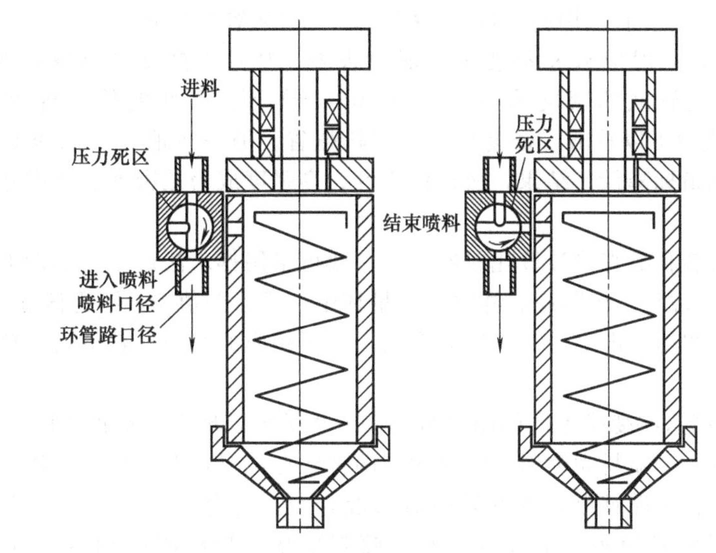

图6-7　注射阀截流喷料方式

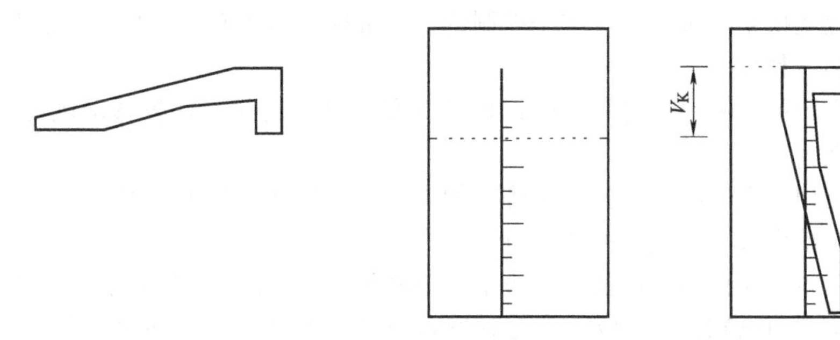

图6-8　排水法计算鞋底容积

喷差会使部分A、B料混合不均匀，这个不均匀的量不大，但影响还是很明显，特别是第一只浇注与最后一只浇注出来的鞋底熟化时间肯定比中间浇注的鞋底脱模时间晚。彻底解决喷差问题的方法与理论专业性太强，对一般PU鞋底浇注来讲，能了解这一规律妥善处理也就可以了。

循环压力过低时，应考虑泵前供料不足。泵前供料不足可能是过滤网阻塞或泵进口阻塞。循环压力过高，可能是泵出口到料罐回料口之间有阻塞。特别应注意注射阀阻塞。有的设备设有超压报警装置。

用于原料循环的管道经过较长时间的使用，口径会自然收缩，此时，循环压力也会增高。收缩的原因是：B料中的MDI残留物逐渐沉积在管道内壁，严重时形成堵管。A料管道一般问题不大。

严格地讲，采用泵循环系统、截流喷料方式的结构来控制好准确的配比是比较困难的，靠人为经验处理也不是好办法。

6.6.6　浇注流量

不同的鞋码，有不同的浇注量，不同的底型，也有不同的浇注量。对于不同的浇注量，

PU 浇注机是怎样控制的？用 PU 浇注机控制不同鞋底的浇注量，首先要确定不同底型的用料量。

不同底型的用料量，一般是根据鞋底的选用密度和容积来确定。计算公式为：

$$鞋底用料量(g)=密度(g/cm^3)\times 容积(cm^3)$$

PU 鞋底密度，一般应从原料使用手册上去查。如：中高硬度鞋底的密度为 0.60～0.65g/cm³；中硬度鞋底的密度为 0.55～0.60g/cm³ 等。鞋底的使用规范一般在 0.4～0.8g/cm³。从上式中可以看出，密度越小、用料越省。但一味地追求低密度以达到省料目的，会使许多其他指标降低。结果，所谓低密度、高强度成为低密度、低指标，带来许多质量问题。

上式中的鞋底容积靠直接计算比较麻烦，一般可采用排水法确定，如图 6-8 所示。用一个 2000mL 的量杯（筒），将鞋底底样放入水量杯中，所得差值 V_K 即为该底样的实际体积。这种方法非常简便快捷、准确，有了鞋底密度，有了相应的容积，就得到了鞋底浇注时的浇注量。

PU 浇注机控制这些变换不同的用料量如图 6-9 所示，现在一般的 PU 浇注机都是在原料的循环管道通过一个喷料阀喷料。喷料阀有两种状态位置：循环位和喷料位。喷料阀处于喷料位时，循环原料回路截断，原料喷射进入混合腔，混合后的原料浇注到鞋底模具型腔中。喷料阀开启时间长短控制着流量多少。喷料完毕，喷料阀回到循环位置，原料继续循环。

喷料阀的位置变换是通过一个气缸来控制的。气缸往复运动有两个位置，这两个位置的变换就是循环位和喷料位。

现在 PU 浇注设备有两种喷料阀结构：转动阀和往复移动阀。往复移动阀也称为针阀，这两种阀各有特点。

往复移动阀是用一个气缸直接推动阀进行轴向换位。转动阀是采用气缸推动齿条，使齿轮旋转，然后再转动变换喷料阀的两个位置。

喷料阀处于喷料位停留时间的长短，决定了喷料的多少。图 6-9 中，有一个电磁阀，这个电磁阀也叫 2 位 5 通电磁阀。2 位，即电磁阀可以处于两种位置，通电时处于一个位置，断电时又处于一个位置。这样电磁阀就可以将气路中的压缩空气分别送到气缸的两侧面。气缸的动作就这样实现换位。气缸换位后，停留时间的长短由电磁阀控制。电磁阀通电的时间，可采用普通继电器控制，也可采用 PC（电脑）控制。现在，普通继电器控制方式基本被淘汰，电脑控制方式逐步增多。

在电脑控制方式中又有单片机、单板机、PC 电脑三种方式，这三种方式又各有差别。采用单片机加一个液晶显示片是一种方式；采用 PLC（可编程控制器）加一个 5in 以上的显示器是第二种方式；采用 PC 电脑加一个通讯数据采集卡是第三种方式。这三种方式的功能都在逐步加强，可靠性不断提高。电脑控制方式中，可以预先设置浇注用料量，无论多少个用料量都可以设置。同时，修补、插入都可以。这个预置用料量从本质上讲是一个时间量，但可以将这个时间量乘上一个系数转换成用料量（g），但这绝不是一个真实的流量控制，这一点在浇注工作中一定要明确。

6.6.7 鞋底浇注中的计量泵问题

PU 鞋底浇注时的流量控制问题与 PU 浇注设备中的计量泵有关。在 PU 浇注设备中，一个泵和一个电机组合起来的系统称为计量泵系统。单独一个泵，不能构成计量系统。目前有两种组合方式：一种由变量泵和定速电机组合；另外一种由定量泵和变速（调速）电机组

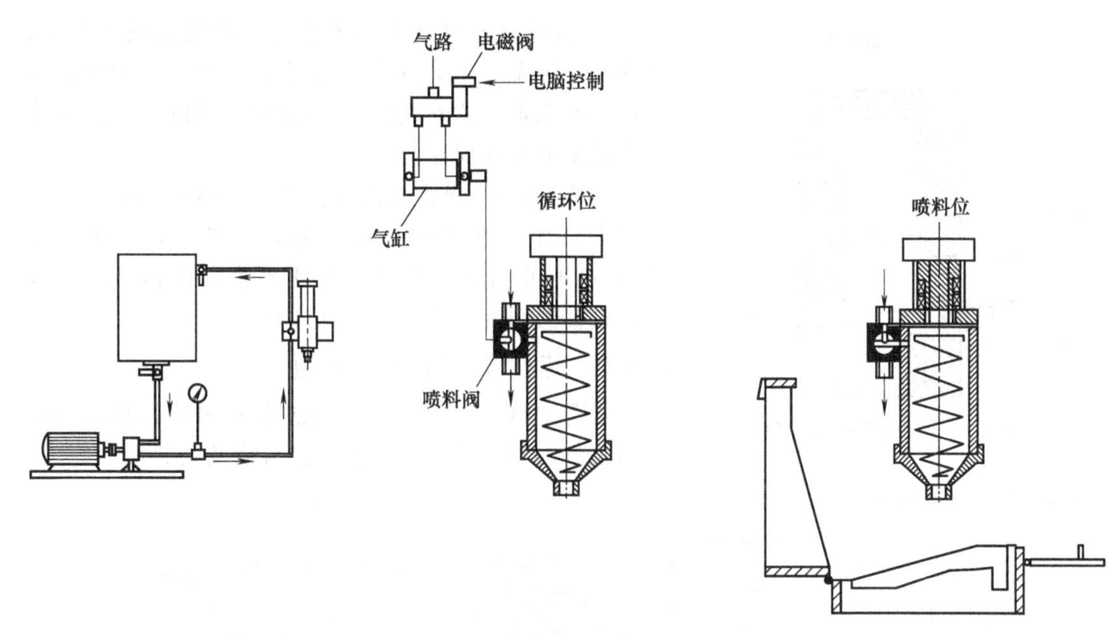

图 6-9 PU浇注机用料量的控制

合。简单比喻定量泵如同一个定量杯，调速电机的作用是将多量杯的 PU 原液送入到混合腔去进行混合，然后浇注到鞋模中去，这就是计量泵的概念。但是，不是说有了这样一个计量泵，就完全可以保证计量的准确性与可靠性。

在 PU 浇注设备中，必须将料罐中的 PU 原液通过泵进口吸入，泵出口排出。经过管道、注射阀，最后流回到原料罐内，如此反复循环。计量泵在这里起两个作用：浇注时，将原液按一定量排进混合腔；不工作时，将原液带动不断循环，以备二次浇注。同时，防止 PU 原液产生局部受冻而结晶。这对浇注计量的准确性、可靠性产生极大的影响。这时，可能出现压力波动，导致喷料不稳，配比失调，严重地影响质量。

要保证进入混合腔的 A、B 料有可靠的配比与流量，绝不是简单的计量泵准确性与可靠性的问题，也不是泵的排量精度问题。泵存在一个排量问题，这个排量是指每转排出的流量。泵生产厂家给出的排量标准，是指其一定条件如介质的黏度、温度等条件下，达到的排量。现在使用的泵，一般都是以液压系统中所用的机械油作测试介质的标准。但机械油与 PU 原液的黏度差别较大。另外，PU 原液一般是在加热状态下使用，温度对其黏度的影响也较大。所以，将 PU 原液系统作为液压系统同样看待是不行的。所谓高精度泵与普通泵，在排量精度上有一些差别，但是，现有的普通泵产生的排量误差，基本上不影响 PU 原液的排量精度。这两者仅仅在耐用性与价格上有差别。

6.6.8 泵的漏料问题

如图 6-10 所示，齿轮泵转动轴与轴承之间有一个间隙，这个间隙过大就会漏料。目前，多数的 PU 浇注机无法实现不浇注时齿轮泵工作停止。这样不分昼夜、连续不停的转动工作导致齿轮泵容易漏料。可以通过以下几种途径去解决漏料问题。

① 增强齿轮泵密封。这种密封结构可采用 4 个骨架油封，外加一个油脂（黄油）油，这种密封结构对 PU 原液的密封效果较好，如图 6-11 所示。

② PU 浇注机不工作时最好作停机处理。这样，不仅减少齿轮泵的磨损，也避免因原液过分循环带来的变质问题。

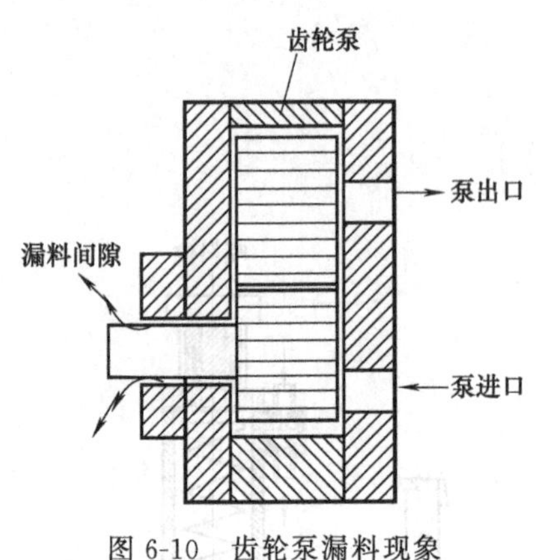

图 6-10 齿轮泵漏料现象

③ 齿轮泵容易产生局部受冻，使漏料间隙加大。另外，泵局部受冻，还会使泵进、出口产生阻塞，引起排量不稳定，这对配比影响极大。所以，一定要注意齿轮泵的加热保温。

④ 齿轮泵与调速电机连接在一起时存在相互同心的问题，如果两者同心度不够，运转时，产生“波动”，这种波动引起漏料和配比不稳，也容易产生气泡。联轴器精度一定要注意处理好。

6.6.9 齿轮泵“窜气”问题

所谓“窜气”是指空气通过漏料间隙，随泵内原料不断窜入到原料的循环管道、料罐及喷料混合腔中，这对浇注质量影响极大。

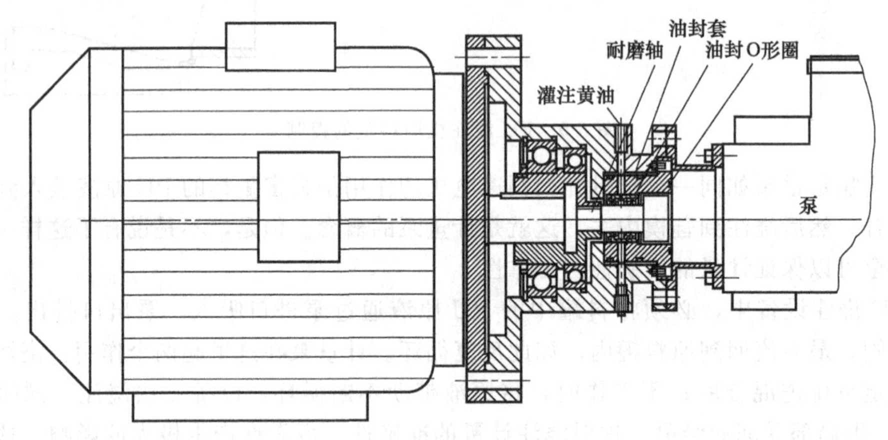

图 6-11 泵的密封结构

调速电机的稳定性对计量泵排量精度和稳定性至关重要。调速电机有两个作用：对泵的转速进行调节控制和反映泵的当前转速。

理论上讲，A、B 料的配比就是 A、B 料齿轮泵电机的转速比。事实是，配比与转速比有差别。有时，差别甚大。特别在新设备用过一段时间后，这种差别更明显。比如，新设备刚开始使用时，调整 A、B 料配比为 1∶1.2。转速比为 200∶250，配比与转速比基本吻合。但经过几个月，可能出现转速比为 200∶300。此种情况可能是 B 料系统已有阻塞。此外，还有 B 料齿轮泵传感器失灵等原因，也可能引起配比与转速比不吻合的现象。有的设备采用将计量泵转速折算成浇注流量的方法，但可靠性不高。

图 6-12 为目前采用的较为典型的三种计量泵结构及其调速电机，特点如下。

机械无级调速电机是靠一对锥度摩擦轮，改变其相互的接触直径，获得不同的转速输出。其稳定性与可靠性比较高，但长时间使用后，机械磨损造成转速不稳定，而靠手轮调速，人为改变摩擦轮的配合位置，对实现自动控制不利。另外，转速显示可靠性较差。

电磁调速电机价格便宜，调速的可靠性、稳定性相对差一些，但基本能满足使用要求。长时间连续工作的情况下，应在调速控制仪内增加一个小风扇，对里面的控制模块进行散热处理，以保证其正常工作。

变频调速电机是通过改变交流电的变换频率来控制电机转速变化。应当说，采用变频调

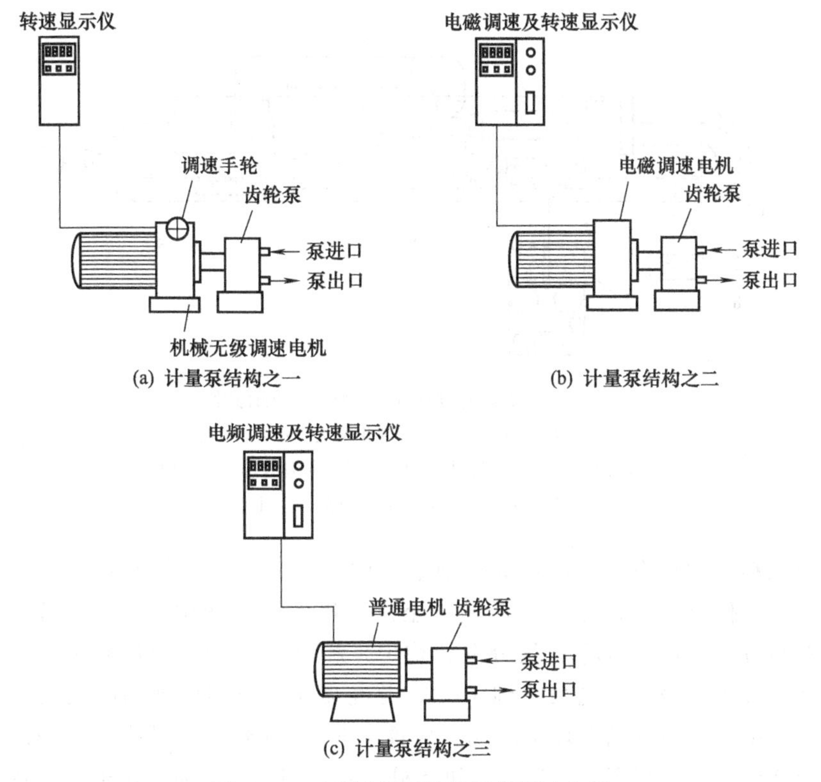

(a) 计量泵结构之一　(b) 计量泵结构之二　(c) 计量泵结构之三

图 6-12　三种计量泵结构及其调速电机

速电机是较好的一种方案。现在的变频器可以在 0.01Hz 以下进行变频调速，调速精度高，可靠性好。当然，电压波动对其影响较大。

泵的排量为每转排出的 A、B 料的多少，那么，由调速电机的转速（以每分钟多少转带动泵转动），就能确定每秒能排出多少 A、B 料到混合腔去进行混合反应。这样，就起到了计量的作用。但是，绝不能这样简单地计量 A、B 料的排量。实际生产中，要进行 A、B 料的流量测试，还要进行混合反应测试。这样，才能保证配比和流量的准确、可靠。

6.7　流水线生产工艺

聚氨酯鞋底的生产主要采用浇注法和注射成型法，浇注用于大底的生产，生产线一般采用椭圆形模具循环生产线；注射方式一般用于鞋帮、鞋底的一次生产成型（连帮成型），模具一般配置在圆形生产线上。两种加工方式的特点比较见表 6-8。

表 6-8　浇注法和注射法比较

项　目	浇注法	低压注射	高压注射	项　目	浇注法	低压注射	高压注射
注模压力/MPa	0.2～1.0	0.2～1.0	10～20	原料反应性/s	13±2	6±2	2
计量装置	齿轮泵或滑片泵	齿轮泵或滑片泵	轴向滑片泵	成型周期/min	6～7	3～4	1～2
搅拌器形式	针状或螺杆	螺杆	无	主要适用范围	单件大底	单底与鞋帮一次成型	单底与鞋帮可双色双密度

聚氨酯鞋底半自动生产线示意图见图 6-13。

聚氨酯鞋底的原料由专业工厂配制，将各种多元醇聚合物、发泡剂、催化剂、泡沫稳定剂等配制成适应各种鞋品不同要求规格的 A 组分；以改性的液化 MDI 为 B 组分；有时，为

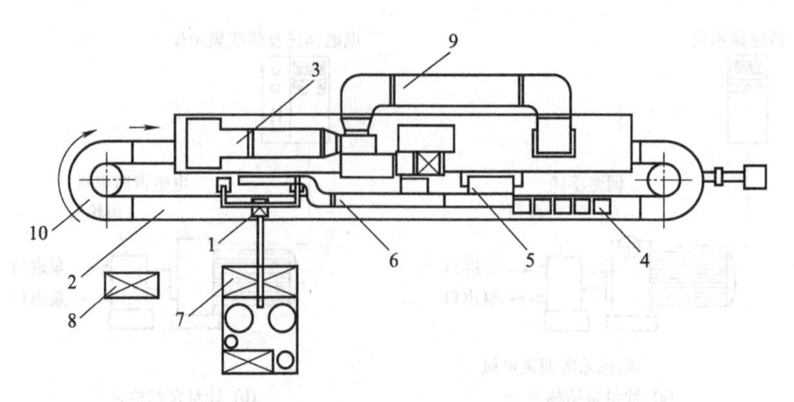

图 6-13　聚氨酯鞋底半自动生产线示意图

1—浇注工位；2—闭模工位；3—硬化加热烘道；4—脱模工位；
5—脱模剂喷涂；6—嵌件插入工位；7—发泡机；8—控制柜；
9—热风循环及排风道；10—鞋底成型生产线

了有利于组合原料的贮存稳定，可将催化剂单独作为第三组分，称为 C 组分，将各组分输至贮罐内调整至工作所需的温度，然后输入至发泡机的工作罐中 7，原料温度分别控制在 35～45℃。A 组分（使用前应将 C 组分混合均匀）和 B 组分经发泡机精确计量、混合后在生产线的浇注工位 1 处浇注至已预热到 40℃，并经喷涂脱模剂处理和嵌入某些鞋用木芯等嵌件的金属模具中。椭圆形的循环生产线上配置了多达 60 套的金属模具，浇注好物料的模具在闭模工位 2 处闭模、锁紧，然后输送进入硬化加热烘道 3。加热烘道常采用煤气、丙烷气、燃油气、管道蒸汽等较经济的能源，但现在多已改为使用电加热、远红外线、微波等清洁、简便、高效的加热方式。烘道温度大多控制在 60～80℃。根据反应体系、加热方式和效率、生产线运行速度等工艺参数和鞋底的厚度等条件，单色大底在烘道中熟化的时间一般约为 4～5min，对于鞋底较厚的产品，熟化时间应适当延长，主要以鞋底制品脱模后不产生收缩、变形为准。产品熟化后，在脱模工位处，将鞋底半成品脱出。模具经清理后，进入下一个循环。

聚氨酯鞋底生产主要分为大底成型、连帮成型（底和帮一次成型）。大底生产线模具简单，生产量较大，生产线占地面积较大。这种鞋底生产线由发泡机和椭圆形生产线组成。目前，国内外的聚氨酯鞋底生产线大同小异但也有一些差别。对国内外的流水介绍如下。

日本的聚氨酯鞋底生产线如图 6-14 所示。

日本聚氨酯鞋底生产线，发泡机配备有转速（r/min）为 4000、5000、6000 的机械混合头，吐出能力为 1.5～6kg/min，椭圆形生产线上可配置 66 套 400mm×350mm 的模具，每小时产量约 400 双。流水线就是用来摆放和运载鞋底模具的，如图 6-15 所示。

模具摆放在滑动的小车上。一般能摆放多少模具也称为多少工位。目前，国内使用较多的为 60 工位的流水线，总长度在 20m 左右，流水线的形状呈椭圆状（俯视），小车由链条和链轮带动。小车的速度由一个调速电机经减速器变速后，传动给链轮。

设计这类流水线时，一般可这样来考虑流水线的运行速度。流水线需要连续不断地作业，聚氨酯鞋底从浇注开始到固化成型需多长时间，这两者之间就有一个流水线运行速度问题。现在鞋底原料生产厂家，一般将鞋底配方调节为 5～8min 达到一定的脱模强度。那么，5～8min 运行一周的速度，既保证了一定的脱模强度，又保证了连续作业的要求。小车运行速度计算如下：

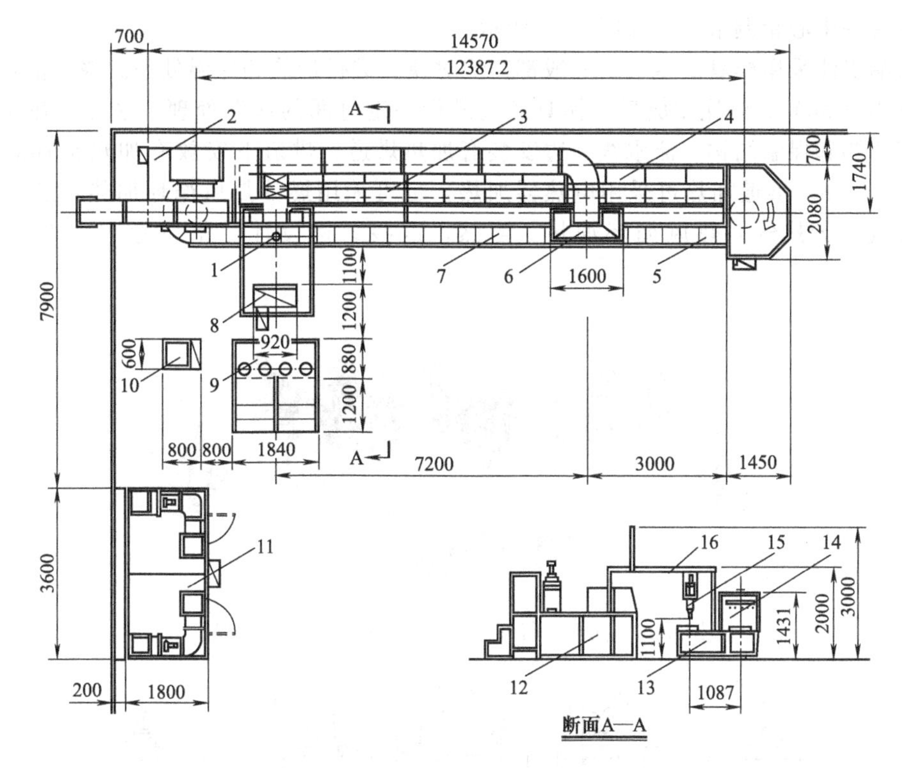

图 6-14 日本的聚氨酯鞋底生产线

1—浇注区；2—气体排风；3,13—循环输送线；4,14—熟化烘道（电加热）；5—开模区；6—脱模区；7—喷脱模剂；8,12—发泡机；9—原料罐；10—温度控制；11—预热室；15—混合头；16—浇注头活动框架

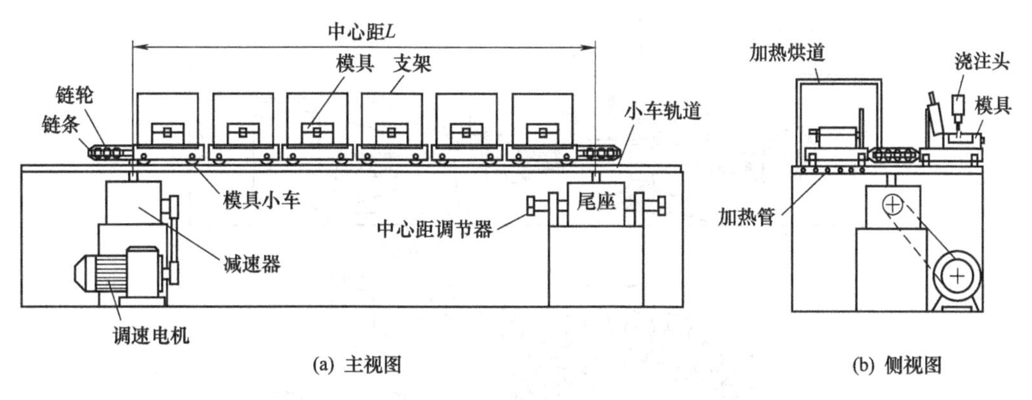

图 6-15 流水线摆放和运载示意图

小车运行速度＝小车宽度×小车个数/脱模时间

减速器的减速比又怎样确定？如果，链轮的直径为 0.65m，那么周长约为 2m。按小车速度 6m/min 计算，链轮应以 3r/min 速度转动，这也就是减速器输出轴的转速。考虑到调速电机使用转速在 600r/min 左右较为适合，那么，减速器的减速比要达 200 左右。显然，采用一级减速不太合适，一般采用二级减速。调速电机可采用电磁调速电机和变频调速电机，功率 3～4kW。

新设备开始安装使用时，须将两链轮间的中心距调节好，使链条的松紧合适。太紧或太松对链条使用都不利。链条使用一段时间后，肯定会变长，这时又需调节中心距。所以，在尾座部位有一中心距调节器，如图 6-15 所示。

聚氨酯浇注采用模具成型时，一般都需要对模具进行加热和保温处理。浇注前，先将模具加热到 40～50℃。浇注完成后，模具还应进行一定时间的保温处理。这样，在流水线上就设计了加热和保温结构。流水线一边安装有加热烘道。烘道下安放有加热板加热，烘道一般有 7～10m。烘道加热可采用电热器加热，也可采用燃油热风循环加热，还可采用燃气（液化气、天然气）热风循环加热。当然，这些结构设计时都应考虑一个合理的性价比。

图 6-16　国内自行开发的聚氨酯连帮成型生产线

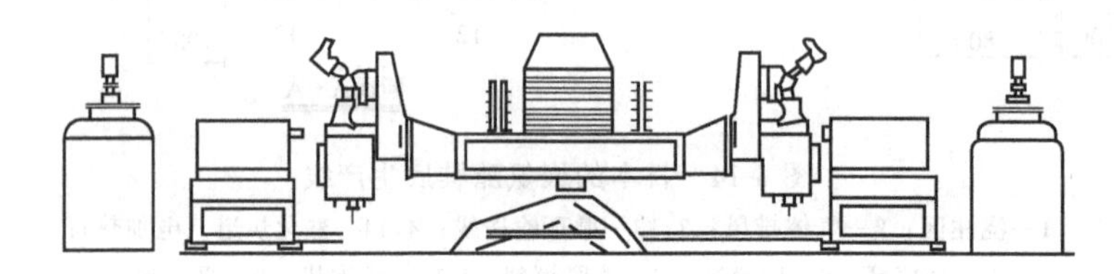

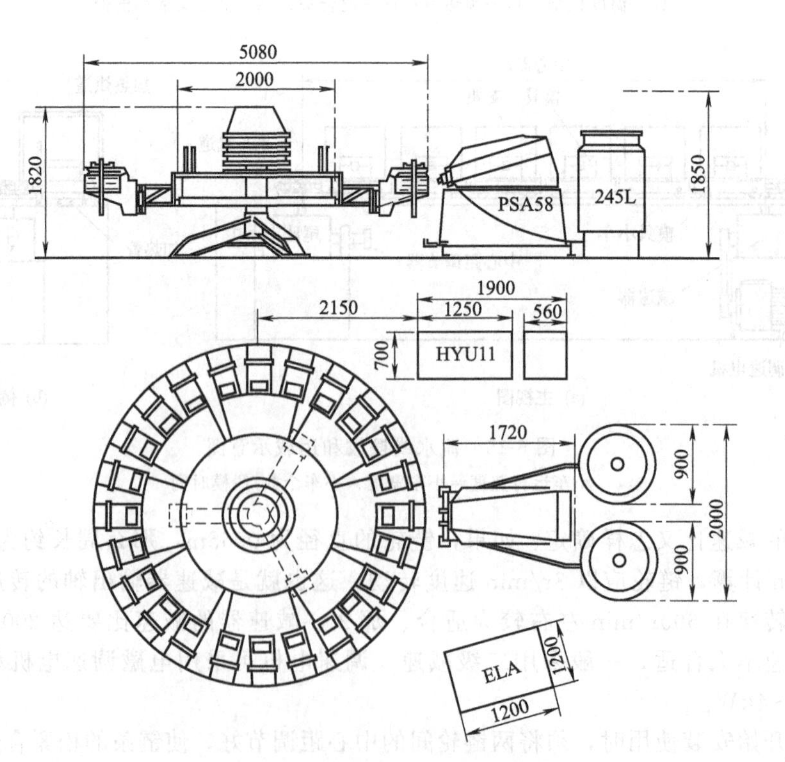

图 6-17　24 工位 PU 连帮成型流水线

美国生产的20型发泡机，体积较小，其螺杆式混合头转速7200r/min，混合物吐出量1.75～8.7kg/min，每小时生产大底300～500双。对原料黏度的要求也较宽，可由普通机械要求的2000mPa·s提高至3000mPa·s。

聚氨酯连帮注射成型，可对鞋底进行单双密度（单、双色）连帮（鞋帮）注射一次成型。PU双色连帮注射是目前世界上最先进的制鞋工艺。可制作各种聚氨酯连帮皮鞋、休闲鞋、运动鞋、工矿劳保鞋，使鞋类外观新颖，穿着舒适。这种设备一般采用工业电脑（PLC）微机控制，自动化程度高，只需要操作工5～8人，配以相应的鞋帮即可生产，克服传统制鞋底、帮分别生产的烦琐工艺。

主机及辅机配套总重量约15t，用电50kW。日产各种成型鞋类1500～2000双，具有定型佳、美观、不脱胶等优点。发达国家这种设备使用较普遍。但进口一台这类设备需人民币800多万元，而且在使用过程中，维修，保养，配件等都相当困难。近年，国内也开发出这种设备而价格仅是进口价的1/5。

图6-16为国内自行开发的一种聚氨酯成型机。

国内这种连帮机的原型还是根据德国生产的PU连帮机改进生产的。德国的原型机如图6-17所示。

这种流水线也是鞋底成型机和转台生产线构成。在24套模具生产转台上，采用浇注或注射方式，连续进行单色或双色连帮鞋的生产。将鞋帮装配在鞋楦模具上进行一次或二次注射，可以生产出单色或双色鞋整体成品，减少了鞋帮、鞋底后期再粘接工序，具有质量稳定、产量高的特点。

6.8 无残料机头

聚氨酯原料计量、混合及分配装置较常压浇注设备更加复杂、精密，多使用注射方式进行。该类设备主要分低压和高压两类，低压使用螺杆式混合装置，这种螺杆式混合头结构如图6-18所示。

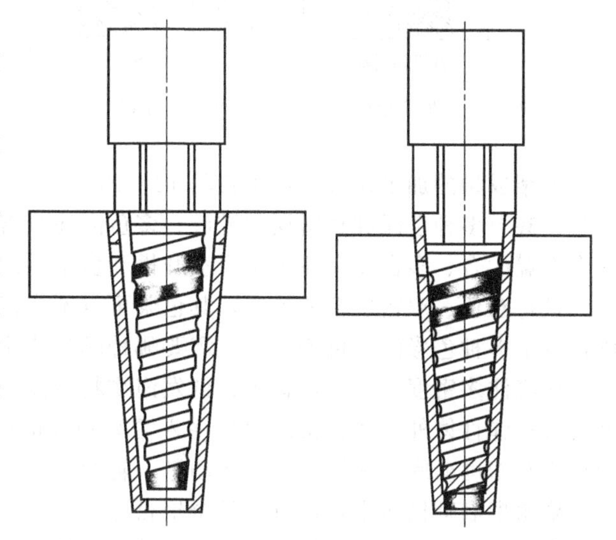

图6-18 高速螺旋杆混合头

双组分液体——异氰酸酯和聚酯（聚醚）多元醇都是在浇注机混合腔中混合后，再浇注到模具中。此时，必须尽快将混合腔中的残留物清除。这些残留物也就是不断熟化的聚氨酯。它对混合腔内壁附着力很强，如果不及时清除，会影响浇注工作的正常进行。但是要尽快、彻底清除残留物也非易事。目前，高压发泡机对一些产品基本可做到无残料、免清洗。这就是高压发泡机相对低压发泡机极具优势的一面。但高压发泡机结构复杂、成本高又是非常不利的一面。国内外低压发泡机也出现过一种不用清洗剂，机械清除残料结构，这就是图6-18所示的高速螺旋杆混合头。喷料阀将双组分液体原料喷进混料腔，由一个锥度螺旋混合头高速旋转混料，混合后的料由螺旋槽和喷料间隙浇注到模具中去。浇注完毕，锥度螺旋混合头向下移动一个距离，将喷料间隙消除。同时，将混料腔内壁上的残料及混合头上的残料刮下和螺旋槽内的残料甩掉。该螺旋混合头以 20000r/min 以上的转速高速旋转，同时配合轴向运动。这需要很高的制造精度，其结构也较复杂。目前，针对弹性体浇注来讲，该结构效果并不理想。也可采用高压发泡机对弹性体浇注。其目的主要想解决弹性体浇注中的清洗问题。目前来看，技术、成本都还存在一定的问题。

6.9 连帮成型工艺

生产聚氨酯连帮鞋的注射和浇注方式如图 6-19 所示。

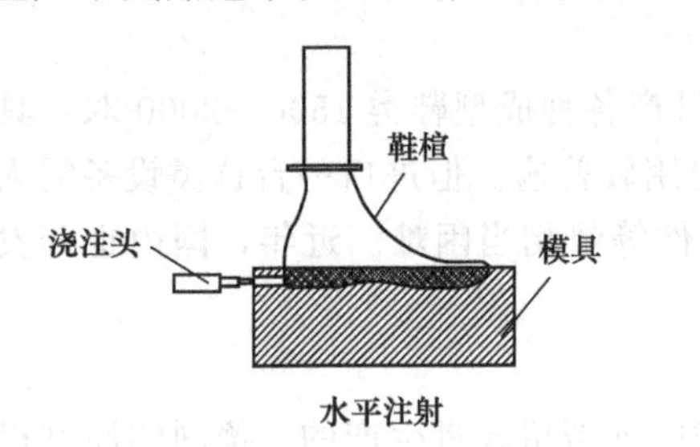

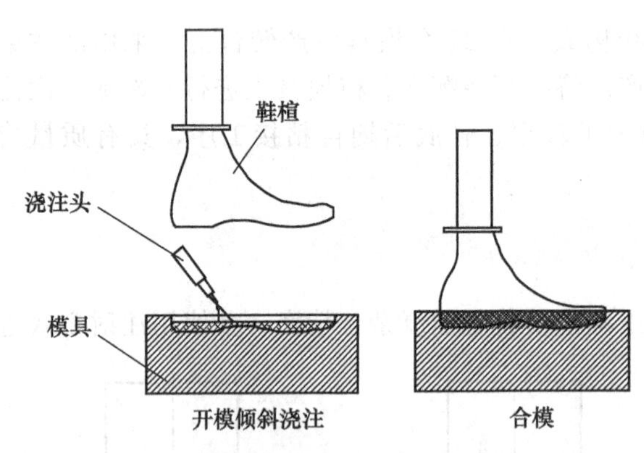

图 6-19　聚氨酯连帮鞋的注射和浇注方式

事实上，无论聚氨酯高压机、低压机的混合腔，将混合后的原料吐出的方式是以垂直方向对模具进行开模浇注最为有利。但限于此种方式浇注有一定的技术难度，所以也就有上述水平注射和倾斜浇注。从上面介绍的德国 24 工位连帮成型机的简图也可看到水平注射头也尽量倾斜了一个角度。

近年，国内在普通低压鞋底生产线上，也采用了倾斜开模浇注生产连帮鞋。这种方式生产连帮鞋，不但鞋的质量好保证，而设备投资仅为进口设备的几十分之一，而合模是人工进行。事实上，上面介绍的 24 工位连帮鞋生产线成本很大部分化在了模具的自动开合机构上。

采用高压机注射连帮鞋时，注入模具压力为 10～20MPa，模具转台要求运行平稳、配合准确。生产原料普遍采用高活性原料，生产效率高。

连帮成型的加工设备，可配备具 12、18、24 个模具工位的转台，直接生产出具有单色、双色，甚至多种色泽和材料层的鞋底。多色灌注只需多色模具（多开模见模具章节介绍）和多个料罐配合、多密度灌注也是需多开模和多个料罐以及原料配方来实现鞋的连续化生产。

进行双色、双密度鞋的生产，其色浆可以不直接加到反应组分中，而是在混合装置旁单独设置了多种色彩的着色剂贮罐，需要哪种颜色按比例将着色剂计量后输至混合头中即可。

在浇注多密度的鞋中，首先将低发泡物料浇注至模腔中，在 50～60s 以后，在已形成聚氨酯微孔弹性体外底和鞋帮之间再注入富有弹性的高发泡性聚氨酯中底材料，2min 后即可脱模为双密度鞋底的整体鞋，如运动鞋、轻便鞋、劳保鞋和长筒靴等。

聚氨酯制鞋机械中，还有一类全聚氨酯鞋靴生产设备，采用这类设备可以生产鞋底、鞋面和鞋帮等均由聚氨酯材料包覆，配以其他材料作为内衬的全聚氨酯鞋靴。该类鞋靴耐油、耐化学品，而且轻便、柔软，具备良好的舒适性和保暖性。尤其是高筒靴等鞋品，很受人喜爱。

聚氨酯长筒靴成型生产线，原料经计量后经过高达 15000～18000r/min 的螺杆式搅拌混合后，注射在模具中，模具和带有内衬材料的鞋楦，交替运动，可以生产不同色泽、不同密度的一次成型式鞋靴成品，鞋靴成品的最大高度可达 450mm。

鞋用聚氨酯为专用组合料，异氰酸酯组分多为液化 MDI，多元醇组分基本是由多元醇聚合物、扩链剂、催化剂等配制而成。目前，国内鞋类生产使用的原料大多数是由国外进口和由烟台万华合成革集团、温州华峰等公司提供。鞋类生产装备基本都是由国外进口的。

6.10　PU 鞋底生产流程

PU 鞋底生产流程见图 6-20。

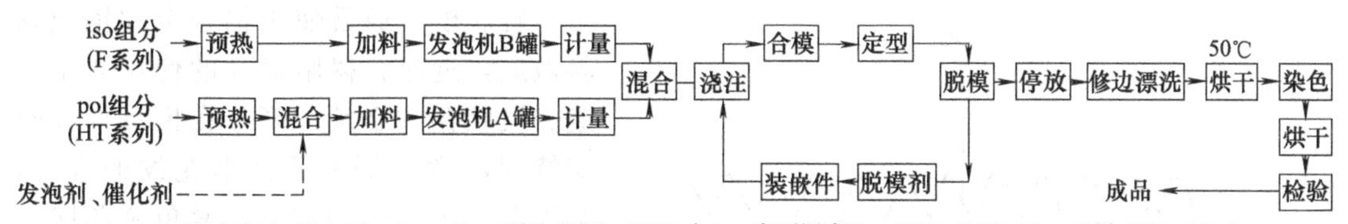

(50±5)℃×8h 热风循环　混合30～60s　40～50℃　3000～5000r/min　定型温度40～50℃　室温×8h　干燥: 50℃×15min

图 6-20　PU 鞋底生产流程简图

PU 鞋底连帮成型流程见图 6-21。

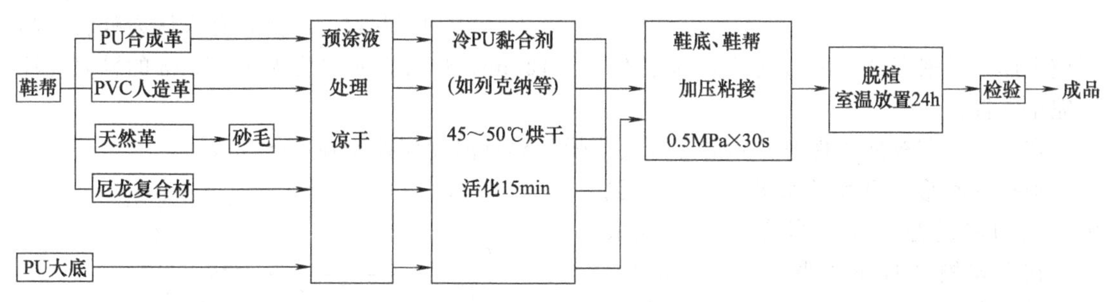

图 6-21　PU 鞋底连帮成型流程图

6.11　聚氨酯鞋底生产中的注意事项

原料贮存和预处理。鞋底原料通常配制成组合料方式，以多元醇、异氰酸酯和催化剂为主要成分的 A、B、C 三个组分供应出售。它们在室温和密封的条件下的贮存期分别为 6 个月、3 个月和 6 个月。在贮存期间，应注意防潮、避光，严禁暴晒、雨淋，并应注意通风。超过保质期，使用前必须进行分析及小样发泡试验，以检验是否失效。原料在使用前，应进行加热熔融，处理条件见表 6-9。

表 6-9　PU 原料使用前基本处理条件

组分	保管条件	贮存期/月	最佳加热温度/时间/(℃/h)	极限加热条件/(℃/h)
A(pol 组分)	<20℃,密封	6	50～60/8～12	70/24
B(iso 组分)	<20℃,充氮密封	3	50～70/16～24	70/24
C(催化剂组分)	<20℃,密封	6		

如果需要配色，应将色浆加至 A 组分中，并需使用前进行充分搅拌，使其分散均匀；催化剂组分通常是在生产厂中加到 A 组分中，但因为有机物催化剂易产生水解，有时也因为各地生产条件、环境不尽一致，可以将催化剂单独作为一个组分，以利于调节，催化剂均应在使用前加至 A 组分中，搅拌至少 10～20min 后，再将 A 组分加至发泡机的工作罐中。

原料组分配比的正确性是保证产品质量的最关键条件，因此，每天生产必须测试检查发泡机计量比例的精度。在新加原料或计量泵误差波动较大时，尤其要注意组分配比计量的监

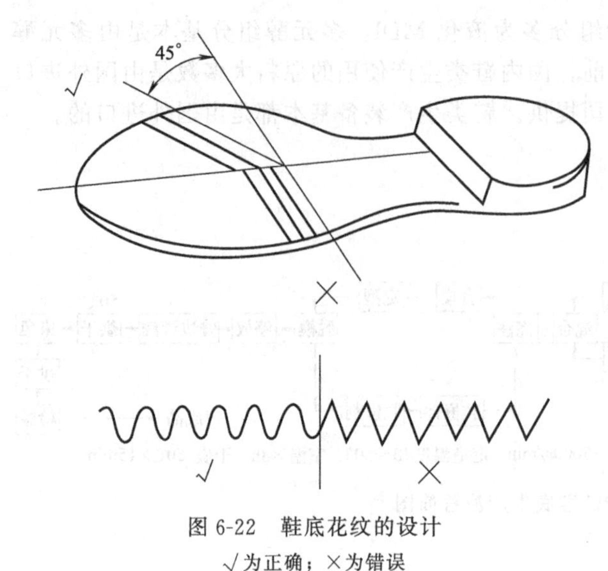

图 6-22 鞋底花纹的设计

√为正确；×为错误

控和检查。发泡机对原料的计量多是以体积为基础，其体积与黏度，乃至温度均有直接关系，因此在生产中必须严格控制各原料的压力、温度在预定的范围之中，否则，将严重影响组分计量的精确性。

鞋底模具通常使用铝合金和钢质材料做成，近年，树脂模具的使用非常普遍。模腔花纹必须清晰，在模具设计时应特别注意较深的凹凸形花纹的设计，必须有利于气泡的排出，避免锐角凹凸形花纹，必要时应改为圆弧形过渡，如图 6-22 所示条形花纹应避免采用。

与弯曲方向平行的走向，最好角度应在 45°左右。以前，有人认为鞋底成品不应太厚，一般以 6～8mm 为宜，通常不超过 12mm；但现在对厚度大于 12mm 的鞋底浇注已完全掌握。

在加入木芯等插入件时，木芯必须要干燥。模具温度应控制在 45～55℃。

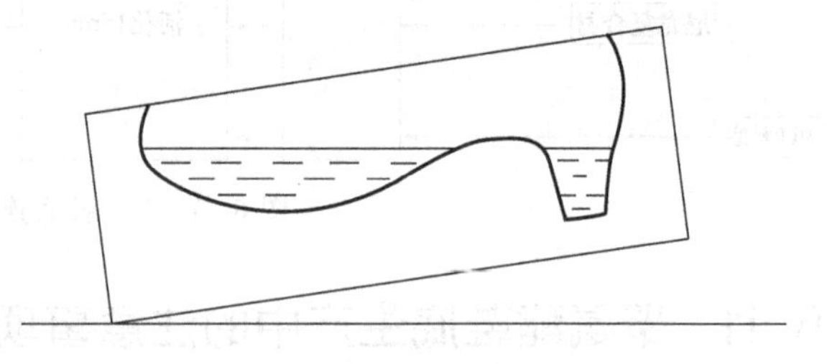

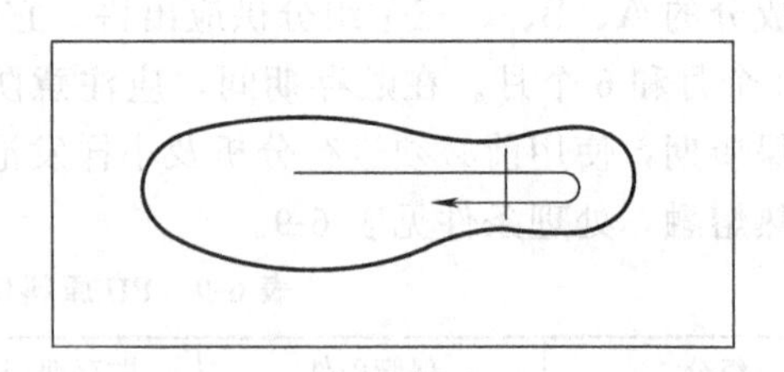

图 6-23 不同鞋形应对模具做不同的倾斜调整

根据鞋底形状和密度要求，应适当调整发泡物料的注入量。当浇注高跟鞋底时，在安装模具时应适当提高后跟部分。浇注时，先在前部浇注部分物料后即可浇注后跟（让发泡中心不集中在一点），注入量应在 40%～70%；浇注平顶鞋时，模具脚掌部分应稍向上抬为宜。模具在生产线上调节适当的角度，须根据鞋底形状对模具倾斜角做相应的调节，以避免鞋底表面产生空穴、气泡等缺陷。调整方法如图 6-23 所示。

聚氨酯鞋底的成型时间一般为 5～7min，此时，聚氨酯鞋底的性能尚未达到最佳程度，脱模时不得用力过大。脱模后的半成品应在室温下放置 1 天，24h 内将产品表面黏附的脱模剂清洗干净，以利于喷色后加工处理。

生产中出现的问题及对策见表 6-10。

表 6-10 生产中出现的问题及对策

现象	原 因	解 决 办 法
iso 组分不易熔融或出现白浊	1. 加热不足 2. 树脂与水反应 3. 树脂加热时间过长 4. 树脂过期失效	1. 确认加热炉正确的温度和加热时间 2～4. 更换新的树脂

续表

现象	原　因	解　决　办　法
发泡机料罐 iso 组分出现白浊和黏度增加	1. 压缩空气夹带水分 2. 料罐有孔隙	1. 压缩空气须干燥 2. 更换、修复原料罐
原液发泡慢	1. 催化剂加入量少 2. 树脂温度低	1. 准确添加催化剂 2. 调整树脂温度
原液发泡快	pol 中有水分混入	1. 更换新树脂 2. 确认发泡机料罐无孔隙漏气 3. 压缩空气须干燥
鞋底脱模时黏附在金属模具上	1. 离型剂喷涂不足 2. 离型剂中有水分混入 3. 离型剂中有 DMF 4. 离型剂品种不当	1. 喷涂足量的离型剂 2～4. 更换离型剂
鞋底不硬化	1. 催化剂少 2. 配比不适宜	1. 准确添加或更换催化剂 2. 调整配比
鞋底硬度较低	1. pol 组分中催化剂失效 2. 配比不当 3. 注入量不足	1. 更换新 pol 组分 2. 调整配比 3. 适当增加注入量
鞋底出现缺料	1. 注入量不足 2. 模具内气体不易排出	1. 调整注入量 2. 设置排气孔或调节模具倾斜角
鞋底收缩变形	1. 注入量不足 2. 配比不合适	1. 调整注入量 2. 调整配比
鞋底脱模时开裂	1. 熟化时间不足 2. 催化剂量较少 3. 配比不适宜	1. 延长熟化时间 2. 增加催化剂用量 3. 调整配比
鞋底中出现水泡	1. 清洗溶剂漏入 2. 原料液漏 3. 浇注压力不稳 4. 计量泵产生脉冲 5. 料液中混入水泡	1. 调整洗涤嘴 2. 调整三通阀 3. 调整节流孔 4. 更换计量泵 5. 检查搅拌及相关管路
鞋底表层有部分脱落	1. 金属模温度低 2. 鞋底各部分注入量不均匀	1. 调整模温至 45～50℃ 2. 调整各部分注入量
鞋底脱模时出现膨松现象	1. 熟化时间短 2. 注入量过多 3. 木芯干燥不足 4. 配比不当	1. 延长熟化时间 2. 适当减少注入量 3. 充分干燥木芯 4. 调整配比
自结皮半硬质模塑制品		
表面结皮厚而硬	1. 模温较低 2. 物料填充量高 3. 辅助发泡剂用量较少	1. 适当提高模具温度 2. 减少物料注入量 3. 适当增加辅助发泡剂用量
表面结皮较厚并有孔	原料中混有较多水分	检查多元醇各组分水分及设备压缩空气干燥情况
表面结皮薄且易脱落，结皮强度差	1. 模具温度较高 2. 催化剂用量不足 3. 扩链剂用量不足	1. 降低模具温度 2. 适当增加催化剂用量 3. 增加扩链剂用量
制品表面出现规律性较大空穴	1. 模内空气排不出来 2. 物料填充量不足	1. 在适当位置开设排气孔 2. 加大模具充料量

续表

现象	原因	解决办法
制品表面有针泡状条纹	1. 原料中混有大量气泡 2. 混合室不清洁 3. 物料注入不同步	1. 检查设备是否漏气 2. 清洁混合室 3. 调整设备,减少物料计量的超前、滞后现象
制品表面鼓泡	1. 凝胶反应速率过快 2. 闭孔率高 3. 模温较高	1. 减少有机锡催化剂用量 2. 适当添加开孔剂 3. 适当降低模具温度
制品收缩	—NCO/—OH 比例高,闭孔率高	减少异氰酸酯用量,减少锡催化剂用量
制品发软	—NCO/—OH 比例偏低,催化剂用量不准	调整—NCO/—OH 比列,适当增加催化剂用量

第7章 聚氨酯跑道

7.1 聚氨酯跑道概述

美国率先将聚氨酯材料铺设在赛马用的跑道上，当时对这种新材料的使用并没有引起人们的多少关注。后来，美国将这种新材料推广铺设在田径比赛跑道上，由于这种新材料弹性适中，能提高运动员比赛成绩，不仅美观、实用，而且又能保护运动员免受意外事故伤害，因此，备受广大运动员的欢迎，引起体育各界人士的极大关注。国际奥林匹克运动委员会经过反复考察后认为，使用聚氨酯材料铺设的田径跑道是取代传统沙土泥地跑道的理想材料，并决定在墨西哥召开的第19届国际奥运会上正式作为田径竞赛用跑道，同时也做出决定：以后正式的国际田径竞赛跑道必须使用聚氨酯材料铺设的跑道，从而使聚氨酯材料名声大振，开拓了聚氨酯材料在铺地材料应用的新领域，各国相继对聚氨酯铺地材料进行了大量的开发研究和应用推广工作。现在，聚氨酯铺设的田径跑道不仅已成为高标准竞技运动场地的必备基础设施，而且还推广至大、中、小学校的普通运动场地，甚至在儿童娱乐场所和人行便道等场所也开始使用聚氨酯铺地材料。与此同时，在该材料的推广应用中，从室外发展到室内，从陆地发展到海上轮船甲板等许多公共场所。目前，该材料已发展成为多用途、多品种、多种应用形式和技术要求的一个重要的聚氨酯产品分支。

根据聚氨酯铺地材料使用用途划分，基本可分为三类，即聚氨酯跑道（国内俗称为塑胶跑道）、室内无缝地板面料和聚氨酯弹性地砖。

聚氨酯塑胶跑道具有适中的弹性和硬度，防滑性能优良，不仅有利于提高运动员的成绩，同时还能减少运动员摔倒时的受伤危害。采用色浆配制的跑道，色泽鲜亮明快，美观大方，并可以全天候使用。在性能上耐跑鞋刺扎，耐候性优越，维护费用低，服务寿命长，这些优点使这种材料成为田径运动必不可少的基础设施之一。

生产聚氨酯塑胶跑道原料的厂家不少，品种也很多，但在世界上最著名的原料生产厂有美国3M公司的“Tartan”、德国拜耳公司的“Recaflex”、日本住友灭1J一3ム公司的“夕一夕、/EP”、英国的“国际铺面”等。

我国使用聚氨酯材料铺装跑道开始于20世纪70年代中期，现已发展成立了几家专业铺装公司，形成了近万吨的生产能力。使用聚氨酯材料铺设高级运动场，已逐渐由省会城市向大中城市扩张，由室外运动场向室内铺地拓展。同时，国内专业聚氨酯塑胶跑道铺装公司已由国内铺向了国际，承担了国家下达的大量援外任务，将聚氨酯跑道铺装至非洲、东南亚的许多国家。

7.2 聚氨酯塑胶跑道的类型

国外跑道用聚氨酯系列品种较多，如德国拜耳公司所属4个生产厂共生产17个牌号的产品；英国国际铺面公司生产有24个牌号。根据铺装场所、用途和使用对象等的差异，选择使用不同规格的材料进行铺装。其品种分级体现了很强的专业性，如国际性田径比赛用跑道，普通比赛用跑道，训练、健身跑道以及中、小学生运动型跑道等。

聚氨酯跑道品种类型较多，主要有以下几方面。

用于室内和户外田径运动跑道的铺设，它具备适宜的水平和垂直方向上的变形，是国际性比赛公认的田径竞赛跑道用材料。跑道几乎是品质均一的单层结构，具有极少的能量损耗而又富有弹性，耐跑鞋钉子刺扎，使用寿命长。厚度约为13～20mm，无任何接头、接缝。通常使用机械浇注加工。

用于学校和公众活动场地的聚氨酯铺地材料，具有经济，耐磨性好，使用、维护方便的特点。

用于多用途田径竞赛场地，也可以进行各种娱乐及喜庆性集会。为两层结构，总厚度约13～15mm，顶部耐磨层厚度约为2mm。

室内竞技多用途铺地材料具有良好的滑动性和防滑性，并有很好的驻停性能，良好的耐磨性能、弹性和减震性。它是由二层弹性结构组成，适宜各种球类比赛室内场地的铺设。

虽然聚氨酯跑道铺地材料的品种很多，专业性较强，但就其结构而言，作为户外用运动型聚氨酯铺地材料基本可以分为四类：即全塑型、复合型、混合型、颗粒型，见表7-1。

表7-1　户外运动型聚氨酯铺地材料分类

类　型	图　例	主要用途	特　点
全塑型	PU胶粒 PU橡胶	高性能田径竞赛场地	由聚氨酯橡胶防滑颗粒面层和全部或掺有少量聚氨酯橡胶颗粒的聚氨酯底层组成
颗粒型	PU胶粒 PU橡胶黏合胶粒	高性能田径竞赛场地	双层结构，上层为聚氨酯橡胶颗粒防滑层，下部为掺有20%～50%普通橡胶颗粒的聚氨酯底层
混合型	PU涂层 含水颗粒的PU橡胶 含较大颗粒的PU胶层	一般球场	由混合有普通橡胶颗粒的聚氨酯胶层为底基层，上层为聚氨酯橡胶的细小颗粒层，上表面涂有一层聚氨酯树脂，使顶部无明显胶粒显露在外表面
复合型	PU胶粒 PU橡胶 含橡胶粒的PU胶	普通田径跑道	三层结构，掺有普通胶粒底胶层，中层为聚氨酯胶层，上部为聚氨酯颗粒的防滑层

全塑型具有优良的运动特性，较低的能量损耗，良好的防滑性和耐钉鞋刺扎性，很高的耐磨性能等，同时它还具有优良的耐老化性能。上表面铺设并粘接了低模量的聚氨酯橡胶不规则颗粒，不仅防滑而且能对鞋底产生较大的摩擦力，有利于提高运动员的竞技成绩。这种类型几乎全部是由聚氨酯材料构成，价格较贵，主要用于高水平、国际性竞技比赛运动场的

田径跑道铺设。

颗粒型和混合型铺地材料一般要比全塑型跑道软一些，耐跑鞋钉刺扎性能相对较差，适用于普通田径跑道和球类运动场地。

复合型塑胶跑道价格相对低廉，上层为大于 3mm 的聚氨酯橡胶不规则颗粒，具有良好的防滑性能，基层中掺有数量较多的普通橡胶不规则颗粒，具有较好的柔软性，通常适用于多用途竞技运动场、学校运动场、球场及娱乐场地的铺设。

为降低跑道材料成本，在混合型和复合型聚氨酯跑道材料中，可以适当使用改性沥青基聚氨酯材料制备底基层，取代价格较贵的聚氨酯材料。

聚氨酯跑道铺地材料主要优点如下。

① 场地运动技术性能均一，对运动员来讲，给予了他们完全相同的地面起始条件，提供了公平竞争的场地基础条件。

② 材料的硬度、弹性等运动性能适中，有助于运动员提高竞技比赛成绩。

③ 当运动员意外摔倒时，它能有效地减少地面对运动员造成伤害的程度。

④ 聚氨酯跑道不会因天气变化而造成场地泥泞不堪，不会因天气变化后变动比赛原定时间安排。

⑤ 聚氨酯跑道色泽鲜艳美观，提高了竞技比赛的观赏性。

⑥ 跑道材料的力学性能优良，耐磨性能突出，使用寿命长，清洗和维护保养工作简便易行。

7.3 聚氨酯跑道的结构

户外聚氨酯跑道均须铺设在已处理好的地面基础上，对于高性能、国际性比赛场地的铺设技术要求更加严格。聚氨酯塑胶跑道的基本结构剖面详见图 7-1。

在夯实的土工基础上，首先铺设水泥沙砾石基础，其厚度通常应大于 20cm，然后在上面铺设混有粗粒石子的粗沥青层，一般厚度应大于 4cm，铺设混有细颗粒石子的沥青层，厚度要求大于 3cm。在基础施工的过程中，要设置道边排水沟渠的下水管道系统。在全部基础完工并验收合格后，才能按不同用途、不同结构和配方进行聚氨酯塑胶跑道的铺设工作。一般聚氨酯跑道采用二层或三层结构。

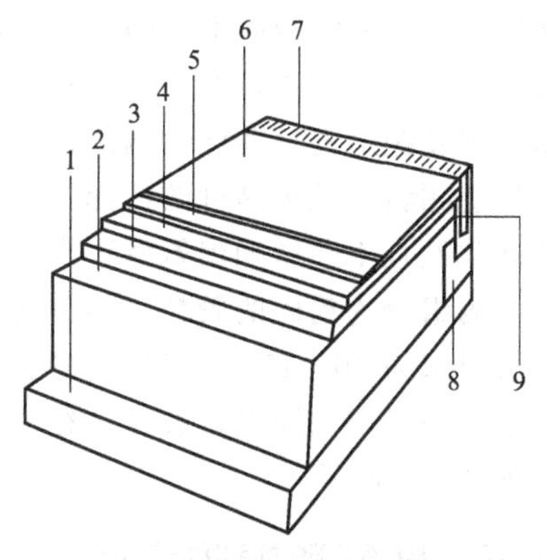

图 7-1　聚氨酯塑胶跑道的基本结构剖面

1—土工基础；2—基础层；3—粗沥青层；4—铺地沥青层；5—PU 跑道底层；6—PU 跑道耐磨层；7—排水管入口；8—混凝土基础；9—排水渠

聚氨酯塑胶跑道及基础工程的施工期应避开雨季和高温季节。施工的最佳气候条件为：环境温度 15～37℃，空气相对湿度应小于 70%。基础应比较干燥，以保证铺设的高质量运动场地面积一般都比较大，要根据铺设所需，在专业工厂定购质量均一的专用原料运至现场，以备铺设施工。铺设时应采用分区分段方式进行，根据每天铺设的工作量，将场地按铺设方案划定若干个条块，铺设前用聚乙烯板条或包覆聚乙烯薄膜的木条，将预浇注的区域包围起来，对于排水沟渠，则必须用适当的材料，预先将入口封闭，以防聚氨酯胶料流入排水系统。

为提高聚氨酯跑道的铺设速度，聚氨酯胶料的混合可以采用两种方式。国外专业铺装公司多使用专业的铺装机械进行连续铺装施工。在地基基础沥青支撑层、底基洞穴的封闭等先期工作做完后，将聚氨酯跑道用原料各组分及必要的橡胶颗粒装载于专用铺装车上，实际上是装配在汽车上的混合机。各原料及胶粒按一定比例不断地输送至混合器中，当物料搅拌均匀后，浆料连续输送至狭长形流胶槽中，调节流胶槽下部的流出缝的宽度以及汽车行进的速度，使混合好的聚氨酯浆料按一定数量均匀排铺在边缘预先设置好围条的基础上。在浇注流道口的后部，装备有可调节角度的刮板，使排铺下来的聚氨酯浆液分散更加均匀平整。在底部胶层固化以后，可以进行上部胶层的铺设，当表面耐磨胶层铺设后，在其尚未固化前将预先制备好的无规则聚氨酯胶粒，采用人工均匀地撒在上面，摊平，然后使用一定重量的负荷辊压找平，使胶粒与胶层紧密地粘接，胶粒嵌入胶层的深度一般为1/3～1/2颗粒高度。待胶料完全固化后，再将未粘接好的多余胶粒清扫下来，待整个运动场铺设完成后，再使用专用聚氨酯跑道涂料，按要求划出跑道线等各种标志。

7.4 聚氨酯跑道的原料

聚氨酯跑道原料基本分为三部分，甲组分为异氰酸酯和聚醚多元醇反应生成的预聚体；乙组分是由交联剂、催化剂、增塑剂、色浆等组成的混合物；丙组分为粉碎成一定粒度的普通橡胶胶粒或低模量聚氨酯橡胶胶粒。

目前，甲组分所用的异氰酸酯主要是TDI，聚醚多元醇主要为聚氧化丙烯醚，它们采用普通预聚体合成方式进行反应，通常—NCO含量控制在4.5%～9.5%，完全反应经分析合格后，立即分装，并应充入干燥氮气密封备用。乙组分配制成分较多，以MOCA和胺醚为主的化合物主要起到反应扩链的作用；催化剂的添加是为了调节预聚体与扩链剂之间的反应速率，使用的催化剂品种主要有萘酸钴、萘酸锌、油酸等，其中以萘酸锌效果最好，它能使厚胶层内外固化速率基本一致。为降低塑胶跑道成本，在乙组分中还应加入适当的填料；为克服分段分区浇注出现不良接缝现象，还须添加适当的增黏剂。同时，在配方中还必须加入防霉剂、紫外线吸收剂、防老剂等配合助剂，以提高塑胶跑道曝露于各种气候条件下的使用寿命。为方便施工，有利于胶料的均匀摊铺，应加入适当的无水级溶剂；根据国际标准，聚氨酯塑胶跑道的比赛区为橘红色，非比赛区应为绿色。为此，配方中还必须加入适当的橘红或绿色颜料。颜色品种的选择，除要求着色力强、色泽鲜艳外，还必须具有良好的分散性、防老化性且不会影响聚氨酯正常反应。

丙组分为粉碎的胶粒，共分两种。一种为普通废橡胶经粉碎、过筛分级后的胶粒，粒径一般要求为10～15目。另一种则是在工厂中专门生产的低模量聚氨酯彩色胶粒，用以跑道最上部防滑层的铺设，胶粒粒径一般为3～5mm的不规则颗粒。聚氨酯跑道制备的基本流程如图7-2所示。

7.5 聚氨酯塑胶跑道的技术要求

根据国际标准，聚氨酯跑道不仅有颜色的外观要求，同时根据竞技比赛项目的不同，对聚氨酯铺地材的铺设厚度也不尽一致，表7-2为不同运动使用不同厚度的聚氨酯铺地材料。

聚氨酯跑道的基本性能各国虽不尽完全一致，但在硬度、回弹及其他力学性能要求方面相差并不太多。世界各著名厂家的相应标准列于表7-3。

表7-2 聚氨酯铺地材料厚度

运动项目	标准铺设厚度/mm	运动项目	标准铺设厚度/mm
主跑道	13	起跑、起跳及投掷区	18
跳高、跳远、标枪投掷、助跑区	13	障碍池区	25
训练用跑道	16		

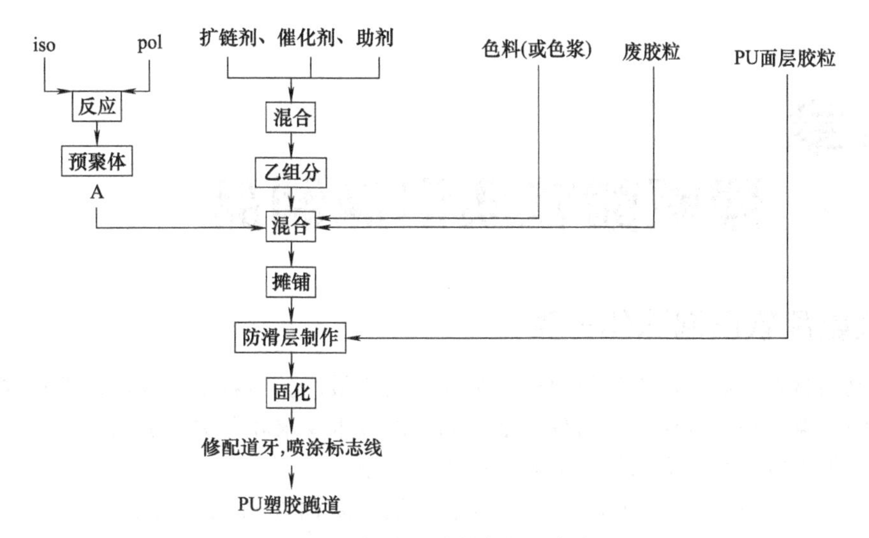

图 7-2 聚氨酯跑道制备的基本流程

表 7-3 聚氨酯塑胶跑道的基本性能指标

生产公司	牌 号	硬度(邵尔 A)	拉伸强度/MPa	伸长率/%	撕裂强度/(kN/m)	压缩复原率/%	回弹率/%
(美)3M Co.	Tartan	35～50	2.1	100～300		75～98	35
(德)Bayer Co.	Recortan	45～50	1.96	270	4.9	95	30
(意)Mondo Rubber Co.	Sportflex	45～55	3.08	260	12.2	95	70
(日)奥尔(株)	オルウエサS	41	1.72	250	10.8	95	
(日)东洋运动设施(株)	グランドマスタS	50	3.7	600	23	<85	45
保定合成橡胶厂		35～75	>2.3	>250	>10.8	75～98	20～50
南京合成橡胶厂		45～60	>2.45	>270	>10.8		20～30
中国台湾地区标准		40～75	1.96	>200	>7.8	>70	>30

聚氨酯塑胶跑道的模量、阻尼因子与温度的关系见图 7-3。

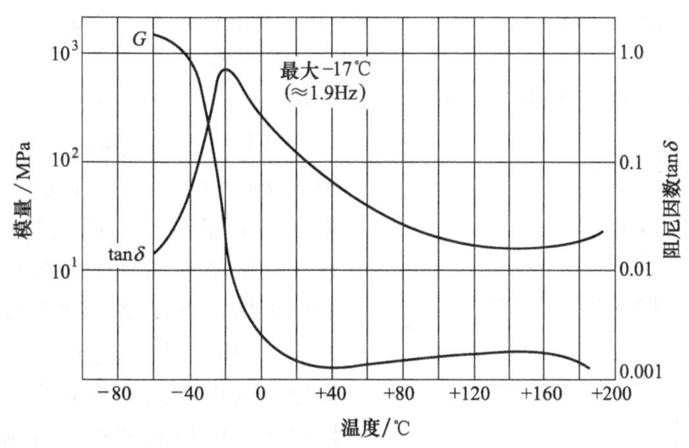

图 7-3 聚氨酯塑胶跑道的模量、阻尼因子与温度的关系

图 7-3 所列数据仅是跑道材料本身的主要力学性能指标，这对于聚氨酯塑胶跑道这一特殊产品还是远远不够的，对于高水平的竞技运动场，除了要求铺地材料本身应达到一定的技术性能指标以外，还必须在铺设施工中精心操作，以达到各种体育运动对运动场地的运动特性、安全性等方面的特定要求。

第 8 章 聚氨酯软质泡沫制品

8.1 聚氨酯软质泡沫体分类

在聚氨酯材料中以软质泡沫塑料产量最大，应用最广。随着生产技术的不断进步和产品应用要求的日益严格和专业化，对软质泡沫制品的技术要求和分类更加细化，专用性越来越强，从而使得聚氨酯软质泡沫体的分类也越来越复杂。

按产品功能分类，有普通软泡、抗静电软泡、亲油性软泡、亲水性软泡、吸能性软泡等。

按加工方式分类，有预聚体法、半预聚体法和一步法。

8.2 预聚体法

预聚体法又称为二步法，它是指在合成聚氨酯软泡时，需先制备预聚体，即使用二步工序才能完成。第一步，使用多元醇聚合物，如聚醚多元醇或聚酯多元醇与化学计算量过量的二异氰酸酯反应，首先生产端基为异氰酸酯基团的低聚物，聚氨酯工业中常将它称为预聚物(prepolymer)。在某种意义上讲，它也可以算是一种经过改性的异氰酸酯。第二步是将这种预聚体与水、辅助发泡剂、泡沫稳定剂、催化剂等助剂混合，生成含有氨基甲酸酯、脲基等极性基团的大分子，利用反应生成的二氧化碳和反应释放的大量热量，使低沸点的辅助发泡剂气化，同时，利用催化剂的催化作用，调节链增长反应速率和发泡反应速率二者的平衡，使物料在泡沫稳定剂存在下，生成细微、均匀泡沫结构的泡沫体。基本制备反应如下。

$$\underset{\text{过量}}{OCN—R_1—NCO}+HO—R_2—OH \longrightarrow \underset{\text{(预聚体)}}{OCN—R_1—NHCOO—R_2—OOCNH—R_1—NCO}$$

$$OCN—R_1—NHCOO—R_2—OOCNH—R_1—NCO+H_2O \longrightarrow —NHCONH—+CO_2$$

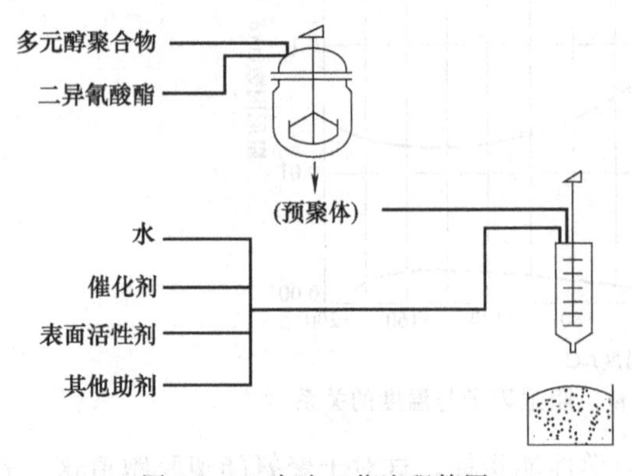

图 8-1 二步法工艺流程简图

这种二步法合成工艺是早期制备聚氨酯泡沫塑料的主要方法，其主要优点是可以根据不同分子量、不同结构的多元醇聚合物，设计并制备不同软链段长度、不同分子结构的预聚体，以调整、改变最终聚合物制品的性能；同时，将反应放出的热量分两次释放，避免和减少了集中放热产生的过热，使反应历程和操作相对简单、容易。二步法的缺点在于预聚体的黏度相对较高，尤其是聚酯型预聚体，黏度更高，这对于它的计量、输送以及充分、均匀地混合是很不利的。另外，二步法生产工艺流程相对要长，设备投资相对较大。其基本流程如图 8-1 所示。

随着聚氨酯发泡工艺的改进及原材料、各种催化剂、泡沫稳定剂等助剂新品种的使用，目前，该种加工方法已逐渐被一步法所取代，但在某些低黏度的聚醚型多元醇、硬质或半硬质泡沫体的制备以及特种泡沫制品中，仍采用二步法生产。

预聚体的制备比较简单，工业生产大多采用间歇方式生产，中、小规格的生产装备流程如图 8-2 所示。

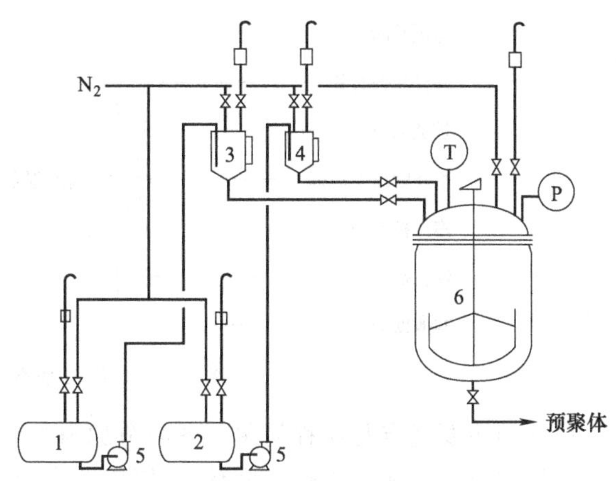

图 8-2　间歇式预聚体合成流程简图

1—多元醇贮罐（含加热温控系统）；2—异氰酸酯贮罐（含加热温控系统）；3—多元醇高位计量槽；4—异氰酸酯高位计量槽；5—计量泵（保温）；6—反应釜

8.3　半预聚体法

针对预聚体法合成预聚体的黏度过大、不易操作的缺点，发展出半预聚法。该法是改性异氰酸酯应用的延伸。它是将多元醇聚合物分成两部分，将一部分多元醇聚合物和全部的异氰酸酯反应，生成端基为—NCO 基团的预聚体中间体，它和传统的预聚体的不同之处在于其异氰酸酯的百分含量要大得多，也可以把它理解为含有氨基甲酸酯基团的长链异氰酸酯，同时该种预聚体的黏度有很大的降低。剩余一部分多元醇聚合物将和水、辅助发泡剂、催化剂等助剂一起混合成为反应的另一个组分。然后，再将改性生成的预聚体和剩余的这部分多元醇聚合物反应，而制备聚氨酯泡沫体。该法最主要的特点就是成功地使传统预聚体的黏度大幅度地降了下来，提高了它们与多元醇等助剂混合的相容性，克服了预聚体法生成的预聚体过高的黏度，提高了反应各组分的混容能力，加工操作更加容易，其基本流程如图 8-3 所示。

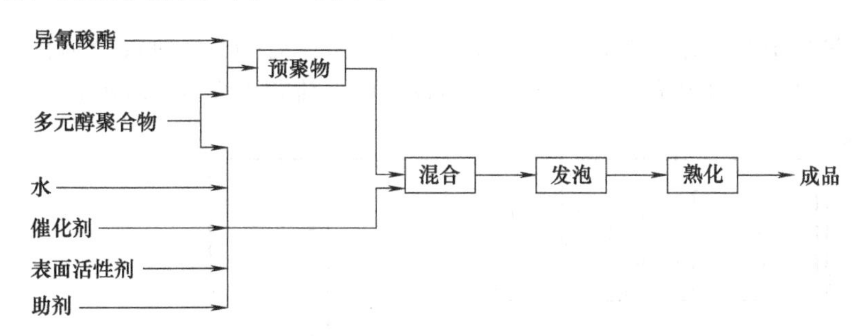

图 8-3　半预聚体法基本流程示意图

该方法在普通聚氨酯软质泡沫塑料的生产中使用较少。较低黏度的原料体系，没有必要使用该种方法降低体系黏度。该法在聚氨酯硬质泡沫体及聚氨酯半硬质泡沫塑料的制备中应用较多。

8.4　一步法

聚氨酯发泡工艺中，目前普遍采用的方法是一步法发泡技术。一步法发泡工艺是在聚氨酯生产技术不断深入研究的基础上，在各种新型发泡催化剂、泡沫稳定剂等助剂的开发和聚氨酯泡沫体加工机械和加工技术发展的必然结果。该法是将作为原料的各个组分，如异氰酸酯、多元醇聚合物、扩链剂、发泡剂、催化剂、泡沫稳定剂等一系列原料，经严格计量后，一并加入，经高速搅拌混合后进行发泡。其基本流程如图 8-4 所示。

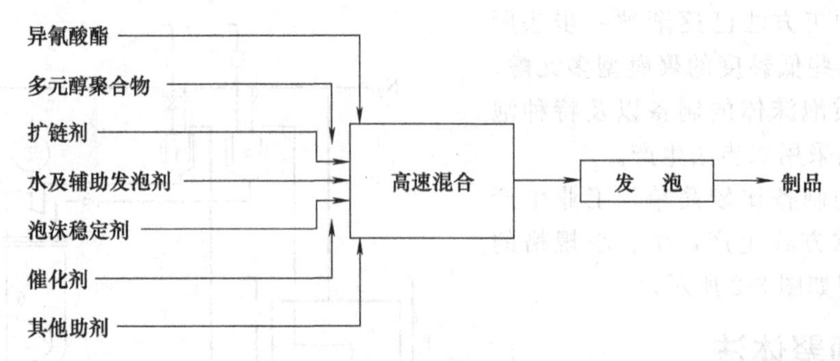

图 8-4　一步法基本流程示意图

该法的主要优点是流程简单，各组分原材料直接混合在一起进行高速搅拌，均匀混合即可完成发泡过程，无需进行中间体-预聚体的合成过程，设备投资少，易于制备密度低和模塑软质泡沫制品。但该法要求原料黏度要低，彼此间的互溶性要好，各组分原料配比、计量必须精确。

在一步法发泡工艺的基础上，为克服多组分计量误差问题，近几年来，普遍采用组合料的生产方式，将多种原料，根据产品的用途、性能等要求，在专业配料工厂中，将异氰酸酯作为单独的一个组分，将多元醇聚合物、水、辅助发泡剂、扩链剂、表面活性剂、催化剂等各种助剂，预先配制成一个组分原料，直接以二组分原料方式提供给泡沫体生产厂，改变了早期发泡机械必须装配4～7个原料贮罐、输送管道、计量系统的复杂设计和配置，以及因各组分重量比例悬殊过大造成计量准确性差的缺点，同时，也使得泡沫体加工厂在多品种原料采购、运输、贮存等过程中造成的生产成本得以大幅度下降，从而使一步法发泡工艺生产的泡沫体成本更低，生产更简便，质量更加稳定，有力地推动了聚氨酯泡沫塑料产品的高速发展。

（1）组合料的制备　组合料的制备主要是指多元醇聚合物及各种配合剂在专门的工厂中进行混制。其生产过程和装备比较简单，典型设备配备流程如图 8-5 所示。

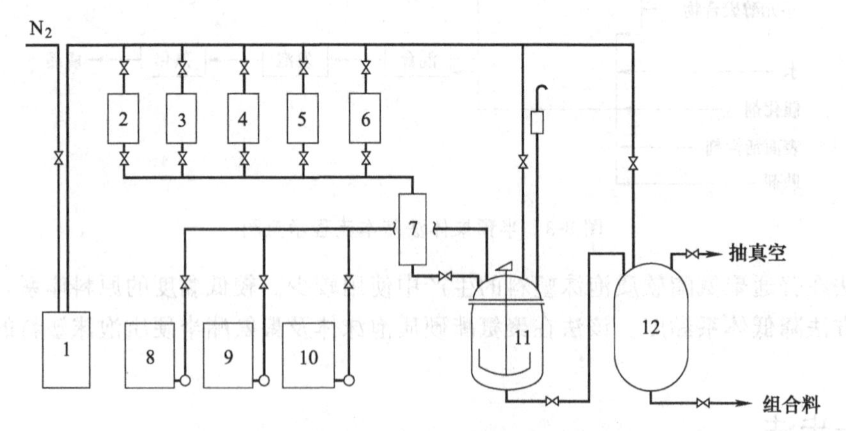

图 8-5　多元醇聚合物组合料制备流程简图

1—氮气缓冲罐；2～6—配合剂贮罐；7—计量器；

8～10—多种多元醇聚合物贮罐；11—混配反应釜；12—贮罐

通常作为多元醇聚合物的基础主料有1～4个，各种配合剂则更多，将它们分别输进各自的贮罐中，多元醇主料使用计量泵送至混配反应釜中，各种配合剂由于加入量相对较小，通常使用细长的筒式计量器进行计量后加至混配反应釜中，物料在高速搅拌、25～50℃下混合 1～2h，取样分析组合料的各项控制指标，合格后放置成品贮罐中。

为保证各组分的计量精度，多元醇原料一般都控制在 25～50℃设定的恒温条件下进行计量、输送，某些扩链剂、辅助发泡剂等组分在较低温度下易出现结晶，或在较高温度下易产生汽化，对此，均应采取适当的温度控制措施。由于众多配合剂的用量较小，且计量筒是以体积来实施计量的，为减少计量误差，应考虑各配合剂原料的相对密度，计量筒应细而长为宜。在有条件的情况下，可以采用多个活塞式注射管状计量装置。当然，对于小型组合料混配企业，也可以采用将原料依次称量加入的简易办法。但不管加入方式如何，在组合料混配的过程中，都必须注意：物料混合搅拌效率要高。在正常情况下，搅拌速率应大于 80r/min，搅拌时间应大于 1.5h。

在各种配合剂中，不可首先加入发泡剂，否则会因它与其他组分的相容性较差，并容易和多元醇形成氢键，而被多元醇包围，形成较多的胶状物，使发泡剂配方出现偏差。

各组分计量必须精确。组合料混配反应釜应具有较大的容积，以减少组合料成品批次间的质量波动，国外专业的组合料生产厂，除装备高精度计量装置外，其混配反应釜的容积一般都在 $10m^3$ 以上。

为保证组合料产品质量，应对基础原料和生产出来的组合料进行严格的分析检验。对组合料产品不仅要使羟值、羧值、水分和黏度等符合产品规格要求，同时，还必须具备良好的贮存稳定性。在贮存的过程中，不得出现分层现象。在基础原料的选择上，应在满足性能要求的基础上，合理搭配，优先选择化学稳定性好、互溶性好、耐水解、挥发性低的配合剂，以保证组合料产品具有优良的贮存稳定性。对于个别必须添加的，但又容易引起分解，或与其他组分易产生化学反应、严重影响组合料贮存稳定性的化学品，如有机锡类催化剂等少量化学品，必要时可以暂不加入组合料组分中，而改在使用前加入。

(2) 一步法发泡工艺影响因素　一步法发泡工艺中，所用的聚酯多元醇一般是带有少量支化的己二酸的一、二元和三元醇系。聚酯多元醇的官能度、分子量是它的重要参数，直接影响生成聚氨酯聚合物的软、硬链段的构成比例及交联密度的大小。而泡沫制品的柔软性和力学性能，主要是通过聚酯多元醇的分子量、官能度等加以调整。

因聚酯多元醇易吸潮，因此在使用前应妥善保管，不得受潮。通常聚酯多元醇的含水量应小于 0.3%，即使如此，作为配方计算，仍应作为水发泡剂的一部分考虑。

目前，制备软质泡沫体用的多元醇主要是聚醚多元醇，它们与聚酯多元醇不同，其黏度比聚酯低得多。用于一步法制备聚氨酯软泡的聚醚多元醇，其官能度通常都大于 2，羟基当量在 1000 左右。其中，以分子量 3000 左右的三羟基聚醚多元醇使用最多。若使用的三羟基聚醚多元醇的分子量超过 4000，生成的泡沫体的泡孔结构粗大，回弹性下降，压缩变形值偏高。通常，当官能度增加时，泡沫体的压缩模量增加，而拉伸强度、撕裂强度和伸长率降低；当官能度下降时，泡沫体的压缩模量降低，其他性能有所增加。

传统使用的聚醚多元醇多为仲羟基型聚醚，由于它的反应活性比伯羟基聚醚要低 3 倍之多，故催化剂的用量大，生产周期长。近年来已大量使用了伯羟基比例很高的高活性聚醚多元醇，这种高活性聚醚多元醇是用普通三官能聚醚再与氧化乙烯反应，在聚醚分子末端引入伯羟基，从而使聚醚的反应活性大大地提高了。这不仅能使泡沫体的力学性能得以提高，更重要的是缩短了泡沫体熟化的时间，节约能源，提高产量。

在选用聚醚多元醇时，必须密切注意其低沸点物、碱金属离子及醛类化合物等杂质的含量。在聚醚多元醇中含有低沸点物，如少量游离的环氧丙烷，将会与 TDI 反应，它们在与 TDI 反应时放热量比常规异氰酸酯和多元醇反应的放热量要高。金属离子对合成中缩二脲和脲基甲酸酯的生成反应有着强烈的催化作用。如果聚醚中金属离子含量过高，则会加速后熟化反应速率，使反应热过于集中，造成局部过热，并容易引起聚合物分子链的断裂，产生大量的自由基，引发链式反应。如此时聚醚中醛类杂质较多时，它的氧化将会使链式反应不能终止，相反，却能加速这种反应，从而使生成的泡沫体发生黄变，烧芯，甚至分解、冒烟和自燃。

一步法技术制备聚氨酯软质泡沫塑料，使用的异氰酸酯多为甲苯二异氰酸酯。TDI异构体变化对一步法软质泡沫体性能的影响是65/35 TDI和80/20 TDI制备的泡沫体密度和压缩模量较高，泡沫体的发泡时间也随2,4-TDI异构体比例的上升而有所增加。从反应释放出的热量上也可得证明，使用65/30 TDI，发泡时放热温度为100～102℃，而使用纯2,4-TDI发泡时，放热温度仅能达到87～92℃。2,6-TDI异构体比例增加，泡沫体生成的支化反应比例较多。相反，在一定范围内，随着2,4-TDI异构体比例的增加，泡沫体的柔软性提高，但全部使用2,4-TDI时，则会产生严重收缩。因此，在制备聚氨酯软质泡沫体时一般都使用80/20 TDI和65/35 TDI，而使用前者更为普遍。

(3) 异氰酸酯指数影响　在理论上讲，异氰酸酯指数应该是1.00，但由于反应中存在副反应，要消耗一部分TDI，同时也为了改善泡沫体性能，尤其是湿老化性能，所以在实际生产配方中，实际加入量要比理论消耗量高，其比值为异氰酸酯指数，在一步法生产聚氨酯软质泡沫塑料中，异氰酸酯指数通常控制在1.03～1.10之间。当异氰酸酯指数过高时，泡沫体压缩模量提高，泡沫网络结构粗大，闭孔增加，有时会导致制品开裂。同时，由于未反应的TDI持续进行反应，发热量大，放热时间延长，有时可达数小时之久。这样会使泡沫体中心温度长时间处于高温状态下，容易引起块状中心焦化，烧芯。若异氰酸酯指数过低，泡沫体的机械强度和回弹下降，泡沫体会出现细小的裂缝。

(4) 水和辅助发泡剂的影响　聚氨酯泡沫体的生产中，水是最佳的化学发泡剂。它与异氰酸酯反应生成二氧化碳气体，在聚合物中形成气泡。水量越多，产生的二氧化碳气体量越多，生成的泡沫体密度也就越低。水在配方中的作用，不仅只是为了产生二氧化碳气体，另外，它可以与异氰酸酯反应，在聚合物分子键中生成脲基以及脲基甲酸酯和缩二脲等基团。在配方中，水量过高，聚合物分子中形成的脲基较多，致使泡沫体的手感僵硬，甚至会出现开裂、性能下降；同时，配方中用水量较多，反应放热激烈，泡沫体中心温度会急剧上升，容易出现芯部发黄、焦烧现象，加之泡沫体热导率低，散热性差，使得泡沫体芯部热量聚集严重，高温持续时间长，在密度较低的聚氨酯软泡生产过程中，泡沫体内部的温度能高达140～160℃，其放热过程持续时间超过10h。在这种持续高温下，会使泡沫体，尤其是连续块泡和箱式块泡等大体积、大断面的泡沫体芯部产生氧化，即通常称谓的“烧芯”现象，使泡沫体变成黄色或棕色，对于高水量配方的低密度软泡，在夏季炎热的气候或散热不佳的条件以及具备足够氧气的环境下，泡沫体即会产生自燃，引发火灾危害。

(5) 催化剂的影响　聚酯多元醇和聚醚多元醇原料体系不一样，反应性能有差异，因此，在催化剂的选择上也不尽一致。聚酯型聚氨酯的一步法发泡工艺，通常使用的催化剂有*N*-乙基吗啉、三亚乙基二胺、三乙胺、二乙醇胺等。催化剂是调节、控制链增长反应和发泡反应的主要助剂，因此催化剂的活性、浓度均对发泡工艺和泡沫体性能有直接影响。为此，在配方中常以多种催化剂配合使用。通常，在反应体系中，催化剂浓度增加，体系的反应速率增加，熟化时间缩短，泡沫体的泡孔尺寸、密度和压缩模量降低，但催化剂用量过多，则会出现泡沫体收缩，甚至开裂现象。

聚醚多元醇的黏度较低，采用一步法发泡工艺较预聚体法需要催化活性更高的催化剂，只有这样，才能有效地提高发泡体的凝胶强度，保证发泡过程正常进行。在聚醚多元醇体系中，通常使用的催化剂是叔胺和有机金属化合物的复合催化剂体系。叔胺催化剂对—NCO—OH 之间的反应有强烈的促进作用，而有机锡类催化剂则对—NCO—OH 之间的反应催化能力更明显。利用这两类催化剂主催化功能的差异，按一定比例添加至配方中进行反应体系各种类型反应的调整，可以制备负荷性能优良、泡孔结构细密、开孔率高的泡沫体产品。

典型催化剂对苯基异氰酸酯与丁醇、水和二苯基脲在二氧杂环己烷中，于 70℃下反应的反应速率的对比数据如表 8-1 所示。

表 8-1 典型催化剂对反应速率的影响

催化剂	催化剂浓度/%	相对反应速率		
		丁醇	水	二苯基脲
无		1.0	0.78	1.3
N-甲基吗啉	10	20	14	5.6
三乙胺	10	50	28	2.5
N,*N*,*N*′,*N*′-四甲基-1,4-丁烷二胺	10	320	55	7.0
Mobay 催化剂 C-16	10	200	85	19
三亚乙基二胺	10	740	230	31
二月桂酸二丁基锡	0.10	3200	220	71

在一步法制备聚氨酯软质泡沫中，主要使用的有机锡类催化剂是亚锡化合物，如使用辛酸亚锡等取代传统使用的二月桂酸二丁基锡。这是因为二月桂酸二丁基锡在系统加热时，容易加快高聚物分子中醚键的断裂作用，加速泡沫热氧化降解，而通常在软质块状泡沫体的生产中，反应放热会使泡沫体内温度超过 120℃，如使用二月桂酸二丁基锡作催化剂，会使泡沫体使用寿命下降。

在一定密度的情况下，泡沫体的负荷能力在一定程度上可以通过催化剂及其配合进行调节，参见表 8-2。

表 8-2 催化剂对聚醚型 PU 泡沫体负荷的影响

项目	泡沫体密度/(kg/m³)								
	28.8			24.0			20.8		
配方/份									
聚氧化亚丙基醚三醇(M_w3000)	70	70	70	70	70	70	70	70	70
聚氧化亚丙基醚三醇(M_w2000)	30	30	30	30	30	30	30	30	30
Dabco	0.1	0.1	0.1	0.1	0.1	0.1	0.1	0.1	0.1
N-乙基吗啉	0.3	0.3	0.3	0.3	0.3	0.3	0.3	0.3	0.3
辛酸亚锡	0	0.3	0.5	0	0.3	0.5	0	0.3	0.5
二月桂酸二丁基锡	0.25	0.05	0	0.25	0.05	0	0.25	0.05	0
聚硅氧烷表面活性剂 L-520	1.3	1.3	1.3	1.7	1.7	1.7	2.0	2.0	2.0
水	3.3	3.3	3.3	3.4	3.4	3.4	3.5	3.5	3.5
CFC-11	0	0	0	5	5	5	10	10	10
80/20 TDI	41	41	41	42.8	42.8	44	42.8	44	44
异氰酸酯指数	1.03	1.03	1.03	1.03	1.03	1.03	1.03	1.03	1.03
性能									
伸长率/%	400	310	390	300	270	250	450	300	380
拉伸强度/kPa	138	131	145	110	104	110	131	104	110

续表

项　　目	泡沫体密度/(kg/m³)								
	28.8			24.0			20.8		
撕裂强度/(N/m)	577.5	577.5	630	507.5	420	455	577.5	437.5	577.5
回弹/%	42	43	43	40	43	42	41	42	42
压缩变形(90%,70℃/22h)/%	<10	<10	<10	<10	<10	<10	<10	<10	<10
压陷负荷/9.8N(样品厚102mm)									
压缩25%	15.9	17.7	19.5	13.6	16.3	17.2	10.9	12.2	13.6
压缩50%	21.8	25.9	28.1	18.6	22.2	24.0	14.5	16.3	18.6
压缩60%	29.5	34.5	38.1	25.4	29.0	30.8	20.4	21.3	23.6

辛酸亚锡用量增加通常可使泡沫体的泡孔呈细小的开孔性结构，但其用量过大，会使泡沫体的压缩变形值增加，闭孔率增加，甚至会出现收缩现象。因此，在配方中正确选择催化剂、催化剂浓度和催化剂的组合，是制备优质泡沫结构、提高泡沫体性能的关键因素之一，在实际生产中，设计的生产配方必须要通过相应的实验才能获得满意的生产工艺性。

(6) 表面活性剂的影响　配方中，表面活性剂的主要作用有两个方面：一是提高组分之间的乳化能力，使它们彼此能更加有效地混合；二是在发泡过程中，控制体系具有适当的表面张力，产生良好的气泡网络结构，因此，也可称为泡沫稳定剂。聚酯和聚醚型软泡的原料基础不同，在性质上有差异，因此，对表面活性剂的选择和用量上也不尽相同。聚酯型聚氨酯软泡常使用的表面活性剂在配方中的用量为1.0～2.5份/100份多元醇聚合物。它的掺入可以有效地提高各原料组分之间的乳化能力，促进泡沫稳定生长，阻止收缩。

(7) 泡沫稳定剂　聚醚型聚氨酯软质泡沫塑料常用的泡沫稳定剂主要是—Si—O—C—和—Si—C—的硅氧烷氧化烯烃的嵌段共聚物。使用一步法工艺生产聚醚型聚氨酯软质泡沫体时，正确地选择泡沫稳定剂是获得优良泡沫体的重要因素之一。前者为水解型泡沫稳定剂，容易引起水解，尤其是它作为组合料的成分与其他组分长期存放时，很容易引起水解而失效。后一类为非水解型泡沫稳定剂，是目前应用广泛、效果优良的泡沫稳定剂。其主要商品有Dow corning公司的DC-190、DC-191；UCC公司的Niax L-20、L-540、L-580等；它们在配方中的基本用量一般为聚醚多元醇用量的1%左右。

在使用水发泡且水量超过3.5质量份时，泡沫稳定剂也将相应增加，通常增加的比例为每增加0.5份水，泡沫稳定剂需增加0.2份。

(8) 其他添加剂的影响　除以上主要原料外，在采用一步法工艺生产聚氨酯软质泡沫塑料的过程中，还需要根据发泡工艺和泡沫体性能的不同要求，添加相应的配合剂。在发泡过程中，由低压发泡机混合头处可引入微量空气作为泡沫的成核剂，有利于生产细密的泡沫结构，但用量不可过多，否则会造成泡孔结构粗大，泡沫体表面容易产生针孔。

为提高泡沫体的商品价值，有时需添加某些着色剂，以赋予制品美丽的色彩。常用的无机着色剂有二氧化钛、氧化铁、氧化铬、灯黑、铝酸镁等。常用的有机颜料多为酞菁类、偶氮类或重氮类化合物等。对于能溶于多元醇和水的颜料，由于它们颜料粒子容易从泡沫体中迁移释出，一般很少使用。

为改善软质泡沫体的压缩负荷能力，提高制品硬度，降低成本，在配方中可以适当加入某些填料。虽然可供选择的填料品种较多，但因某些填料或含有高结晶水和高吸水性，不易控制，或因它们溶水后呈现不必要的酸碱性，影响正常的反应历程，或因它们与多元醇聚合物亲和性太差，不易分散等原因，可供聚氨酯软质泡沫塑料选用的填料多为硅石灰、碳酸钙等。

为使聚氨酯泡沫体获得某些特殊性能，可以在配方中添加抗静电剂、防老剂、阻燃剂、防霉剂、紫外线吸收剂等，以极大限度地满足不同用途对软质泡沫体的使用要求。

8.5 常见配方及性能

一步法工艺生产的聚氨酯软质泡沫体的典型配方和性能见表 8-3～表 8-7。

表 8-3 一步法高密度 PU 软泡配方及性能

项 目	1	2	3	项 目	1	2	3
配方/份				伸长率/%	248	163	107
三官能度聚醚多元醇(分子量 3000)	100	100	100	撕裂强度/(kN/m)	2.4	1.6	1.1
聚硅氧烷泡沫稳定剂 SF-1034	1.25	1.25	1.25	回弹/%	51	55	53
Dabco	0.15	0.15	0.15	压缩变形(90%,70℃/22h)/%	5.1	4.5	5.5
辛酸亚锡	0.25	0.25	0.25	压陷负荷值/(9.8N/0.032m²)			
水	2.25	2.25	2.25	50mm 压陷 25%	14.5	18.1	18.6
80/20 TDI	32.2	35.3	38.3	50mm 压陷 65%	29.6	35.3	37.8
异氰酸酯指数	1.05	1.17	1.25	100mm 压陷 25%	18.6	22.7	24.5
泡沫体性能				100mm 压陷 65%	38.6	46.1	51.1
密度/(kg/m³)	39.1	38.6	28.4	模量(50mm)/MPa	2.04	1.95	2.03
拉伸强度/kPa	123	118	104				

表 8-4 中密度软质块泡配方及性能

项 目	1	2	项 目	1	2
配方/份			下陷/%	1～2	2～3
异氰酸酯指数	1.07	1.05	空气流量/(m³/min)	0.11	0.12
80/20 TDI	32.8	32.0	泡沫体性能		
Voranol 3010	100	100	密度/(kg/m³)	28.16	34.6
水	2.2	2.2	拉伸强度/kPa	55.3	89.6
二氯甲烷	10	4	伸长率/%	188	236
聚硅氧烷表面活性剂 BF 2370	1.2	0.9	撕裂强度/(N/cm)	1.54	2.57
DMEA		0.2	压缩永久变形(75%)	1.67	1.28
Dabco 33LV	0.3	0.28	50mm,ILD/(N/0.0323m²)		
染料	0.01		65%	120	179
辛酸亚锡(T-9)	0.17	0.15	25%	65	97
发泡条件			滞后/%	70	80
凝胶时间/s	240	215	模量(65∶25)/MPa	1.84	1.83
排气	极好	极好	弹性/%	45	48

表 8-5 一步法 PU 软泡典型配方及性能

项 目	低密度型	超柔软型			高负荷型
配方/份					
聚醚三元醇(M_w=3000)	100				85
聚醚(M_w=3000,HV160)			25	50	
聚醚(M_w=1000,HV56)		100	75	50	
油酸亚锡	17.5				

续表

项　目	低密度型	超柔软型			高负荷型
辛酸亚锡		0.125	0.15	0.17	
N-乙基吗啉	0.5～1.0	0.1	0.1	0.1	
三亚乙基二胺		0.125	0.15	0.15	
N,N,N′,N′-羟丙基乙二胺					15
N,N′-二甲基哌吡嗪					0.9
聚硅氧烷表面活性剂	2.0	2.0	2.0	2.0	1.5
发泡剂	17.7				
水	3.6	4.0	4.0	4.0	2.3
80/20 TDI	42.5	37.3	47.3	47.3	47.5
异氰酸酯指数		0.75	0.80	0.85	1.00
泡沫体性能					
密度/(kg/m^3)	17.6	25.6	24	24	36.8
拉伸强度/kPa	62	75.8	82.7	82.7	128.8
伸长率/%	220	200	190	200	65
压缩变形(90%,70℃/22h)/%	7.0	15	15	15	7.9①
回弹/%		25	31	36	
ILD值/(9.8N/0.032m^2)					
25%变形	4.09	6.23	7.12	8.89	9.03
65%变形	8.23	11.5	13.3	16.0	33.07②
模量(65.25)/MPa	2.01	1.85	1.87	1.8	

表 8-6　一步法聚醚 PU 模塑泡沫体配方及性能

项　目	热模塑泡沫	高回弹模塑泡沫	项　目	热模塑泡沫	高回弹模塑泡沫
配方/份			发泡条件		
Voranol 4803J	100		温度(多元醇/TDI)/℃	20/20	20/20
Voranol 4701J		70	模温/℃	35	45～55
Specflex NC 603		30	乳白期/s	15～17	10～13
水	4.0	3.0	起发时间/s	145～155	95～105
Dabco 33LV	0.25	0.6	凝胶时间/s	165～175	115～130
NEM	0.15		熟化温度/时间/(℃/min)	180/12	60～70/6
DMEA		0.3	泡沫体性能		
聚硅氧烷表面活性剂：BF-2370	1.0		密度(整体/核心)/(kg/m^3)	34/28	38/34
聚硅氧烷表面活性剂：B-8681		0.8	伸长率/%	154	110
辛酸亚锡	0.08		拉伸强度/kPa	108	108
DEOA		0.8	撕裂强度/(N/cm)	8.1	4.9
80/20 TDI(指数 1.00)	47.3		回弹/%	45	58
TDI/粗 MDI(50：50)(指数 1.05)		46.9	模量/MPa	2.6	3.0

表 8-7　一步法 PU 软质模塑泡沫的基础配方

配方/份	通　用	垫　子	汽车用
Voranol 4701	100	100	70
Specflex NC-603			30
TEOA(85%)		2.0	
水(总量)	2.5	2.5	2.5～2.9
Tegostab B4113	0.4	0.4	
发泡剂	0.5	10～15	3～7(只用于座椅靠背)
Dabco 33LV	0.3	0.8	0.25

续表

配方/份	通　用	垫　子	汽车用
DMEA	0.5	0.3	
TEA	0.3	0.2	
Niax L5303			1.2
Niax A-1			0.13
Thancat DM-70			0.25
T-12			0.015
粗 MDI/T-80(60/40)指数	0.9～1.05	1.00	
粗 MDI/T-80(20/80)指数			1.01～1.03

8.6 发泡工艺与设备

软泡工艺一般都采用一步法。工艺框图如图 8-6 所示。

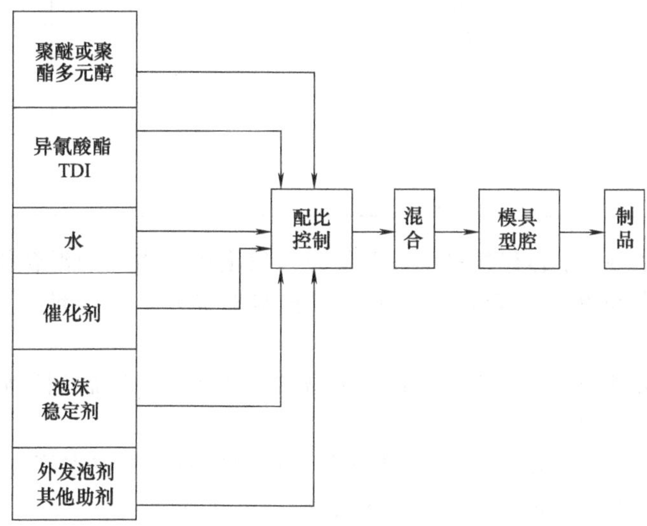

图 8-6　一步法软泡工艺

在软泡工艺中，一般先将聚醚多元醇、水、催化剂、泡沫稳定剂、外发泡剂等进行预混。从一个通道进入混合腔，TDI 从另一通道进入混合腔。这些组分料的配比控制是由计量泵系统与流量测试系统控制。混合机头是一个高速搅拌器。双组分原液一经混合，反应立即开始。反应第一阶段为乳白时间，5～15s，这段时间为可操作时间，双组分原液此时还具有一定流动性。第二阶段为发泡时间，40～80s。此阶段，双组分原液由液态逐步变为固态，形成泡沫体，具有一定的支撑强度。完全熟化在室温下为 3～6d，加温到 100℃可缩短到 2h。完全熟化后才能达到可检测的性能指标。

目前，国内连续发泡生产线结构示意图见图 8-7。

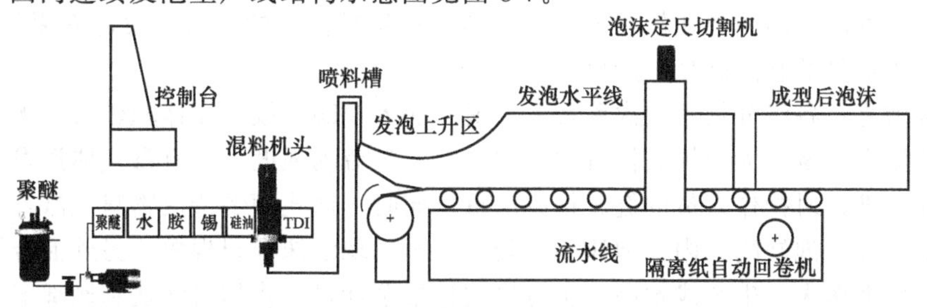

图 8-7　连续发泡生产线结构

该生产线一般都有20多米长，2米多宽。它由发泡机部分和流水线部分组合而成。发泡机部分见图3-12。

聚醚（PPG）、水、胺、锡、硅油、甲苯异氰酸酯（TDI）各由一个工作料罐、一个泵、一个调速电机、一个喷料和循环控制阀以及管路构成了料循环系统。喷料及循环控制阀控制发泡工作开始与停止。调速电机、泵构成计量泵系统，该计量泵系统用来控制与调节各个组分原料的配比。图8-8中仅给出了连续发泡中的6个主要组分，实际生产中，还有色料、外发泡剂等参与发泡的附加组分。而在6个主要组分中，聚醚用量比例很大，占60%左右。所以，聚醚是一个容积很大的工作料罐。其次为TDI。表8-8为6个主要组分的料罐容积与相应的电机功率、齿轮泵的排量配置。

表8-8 料罐容积与相应的电机功率、齿轮泵的排量配置

组 分	工作料罐容积	电机功率/kW	泵排量/(mL/r)
PPG	约装30t	7.5	100
TDI	20t	5.5	60
水	1.5t	1.1	16
胺	75kg	1.1	10
锡	75kg	1.1	10
硅油	375kg	1.1	10

实际生产中，表8-8中容积配置也只能使连续发泡中各组分的混合排量达到50kg/min左右。所以，有的软泡生产厂家，除了上表的基本配置外，还有容积更大的贮罐来贮备PPG和TDI。

在软泡中如果要着色，还得在发泡设备中增加一套泵循环系统及控制阀。同样，增加外发泡剂如二氯甲烷时，也需准备这样一套装置。

在软泡中，还有添加$CaCO_3$以提高泡沫的一些硬度及降低成本等方面的考虑。$CaCO_3$的添加量最高可达聚醚用量的25%，总用料量的12%左右。

表8-9中给出一个实际生产中的软泡配方，此配方用于连续发泡生产线。

表8-9 22kg/m³ 软泡实用配方 单位：份

组分	配方一	配方二	组分	配方一	配方二
PPG	100	100	锡	0.25	0.25
TDI	66	55	硅油	1.25	1.5
水	5	4.4	$CaCO_3$	25	0
胺	0.25	0.25	色料	0.11(硬)	0.15(软)

TDI系列的箱式发泡，目前基本类似手工发泡。它基本上采用较为简单的发泡机械。各组分由人工称量后倒入一个混合桶，这个混合桶转速较低。混合后，由人工快速倒入模具桶发泡。这种发泡制品的泡孔较粗大，表面结皮较粗糙。总的来讲，发泡效果较差。但是，对于单件、小批量的软泡制品生产仍有一定好处。

箱式发泡是将各组分物料依次称量后，最后加入TDI，放置在体积较大、无盖的混合筒中高速搅拌混合后倒入大型箱式模具中。主要缺点是劳动强度大，有毒气体挥发浓度大，严重超过环保标准，对操作人员的健康损害严重。同时，筒式倾倒造成物料飞溅，夹裹大量空气，容易形成大气泡缺陷，内部泡沫不均匀，甚至出现泡沫开裂现象。另外混合筒内残留废料量大，原料消费大，生产成本高。也可采用计量泵计量，将物料输送到底部能自动开启的混合料筒中，物料经高速搅拌混合后，利用压缩空气将浆料快速压出流至模具箱中进行发泡。但这种方法，物料的流速过快，容易产生涡流，使制品泡孔结构不均匀，容易出现月形裂缝等质量问题。箱式发泡原理及装置如图8-8和图8-9所示。

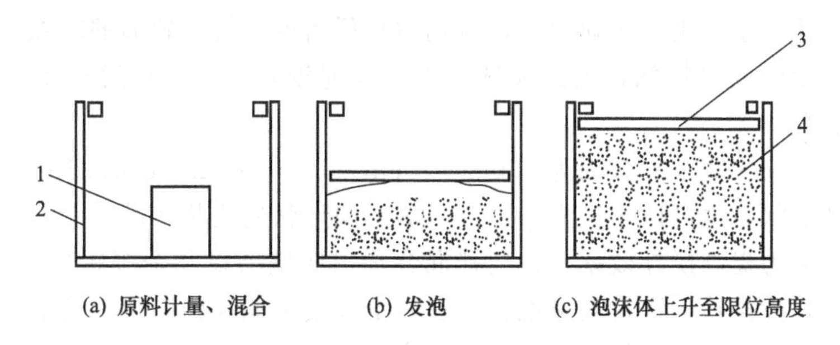

图8-8　箱式发泡原理示意图

1—可提升的物料混合容器；2—可装配式箱式模具；3—浮动式箱顶板；4—泡沫体

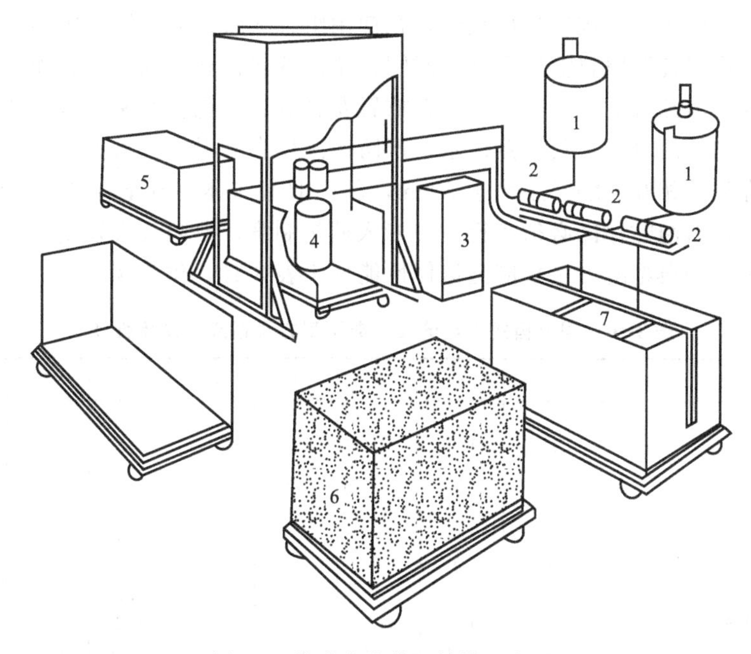

图8-9　箱式发泡装置结构示意图

1—原料贮罐；2—计量泵组；3—控制柜；4—带有升降装置的混合桶；5—发泡箱；6—成品；7—上浮板

工业性生产装置主要由原料贮存罐、计量泵组、可上下升降的混合搅拌筒和多只木制箱式模具组成。发泡原料在贮存罐中调节至加工条件所需的温度范围，通常温度控制在(23±3)℃，然后用计量泵依次往混合筒中输入聚醚多元醇、催化剂、表面活性剂、发泡剂等，预先搅拌30～60min，然后再按配方输入TDI或经过一个底部装有开关的中间量桶加入TDI。加入TDI后，立即进行搅拌混合。根据原料和配方不同，搅拌速度一般要控制在900～1000r/min，搅拌时间约为3～8s，然后立即快速提升混合料筒。混合料筒下部无底，落下时直接置于模具箱的底板上，它依靠桶底部边缘的密封圈，防止物料泄漏。当它提升时，混合好的发泡浆液可直接摊铺分散在箱式模具的底板上，自然发泡上升。为避免泡沫体形成拱形上表面，应配置与箱具相吻合并能进行限位的上模板。模具箱主要由硬木板制成，底板固定在可移动的模具运输车上，四面侧板均装置可方便开启、合拢的锁模装置，板内壁应涂覆聚硅氧烷类脱模剂或内衬PE薄膜材料（容易影响散热），以防粘模。泡沫体经过后熟化或经过8～10min强制熟化后，打开模具箱的四边立板，即可取出块状软泡，经过24h熟化完成后，然后再进行切割等后处理加工。

箱式发泡工艺和设备具有生产容易，设备结构紧凑、简单，投资少，占地面积小，维护方便等特点，很适合小型生产企业生产，特别适宜低密度的块状软泡的间歇式生产。其缺点也是很明显的，生产效率较低，生产现场的生产环境较差，TDI 挥发气味大，必须配置极其良好的排风装置。

发泡箱体尺寸长×宽×高分别为 2.0m×1.6m×1.0m 和 2.0m×2.5m×1.0m。改变模具箱体的尺寸和形状，也可以生产方形、圆形等不同形状的块状产品。

国内有些厂家为提高搅拌效率，在搅拌混合桶内四壁增设几个等距离、垂直的扰流板，配以高速螺旋桨式搅拌器，进行高速混合，在一定程度上能起到减少混合液层流作用，提高混合效率的功效，但物料中夹带空气量也将会增加。

使用箱式发泡生产中各组分原料计量必须准确，计量精度误差必须小于 1.7%，以防造成产品质量事故。各种配合剂应现用现配，在使用组合料时，应在短期内用完，以免出现活性下降、失效。严格控制原料温度和混合时间，箱内的底衬和四壁衬料必须铺衬平整，不得出现折痕、破损。泡沫起发上升时，上压盖放置要轻盈、平稳。低密度泡沫体时，除严格配方和称量外，不得使用自来水代替蒸馏水。严防泡沫体自燃引发的火灾事故。对新生产的泡沫体必须单块存放，相互间隔必须大于 30cm，新、旧泡沫体要分室存放。安装烟雾报警器和自动喷淋系统，新泡贮存区必须实行 24h 专人监护制度，严防火灾发生。

国外箱式发泡的典型配方及相应泡沫体性能列于表 8-10，供参考。

表 8-10　国外箱式发泡的几个典型配方及相应泡沫体性能

项　目	1	2	3	4	5	6	7	8	9
配方/份									
pol 3010	100	100	100	100					
Voranol 3515					100	100			
Desmophen 7186B							100	100	100
水	3.8	4.8	3.8	2.2	3.8	3.6	2.7	4.0	4.0
发泡剂	20	13	3	4	18.1				10.0
MC						3.5			
聚硅氧烷表面活性剂	1.4	1.4	0.9	0.8	1.34	1.2	0.8	0.9	1.1
Dabco 33LV	0.3	0.3	0.2	0.2	0.18	0.06	0.1	0.1	0.15
DMEA	0.2	0.2	0.2	0.3			0.2	0.24	0.25
Niax A-1						0.02			
辛酸亚锡	0.3	0.2	0.23	0.25	0.42	0.35			
80/20 TDI	47.7	59.5	47.7	32	46.4	47.7	37.5	51.1	51.1
异氰酸酯指数	1.05	1.08	1.05	1.07	1.03	1.08	1.05	1.05	1.05
泡沫体性能									
密度/(kg/m³)	18	18	23	38	16.3	23	34	26	20
压缩载荷挠度(ILD)									
25%	50	80	120	100	62.3	142			
65%	85	125	200	190	115.6	280			
拉伸强度/MPa					82	126	110	100	80
伸长率/%					240	200	130	140	160
回弹性/%					49	49			
压缩 40%挠曲强度/MPa							5.0	4.3	2.8
压缩永久变形(压缩 90%,70℃/22h)/%							3.5	5.5	6.9

聚氨酯软质泡沫体制品的需要和很大的情况下，可采用连续块状泡沫生产方式投入大规模化生产。这种生产方式产量高，每天最高产量可达 500kg。在全世界聚氨酯软质泡沫制品

中，该生产方式产量约占 50%。生产的泡沫块宽度最大可达 2.4m，高度最高可达 1.2m。连续式生产，其长度可根据需要任意切断；产品质量稳定，同时泡沫块经过裁切、片切、磨削、仿型、滚切等各种加工方式，制备出各种异形断面形状以及厚度仅有 0.5mm 的薄片等产品，最大限度地满足不同应用场合对软泡产品的需要。连续块泡生产的缺点在于它不适应小批量、多品种制品配方的变化，只能用于大批量产品的生产。同时，该种生产方式所需的设备投资较大，占地面积广，目前，在国内大型聚氨酯软泡生产还达不到采用这种设备。

德国首先设计、制造出来连续大型块状聚氨酯软质泡沫塑料的生产设备，其每小时的产量高达 30t。基本生产装备如图 8-10 所示。

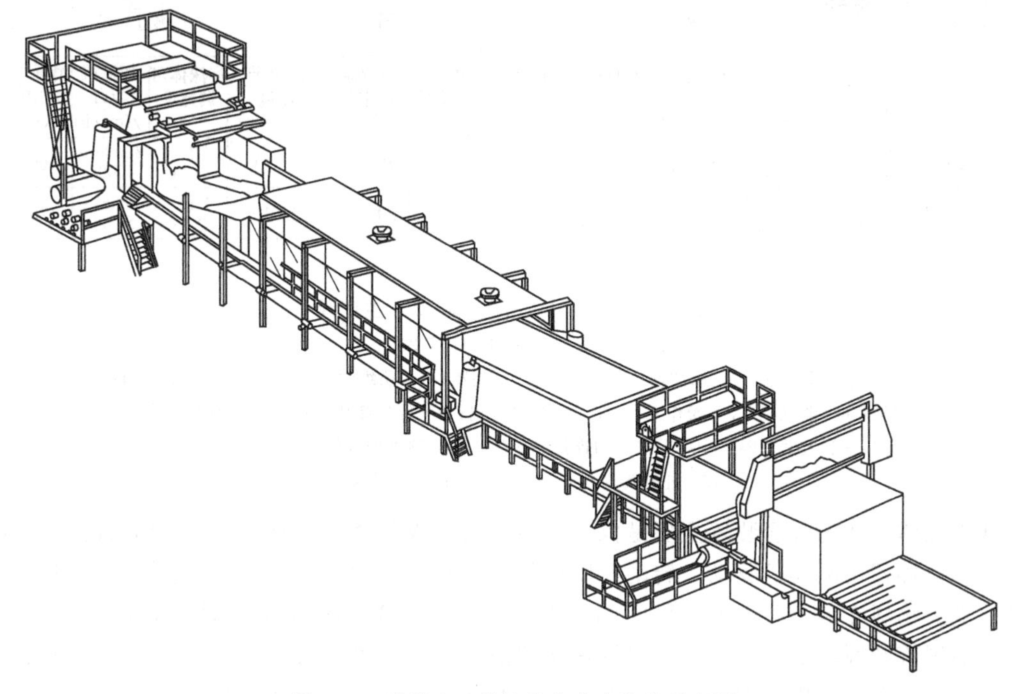

图 8-10　连续 PU 软泡基本生产装备示意图

连续化块状软泡生产装置由原料供应工段、混合与浇注工段、发泡工段、切割工段、后熟化工段和产品后加工等几部分组成，如图 8-11 所示。

聚氨酯软质块状泡沫体的生产，由于原料的需要量大，因此均设有单独的原料贮存和温度调控系统。异氰酸酯和多元醇在贮存过程中应避免水侵蚀污染；由于温度对发泡反应影响很大，故原料应保持恒温，通常温度应控制在 18～25℃之间。TDI 的冰点为 17℃，低于 17℃时，会有 2,4-TDI 白色半透明结晶析出，必须在加热（低于 40℃）使其熔融，否则会在发泡反应中出现反应性降低，甚至会造成泡沫体开裂。温度控制系统通常分为大宗原料贮存区和每日使用原料准备区（工作原料罐区）。原料在被输入工作贮罐时，温度调控要严格，一般温度应在 20～25℃范围内，波动范围应小于±1℃。

计量比例十分悬殊的众多计量泵同步进行极其精确计量是很困难的，配比波动很大。目前原料基本使用两个组分：异氰酸酯作为一个组分，聚醚多元醇、催化剂、发泡剂、泡沫稳定剂等混合作成组合料成为另一个组分。这样，不仅装备得以简化，同时也极大地提高了计量精度。

经过精确计量的原料组分被送入混合头中进行混合，并连续将混合均匀的物料吐出。连

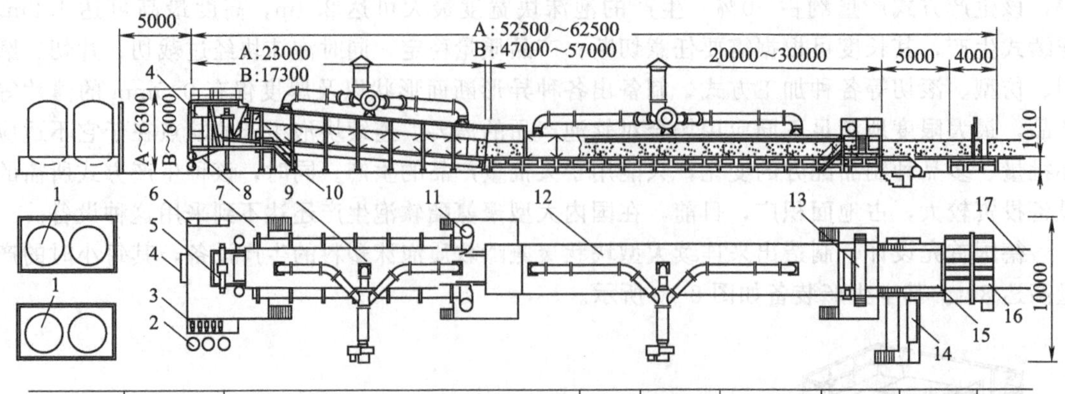

型号	生产能力/(t/a)	在50Hz下组分输出量/(L/min)					运输带长度/m	连接输送带长度/m	输送带速度/(m/min)	泡沫体可调宽度/m	切割机能力/(m^3/h)	消耗电功率①/kW
		pol	iso	助剂Ⅰ	助剂Ⅱ	发泡剂						
UBT 250	1000～3000	30～150	20～75	1.0～9.5	0.8～6.2	2～14	15	20～30	2～10	1.1～2.35	30000～40000	100
UBT 350	2000～8000	20～225	30～150	1.0～9.5	0.8～6.2	2～14	20	20～30	2～10	1.1～2.35	40000～50000	120

①不含原料罐。

图 8-11　连续 PU 软泡（块状）生产线

A—UBT 350；B—UBT 250

1—pol、iso 原料罐；2—添加剂组分罐；3—计量装置；4—顶纸输送辊；5—带混合头的机械门架；6—电气柜；7—操作平台；8—底纸输送辊；9—排气熟化烘道；10—侧纸输送辊；11—侧纸回收辊；12—带排气的连接输送带；13—顶纸回收辊；14—底纹回收辊；15—托辊输送机；16—切断机；17—运输系统

续块状泡沫体生产的混合装置主要是低压式混合头，该混合头普遍采用低剪切力的齿钉杆式搅拌器。搅拌器由电动机驱动，转动速度通常为 3000～6000r/min，并可进行分级调节混合搅拌速度。物料在混合头中的停留时间大约为 1s。对于高黏度的原料体系，也可以使用高剪切力的螺旋状搅拌器。目前，在连续块状软泡生产的现代化工厂中，也已开始使用高压计量混合发泡设备，可以根据需要调整混合头的搅拌形式、流速、喷嘴大小等，从机械角度保证生产泡沫体的质量。通常，降低背压、加大出口直径有利于细密孔型结构的产生；在低压机中，在混合头进料端设置微量空气输入装置，对形成气核、产生细密泡沫结构也具有一定效果。

混合好的物料在一定压力下被连续吐出混合头，此时应防止物料飞溅，以避免物料夹带大量空气，造成泡沫体内部产生大的洞穴。为此，在混合头吐出口前部安装特殊设计的挡板、喇叭状或鸭嘴状导流管以及金属网等，使物料在直径逐渐扩大，流道中的冲击能量降低，同时物料吐出口与底板之间的距离也要尽量降低至 1cm 左右，以防止物料飞溅，影响产品质量。为使已混合好的物料在底板上流动均匀，混合头应配合底板输送带移动速度作左右移动，也可以将物料分流至两个导管，使物料进入与底板运动方向横向排列的分配槽中流出，使物料能极其均匀地分布在底板运输带上。

吐出后的物料，在乳白时间以前流动性较好，在吐出段的输送带前端，输送带应有 3°～9°的倾斜角，并配置液压或手动的调节机械，根据发泡工艺要求，对倾斜角度做适当调整，以确保物料能均匀地单方向往下流动、起发。如倾斜角度太小或输送带移动速度太慢，那么泡沫体厚度将加大；若倾斜角度太大，吐出物料流动过快将会流至已开始起发的泡沫层下部，形成“潜流”，这样会造成泡沫体出现裂缝等质量问题。根据不同的块状泡沫原料、配方和设备参数，通常大型机组的输送带的线速度控制在3～10m/min，而对中型机组，则控制在1.5～3m/min。最为重要的是要正确调整好发泡机的吐出流量、输送带的角度、移动速度之间的工作参数，使物料吐出分配线与物料发泡开始所呈现的乳白线的距离控制在30～60cm。

连续块状软泡生产线都配有泡沫体衬料同步输送和回收系统。普通使用的是三纸衬料系统，左右内侧衬纸沿排风道内壁同步移动，下衬纸则随输送带同时向前运动。注意三条衬纸运动必须同步、平稳。一般软泡用衬纸是使用聚硅氧烷、蜡类等脱模剂处理，或涂覆聚乙烯等不黏性化学品的高强度牛皮纸。最初生产装备设计是将衬纸由纸辊上导开，经几组导向辊作用，使衬纸折成“U”字形，随输送带进入通风道。现在该方式已基本改为底纸、二侧衬纸的三部喂纸和回收系统，从而确保了衬纸平整、无折痕。此外，为减少泡沫体上表面弧形突缘造成大量废边角料损失，在新开发的生产装备中，使用了顶衬纸，配合上压板运动，有效地消除泡沫体上部半圆弧形的出现，提高了泡沫体的出材率，降低了生产成本。

泡沫体在输送带上的衬纸上起发，然后进入具有良好排风装置的风道。根据不同的生产配方，或利用反应本身生成的热量方式，或使用辅助红外线等其他加热方式，给予或保持发泡体一定的温度，使之尽快完成反应、凝胶、固化并达到要求的性能。与此同时，泡沫体在熟化的过程中将会逸出大量二氧化碳、氟里昂、异氰酸酯以及其他有害气体，都应通过排风装置将它们排出，使之有序地进入气体净化装置进行处理，达到环保标准后排入大气中。在此工段，当泡沫体接近完全固化时，使用侧辊和底辊回收机系统，剥离衬纸，整理后可回收再用。

泡沫体的输送带系统要求表面十分平滑，运行应极其平稳而无任何震动，两侧设有侧挡板，宽度可根据需要，在一定范围内进行调节，宽度可达2.2m，而小型设备的宽度也可达1.6m。当物料吐出量和输送带运行速度恒定时，调节两侧挡板的宽度，也可调节泡沫体的高度。一般大型连续块泡发泡体的高度均超过1m。

泡沫体经过24h熟化后，虽然全部反应并未完全，但基本性能已达到可以切边、切顶、横向切断加工的程度。目前，由于高效催化剂和改进的原料体系，熟化时间已变得越来越短。切断后的泡沫块在后熟化区内处于严密的监控下，停放至少12h，使泡沫体达到最终的预期性能。在泡沫体熟化阶段，由于激烈的放热反应和泡沫体导热性差，散热极慢，对大断面块状泡沫体，其泡沫内部的温度在140～170℃下会持续几个小时，很容易引起泡沫体“烧芯”，甚至引起自燃，发生火灾。如若配方的异氰酸酯指数较高、水发泡剂用量较大、空气湿度较大时，泡沫体内部温度会更高，持续时间更长，其火灾的危险会更大。熟化阶段，必须装备防火的监控、报警设施。

完全熟化的泡沫体送入后加工区，进行各种尺寸的裁、切、片、磨以及仿型等加工。例如，为适用纺织服装业的需要，加工成又薄又长的片材；为床具、沙发等用途，加工成不同外形尺寸规格的制品块等。其加工方式请参阅泡沫加工机械章节。图8-12为软泡产品生产的典型流程示意图。

8.7 软质模塑聚氨酯泡沫

软质模塑聚氨酯泡沫体与块状泡沫体的主要区别是它们的生产方式。块状泡沫体适合生产尺寸较大的床垫、沙发垫等制品。而对于形状复杂、尺寸较小的泡沫体产品，若仍然使用传统的块状泡沫生产方式，则需要多次切割、修磨，对于某些形状复杂的制品，则难度更大，甚至无法加工。随着汽车工业的高速发展，对各种形状复杂的泡沫制品的需求量越来越

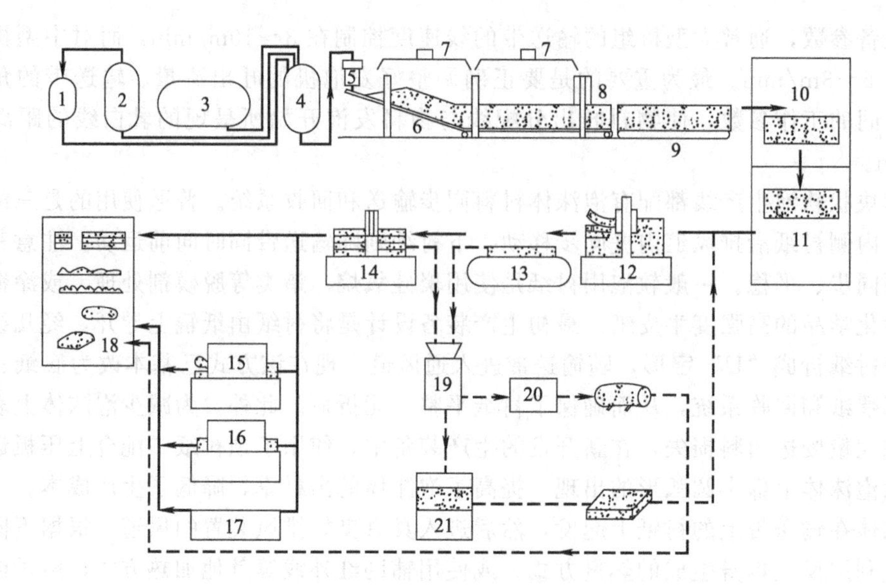

图 8-12　一个弹性泡沫体连续生产、加工流程典型例示意图

——→主流程；----→废品再利用流程

1—预混釜；2—助剂等化学品贮罐；3—大宗原料贮罐；4—发泡机工作原料罐；5—混合头；6—输送带等装置；7—排风装置；8—立式切断机；9—输送带；10—熟化室；11—块料贮存室；12—水平片层机；13—输送带；14—动模台切割机；15—成形机；16—仿型机；17—粘接、安置工位；18—成品库；19—粉碎机；20—黏合、充填工位；21—粘接加压成型机

大，为解决这种需求矛盾，提高生产效率，出现了模塑加工新的生产方式。

这种新的加工方法是将混合好的料液直接注入形状复杂的模具中，使它在模具内发泡、成型，达到了直接生产出与模具形状一致的泡沫产品，该种方法不仅生产效率高，而且做出的产品外形尺寸精确，废料少。同时，还可以在模制的过程中嵌入增强部件、嵌件以及生产双硬度型制品等。因此，模塑方法受到市场的广泛欢迎。

8.8 热熟化模塑泡沫体

根据原料反应活性的差异，在生产中分为热熟化模塑泡沫体和冷熟化模塑泡沫体。前者采用普通型聚醚多元醇，反应活性低。当反应物被注入至模腔中后，必须给予一定的外界能量，促使它尽快完成固化过程，促进它在较短的时间内熟化、脱模，以提高模具利用率和产品生产效率，如图 8-13 所示。

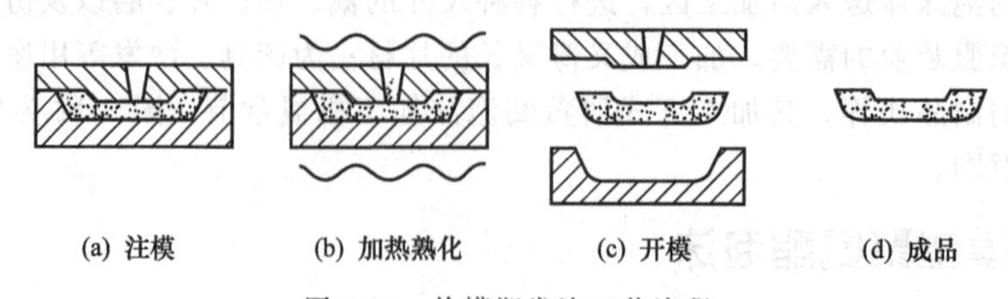

图 8-13　热模塑发泡工艺流程

冷模塑泡沫体主要是使用了通常以伯羟基封端的聚醚多元醇，这种高反应活性的聚醚，使反应体系能在较短的时间内以很快的方式完成反应，而不需要提供外界能量（加热），物料在模具中只要短短的几分钟时间内就能完成反应，达到脱模的能力。在冷模塑发泡工艺的

发展中，另外还衍生出另一种泡沫体新品种——高回弹泡沫体。

在性能方面，热熟化和冷热化模塑泡沫体的主要区别：冷模塑泡沫体在耐热性和耐老化性、回弹性等方面表现出较好的优势。热模塑软泡与冷模塑软泡的差异见表 8-11。

表 8-11　冷、热模塑软泡的差异

模塑方式	热模塑		冷模塑	
异氰酸酯	MDI 80/20 TDI		80/20 TDI-粗 MDI、改性 MDI	
聚醚多元醇	M_w 为 2800～3500，伯羟基含量 6%～12%或更高的三元醇聚醚		M_w 为 4500～6500，伯羟基含量 10%～20%或更高、或添加 POP 的三元醇聚醚	
固化条件	加热炉道(180～240℃)		室温或稍高点的温度	
模具温度/℃	35～55		25～35	
泡沫性能				
密度/(kg/m³)	39	38	38	39
拉伸强度/kPa	110	90	125	100
伸长率/%	165	170	145	130
压缩强度(压缩 40%)/kPa	3.8	4.0	3.3	2.9
压缩变形(压缩 75%,70℃×22h)/%	4.2	3.5	4.6	6.4

热模塑泡沫体的生产原料是 80/20TDI 和分子量为 3000～4000、略带伯羟基封端的三官能度普通聚醚多元醇。为缩短熟化时间，节约能源，可以适当提高聚醚多元醇的伯羟基含量和改用掺有 MDI 的 TDI。也可以在 80/20TDI 的基础上，掺混 65/35TDI。热模塑泡沫制品的生产一般多使用椭圆形循环生产线。大量模具固定在可调速运动的循环式轨道上，在完成混合物料浇注、关闭模具后，被送入 150～250℃的加热烘道中，进行热熟化使泡沫制品完成基本反应，固化定型，然后在送出烘道后进行开模，取出模制品，模具经过清洁，喷涂脱模剂，调节模具温度至 35～55℃后，配置嵌件进入再循环状态。根据原料品种、配方、模具厚度、制品大小、加热方式等，生产循环周期通常为 20～30min，模具在烘道中的熟化时间通常在 15mim 左右。生产线见图 8-14。

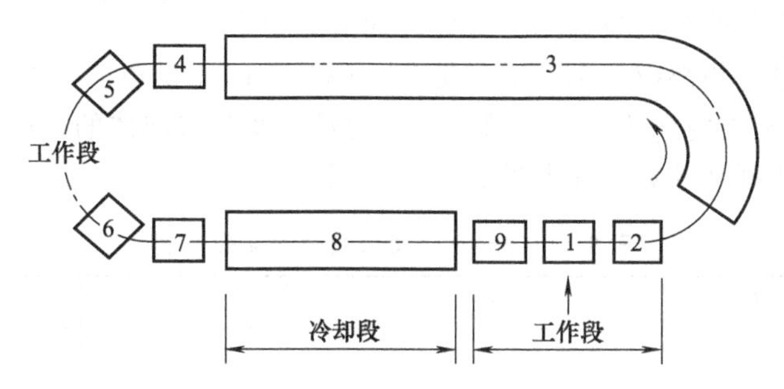

图 8-14　热熟化模制泡沫制品椭圆生产线

1—物料浇注；2—合模；3—加热烘道（160～250℃）；4—开模；5—制品脱模；6—清洁；7—喷涂脱模剂；8—模具冷却段；9—放置嵌件

对一些较小的制品，也可采用圆桌式生产线，如图 8-15 所示。

生产模塑泡沫体的计量、混合机械可以是低压发泡机，也可以是高压发泡机。但无论使用哪种机械，都必须计量准确，开、停切换精确，无波动。浇注物料要均匀、平稳，不得产生飞溅和冲击现象。对于大型或复杂制品部件，必须考虑物料的流动状况，物料在模具中分段流动的干扰和协同作用以及模具上方必要的排气孔设置。模具通常是由厚度 1.5～2.0mm

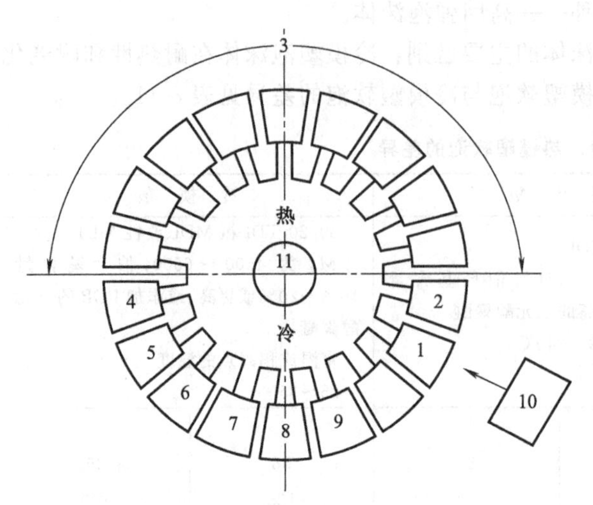

图 8-15 圆桌式热模塑生产线

1—浇注；2—合模；3—熟化段；4—开模；5—脱模；6—清模；7—喷脱模剂；8—冷却调温；9—置嵌件；10—发泡浇注机；11—调温装置

的薄钢板、铝板（厚度 4～6mm）或由铸铝（厚度为 6～10mm）等传热效率较高的材质制成。

热模塑泡沫与冷模塑泡沫不同，不能采用过量填充的方式大幅度提高泡沫体的密度和硬度。热模塑发泡在模内产生的压力较低，它在未加热以前，物料流动性较好，几乎没有交联发生。如果在模内产生较大发泡压力时，将会导致泡沫体产生大量闭孔，甚至会出现内部开裂现象，因此，对于热模塑泡沫制品生产的模具，在上模均应设有良好的排气孔，并在浇注过程中，保持排气畅通。合模后的模具进入烘道加热，为保证泡沫体获得优良的质量，应在较短的时间内，使模具内壁升至预定温度，例如 3min 内升至 120～170℃。以往多采用煤气、液化气等方式加热，比较落后。目前基本已改为微波辐射等加热方式。使用热交换流体的加热方式，能使模温快速升高。

针对热模塑发泡工艺特点，要使混合浆料顺利地流至复杂模具的各个角落，尤其是大型复杂模制品，保持混合物料良好的流动性至关重要。必须调整凝胶反应与发泡反应二者的平衡，即正确调节叔胺和有机锡类催化剂的比例，同时也可以在基础聚醚多元醇中，适当掺入二官能的聚醚或高分子量的三官能聚醚多元醇，对反应系统平衡进行适当的调节。

与块状泡沫体相比，泡沫体在模制过程中更需要优良的稳定性，因此在模塑发泡配方中应适当增加泡沫稳定剂的数量或选用功效更好的泡沫稳定剂。

发泡剂水加入量一般都应在 100 质量份多元醇基础的 4 份以内。根据泡沫体性能要求，通常在 2.5～3.5 份范围内变化，可以通过水的用量来调节泡沫体的密度和负荷硬度。

生产热模塑泡沫制品的典型配方见表 8-12 和表 8-13。

表 8-12 Bayer 公司热模塑泡沫配方例

配方/质量份	1	2	3	4
Desmophen 3411	100	100	100	100
水	3.5	3.4	3.2	3.0
稳定剂 OS 32	0.8	0.8	0.8	0.8
催化剂 A-1	0.15			
Dabco		0.1		
Polycat 8		0.2		
Desmorapid SO	0.14			0.1
辛酸亚锡		0.25	0.22	
Desmorapid ps 207			0.25	0.25
Desmodur T-80(—NCO 48.3%)	42.5	38.4	36.5	39.0
异氰酸酯指数	1.00	1.00	1.00	1.03

表 8-13　Dow Chem. Co. 热模塑泡沫典型配方

项　目	数　据	项　目	数　据
配方/份		发泡条件	
Voranol 4083J	100	料温/℃	
水	4.0	多元醇	20
Dabco 33LV	0.25	TDI	20
NEM	0.15	模具温度/℃	35
聚硅氧烷 BF-2370(或 L-580)	1.0	乳白期/s	15～17
辛酸亚锡	0.08	起发时间/s	145～155
TDI(指数 1.00)	47.3	凝胶时间/s	165～175
泡沫体物性		熟化温度/(℃/min)	180/12
密度/(kg/m³)		伸长率%	154
整体	34	拉伸强度/kPa	108
核心	28	撕裂强度/(N/cm)	8.1
压陷负荷/(9.8N/314cm²)		回弹/%	45
25%	17.4	永久压缩变形/%	
65%	44.7	50%(RH95%)	8
舒适性(65%/25%)	2.6	50%(70℃)	5

8.9 冷模塑泡沫

热模塑泡沫塑料的制备，生产时间较长，生产装备占地面积较大，能量消耗严重。随着高活性伯羟基聚醚多元醇的成功开发和在模塑泡沫体加工中的应用，开创并发展了冷熟化模塑发泡的新工艺技术。这种新的加工技术仅需要将反应混合液注入模具，无需或仅需少量的加热，即可在很短的时间内完成泡沫体起发、凝胶过程，能在短时间内脱模，生产出合格的制品。这种高效、极低能量消耗、优良性能和低成本运营的新工艺技术显示出取代热模塑技术的趋势。冷模塑泡沫的生产流程与热模塑泡沫体生产大体相同，只是在冷模塑泡沫体的生产中，注入物料的模具无需进入加热烘道等进行加热熟化，只需室温下停放数分钟后，即可脱模，生产出泡沫产品。高回弹泡沫即属于冷熟化模塑发泡工艺。

冷熟化模塑发泡工艺的最大特点在于高反应活性的原料体系使用上，利用原材料的高反应活性，快速进行放热反应，使物料体系黏度迅速增加，泡沫稳定，迅速凝胶、熟化，在常温下短时间内完成泡沫体的生成。

高反应活性原料主要是指采用氧化乙烯进行改性封端的聚氧化丙烯醚多元醇。冷熟化模塑泡沫工艺所用的这类高活性聚醚通常伯羟基含量大于 65%，三官能度的聚醚多元醇，羟值范围为 26～35mgKOH/g，分子量范围在 4800～6500。

低分子量化合物，作为体系的扩链剂使用。常用的有丙三醇、三乙醇胺、三羟甲基丙烷、卤代磷酸酯等。

冷熟化模塑工艺所用的异氰酸酯原料仍以 80/20TDI 和 MDI 为主。为改进加工性能和泡沫体物性，TDI 可以使用氨基甲酸酯或三聚体进行改性，较普遍的作法是 80/20TDI 与 65/35TDI 或与 MDI 掺混配合使用。两种 TDI 掺混改性成为冷模塑泡沫体生产的基础原料之一，发泡工艺稳定，以 TDI 和 MDI 掺合使用时，泡沫体的硬度较大。调节两种异氰酸酯的比例，可以改变反应体系的反应活性及性能，TDI 比例增加，所生成的泡沫体拉伸强度好。相反，当 MDI 比例较高时，则泡沫体的拉伸强度有所下降。对于 MDI 原料本身来讲，其异构体比例含量不同，也将会对该模塑工艺产生一定影响。如 2,4′-MDI 含量增加时，体系的反应活性下降，当使用 4,4′-MDI 含量较高的 MDI 体系时，尽管发泡物料的流动性有所下降，但反应速率却加快了，能极大地缩短模制品的脱模时间。

针对冷熟化模塑发泡工艺原料体系反应活性高，黏度增长快，泡沫膨胀上升具有较高的内在稳定性等特点，配方中，对泡沫稳定剂的要求并不像热模塑工艺那样严格，一般使用分子量较低、非水溶性的聚硅氧烷类泡沫稳定剂即可。常用的品种有 L-5307、L-5309、Y-10366（UCC）、B-8026、B-8681（Th. Goldschmidt. AG）、SRX-274C（东丽有机硅公司）等。国内江苏省化工研究所研制的 JSY 6504 性能也较好。

像一切聚氨酯泡沫体合成一样，对催化剂的选择和使用一直是要十分小心谨慎的。冷熟化模塑工艺生产的发泡体的交联网络的生成速率高于—NCO 与水反应的发泡速率，因此，催化剂多使用叔胺类化合物取代热模塑发泡配方中的有机锡类化合物作为凝胶反应催化剂。常使用的某些催化剂，如三乙胺、*N*-甲基吗啉、二月桂酸二丁基锡等，因其易挥发出难闻的气味或在配方中稳定性较差，在该工艺配方中的使用出现逐渐减少的趋势。

有时为了进一步提高混合物料在复杂模具中的流动性，在配方中还可适当添加一氟三氯甲烷等。

冷熟化模塑泡沫体的生产与热熟化模塑工艺相类似，热熟化模塑工艺模具需加热至 150～250℃的高温，而冷熟化模塑工艺仅需将模具加热至 50℃以下，通常 35～40℃即可，工业生产采用椭圆形循环生产线，见图 8-16。

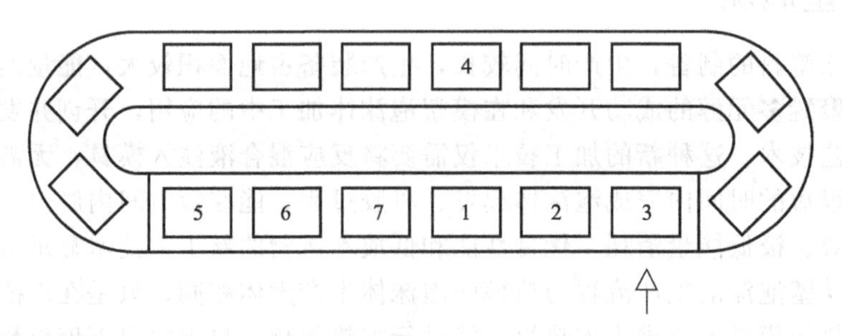

图 8-16　冷熟化模塑泡沫体生产示意图

1—喷脱模剂；2—配制嵌件；3—浇注；4—熟化段；5—加热；6—脱模；7—清模

在图示 1 位上，在预热的模具中喷涂脱模剂。常用的脱模剂是溶剂型水系聚硅氧烷脱模剂以及水系低熔点蜡类分散液。在日益重视环境保护的今天，人们已普遍使用水基脱模剂取代溶剂型脱模剂。同时，使用这类脱模剂，在以后制品进一步涂装时便于脱模剂的清洗而使制品涂覆获得良好、均匀的附着能力。但使用水基脱模剂时，其模具温度应在 40～60℃范围内，以便使它们迅速挥发、干燥，否则将在制品表面产生某些缺陷。

在图示 2 位置处，对模具进行检查、装配，必要时配置金属嵌件。根据工艺要求，由发泡机混合好的浆料在图示 3 位处浇注至模具中，浇注方式可以采用开模，也可以采用闭模方式，这要根据制品性能而定。通常填充量要大于实际制品重量，使冷熟化模塑泡沫体要比自由发泡体的密度增大约 1/4。

注入物料的模具进入熟化段 4 中进行泡沫体的熟化阶段。定义中的“冷熟化”仅是与热熟化相对而言的，为使制品能够迅速完成发泡、凝胶历程，使泡沫体尽快达到能脱模的基本性能，根据不同配方，应给予模具适宜的外界温度条件。在早期的冷熟化模制工艺中，一般采用热空气加热方式或热辐射方式，但加热模具温度较低，一般多在 50℃左右。现在，随着反应体系的不断改进和提高，已可以实现在室温条件下的、真正的“冷熟化”。

图示 5、6、7 位置是进行开模，制品取出，清理等工序，并完成模具进入下一循环前的准备工作。

Bayer 公司的冷模塑生产泡沫体的熟化时间仅为 4～8min，为获得具有优异性能的泡沫体以及良好的表皮和较高的模具利用率，一般采用冷模具直接加热的方式，使充入模具中的泡沫始终保持在 40～60℃范围内，模具在生产线上无需冷却。模制品加热设计示意图如图 8-17 所示。

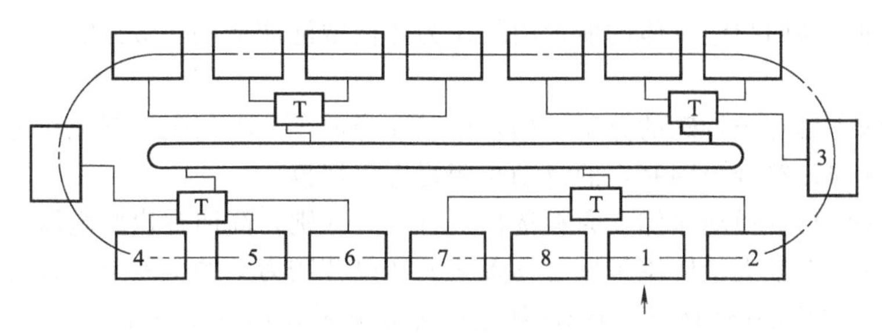

图 8-17　模制品加热设计示意图

1—注模；2—闭模；3—熟化工作段；4—开模；5—取出制品；6—清模；7—喷脱模剂；8—配置嵌件；T—加热装置

为使模具具有良好的传热性能，模具通常使用铸铝制造，模具温度一般控制在 45～55℃。对于使用环氧树脂等材料制备的模具，最佳模具温度应比金属模具低 10℃左右，后熟化时间约为 4h。

冷模塑泡沫制品和热模塑生产的泡沫体相比，泡沫体的闭孔率较高，脱模后的泡沫品应使用碾压等方法进行开孔挤压后处理。在工艺上的另一个区别在于使用冷熟化模塑工艺生产的泡沫体与热模塑相比，需要较长时间的后熟化阶段。通常热熟化工艺生产的泡沫体在 1～2h 内即能达到其最终性能，而冷熟化模塑工艺生产的泡沫体，通常则需要 11～12h 才能达到其最终性能。

冷熟化模塑工艺对模具温度转化的幅度小，在正常工作的过程中，模具温度仅控制在 25～50℃范围内，对模具传热性质的要求不像热模塑工艺那样苛刻，同时，也不会出现骤热骤冷，频繁的高、低温冲击，因此，该工艺所用模具的材质除使用传统钢、铝等金属材料外，对于试制品和小批量产品的生产，也可采用树脂模具制作。模具能承受 0.2～0.6MPa 的压力即可。合模线必须严密，物料在模腔中流动要顺畅、合理，对排气设计也需谨慎，不得产生大量泄漏，否则，制品会因降压而产生孔穴等缺陷。这些都与热模塑工艺要求有较大差距。

冷熟化和热熟化模制工艺的模具尺寸通常可以按制品要求尺寸放大 1.5%～2%设计。

冷熟化模塑泡沫体的发展过程中，由于不断开发和使用新型的原材料，新品种不断发展，应用领域不断扩大。以汽车坐垫等为代表的高回弹性模塑泡沫体产品具备许多独特的优点。

高回弹泡沫体具有优异的回弹性和更适宜人体乘坐的压缩负荷性能，手感好，透气性高。它与其他泡沫材料回弹性等对比见表 8-14。

表 8-14　泡沫材料回弹性和压缩负荷指数的对比

泡沫材料品种	密度/(kg/m³)	压缩负荷指数	回弹率/%	泡沫材料品种	密度/(kg/m³)	压缩负荷指数	回弹率/%
聚酯型泡沫塑料	40	1.8	40～45	天然乳胶泡沫体	64.1	2.5	60～80
聚醚型泡沫塑料	86.8	2.0	40～50	高回弹泡沫塑料	41.6	3.0	60～75
聚醚填料型泡沫塑料	64.1	2.5	50～55				

高回弹泡沫体具有较小的能量损失值，很适宜制备汽车坐垫等材料。高回弹泡沫体负载和卸载性能要比普通模塑泡沫体好得多，人体坐下后有较高的舒适感觉，这说明坐垫对车身传递过来的振动有很好的缓冲能力。

高回弹生产能耗低，模具通常仅要维持在40～60℃即可，仅需少量外界能量也无需模具反复进行冷却。高回弹泡沫体的能量消耗仅为热模塑泡沫体的1/5。生产周期较短，成本和投资较少。

高回弹泡沫体具有较特殊的分子结构，可燃性降低了，不加阻燃剂或仅加入少量阻燃剂即可达到自熄标准，符合美国制定的机动车辆耐燃级规范。

高回弹泡沫体与普通泡沫体在原料选择上有较大区别，高回弹模塑泡沫体的制备不仅采用了高活性聚醚，而且大量使用了聚合物多元醇和以芳胺为主的交联剂，以及三聚化改性的TDI和粗MDI。典型的高回弹模塑泡沫体生产配方见表8-15和表8-16。

表8-15 部分三聚化TDI制取高回弹泡沫体配方例

项目	软	中硬	硬
配方/份			
Multranol 3901	100	100	100
Mondur HR	43.5	46.5	48.9
总水量	2.3	2.1	2.3
链增长剂E-9401	4.0	4.0	4.0
三乙醇胺	2.0	3.0	3.0
Dabco 33LV	0.45	0.45	0.45
发泡剂	8.0	4.0	0
磷酸β-三氯乙醇酯	2.0	2.0	2.0
泡沫体性能			
密度/(kg/m³)	32	41.6	44.8
拉伸强度/kPa	44.8	58.9	91.6
伸长率/%	70	70	70
撕裂强度/(kN/m)	0.7	0.7	0.9
压缩变形(90%,22h)/%	6	3	3
压陷负荷(0.1m)/(9.8N/0.032m²)			
25%变形	5.78	12.0	15.6
65%变形	15.1	31.6	41.4
65%：25%负荷比	2.7	2.6	2.7

表8-16 高回弹性泡沫交联剂的使用

项目	A	B	C
配方/份			
Voranol CP 4800①	100	100	100
XD-8480交联剂②	6	6	6
总水量	2.5	2.5	2.5
发泡剂		7.5	15.0
聚硅氧烷DCF-1-1630	0.05	0.05	0.05
Dabco 33LV	0.45	0.45	0.45
Niax A-1	0.1	0.1	0.1
辛酸亚锡	0.25	0.32	0.37
氨乙基乙醇胺③		0.5	0.5
异氰酸酯指数	1.05	1.02	1.02

续表

项　　目	A	B	C
制品性能			
密度/(kg/m³)	35.2	27.2	21.6
25%压缩负荷/(9.8N/0.032m²)	13.5	7.56	4.0
压缩因子	2.4	2.5	2.6
回弹/%	60	59	59
拉伸强度/MPa	0.115	0.105	0.095
断裂伸长率/%	240	220	210
撕裂强度/(kN/m)	0.44	0.39	0.39
压缩变形(90%,70℃×22h)/%	4.0	6.0	7.0

① Voranol CP 4800 为伯羟基聚醚，分子量为 4800。

② XD-8480 是含水量为 33%的二元胺交联剂。

③ 氨乙基乙醇胺为辅助交联剂/稳定剂。

汽车用座椅的靠背和坐垫受力状况不同，用途不同，在采用高回弹模塑泡沫制备时，也应选用不同的配方或采用双硬度模塑方法，制备更适合汽车司乘人员安全、舒适要求的双密度坐垫产品。双密度制品的生产，以往是采用二次注射法生产。随着加工装备的进步和原料、催化剂等的发展，已出现双注射头模浇注和两种物料体系快速切换等先进的双硬度制品生产技术，工艺过程如图 8-18 所示。

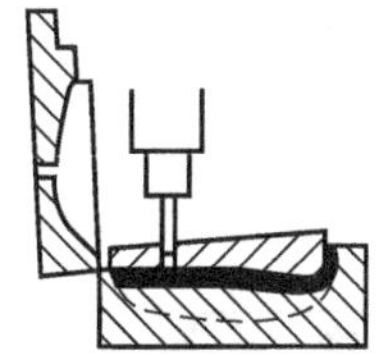

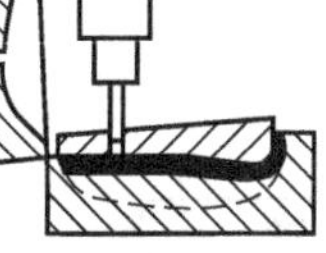

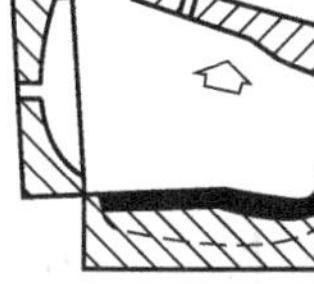

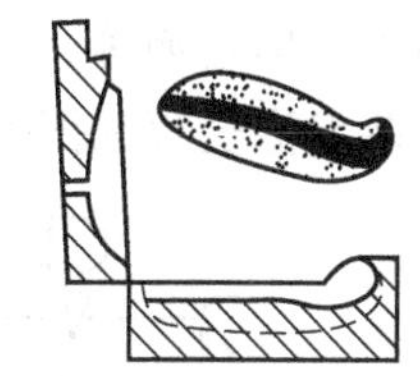

(a) 软质顶层的生产　(b) 取下第一次模盖　(c) 注射底座和侧面　(d) 脱出双硬度制品

图 8-18　汽车用座椅的靠背生产流程

高回弹模塑泡沫体配方见表 8-17。

表 8-17　高回弹模塑泡沫体配方

项　　目	低密度低硬度		低密度高硬度		典型	坐垫	高硬度
	A	B	A	B	A	B	C
配方/份							
聚醚多元醇	100	100	100	100	60	60	100
聚合物多元醇					40	40	
水	2.4	3.4	2.5	3.2	4.0	3.0	3.5
Niax A-1	0.06	0.06	0.08	0.04	0.2	0.12	0.12
Niax A-33	0.06	0.06			0.3	0.3	0.3
聚硅氧烷 L-5307	0.4	0.4	0.4	0.4			
Niax Y-10366					1.5	1.5	1.5
辛酸亚锡	0.1	0.15	0.9	0.9			
二月桂酸二丁基锡					0.004	0.004	0.004
二乙醇胺(DEOA)	1.0	2.0	1.0	1.0	1.7	1.7	1.7
发泡剂	5	15					
80/20 TDI(指数)	(1.03)	(1.03)	(1.10)	(1.10)	48.6	38.7	42.9
泡沫体性能							
密度/(kg/m³)	27.2	17.6	32	38.4	29	37	32

续表

项目	低密度低硬度		低密度高硬度		典型	坐垫	高硬度
	A	B	A	B	A	B	C
压缩负荷/kPa							
25%变形	1.87	0.93	4.35	4.7	4.2	4.23	6.9
65%变形	4.7	2.27	9.9	11.2	11.9	11.6	21.1
拉伸强度/kPa	68.9	58.6	100	103	130	131	107
伸长率/%	160	180	150	140	110	115	55
撕裂强度/(kN/m)	1.4	1.8	1.6	1.3	0.22	0.22	0.17
压缩变形/%	8	13	5	4	13	13	16
回弹率/%	63	63	61	62	67	66	61

8.10 包装用聚氨酯泡沫

包装用聚氨酯泡沫也即就是密度低于 $10kg/m^3$ 的超低密度聚氨酯泡沫。包装用的聚氨酯泡沫应满足以下条件：密度小、用料少、可很好地控制包装成本；有一定的机械强度，承受一定的压缩变形；冲击振动后回复性好；防霉防潮；使用方便，成型简单。

聚氨酯包装泡沫广泛地应用在现场包装、出口包装、易碎物包装等领域。如工艺美术品、陶瓷器皿、玻璃制品、光学仪器、医疗设备、精密仪器仪表以及军事器械等的包装等。

包装用聚氨酯超低密度泡沫品种也较多，如：软泡、半硬泡、硬泡、阻燃型、抗静电型、导电型以及屏蔽型等。

现场包装发泡过程如图 8-19 所示。

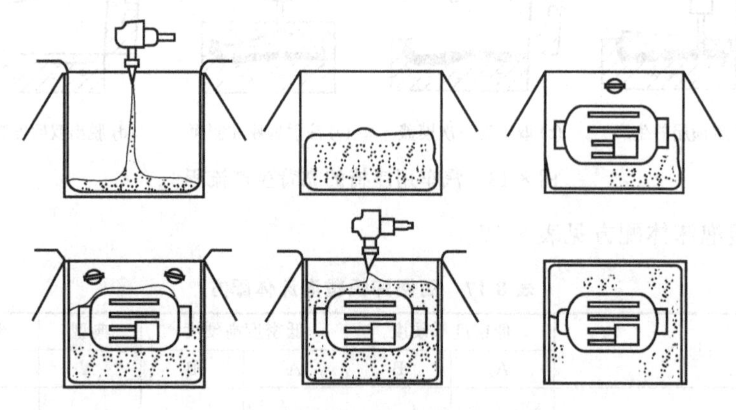

图 8-19　现场包装发泡过程（注塑成型）

图 8-20 所示现场包装具体步骤如下：在包装箱中先铺上塑料薄膜，注入适量发泡原料；将塑料薄膜折叠，覆盖在上升的泡沫上；将被包装物品放在泡沫上，再铺上一层塑料薄膜于被包物品之上；注入适量发泡原料，待其发泡结束；将塑料薄膜折叠覆盖上升的泡沫上，待发泡完成，盖好箱盖，即成产品。

这种发泡成型，和一般发泡成型工艺一样，因发泡压力很低，采用普通木板即可生产。在聚氨酯包装泡沫出现以前，基本采用聚苯乙烯泡沫作软体包装。但聚苯乙烯成型工艺复杂，模具要求较高，不能现场发泡。对于一些极易破碎的物品（如玻璃仪器）聚苯乙烯泡沫性能也不能满足使用要求。聚苯乙烯泡沫受冲击和振动摩擦后易产生碎屑，对于精密仪器易造成污染。

另外，因聚苯乙烯泡沫均系预制成型，模具、发泡设备费用较高，包装材料体积大，增加了库存与运输成本。

与聚苯乙烯泡沫相比，聚氨酯泡沫有以下优势：操作简便，快速，可现场发泡成型；可以机械发泡，也可以手工发泡成型；发泡倍数高达100倍以上，重量轻，成本低；缓冲性能好，包装安全可靠；无需特制模具，对于批量多，数量少，形状不规则制品的包装特别好。

聚氨酯包装泡沫的发泡设备，同普通聚氨酯泡沫的发泡机差不多，结构较简单，如图8-20所示。

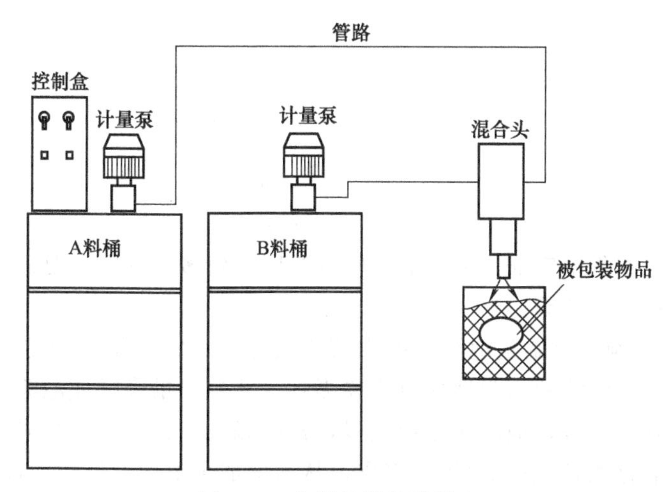

图8-20 包装泡沫发泡设备

发泡机由原料桶、计量泵，控制盒、输料管和混合注射头等部件组成。与一般发泡设备相比，在几个方面作了简化：料罐由原料包装桶直接代替；计量泵可采用成本很低的，也可采用气压驱动、往复式计量泵，再利用管道将料加热，增压，在混合头喷射对撞混合。

包装PU发泡机结构简单，重量轻、移动方便、占地面积小、造价低廉是其最大特点。

包装材料是现场施工，就地包装，要求产品具缓冲，回复形变功能。在选择聚醚多元醇时，要考虑聚醚多元醇的高活性及回弹性好，分子量高的。在某些应用场合还得使开孔性高。承载负荷大的聚合物接枝聚醚多元醇。一般都是伯羟基含量超过60%。分子量在4800～6000的氧化乙烯/氧化丙烯共聚醚。

异氰酸酯化合物方面，选择的品种是从安全卫生的角度出发。TDI由于气味重，对人体呼吸道有刺激，很少采用。目前大多数选用粗制MDI或PAPI类异氰酸酯。综合考虑，利用TDI生产过程中蒸馏残渣，作二次改性后可制得聚合级TDI应用于包装工业，将会大幅度降低原料成本。

发泡剂的选择：对超低密度，使用单一发泡剂是不可能的。如单用水为发泡剂，又消耗过多异氰酸酯，增加成本，并使产品过脆，难以应用。所以，一般都是采用两种发泡剂混合、配合使用。

泡沫稳定剂方面要考虑两个因素：一是大量水存在下要使泡沫稳定、不被水解；二是泡孔的开孔率，既要泡沫稳定上升，又要制品开孔率大，否则会引起收缩。

其他助剂根据产品牌号、用途，添加相应的防霉剂、阻燃剂、抗静电剂、颜料等。

包装用超低密度聚氨酯泡沫配方举例：

高活性、高分子量聚醚多元醇	90份
交联剂	10份
水	6份
催化剂	0.8份
二氯甲烷	30份
泡沫稳定剂Q5307	2份
聚异氰酸酯	121份

发泡工艺条件：	
乳白时间/s	7
上升时间/s	20
不粘手时间/s	70
开孔情况	开孔
泡沫密度/(kg/m^3)	9.7

影响包装聚氨酯超低密度泡沫的合成、物性等因素较多，其中主要是原料组成结构、工艺条件以及组分贮存稳定性等。

① 原料组成的影响　聚醚是泡沫体的主要原料之一，它对聚醚组分料的互配性、均匀度、体系黏度以及生成泡沫的力学性能有重要影响。低分子量聚醚使泡沫体发酥。低活性高分子量聚醚同水的互溶性差，泡沫熟化速度慢，密度偏大。为此，必须采用高活性、高分子量聚醚多元醇，如氧化乙烯/氧化丙烯共聚醚，从而增加水溶性及反应活性。

② 催化剂　一般聚氨酯体系用的常规催化剂均可使用。但考虑聚醚发泡体系的特殊性以及大量水为泡剂等情况，常规用的辛酸亚锡、二月桂酸二丁基锡等锡类催化剂难以与水共存，所以不宜采用，大多采用叔胺类催化剂。其中三乙烯二胺、双-（二甲氨基乙基）醚等强碱性催化剂会导致泡沫体闭孔过高引起收缩，而且在组分贮存中活性明显下降，也不十分合适。一般都是采用中等活性的二甲基环己胺、二甲基乙醇胺以及二甲胺乙基、甲基羟乙基胺乙基醚等催化剂。对不同配方，催化剂品种和用量有较大变化。催化剂不仅对泡沫起发有明显影响，对泡孔结构也有影响。催化剂用量一般为聚醚用量的1%～3%。

③ 泡沫稳定剂　原料体系中泡沫稳定剂的品种选择至关重要，它直接影响泡孔结构及开孔率。包装泡沫的压缩强度不大，只有10kPa，一旦泡孔的开孔率过低，即闭孔率过大，泡沫体会出现收缩现象，成为废品。当然，控制泡沫的开孔率，除表面活性剂的影响之外，还涉及催化反应过程中发泡速率与凝胶速率的平衡关系。一般，凝胶速率过快也会导致泡沫体闭孔。泡沫稳定剂还应是硅—碳结构的耐水解性良好的品种，因为大量水为发泡剂，加上长期贮藏的需要，不能使泡沫稳定剂失效。泡沫稳定剂用量一般为1%～2%。

④ 工艺条件的影响　原料配比、环境温度和原料温度，以及操作条件均直接影响泡沫的物性。组分配比与温度对泡沫性能的影响关系见表8-18。

表8-18　原料配比与温度对泡沫性能的影响

聚醚组合料：异氰酸酯质量比	1∶0.88	1∶1.11	1∶1.22	1∶1.11	1∶1.11
原料温度/℃	20	20	20	14	34
环境温度/℃	20	20	20	5	18
发泡时间/s	55	60	59	64	40
泡沫密度/(kg/m^3)	10	9.1	8.9	9.5	8.0
泡沫初时脆性	不脆	不脆	表皮稍脆	表皮稍脆	不脆

从表中可以看出，随着异氰酸酯的用量增加，泡沫密度稍有下降，但泡沫的初时脆性增加。环境和原料温度提高时，发泡速率提高，泡沫密度下降，泡沫的初时脆性得到改善。所以，原料与环境温度对成型泡沫质量直接有影响。

两种原料在施工过程中所采用的混合方式也直接影响发泡工艺参数与泡孔结构。混合效果好，两种原料接触均匀，所形成的泡沫体泡孔均匀、泡沫密度也较低。三种混合结果如下：

	乳白时间/s	泡沫密度/(kg/m^3)	外观
人工搅拌	15	8.6	泡孔粗
电动叶片搅拌	10	9.1	泡孔细
机器发泡	7	7.0	泡孔很细

物料黏度大小也影响到包装泡沫用的成型质量，A、B 两组分的黏度尽量接近，以利泡沫混合。为提高异氰酸酯组分的黏度，有时可将相应的填料经烘干处理，放入异氰酸酯组分之中。一方面提高黏度，另一方面可改善包装的物性。

8.11　聚氨酯泡沫切割

聚氨酯泡沫制品多数是采用模具成型，如鞋底、轮胎、家具、装饰材料等。但也有一些产品，如沙发坐垫、靠背等是采用大块的泡沫进行切割、裁片等加工而成。除软泡需切割外，一些硬泡、弹性体都可能需要切割成型。

聚氨酯泡沫体的切割方式有如下几种。

① 环形、卧式、立式——旋切超薄片材。

② 横切、竖切——长短条块。

③ 磨削修边——异形材。

④ 仿形切割——异形 2、3 维材。

聚氨酯泡沫体连续生产线上的切断设备配备在连续化聚氨酯矩形块泡生产线上。生产的泡沫体连续由熟化段推出时设置立式切断机，根据泡沫体产量和工艺要求将连续的矩形块切断，以利于运输、贮存及后加工，切断机多为自动控制，它装备极薄且又极其锋利的环形带状刀片，刀片由上至下作高速环形运动，刀架在光电测速和电脑控制下，与泡沫体移动做同步运动，使得切出的矩形泡沫体的断面呈矩形。根据在线切断机的机型不同，通常它的切断速度可达 10m/min，切断高度 1.5m，切断宽度 2.4m。软质泡沫体的切割长度一般分为 1～10m、10～60m 等几个规格，国外有长达 100m 情况。一般都是根据客户的具体要求和市场需求情况，规定自己的切断长度标准。

(1) 立式切割机械　立式切割机主要是将聚氨酯软质泡沫体切割分离和切除侧边。立式切割机由放置泡沫块的工作台、带有环形锯刀高速运转的刀架和控制系统组成，其机构运行情况可分为工作台移动、刀架固定和刀架移动、工作台固定的两种基本机型。前者设备价格较低，工作台可沿导轨做前后、左右滑动，移动尺寸多采用标尺装置，采用人工操作方式，操作简单、方便，但这类设备占地面积较大，如图 8-21 所示。

另外一种立切是采用固定式的工作台面上，切割刀架由电机控制做左右移动，完成对泡沫体的切割动作。切割厚度通常使用标尺、靠板及微电脑进行精确控制。该类切割机工作效率高，占地面积要比移动工作台式切割机要减少 50%左右，如图 8-22 所示。

上图所示两种立切机为国产机器。主要用于小片（块）海绵的裁切工作。采用电梯道作导轨，行走更稳定，海绵切片的加工质量精度较高。其轮子镶有胶面，无噪声、不易断刀。

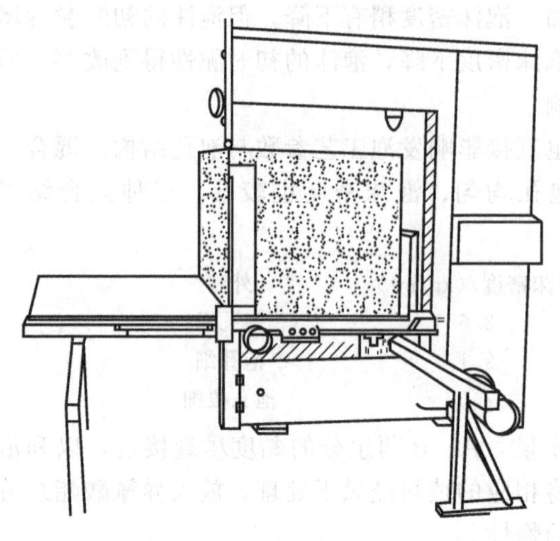

图 8-21　立式切割机（一）

图 8-22　立式切割机（二）

立式切割机根据设计不同，除了能完成切断、修切侧边等功能外，还可根据产品要求，做适当配置和修改，制造出不同类型的切割机。如立式修边机、立式切割机（活动工作台式）和全自动立式切割机，可以根据客户要求配置不同尺寸的工作台，并可配置可调节角度的切割臂进行 V 形角度切割。这类设备配套 PC 控制系统，可以实现切割的全自动化，加工程序更加简单，切割尺寸更加精确。

当产品需要切割侧倾斜断面时，切割机工作台面可以向一边上升，使在工作台面上放置的泡沫体随之倾斜，使它与切刀形成一定角度，即可进行一定角度的切割。这种角度切割机有两种形式：一种是利用刀架可做左右倾斜调节进行角度切割；另一种为改变刀架前后倾斜角度，使带刀与水平配置在工作台上的泡沫体构成一定角度，切割角度最大可达 70°。

(2) 卧式切割机　要将泡沫体分割成一定厚度的板材，应使用卧式切割机（见图 8-23）。它与立式切割机的主要区别在于它的环形带状切刀的进刀方向。卧式切割的带锯刀

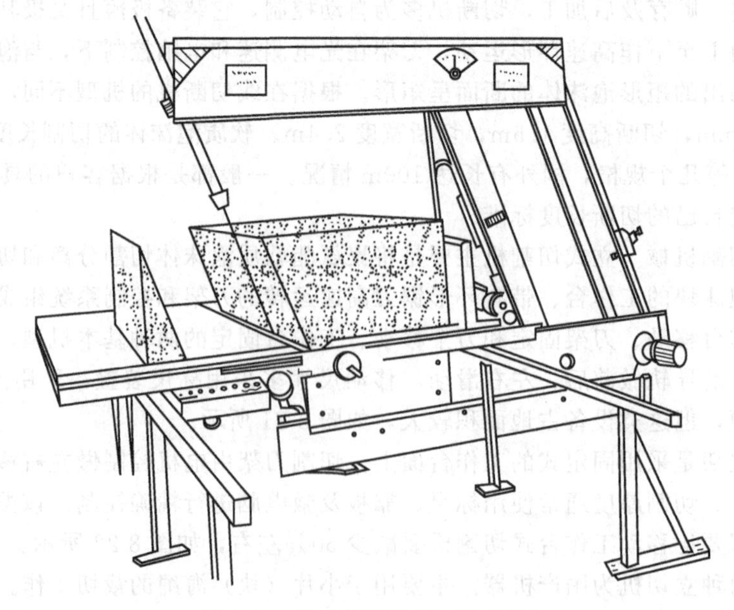

图 8-23　卧式切割机械（平切机）

呈水平状态高速运行，精确调节带锯刀的水平高度，即可完成设定厚度的泡沫体分割。为保证泡沫体在切割的过程中不产生位移，通常要在工作台或传输带下配置数个真空吸板等防止滑动的装置。目前水平切割机的种类很多，大致有如下几种。

滑动工作台式水平切割机放置泡沫体的水平工作台可沿滑道做前后运动，使用测量控制装置调节切割刀的高度，使带锯刀在设定高度上做水平切割运动，每切割一次，工作台或传输带返回原处，刀具即可自动下降至第二高度，再进行第二层切割，直至完成整块泡沫体的水平切割分离。

滑动刀架式卧式切割机的特点是配置了固定式水平工作平台，刀架则装配在导轨上可做前后匀速运动，它每完成一次切割动作，刀架将下降一定高度，做第二次切割，它与滑动工作台式横切机相比，占地面积能节约近一半。

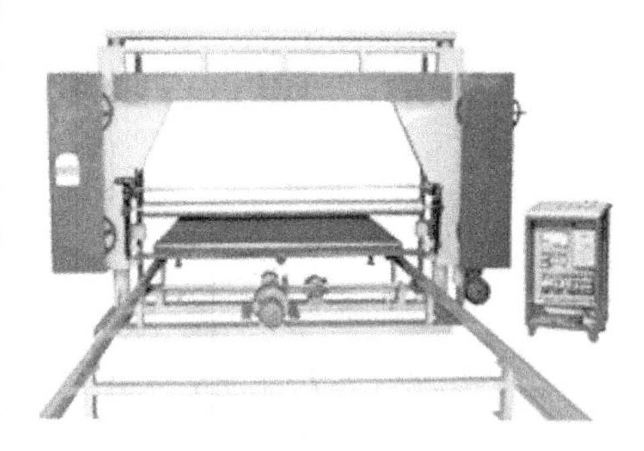

图 8-24　国产水平切割机

目前在水平切割机中，机械结构形式多样，图 8-24 所示是国产机型，也是目前使用较多的机型。

目前，国内开发的全自动电脑数控切割机，采用双 CPU 独立控制系统，主振刀系统完全不受干扰，快速校对零位，高性能进口伺服电机确保整个运动系统平稳，低噪声，大大提高响应速度，独特的气路设计确保刀具进给平直，快速。刀具的无限角度旋转系统和专用刀具，解决了转刀切割机排料间距大，刀具损耗多，编程烦琐等缺陷。实现泡绵的全自动切割。各项技术指标达到或超过国外同类产品。

圆盘式横向切割机的圆盘一般都比较大，直径通常在 5～10m，切割高度小于 1.5m。根据工作圆台上配置的泡沫块，切割速度可达 75～95m/min。

为适应高速切割需要，切割刀片极薄而又十分锋利，在刀片上涂有特氟纶（Teflon）以保持刀片爽滑，同时刀片上还装配有护刀肩和减少运动阻力的支撑垫肩，刀片的运行速度极高，通常为 10～14m/s，刀架角度可在 0°～6°的范围内调节，切割厚度为 0.5～45mm。

（3）连续薄片旋片机　为适应纺织工业等对聚氨酯软泡连续超薄片材的需要，开发出连续超薄片材的旋片机。

这种设备占地面积较大，切割对象是长度大于 50m，甚至是 120m 的矩形泡沫块。操作时，首先将长的泡沫块首尾粘接，使它成为一个巨大的环形条块，然后装配在旋片机组上，泡沫体在传送带的带动下产生单向环形运动，当泡沫体通过与之呈一定角度配置的横向水平运动的刀片时，即可切割出设定厚度的、连续不断的薄片材，切下的薄片通过自动卷皮装置，收卷成一定规格、一定长度的超薄片卷材。泡沫薄片的厚度范围为 0.5～30mm。

由于这种大型旋片机投资费用高，占地面积大，目前旋片机多采用中、小型薄片旋片机，它的主要优点是投资少、占地面积小、原料泡沫体易于制造。目前这种中、小型旋片机主要为卧式配置，首先要将块泡或圆形泡沫体在专用钻孔机上，对泡沫体中心钻孔，如图 8-25 所示。然后将它用芯轴固定在卧式旋片机上，在电机带动下旋转，卧式水平配置的切割刀做高速环形运动，调节至一定切割厚度，即可进行切割。对于方形断面的泡沫块将首先由切割刀切成圆形，如图 8-26 所示。

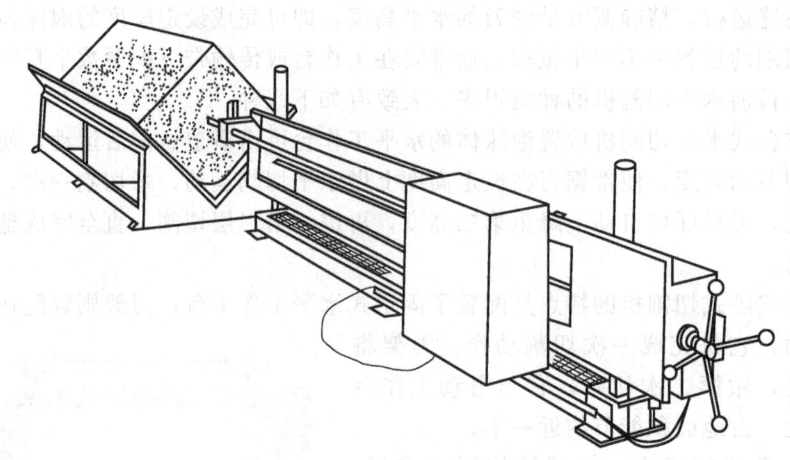

图 8-25 泡沫体中心钻孔示意图

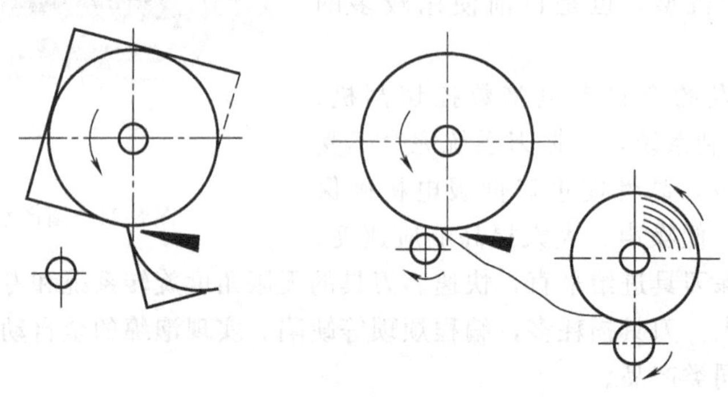

图 8-26 泡沫体切割示意图

当然，废边率将会达到30%左右，多出现在利用箱式发泡原理制成的圆断面泡沫体，或是利用垂直发泡方法制备利用率较高的圆柱形泡沫体。通常旋片切割速度小于30m/min，旋切的薄片厚度一般在5mm以下。

泡沫异型（曲线）切割机，根据泡沫弹性体可压缩变形的原理，设计成为具有凸凹齿形的压花齿轮，由数组压花齿轮分别排列组合安装，在两根转动轴上由电动机带动其转动作直线切割，使平板面式海绵切割成为具有带凸凹疙瘩乳状形波浪形、人字形、菱形等花纹。

(4) 加热泡沫切削机 加热泡沫切削机如图8-27所示。

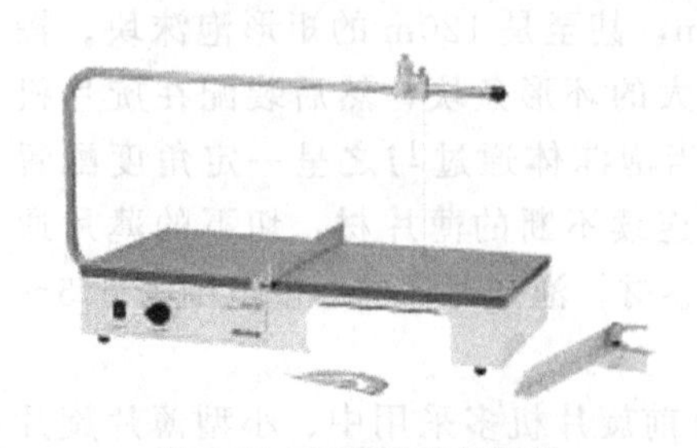

图 8-27 加热泡沫切削机

这种计算机控制热丝的泡沫塑料切割系统可以切割软、硬泡材料。切割用途多、切割快，可以根据客户要求的尺寸切割，而且生产率高，安全性能好，可生产附加值极高的复杂形状的3D产品，比如锥形、机翼后缘、扭绞柱等。由于切割机的框架跨度大，所以可以切割面积很大的泡沫材料，切割丝最大可以达到6m。切割机配有六个垂直臂（Y向运动），并带有多丝式的倾斜抓钩（最多可达40根切割丝）。切割丝是计算机分别管理和控制的。切割机的计算机控制系统采用在Windows下运行的CROMA软件，可靠性极高。软件的主要功能是模拟切割；管理切割丝的温度和切割速度。电动机的控制是由微处理器完成的。内部电子系统可以通过软件更新。

这种切割机特点：少于1s的迅速加热时间；工作台尺寸560mm×315mm；钢丝高度

210mm；钢丝角度（前&后）45°、（左）45°、（右）20°；钢丝直径0.18mm。

（5）压缩变形异形材成型机　与旋转型辊原理一样，使用不同形状的型模压缩聚氨酯软泡，在变形的情况下进行切割，待泡沫变形恢复后即可形成异形表面，它与旋转型辊方法的最大区别是，旋转法为连续压缩、连续切割，而压缩法为间歇式操作，因此产量较低，成型的异形产品主要用于包装、医疗矫形等行业。压型切割基本有凸模压型和凹模压型两种。前者是使用凸型模压缩泡沫体后进行切割，后者是将泡沫体压至凹型模中切割，由此产生不同的切割断面。

在实际成型中，常根据工艺需要，这两种压型常配合使用。压型切割机切割原理如图8-28所示。

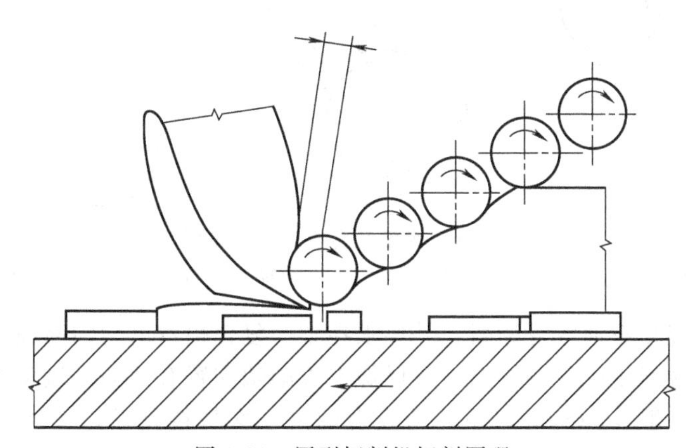

图8-28　压型切割机切割原理

这种机器的切割速度为10m/min，切割宽度约为1.2m，最大长度为1.2m和2.4m。

（6）仿形切割　仿形切割主要是用于二维、三维坐标异形产品。通常它是将要加工产品的形状、尺寸绘制成图纸，依靠光电读出装置扫描，控制切割机头做坐标运动。为方便复杂形状的切割，该装置配备的切割刀很窄，仅有2.7mm，以适应做540°转向，完成较为复杂形状断面制品的切割。按照切割刀的配置方式，它可分为立式异形切割机及水平异形切割机。新式仿形切割机均已实现了CAD——电脑辅助设计。

（7）垫肩专用切割　垫肩是西服等上衣必不可少的部件，聚氨酯软质泡沫塑料制成的垫肩规整、舒适、成型性好、不变形，很受服装加工业的欢迎。为适应市场的需要，专门设计开发了垫肩切割机。

这种设备一般由气动控制切割刀、耐磨振动驱动器、切刀张力调节器、输送带等部件组成，并配备精密的电气控制系统，确保切割垫肩具有高精确的重复性。为确保操作的安全性，设备装配了自动停车的安全装置。垫肩切割机切割垫肩的形状和尺寸参见图8-29。

垫肩切割产品形状 $L=120\sim180$mm；$B=-90\sim130$mm；$D=6\sim25$mm：$R=40/50$。

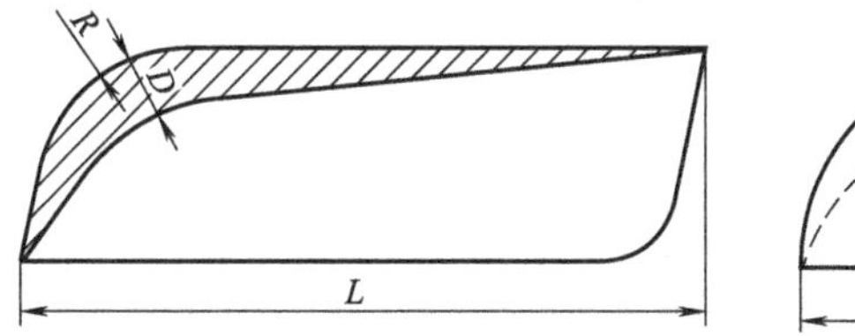

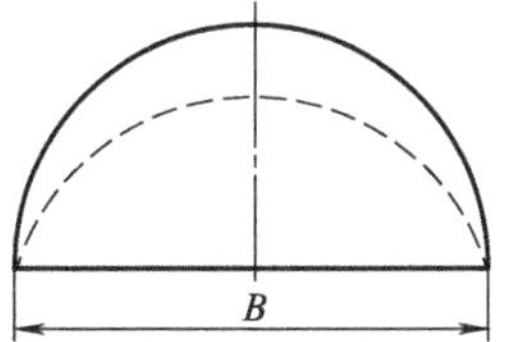

图8-29　垫肩切割机切割垫肩的形状和尺寸

根据泡沫体质量和垫肩厚度不同，其生产能力范围为每小时 800～1200 副。

(8) 火焰复合机械　在纺织行业和建筑行业需要大量软饰面的复合材料，其中对聚氨酯软质泡沫薄片材和各种纤维黏合在一起的复合材料应用最多。目前将超薄聚氨酯软泡材料与织物复合在一起的办法有粘接和火焰复合两种。前者，对于大面积、良好的粘接效果不易控制，柔软性较差。因此目前这些材料的大批量生产多采用火焰复合法，利用聚氨酯泡沫体表面在高温火焰下产生轻微熔融、粘接的性能，制备各种火焰复合机械。基本原理如图 8-30 所示。

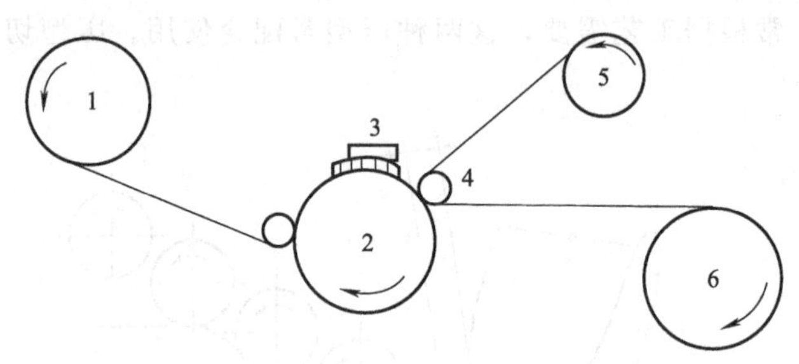

图 8-30　火焰复合机械基本原理

1—泡沫片卷；2—辊筒；3—燃烧喷管；4—压合辊；5—覆面材卷；6—复合料卷

火焰复合使用液化石油气等燃料，并要求在整个复合幅宽上均匀燃烧，考虑燃烧气体和聚氨酯泡沫表面熔融产生废气的排出，在燃烧上方必须配置有效的排风装置。根据需要，聚氨酯泡沫片的厚度一般在 30mm 以下，所复合的另一面材料可以是各种织物，也可以是人造革、无纺布、塑料薄膜，甚至可以是纸张或其他软质材料。根据火焰复合机的机型和被粘材料的质量，黏着速度通常为 7～70m/min，黏着幅宽一般小于 2.2m。火焰复合操作时，应注意调节火焰强度、泡沫片材和织物面料的输入速度以及对黏着压力等因素的平衡，同时，还应注意泡沫片材和复合面料的平展性。

对于厚度较大的泡沫板与覆面材料的复合，一般使用平板式火焰复合机，最大复合厚度可达 100mm，复合速度一般在 10～30m/min。

黏合式复合主要是在复合材料上以刮涂方式或膜转移方式进行黏合剂实施。刮涂方式是使用淋浆槽的淋涂或辊涂办法将黏合剂均匀地涂覆在织物基面上，并要用刮刀等装置使黏合剂分布均匀、厚度均一，经烘干后，在压辊的作用下，使它与泡沫片材黏合在一起，收卷为成品。

第 9 章 聚氨酯建筑材料

9.1 聚氨酯防水材料

9.1.1 防水材料分类

传统建筑物用防水材料大多为沥青防水层，如沥青油毡、再生胶沥青油毡、玻纤沥青油毡等。该类材料价格低廉，是目前使用最多的建筑防水材料。虽然成本较低，但它拉伸强度低，延伸率小，抗撕裂性能差；受季节气候变化影响性大，夏季气温较高时，易出现流淌，冬季气温较低时，又易出现脆裂，使用寿命较短（一般为 5～10 年），加之施工等质量问题，甚至出现新建不久的建筑物的防水层即出现起鼓、龟裂、渗漏等质量问题。这类问题一直是建筑业和房屋居民反映极其强烈的质量问题之一。据不完全统计，在我国约有 70%的建筑物，在投入使用不到 2 年就出现屋面渗漏问题。提高建筑物防水材料品级和质量是建筑行业亟待解决的问题。

高分子涂膜型防水材料是发展较快的防水材料。美国是发展这类防水材料最早的国家，1957 年首次进行了商业化生产和应用，这种以合成橡胶为基础的防水材料（Hypalon）以其优异的性能激发了各国开发新型防水材料的研究热情，相继推出了许多以合成材料为基础的新型防水材料。随着建筑业的高速发展及各种新型建筑材料的不断涌现，作为建筑业不可缺少的防水材料也正在发生着巨大的变化，就目前建筑业所用的防水材料来看，有以下所示几类。

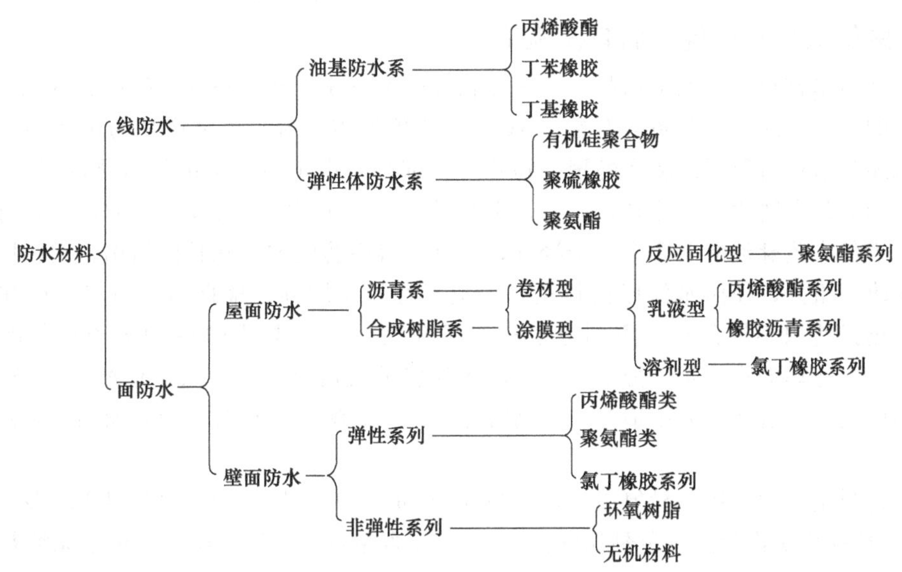

随着建筑施工方式的进步以及现代建筑物的高层化、轻量化、实用多功能化、美观化等现代建筑理念的发展，对建筑物防水材料要求越来越高。要求建筑防水材料不仅要能施工简便、快捷，而且要求使用寿命长，能够在各种严峻的气候条件变化下，起到完好的防水功能；不仅要求防水材料能适应地基、楼宇变形或摆动的要求，且要求它美观大方、重量轻、

功能性强。在现代高分子涂膜型防水材料中，聚氨酯防水材料具有比较突出的优点，是现代建筑业优秀的防水材料之一。

9.1.2 聚氨酯防水材料特点

聚氨酯防水材料具有下列优点。

① 聚氨酯涂膜防水材料具有良好的延伸性和柔韧性，低温不脆裂，高温不流淌，抗撕裂性能好，对于因地基下沉、墙体裂缝等建筑物变形具有很好的适应性。

② 聚氨酯防水材料耐磨性能优异，并具有良好的耐候性、耐水性、耐油、耐酸碱性能；它与水泥等基材有优异的粘接能力；使用寿命比传统沥青防水材料要长，服务寿命大于10年，而且维护检修费用低。

③ 聚氨酯防水材料重量轻，能减轻房屋负荷，且局部造型的适应性强，可以自由着色，增加了屋面防水的色彩选择性。

④ 该防水材料施工中无接缝，且施工简便。根据防水材料用途不同，聚氨酯防水材料可分为以下几类。

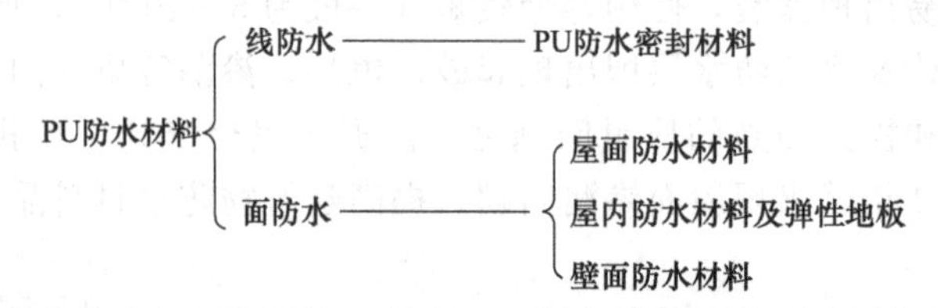

按防水材料的包装组分分类，可分为单组分和双组分两类。前者是由具有端—NCO基团的预聚体与其他助剂配合而成，主要依靠它们与空气中的水分反应而固化，但通常固化速率较慢，性能较低。大量使用的聚氨酯防水材料多为双组分包装，使用时，将其混合后施工，经组分间的化学反应完成固化过程。在该类防水材料中，由于采用的原料及配合剂不同，又可分为焦油型和非焦油型，非焦油型防水材料又可分为炭黑改性型和彩色型。

9.1.3 聚氨酯防水材料的制备及施工

聚氨酯防水材料和聚氨酯涂料、浇注橡胶等的反应原理和制备方法相似。首先使用多元醇与适量的异氰酸酯反应制备含有端—NCO基的预聚体。由于该类产品的用途和成本的需要，聚氨酯防水材料所用的多元醇聚合物几乎全部都是以价格低廉的聚氧化丙烯醚（PPG）以及蓖麻油类化合物为基础原料，后者是十八烯酸的甘油酯类化合物，来源广泛，价格更加低廉，它不仅在蓖麻油酸上含有一个羟基，而且具有脂肪酸的特殊长链结构，它可以作为羟基的一个改性组分，使防水涂膜获得良好的耐水性及柔顺性。根据防水材料性能和施工要求，可以选择使用不同品种、不同分子量的羟基化合物，选用PPG的分子量范围基本为3000～5000。选择的规律是：分子量小，防水涂膜的硬度高，强度大，但断裂伸长率下降，预聚体黏度增大。若在组分中适当添加高官能度的多元醇聚合物时，涂膜的强度和硬度也将会随之增加。

防水材料生产中所用的异氰酸酯通常为TDI和MDI。目前，我国以TDI居多。合成的端—NCO基的预聚物为淡黄色黏稠液体，—NCO含量约为5%～10%。对于无溶剂型预聚体多控制—NCO含量在2%～8%范围内。另外，黏度是影响施工性能的重要指标之一。黏度过大将不易使物料混合均匀并影响摊铺的施工质量，必要时可使用适当的溶剂做稀释调节。该预聚体可以作为单组分防水材料使用，但干燥速度较慢，质量较差，作为双组分防水剂使用时，必须使它与硬化剂组分进行混合反应。

硬化剂组分的主要成分是芳香族二胺，它能与—NCO 基团反应，生成脲基的扩链反应，使分子量迅速增加、固化。在硬化剂组分中还必须加入适当的催化剂、改性助剂、填料、紫外线吸收剂、色料以及溶剂等必要的配合助剂。

所用的催化剂主要有醇胺、胺类及有机金属类化合物。选择不同的品种及其混合物以及品种，可以对防水材料的固化速率加以调节。如三乙烯二胺具有适宜的施工适应期，并能加速涂膜固化；使用 N,N,N',N'-四羟丙基乙二胺则能减少湿固化中脲链的形成，减缓芳香族防水材料泛黄倾向。在气温较低的季节，为加速涂膜的固化，可适当增加催化剂的用量；而在气温较高时，则应适当减少催化剂的用量。

在防水材料中加入填充剂可有效地降低防水材料成本。对于焦油型防水材料，主要的填充剂就是焦油。对于非焦油型防水材料，可供选择的填充剂品种很多，例如炭黑、碳酸钙、氧化钙、石英粉、大理石粉以及废橡胶颗粒、纤维粉末等。它们不但能有效地降低防水材料的成本，同时还能赋予防水材料各种各样的涂膜风格和性能。

炭黑型防水材料和焦油型防水材料具有很好的抗紫外线功能，它们有较好的抗紫外线能力，原本就是黑色，使涂膜在强烈的日光照射下，也不会出现明显的色泽变化。但对普通彩色型防水材料，若用于户外屋面、壁面防水，则必须添加紫外线吸收剂，以减缓防水材料的“泛黄性”。在某些对色泽要求十分严格的防水材料，可以使用价格较高的脂肪族二异氰酸酯，如氢化 MDI、异佛尔酮二异氰酸酯等取代芳香族二异氰酸酯。同时，为了减缓防水材料的黄变性，通常选用的色彩多为灰、绿、橙、棕、铁红等不易变色的颜色。

有时，为了改善防水材料的某些特定性能或因施工的特殊需要，在配方中还可加入其他适应的配合助剂。PU 防水材料和固化剂的物性列于表 9-1。

表 9-1　PU 防水材料和固化剂的物性

项目	组分	焦油型 PU 防水材料		炭黑型 PU 防水材料		彩色型 PU 防水材料	
		平均	范围	平均	范围	平均	范围
黏度(20℃)/mPa·s	主剂	7800	5500～10000	7350	5000～10000	8820	6500～11400
	固化剂	76600	2500～20000	20000	3500～50000	25300	40000～50000
	混合物	20500	6000～4900	13400	6000～30000	70000	10000～30000
相对密度(20℃)	主剂	1.03	1.00～1.04	1.04	1.00～1.10	1.04	1.00～1.07
	固化剂	1.31	1.20～1.50	1.40	1.31～1.65	1.36	1.20～2.60
	混合物	1.17	1.10～1.30	1.29	1.18～1.41	1.27	1.16～1.41
工艺性							
适用期(20℃)/min		59	25～90	65	30～120	70	30～180
触干时间(20℃)/h		11	3～24	9	3～24	12	4～24
固化时间(20℃)/h		18	12～24	19	7～24	19	9～36

(1) 焦油型聚氨酯防水材料　焦油型聚氨酯防水材料是由聚氨酯预聚体和煤焦油及（或）聚醇为主要成分的防水材料。它由于使用了大量炼焦工业副产品的煤焦油为原料，价格低廉，从而使聚氨酯防水材料的原料成本大幅下降；由于它的粒度较低，故施工操作性能良好；由于它与异氰酸酯反应固化速率较快，涂膜早期强度较好，固化后的涂膜抗水能力强，同时它的韧性优良，在外部应力的作用下不易被破坏。但由于煤焦油是一种组成复杂的混合物，它会由于各地煤质、干馏工艺条件等因素的不同，其组成会产生一定波动，因此，其固化速率的控制不容易调节，有些性能会随时间的延长，产生一些不良影响，更为甚者是由于煤焦油气味难闻，对空气环境及施工人员健康有一定影响。有关产品性能见表 9-2 和表 9-3。

表 9-2　焦油型聚氨酯防水材料产品性能一

商品名称	ハイプレンP305	固化剂(胺类)	涂膜性能				
密度(25℃)	1.03	1.07	项目	试片(RT×7d)	热老化性能(70℃×7d)	耐水性能(40℃×50h)	低温性能(－20℃)
黏度(25℃)/mPa·s		3200	硬度(邵尔 A)	39	49	45	46
主剂/固化剂混合比	1∶1		100%模量/MPa	0.89	2.3	0.85	1.08
			300%模量/MPa	1.18	3.48	1.13	1.59
			拉伸强度/MPa	2.69	4.50	2.09	2.93
操作时间/min	45		伸长率/%	950	860	830	770
表干时间/h	3		撕裂强度/(N/m)	10.2	29.5	16.0	19.0

表 9-3　焦油型聚氨酯防水材料产品性能二

商品名称	シリオネート SA 4002(一般用)	固化剂:シリオネート SA 4003(冬季用)	商品名称	シリオネート SA 4002(一般用)	固化剂:シリオネート SA 4003(冬季用)
主剂/固化剂	SA-400A/SA-2B	SA 400A/SA-3B	混合物密度	1.16	1.16
固含量/%	100　100	100　100	操作时间(20℃)/min	40～50	40～50
主剂/固化剂混合比	1∶1	1∶1	表干时间/h	<8	<6

涂膜性能

项　目	无处理			热老化	耐候性			耐碱性	耐酸性
	－20℃	20℃	60℃	80℃×7d	500h	1000h	2000h	20℃×7d	20℃×7d
硬度(JIS)		55		65	62	66	61	52	52
拉伸强度/MPa	9.9	4.5	3.0	5.8	4.8	4.7	4.2	4.8	5.0
伸长率/%	344	688	333	545	600	580	660	695	717

为规范涂膜防水材料的铺设施工，日本已制定了专门的操作规程，对防水材料的施工、使用范围等作出了详细规定和说明。相关公司的施工标准剖面如图 9-1 所示。涂层表面可以再涂覆银色涂层（如 Millonatr 双组分湿固化聚氨酯树脂），以提高防水材料的耐候性能。也可以使用其他材料的表面涂层，如使用彩色的丙烯酸酯类树脂乳液，涂覆焦油型聚氨酯防水材料，不但能提高材料的耐候性能，而且能使防水涂膜色彩更加艳丽。防水涂膜主要使用的颜色为绿、灰、橘黄、棕红等。

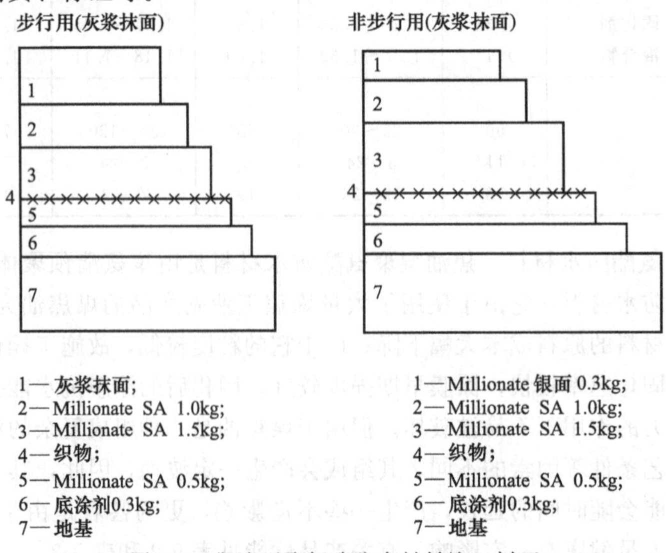

图 9-1　焦油型聚氨酯防水材料施工剖面

（2）彩色型聚氨酯防水材料 属高档次防水材料，它不仅由于加入紫外线吸收剂、老化剂等助剂，使涂膜有较好的耐候性能。同时，由于在组分中加入许多颜料色浆，因此使涂膜具有鲜艳亮丽的色彩。它主要用于平顶式屋面，不仅具有防水功能，而且使屋面具备散步、休闲乃至球类运动功能，使得建筑物更加美观、实用，更具备现代化建筑风格。

彩色型防水材料的配制与焦油型等防水材料的操作方法相同，只是在固化剂组分中增加配制了颜料色浆、分散剂、稳定剂等助剂组分而已。有关产品性能见表 9-4～表 9-6。施工标准剖面见图 9-2。

表 9-4 彩色型防水材料产品性能

配比和工艺性	指 标	配比和工艺性	指 标
主剂	Hyprene P 303	操作适用期/min	40
固化剂	胺类为主，并配有颜料等助剂	表干时间/h	2
主剂/固化剂配比	1∶1（质量）		

涂膜性能

项目	常温×7d	热老化 70℃×150h	耐水性 40℃×170h	耐候性（向阳照射 1200h）
硬度（邵尔 A）	52	58	51	53
100％模量/MPa	1.49	1.82	1.32	0.54
300％模量/MPa	2.16	2.42	1.91	2.44
拉伸强度/MPa	3.93	5.33	3.34	3.54
伸长率/％	840	860	810	875

表 9-5 日本保土谷建材工业株式会社彩色 PU 防水材料

商品名称	Millionate CS-F	重量配合比：主剂/固化剂	1∶1
主剂	CS-7AF（PU 预聚体，浅黄色黏稠液）	混合物相对密度	1.22
固化剂	着色固化剂色浆	操作适用期（20℃）/min	50～60
固含量	100％	表干时间（20℃）/h	＜20

涂膜性能

项目	无处理 20℃	热老化 80℃×7d	耐候性		耐碱性 20℃×7d	耐酸性 20℃×7d
			500h	1000h		
硬度（JIS）	52	57	57	55	50	50
拉伸强度/MPa	4.1	3.8	4.2	3.7	3.6	3.7
伸长率/％	560	560	520	500	570	560

表 9-6 无集油型 PU 防水材料（Milloproof）

主剂	Milloproof A.（淡黄色黏稠液）	混合物相对密度	1.22
固化剂	Milloproof B. 黑色浆液	操作适用期（20℃）/min	85
固含量/％	100	表干时间（20℃）/h	＜24
重量配比	A∶B＝1∶1		

涂膜性能

项目	无处理 20℃	耐热性 80℃×7d	耐候性 500h	耐碱性 20℃×7d	耐酸性 20℃×7d
硬度（JIS）	48	54	52	46	46
拉伸强度/MPa	3.0	3.5	3.0	2.6	2.7
伸长率/％	590	540	560	540	550

（3）聚氨酯壁面防水材料 随着现代建筑审美观的进化以及建筑风格个性化、高雅多样化的出现，除了对屋面防水材料提出了很高的要求，同时，对建筑物外壁面及内壁面的保护性装饰和防水功能也提出了更高的要求。尤其是对建筑外壁面的防护材料，不仅要求它具备优异的防水性能，同时还要求它能克服大气中酸、碱等物质的侵蚀，抗日光照射，不会产生

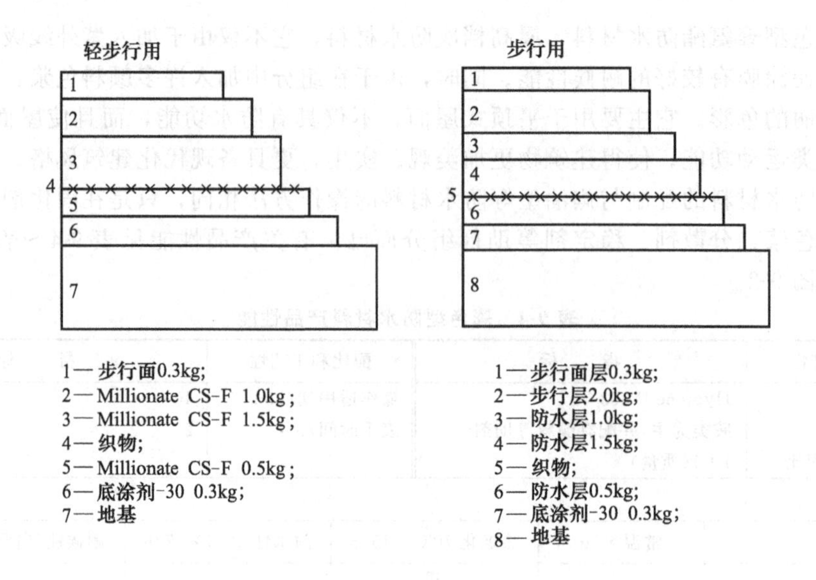

图 9-2 彩色防水材料地面处理示例

龟裂、粉化，并能赋予建筑物不同的建筑风格和色彩。

目前，建筑物壁面弹性防水材料主要有丙烯酸酯、氯丁胶乳和聚氨酯三类。其中聚氨酯类壁面防水材料，因其黏度适中、便于施工、固化时间快，在−40～80℃的温度范围内都能表现出优异的强度和弹性；对裂缝渗透黏合能力强；施工方便，并可使用压花、喷砂等工艺技术，使建筑物外壁面的保防性涂装效果更加绚丽多彩，风格各异，因此在壁面防水材料中独树一帜，很受人们的欢迎。PU 和丙烯酸类壁面防水材料性能对比列于表 9-7。

表 9-7 PU 和丙烯酸类壁面防水材料性能对比

项 目	丙烯酸酯	聚氨酯	说 明
拉伸强度/MPa	0.2	0.9	拉力试验机下降速度 5mm/min
疲劳次数	50 次断裂	>500 次	变形 0～2mm/min
粘接力	>10	>10	
抗冲击性能	Linch ϕ500g>50cm	Linch ϕ500g>50cm	Du Pont 公司检测方法

聚氨酯弹性壁面材料通常采用双组分材料，反应原理与屋面防水材料相同，但针对壁面防水材料涂饰的基体主要是建筑物的立面，要求材料在施工中，不能出现流延等现象。因此，对普通屋面防水材料的配方必须进行调整，其改进途径主要有三种。

① 采用反应速率更快的原料反应体系，如使用 MDI 和醇、胺混合型交联体系，或者在条件许可的范围内，提高异氰酸酯组分的—NCO 含量，使反应速率加快。

② 在配方中加入适当的有机或无机触变剂等。

③ 使用适当的反应催化剂，选择更为有效的催化剂品种和较高的浓度，使混合物的扩链和交联反应速率加快。

为克服聚氨酯壁面防水材料出现的变色问题，在配方中必须添加更为有效的紫外线吸收剂，并尽量使用对紫外光有较好屏蔽作用的颜料。另外，为防止聚氨酯壁面防水材料变色，还可以在该类防水材料外部再喷涂一层彩色的、以聚氨酯改性的聚丙烯酸酯涂料，使材料除具有防水功能外，还扩大了建筑物外壁面彩色装饰的选择范围。有时，为了赋予建筑物不同的风格和品味，还可以在聚氨酯壁面防水材料外喷涂石粉、彩砂等物质。配方实例及性能见表 9-8，PU 壁面防水材料施工标准规范见表 9-9。

表 9-8　PU 壁面防水材料配方和性能

项　　目	数据	项　　目	数据
配方		涂膜性能	
主剂ポリフレックス MH	20 份(重量)	硬度(邵尔 A)	46
固化剂ポリハードP-UD-503	2.6 份	100%模量/MPa	0.61
聚醚	44.5	拉伸强度/MPa	1.19
触变剂和填充剂	51.4	撕裂强度/(kN/m)	9.1
催化剂和其他配合剂	1.0	伸长率/%	420

表 9-9　PU 壁面防水材料施工标准

施工程序	底涂	中　　涂		面　　涂
		喷涂	模样喷涂	
使用材料	ポリフレックスPR	ウオールガード12	ウオールガード12	ウホールトップ
主剂/固化剂配比	一液湿固化型	1/2	1/2	1/4(稀释比 0～30%)
用量/(kg/m²)	0.2	1.5～2.0	0.5～1.0	0.3
施工方式	辊涂或刷涂	喷涂	喷涂	喷涂、辊涂或刷涂
干燥时间,施工间隔	3～24h	15min～24h	8～24h	>45min
涂覆次数	1	1～2	1	1

（4）聚氨酯室内防水材料及无缝地板　室内建筑如厨房、浴室、卫生间等处的防水十分重要。因传统防水材料在这些部位施工难度大，易产生起鼓、裂缝等现象，使得这些部位的渗漏现象一直是建筑商和居民十分烦恼的问题。聚氨酯室内防水材料黏度低、施工方便，在面积狭小、管件线路繁多的复杂部位，容易进行喷、刮、刷等各种方法施工；而且聚氨酯室内防水材料与基础材料的粘接强度高，材料本身延伸性能好，能适应基础产生的下沉、变形、开裂等位移变化，因此，它是优秀的室内防水材料。

室内防水材料的基本构成与室外防水材料基本相同。但因施工区域不同，在配方中的催化剂、紫外线吸收剂等可做相应减少或调整，并应在配方中适当增加防霉剂等助剂。颜色的使用则要求更加细腻、美观高雅。

在起居室、卧室等大面积室内建筑物地上使用聚氨酯室内防水材料，亦可称为弹性无缝地板。它除了应用于居室涂刷外，更主要的是它可以广泛应用于学校、医院、超市商场、饭店、宾馆以及健身房、体育馆等大面积场地的铺设。聚氨酯无缝地板具有良好的隔声和缓冲性，步行感舒适，防水，耐磨，表面平整，无接缝，消光而色彩鲜艳，显得华贵而典雅，并能与基础牢固的粘接在一起。根据不同的场所和用途，可以调节不同的铺设厚度或涂覆层数。通常普通步行区的无缝地板厚度在 1.5mm 之内，对于像举重训练室、生产车间等场所，聚氨酯无缝地板的厚度约为 2～5mm。

聚氨酯无缝地板按化学组成可分为单组分型和双组分型。前者实际上是由聚氨酯预聚体和增塑剂、填料、颜料、稀释剂等配合剂组成的混合物。铺装后利用预聚体中的—NCO 活性基团与空气中的湿气反应而固化。该类地板铺设厚度不能太大，施工基础应清洁、干燥，以免因—NCO 和基础中的水分反应放出二氧化碳使地板起鼓或造成粘接不良。后者是由含—NCO 活性基团的预聚体为主剂和由扩链剂、催化剂、增塑剂、填料、颜料等组成的固化剂构成。该类地板材反应速度快，强力高，耐磨性能和弹性极佳，可以根据用途和要求配制成各种颜色，其中使用最多的是绿色、灰色、棕色、棕灰、铁红等颜色。

聚氨酯室内防水材料所用催化剂的多少，主要根据施工的气候条件选择，在冬季气温较低时施工，可加入 0.1%左右的辛酸亚锡等催化剂以加速材料的固化速率，在气温较高时，则可少加或不加。PU无缝地板性能要求及配方性能见表9-10～表9-12。施工规范图如图9-3所示。

表9-10 聚氨酯无缝地板材性能要求

项　目	数据	项　目	数据
力学性能		耐水性能	
硬度(JIS K6301)	＞70～95	吸水率/%	＜2
拉伸强度/MPa	＞4.9	透湿率(ASTM C-355-59T)/[g/(mPa·h)]	1.87×10^{-9}
伸长率/%	150～450	体积电阻率/Ω·cm	$2\times10^{12}\sim3.5\times10^{12}$
撕裂强度/(N/cm)	＞245	其他	
回弹率/%	20～50	耐控性　凹陷(JIS A 5705)	0.47～1.08
磨耗/mg	＜100	残留(JIS A 1407)	0.01～0.06
耐热性能		防滑性　D. A 1407	0.4～1.0
热导率/[W/(m·K)]	0.14～0.19	与水泥基础粘接性/(N/cm^2)	＞98
热膨胀系数/$\times10^{-6}$℃	100～130		

表9-11 PU室内地板材配方例一

性　质	平均	范围	性　质	平均	范围
相对密度(20℃)			黏度(20℃)/mPa·s		
主剂	1.06	1.05～1.10	主剂	7400	5000～11000
固化剂	1.40	1.30～1.55	固化剂	8400	2000～30000
混合物	1.22	1.15～1.29	混合物	6500	4500～10000
加工性			加工性		
操作适用期(20℃)/min		30～90	固化时间(20℃)/h		12～24
表干时间(20℃)/h		4～16			

表9-12 PU室内地板材配方例二

主剂	Millonater RE-A(浅黄色黏稠液)
固化剂	Millonater RE-B着色浆状液
固含量	100%
主剂/固化剂配比(质量)	1∶1
混合物密度	1.16
操作适用期(20℃)/min	100
固化时间(20℃)/h	＜16

涂膜性能	无处理20℃	耐热性80℃×7d	耐候性250h	耐碱性20℃×7d	耐酸性20℃×7d
硬度JIS	90	94	92	90	88
拉伸强度/MPa	8.5	10.7	9.4	7.8	8.1
伸长率/%	200	180	180	180	200

在聚氨酯无缝地板材料中，如提高填料比例，可以制备适用于工业用厚型整体弹性地板。英国生产适用于各种工业，甚至食品工业用的聚氨酯混凝土地面材料，它已通过美国食品安全检验，可以广泛铺于食品加工、药品生产、化学品生产以及半导体元件生产的各种车间地面。这类聚氨酯地面平滑，无接缝，无尘，易清洁，滑动阻力小，吸震无声，能承受中等交通工具，如车间运输车、铲车等行驶，耐磨、抗冲击能力极佳，施工方便，养护时间短。该种地面耐化学品性能甚好，能抵抗许多化学品的侵蚀，如稀的或浓的盐酸、硝酸、磷酸、硫酸；稀的和浓的氢氧化钠碱液、浓的有机酸和大多数稀释的有机酸、脂肪、矿物油、煤油、汽油、制动油以及许多有机溶剂。英国生产的聚氨酯混凝土地面材料是三组分包装。A组分由低黏度多元醇类聚合物和其他配合剂组成；B组分主要为液化MDI；C组分由混凝土等一些固质填料组成。当它们充分混合后，即可分区进行铺设，可使用普通上工镘刀压

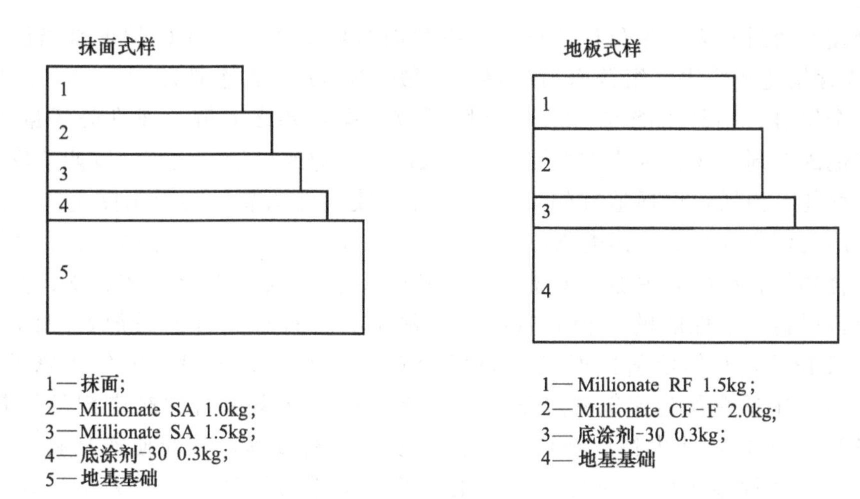

图 9-3　无缝地板施工示意图

实、抹平。根据使用条件要求，可选择不同类型的产品，如适宜干燥加工、包装、贮存，能够承受轻、中交通工具的中型平滑型；适宜食品等工业，表面较粗糙，要求表面均须防滑的重型聚氨酯混凝土地面材料等。产品基本为 6 种标准颜色：奶油色、绿色、灰色、红色、黄色和橘黄色，以适应不同工作环境的要求。

UCRE 的设计使用厚度为 3～6mm，其覆盖量如下：施工厚度分别为 3mm、4mm 和 6mm，覆盖量分别为 7～8kg/m^2、9～10kg/m^2 和 14～15kg/m^2。UCRE 200 的设计使用厚度应大于 6mm。

9.2　聚氨酯建筑密封胶

随着建筑业的快速发展，建筑物越来越高，对高性能、重量轻、施工性能好的新型建材需求量越来越大。随着预应力混凝土板、加气轻质混凝土板（ALC）等新型建材的广泛使用，使得建筑用密封嵌缝材料获得了极大的发展。

建筑密封嵌缝材料，以下简称为建筑密封胶，从形态上区分，基本上可分为弹性密封胶和非弹性密封胶两大类。前者能承受建筑物接缝等产生的较大的相对位移和变形，而不会产生撕裂。它对建筑物的良好粘接性能，使其具有防水和密封的双重功能。非弹性密封胶不能很好地适应建筑物产生的某些位移、变形。因此，在现代化建筑物中，传统的非弹性密封胶已逐渐被弹性密封胶所取代。

建筑弹性密封胶的品种主要是聚硅氧烷类、聚硫橡胶类和弹性聚氨酯类 3 种。

聚氨酯建筑密封胶可分为单组分和双组分两种。前者的主体材料是端基带有高反应性—NCO基团的聚氨酯预聚物，但—NCO 基团的含量较低，一般约小于 2%。其固化过程主要是依靠它与外界湿气的水分反应造成的，一般固化时间较长，产物的模量较低。为适应建筑施工的需要，在聚氨酯预聚体主剂中，还必须加入催化剂、增塑剂、填料等多种配合剂。其配方如下（质量份）：预聚体 35～65；催化剂 0～0.5；填料、颜料 20～40；稳定剂 0～0.5；增塑剂 5～25；溶剂 0～10；触变剂 0～5。

在单组分聚氨酯建筑密封胶的发展中，对催化剂体系的研究比较活跃．开发了咪唑类新型催化剂和潜在型催化剂，如二酮亚胺、二醛亚胺等化合物。这些物质在无水的情况下是稳定的，而当它们遇到水分后即分解，生成能与—NCO 基团和水反应作用，在密封胶内产生二氧化碳气泡。

双组分建筑密封胶为二组分包装形式，主剂仍然是端基为—NCO的聚氨酯预聚体。但它的—NCO含量通常要比单组分密封胶高，一般—NCO含量范围为2‰～5%。与之配合使用的第二个组分，则是由能与—NCO基团反应的端羟基多元醇（通常分子量为1000～4000）及其他配合剂组成。可适当添加三官能聚醚多元醇或少量二元胺，以调节反应固化适用期和产品性能。当然，选择适宜的催化剂品种和数量是调节材料固化反应速率的最佳方法。通常使用的催化剂是有机锡类化合物，如：二月桂酸二丁基锡、辛酸亚锡、辛酸铅和甲基哌嗪类化合物等。在配方中加入干燥、预处理的填料是降低建筑密封胶成本、扩大材料使用范围、改善材料使用性能的一种有效办法。常用的填料有经过偶联剂处理的碳酸钙微粉、微细石英粉等，有的填料同时还具备触变功能，如乙炔炭黑、氢化蓖麻油衍生物、有机膨润土等，很适宜作为建筑密封胶的触变剂使用。这类填料和触变剂的用量可达预聚体质量的1～1.5倍，能大幅度降低建筑密封胶的原料成本，并能使产品具有很好的触变性能，在建筑物的施工中，使材料具有很好的抗下垂流涎特性，扩大了建筑密封胶的使用范围。

典型的双组分聚氨酯建筑密封胶的配方举例如下（质量份）：

甲组分

组分	质量份		
辛酸铅（40%）	10.2		
聚氨酯预聚体（—NCO=3.2%）	100		
表面处理后的碳酸钙粉	167		

乙组分

组分	质量份	组分	质量份
二氧化钛	12.3		
PPG聚醚（分子量2000）	56.2	炭黑	0.3
PPG-MN 3050（三官能度聚醚）	14.1	稳定剂	1.5
DOP	32.4		

聚氨酯密封嵌缝材施工实例见图9-4～图9-7。

在聚氨酯建筑密封胶的发展中，针对性能提高的改进和应用领域的拓展，对聚氨酯预聚体进行了许多改性研究，例如使用端羟基丙烯酸酯聚合物的掺和，在聚氨酯主链结构中引入硅氧烷类结构的改性以及使用2-巯基乙醇与端—NCO基团的反应改性等，都赋予聚氨酯建筑密封胶更好的使用性能和更佳的耐候性、耐水性以及更好的耐化学品侵蚀性能。

山东化工厂生产的AM系列单组分聚氨酯建筑密封胶因其强极性、柔性分子链和特殊的聚合物分子结构，使得其应用广泛，综合性能优于聚硅氧烷、丙烯酸、环氧、氯丁等传统产品。在其产品组分中，不含有机溶剂，室温固化过程中不产生有害物质。成品胶对人体无毒，是一种典型的绿色环保性产品。产品与石材、玻璃、铝塑板材、陶瓷、水泥、木材等建筑材料具有极佳的粘接相容性，粘接强度高，触变性好，无溶剂。产品具有优异的耐候性、耐水性、耐油性、耐低温性、耐老化性，无腐蚀，无污染，高弹性，抗盐雾，无毒无味，施工方便，表面可涂覆多种涂料，克服了丙烯酸类密封胶不耐水和聚硅氧烷胶不耐油的缺点，综合性能更加优越。因此该类密封胶已被广泛用于建筑物的伸缩缝及结构位移缝隙的密封粘接，如玻璃幕墙、不锈钢幕墙、铝塑板、大理石、花岗岩、混凝土、金属框架与水泥及砖的接缝，也可用于各种采花天棚及墙体间的接缝防水密封装饰、嵌缝，卫浴设施的防水密封以及冷库、空调、汽车、防水堤坝、核电站、机场跑道等特殊领域的密封粘接。有关产品的主要技术指标列于表9-13中。

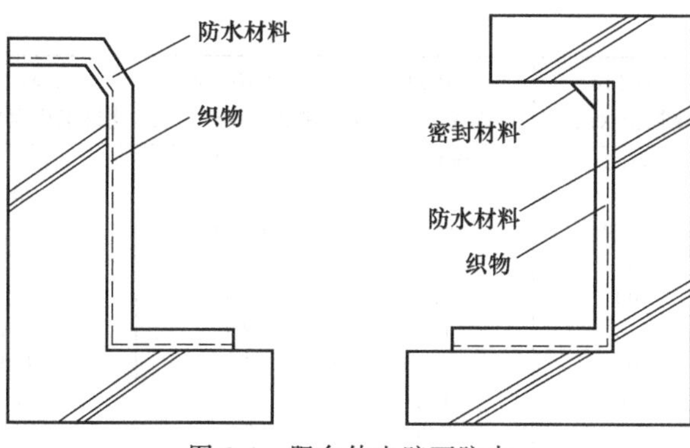

图 9-4　阳台伸出壁面防水

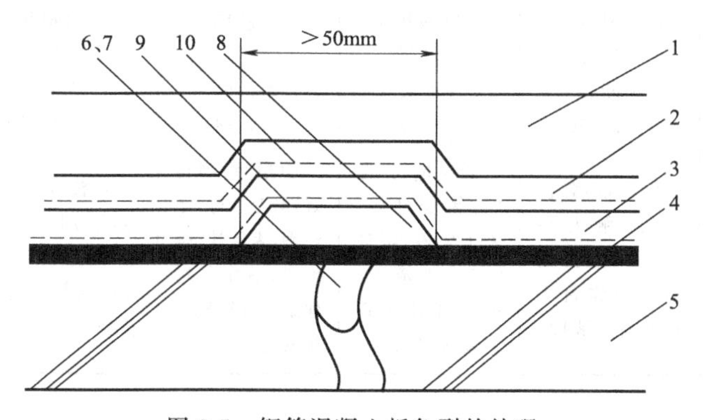

图 9-5　钢筋混凝土板龟裂的处理

1～3—上、中、下防水涂层；4—底漆；5—PC板；6,7—支撑剂和密封剂；8—补强涂层；9,10—织物

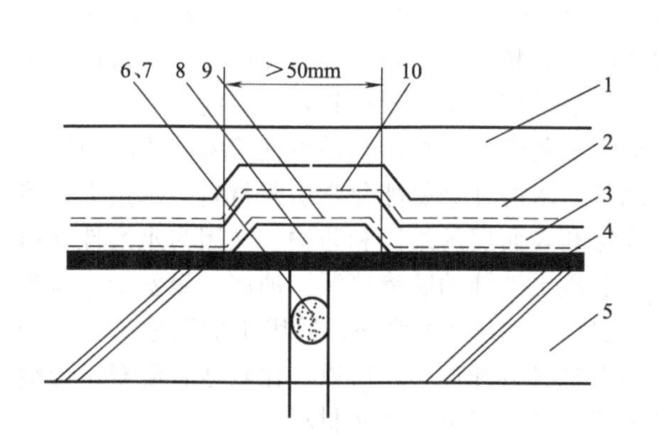

图 9-6　水泥板接缝的防水处理

1～3—上、中、下防水涂层；4—底漆；5—PC板；6,7—支撑剂和密封剂；8—补强涂层；9,10—织物

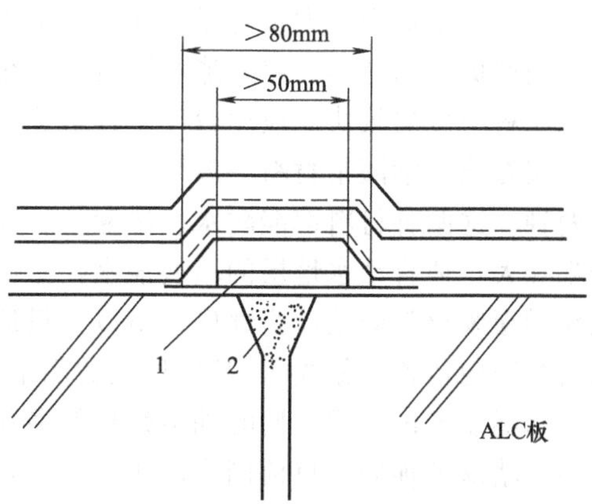

图 9-7　ALC板接缝防水处理

1—绝缘聚合物；2—砂浆

ALC—蒸汽轻质混凝土板

表 9-13　建筑密封剂主要技术指标

型号名称	AM-110 建筑密封胶	AM-111 建筑嵌缝密封胶	AM-112 建筑结构密封胶	AM-113 建筑工程灌封密封胶	AM-130 多用途密封胶
外观	黑、白、灰膏状物	黑、白、灰膏状物	黑、白、灰膏状物	易流动膏状物	黑、白、灰膏状物
表干时间/min	90～150	约 3h	约 40	约 3h	30～85
固化速率/(mm/24h)	2～6	2～6	2～6	2～6	2～6

续表

型号名称	AM-110 建筑密封胶	AM-111 建筑嵌缝密封胶	AM-112 建筑结构密封胶	AM-113 建筑工程灌封密封胶	AM-130 多用途密封胶
密度/(g/cm³)	≈1.2	≈1.15	≈1.15	≈1.2	≈1.2
固含量/% ≥	95	95	95	95	96
硬度(邵尔 A)	25～35	25～35	35～45	35～45	35～55
垂直下垂度/mm ≤	3	3	3		3
挤出性/(mL/min) ≥	100	100	100		100
拉伸强度/MPa ≥	0.8	1.0	2.0	1.6	1.8
断裂伸长率/% ≥	500	400	400	400	450
剪切强度/MPa ≥	0.8	1.0	1.5	1.6	1.5
撕裂强度/(N/cm) ≥	6.0	7.0	7.0	7.0	7.0
回弹率/% ≥	90	90	90	90	
拉压循环性	8020 破坏比 ≤25%	8020 破坏比 ≤25%	8020 破坏比 ≤25%	8020 破坏比 ≤25%	
低温属性(−50℃)	无断裂	无断裂	无断裂	无断裂	无断裂
工作温度/℃	−45～80	−45～80	−45～80	−45～80	−45～80
应用特性	低模量,弹性极佳,触变性好,不流淌,适用各种建筑工程伸缩缝密封	低模量,弹性好,触变性好,表干较慢,柔韧性好,不流淌,适用各种建筑工程嵌缝密封	中模量,弹性好,触变性好,不流淌,表干快,强度高,适用各种建筑工程结构粘接密封	易流动膏状液体,适用于机场跑道、高等级道路、桥梁接缝等建筑工程灌缝	粘接力强,综合性能好,适用于各种建筑工程粘接密封

9.3 聚氨酯灌浆材料

9.3.1 聚氨酯灌浆材料的分类及性能

现代建筑业中，大量化学灌浆材料被用作地基加固、隧道顶板支撑、施工阻水帷幕隔断、破裂堤坝修补等。聚氨酯灌浆材料是化学灌浆材料中的一种，因其性能优异，目前在化学浆材料中发展较快、应用较广。许多建筑工程上推广应用，取得较好的效益。

聚氨酯化学灌浆材料一般可分为水溶性聚氨酯化学灌浆材料和油溶性聚氨酯化学灌浆材料两种。这两种材料都能防水、堵漏、加固地基。水溶性聚氨酯化学灌浆材料包水量大，渗透半径大，适合动水地层的堵漏涌水，土质浅层和表面层的结固和防护。又因为水溶性聚氨酯化学灌浆材料固结体弹性好，所以，最适合混凝土动缝的防渗堵漏。油溶性聚氨酯化学灌浆材料国内俗称"氰凝"，其所形成的固结体强度大，防渗透性好，适用于加固地基、防护林水堵漏兼备的工程。同时油溶性聚氨酯化学灌浆材料弹性小，所以，比较适合混凝土静缝的防渗堵漏及加固。目前国内应用较多的是水溶性聚氨酯化学灌浆材料。

聚氨酯化学灌浆材料主要应用于建筑、公路、铁路、隧道、桥梁等诸多基础建设领域，其市场也被不断开发。

聚氨酯灌浆材料有单组分和双组分之分。聚氨酯单组分灌浆材料是利用其高活性的—NCO基团与地基中渗出的水分作为另一个组分反应形成凝胶固结作用。它不仅保持了浆液的高渗透性能，又能和水迅速反应形成凝胶，没有废液产生。聚氨酯双组分灌浆材料是利用异氰酸酯与端羟基或端氨基化合物反应，生成聚脲-聚氨酯聚合物，在生成的同时并伴随产生二氧化碳气体，使聚合物成为泡沫体结构。其化学凝胶过程可通过催化剂品种和数量的选择加以调节。聚氨酯灌浆材料还具有其他化学灌浆材料所没有的优点，它在组分反应的同时，还会与组分本身和地下水进行反应，生成二氧化碳，使灌浆材料在凝胶的过程中产生发泡作用。这样，对于聚氨酯灌浆材料会产生二次压力注浆作用，即它依靠外界压力注入地基，产生渗透，而当它与水反应，产生二氧化碳使体系发泡时，其发泡压力将会使物料产生二次压力，从而获得范围更为广大的浆液渗透，形成体积更大的、不溶于水的聚氨酯-聚脲聚合物固结体。

聚氨酯灌浆材料的主要成分为带有高活性—NCO基团的预聚体。因为该类产物的应用特点是物料黏度必须很低，要求对地基具备良好的渗透能力、适宜的凝胶速率、较大的膨胀压力以及固结后产生较高的力学性能。因此，预聚体主要是由一定分子量的聚醚多元醇和异氰酸酯反应制得：

$$n\mathrm{HO{-}R{-}OH} + (n+1)\mathrm{OCN{-}R'{-}NCO} \longrightarrow \mathrm{OCN}{+}\mathrm{R'{-}NHCOO{-}R{-}O{-}CONH}{+}_n\mathrm{R'{-}NCO}$$

通常—NCO/—OH比值控制在3～4的范围。为满足灌浆材料应用的特殊要求，还应该在预聚体中添加适量的催化剂、表面活性剂、增塑剂、溶剂以及填料等配合剂。常用的催化剂主要是使用能促进和控制调节聚合物链增长和预聚物与水分反应生成二氧化碳速度的催化剂品种，如三乙烯二胺、三乙胺、二甲基乙醇胺等，根据材料使用要求、环境条件选择催化剂的品种和用量。为控制浆料在地基中的渗透能力和凝胶时间的最佳平衡效果，其加入量通常为预聚体质量的0.3%～2%。有时，为了延缓浆料与水分反应速率，使浆料具有更好的渗透性，也可以加入适当的阻聚剂。

在组分中加入溶剂的目的是为了进一步降低预聚体的黏度，提高浆料在土壤地基、建筑裂缝中的渗透能力。常用的溶剂有丙酮、环己酮、二氯乙烷、二甲苯等。考虑溶剂的挥发梯度和对环境的污染问题，注意选择毒性小的溶剂，并应多种溶剂配合使用，其用量也应该尽量少些，一般溶剂用量为预聚体质量的5%～25%为宜。在配方中添加一定数量增塑剂的目的是为提高浆料固结体的韧性和弹性模量，同时，也可以适当降低浆料的黏度。常用的增塑剂有邻苯二甲酸二丁酯、邻苯二甲酸二辛酯等。

由于浆料与水分反应时产生二氧化碳并形成泡沫体，故在浆料中加入适当的表面活性剂，这样不仅可以降低液体的表面张力，提高它与催化剂、填料等配合剂的分散能力，同时还能促使生成的泡沫固结体的泡沫结构更加均匀，获得较好的机械强度。

聚氨酯灌浆材料工艺过程原理及优点参见图9-8。

化学灌浆工艺中，最重要的是如何控制凝胶过程。在使用二液型化学灌浆材料时，当二组分物料混合后，通常都会在不太长的时间出现黏度增加现象，体系会产生从液态向固态的相变转移过程，化学浆液的渗透过程也逐渐减弱。为此开发了潜在反应型浆液，当两组分物料混合后，反应体系仅处在诱导期内，黏度不会增加，同时在地下水的稀释作用下，黏度有时还会略有下降，但达到反应点以后，反应物的黏度会急剧上升而凝胶。它们在地下水的冲刷下、凝胶时间延长，形成完全的凝胶。

日本Takenaka Kollluten公司生产的商标为TACSS聚氨酯灌浆材，它们在压力下注浆即产生第一次渗透作用，当它与地下水接触后，在一定的诱导期内并不会被地下水所稀释和溶解，而在诱导期以后即发生反应，放出二氧化碳，凝胶反应也迅速进行，反应物料在发泡压力的作用下，产生第二次渗透作用，使灌浆材料具备更大范围的渗透并形成良好的固结作用。聚氨酯灌浆材料的渗透能力和凝胶时间多是采用催化剂的品种和用量进行调节，性能试验装置如图9-9所示。

聚氨酯灌浆材料与大多数化学灌浆材料不同，它生成的聚合物固结体属疏水性材料，在地下水的冲刷下不会流失，与水反应生成不溶于水的聚合物，从而达到地基的固结和阻隔地下水的目的。聚氨酯灌浆材料与其他化学灌浆材料固结地基、防水的效果如图9-10和图9-11所示。

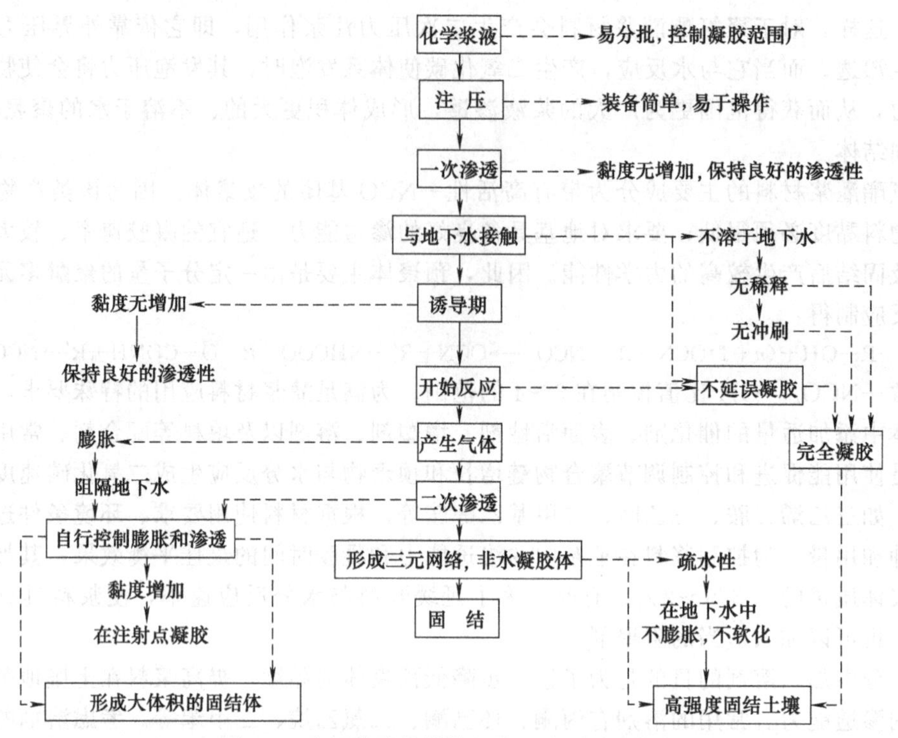

图 9-8 聚氨酯灌浆材料工艺过程原理及优点

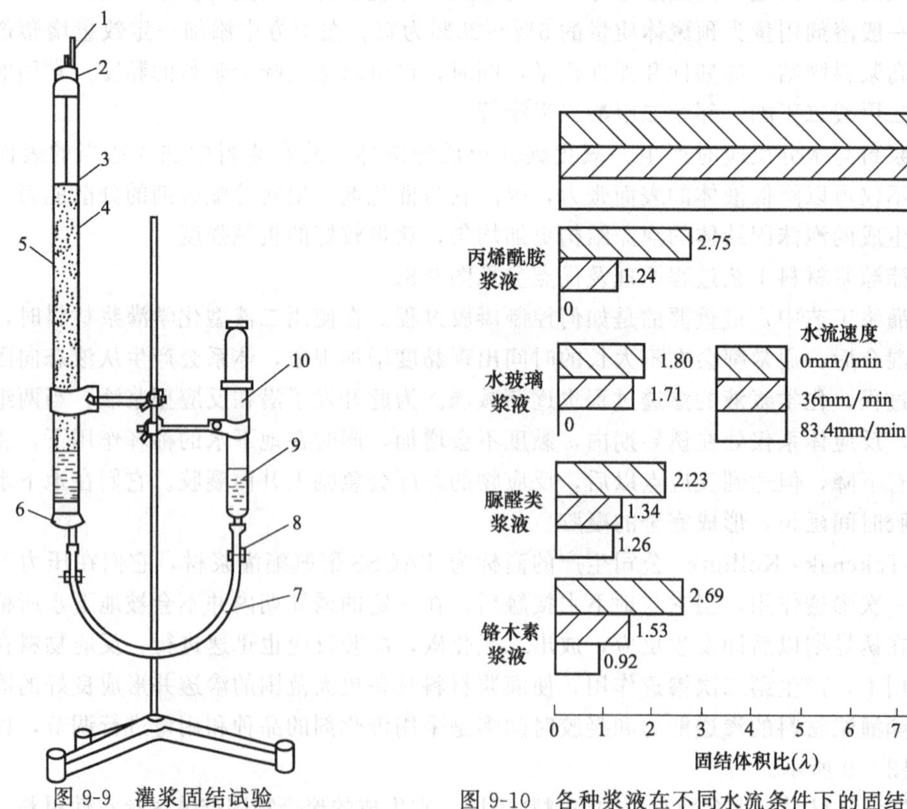

图 9-9 灌浆固结试验

1—空气、水排气口；2—胶塞；3—下压金属件；4—土样；5—透明 PVC 硬管（ϕ25mm）；6—橡胶塞；7—PE 管；8—螺旋开关；9—化学浆液；10—注射器（容量 100mL）

图 9-10 各种浆液在不同水流条件下的固结体积比较

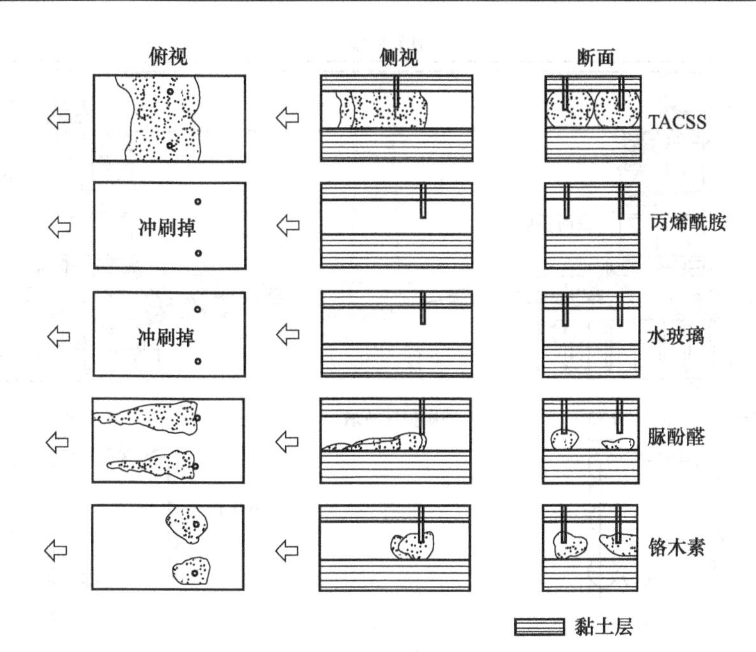

图 9-11　在流动水中各种浆液固结模型对比（箭头所指为水流方向）

表 9-14 为聚氨酯灌浆材料物性。

表 9-14　聚氨酯灌浆材料物性

主要浆料品级	T-020 NF	T-022 NF	T-023 NF	T-025 NF	T-030 NF	T-035 NF
外观	暗褐色透明液	暗褐色透明液	褐色透明液	褐色透明液	暗褐色透明液	微黄色透明液
相对密度 d_4^{25}	1.134±0.010	1.088±0.010	1.105±0.010	1.115		
黏度(25℃)/mPa・s	150±45	55±15	65±15	30±10	29±10	400±60
专用催化剂	C-852	C-852	C-855	C-855	C-855	C-852
压缩强度/MPa	4.0	2.0	11.0	12.0	2.0	3.5
弯曲强度/MPa		0.75	1.5	3.5	0.5	0.8
弹性模量/MPa	404	151	895	1065	196	220
适用范围	用于剪切区,沙砾基础,裂缝结构连接等较大空穴的密封和高压高速水流的隔断	用于沙砾基础和裂缝结构的空穴密封和隔水	用于沙砾地基的中强度固结	用于沙砾地基的高强度固结	用于沙砾基础低强度固结	用于裂缝和结构连接的隔水和空穴密封,具有高的柔软性

9.3.2　聚氨酯灌浆材料的施工及应用

聚氨酯浆液的灌注装备和实施比较简单，灌注装备主要由液体泵、管线和带阀门的注浆管等组成。首先要根据施工对象、使用环境、功能目的以及地质情况，正确选择聚氨酯灌浆材料的品种，并须根据地质勘探情况，选择注浆孔的位置和深度。通常注浆孔应设置在地下水流的上方或在地基交错位置。图 9-12 显示在房屋顶板或地基板块出现裂缝时的灌浆方式。

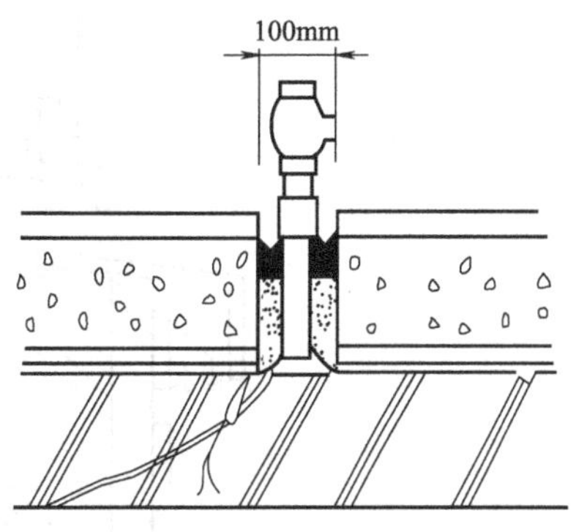

图 9-12　房屋顶板或地基板块出现裂缝时的灌浆方式

图 9-13 显示铁路线上桥修复时，在临时桥墩地基周围灌注聚氨酯浆液时桥墩地基进行加固措施图。

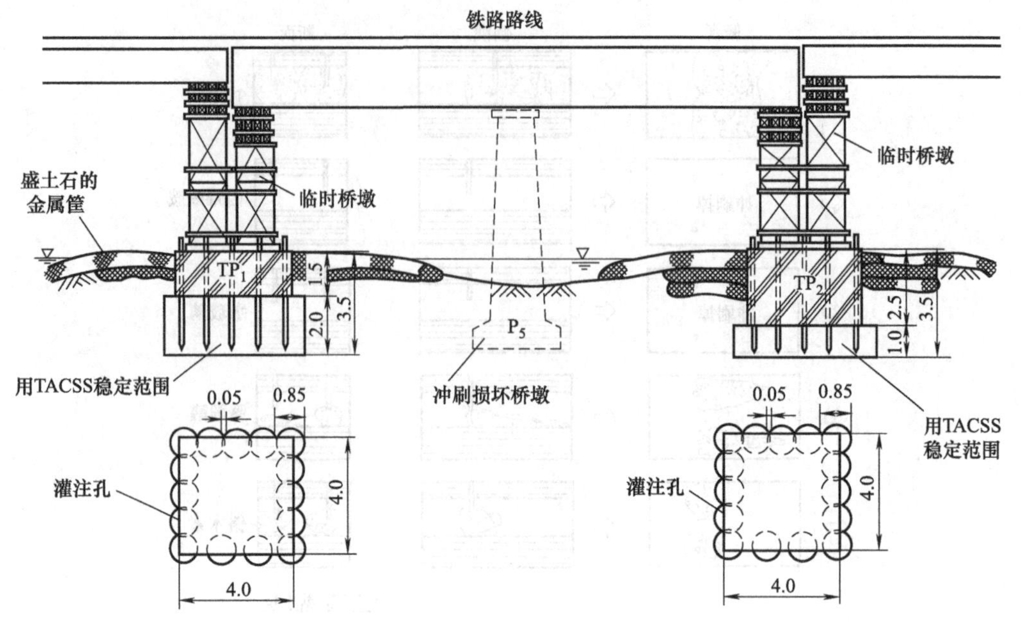

图 9-13　铁路修复灌浆方式

注浆孔设置间隔通常在 1m 左右，将带有阀门的注浆管插入至规定的深度后，利用液体泵将浆液直接压注，注浆压力必须大于地下水压力 0.05～0.1MPa。当连续注入规定量的浆液后，立即关闭注浆管上的阀门，使浆液在地基进行发泡产生二次压力渗透，待浆液完全固结后，割除注浆管，再用水泥砂浆予以封闭。施工时，应注意个人劳动安全防护，必须配着工作服、防护罩、口罩、乳胶手套等劳动保护用品，在地下或室内等空间狭小的地方施工时，必须配备通风设备。

聚氨酯灌浆材料的典型应用归纳如下。

(1) 在建筑工程方面　建筑物地基基础的加固和稳定；在地下水较严重地区进行建筑基础施工时，可使用聚氨酯灌浆材制备帘幕式聚合物基础，在施工周围形成挡水墙结构；增加桥墩或桥柱的抗冲刷、抗剪切外力的能力；利用注浆管在建筑工程的立面上构筑锚状物或连接件；建筑物大型板块的裂缝修补等。图 9-14 显示使用聚氨酯灌浆材料对窗户框格防水处理的示意图。

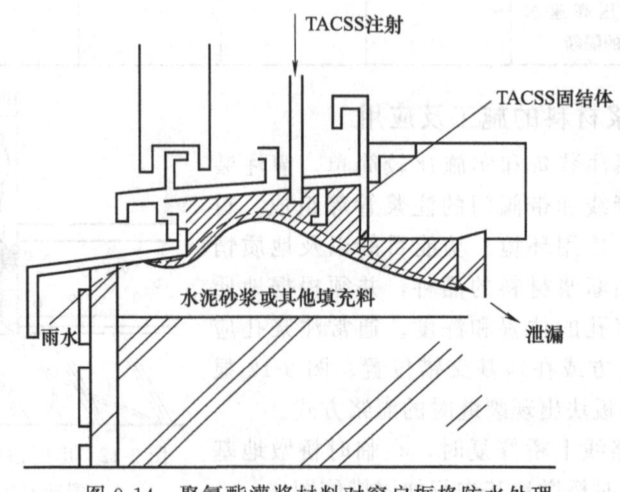

图 9-14　聚氨酯灌浆材料对窗户框格防水处理

（2）在市政工程方面　利用聚氨酯灌浆材料加固桥墩、桥台，提高其抗冲刷能力；市政工程建设地基加固处理，图9-15显示城市地铁修建时，侧壁基础墙体和周围建筑物的加固。

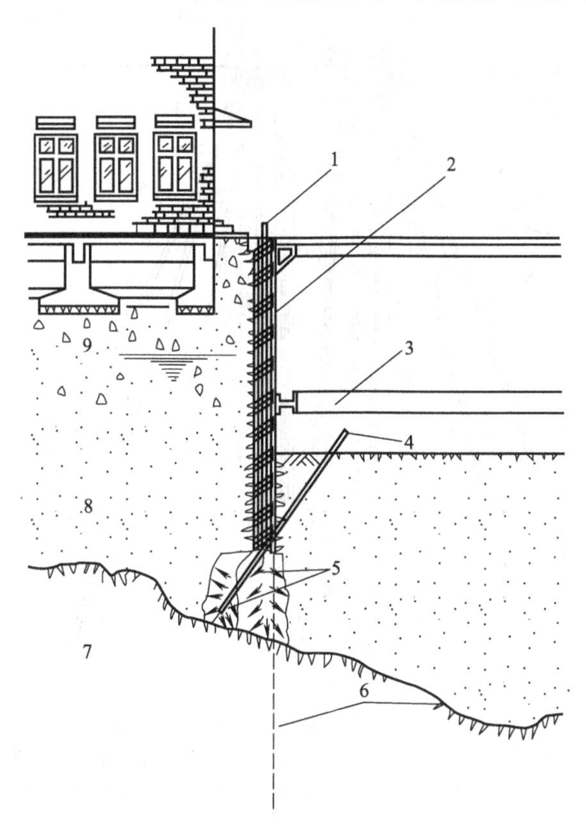

图9-15　城市地铁建筑地下护墙的PU灌浆

1,4—注浆管；2—地铁护墙；3—支撑支柱；5—经TACSS固结的土壤；6—设计挖掘线；7—岩石；8—沙砾层；9—地下水线

（3）在地下工程建设方面　隧道建筑中的地基加固处理，如岩石顶板破裂、松软基层的加固地下水的渗漏、管涌的阻隔；原地基或隧道工作面基础稳定；隧道施工中，混凝土拱形隧道圈与回填料及基础的连接和防水；大型矿井开挖工程，井筒周围地基的固结、流沙、水涌等现象的防止。图9-16为矿井的水阻断处理示意图。

（4）在铁路和公路建设方面　铁路、公路等路基、底盘的稳定加固，基础裂缝的修补见图9-17；交通线路沿线的护坡的塌落防护，桥台冲刷的防护。

（5）在水利建设方面　堤坝基础的挡水处理；基础与护坡的防冲刷稳定；堤坝裂缝的修补。

（6）在历史遗迹和文化遗产的保护方面　历史墓葬品的保护；历史遗迹的保护；古代佛像雕塑、古老建筑物的保护等。

此外，聚氨酯灌浆材料还可以广泛用于农业灌溉、排水、土木工程、油井钻探、地质勘探、海港工程、采矿业以及事故、灾害等的恢复处理等。

在此，详细介绍聚氨酯灌浆材料在煤矿井下应用情况。德国拜耳公司和埃森采矿研究中心合作，在使用聚氨酯灌浆材料固结井下工作面破碎地基岩层方面做了大量系统研究和应用。在对某些缺乏地下水而破碎性地基岩的固化方面，他们使用了双组分聚氨酯灌浆材料。其异氰酸酯组分（商品牌号为Baymidur K88）是MDI的混合物；聚醇组分（商品牌号Bay-

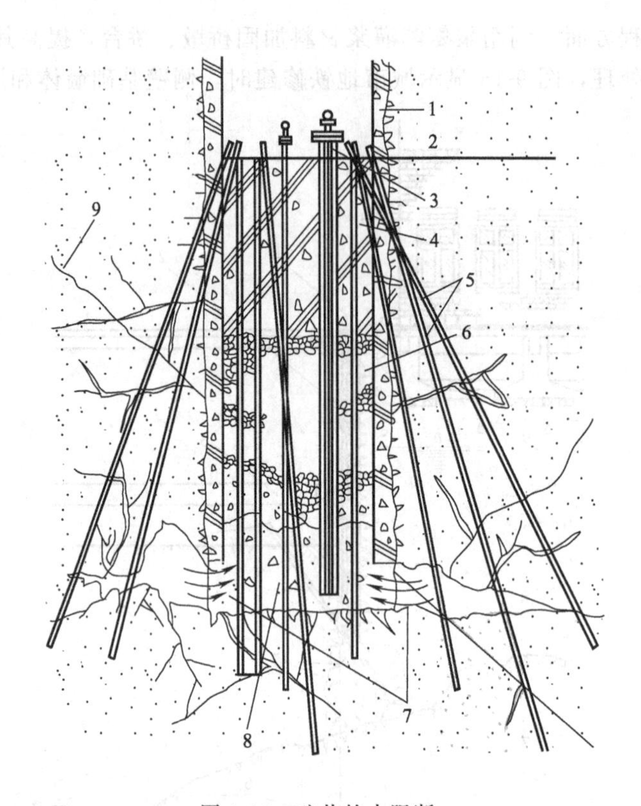

图 9-16　矿井的水阻断

1—混凝土内衬；2—注灌起始；3—深井；4—水泥挡水墙；5—注浆管；6—沙砾充填层；7—喷水；8—形成固结体；9—断层滑动面

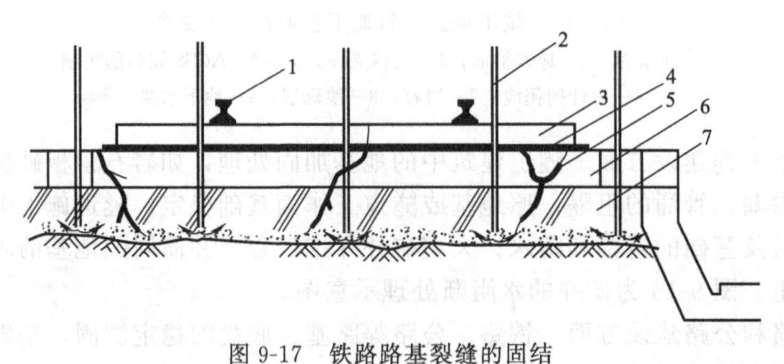

图 9-17　铁路路基裂缝的固结

1—路轨；2—TACSS 注浆管；3—水泥板；4—水泥沥青固结体；5—裂缝；6—底基；7—地基

gal K55B）认聚醚多元醇为主体，配以催化剂、增塑剂和水等组成的混合物。利用这两个组分液体在岩层地基中的反应，生成与地基牢固粘接在一起的聚合物固结体。两组分商品规格列于表 9-15 中。

表 9-15　PU 灌浆材规格

品名	Baymidur K88	Baygal K55B	品名	Baymidur K88	Baygal K55B
—NCO 含量/%	30～32		闪点/℃	210	230
羟基含量/%		10.6	蒸气压(25℃)/mmHg	10^{-5}	
密度(20℃)/(g/cm³)	1.22	1.02	水含量/%		0.5～3.0
黏度(25℃)/mPa·s	120～150	600±100			

注：1mmHg=0.133kPa。

该种灌浆材料黏度低、闪点高、毒性低、对人体健康危害性小。当两组分混合 3～5min 后，才逐渐开始体系的发泡和凝胶反应，一直到 5～20min 后，反应才基本停止，固化后，聚合物体积能膨胀 3～5 倍，2h 后，材料可以达到材料的最佳机械强度。固结体具有良好的塑性，不会产生脆性破坏。

该材料在煤矿等井下加固煤岩地基时，主要采用两种施工工艺：压注法和药包法。前者是将两个组分的液体通过计量泵计量后输送至混合器中，混合均匀的物料在压力下连续通过管线注入至一定深度的岩层地基中，完成规定的注入量后，关闭密封塞，使灌浆材料在预定的地基区域中，完成渗透、反应、再渗透扩散直至完全固结。

计量采用齿轮计量泵，工作压力 6MPa，转速 450r/min，输出流量约 5L/min。迷宫式混合器是长 500mm 的管状体，内部设置三层带孔筛板状装置，其筛板孔径分别为 5mm、2mm 和 1mm。当二组分液体通过筛板喷出后即被扩散，经过几次循环，将杂质过滤掉的同时获得较好的混合。

施工设备如图 9-18 所示。

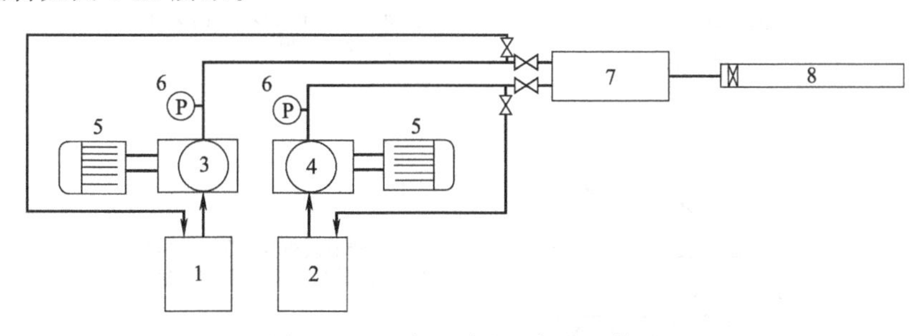

图 9-18　二液压浮法设备流程简图

1—iso 组分容器；2—pol 组分容器；3—iso 计量泵；4—pol 计量泵；5—压缩空气驱动马达；6—压力表；7—迷宫式混合器；8—封孔探头

封死胶管由两部分组成，上部分为胶管，下部分为喷头。胶管受压后产生膨胀与孔壁吻合，产生密封作用。当注入压力超过设定压力值后，喷头内的单向阀开启，浆液由此进入钻孔地基。

钻孔的密封塞在整个施工过程中是重要的，它需要承受较高的发泡反应产生的膨胀压力，因此，它必须具有较好的密封作用。通常低压注射探头多采用专门制造的木塞作为密封用器械。在浆料全部注入钻孔，探头即从钻孔中抽出，须立即用木塞将钻孔密封。此外，还有几种专用橡胶密封塞用于综合锚固系统，它大部分是由空心锚杆、胀圈式锚固件、橡胶密封和喷头组成。注浆时，橡胶密封膨胀与孔壁张紧吻合，同时胀圈式锚固杆的头部锚固在孔壁中，起到密封作用。但在实际使用中，由于这种锚固系统成本较高，多用于必须使用场合。在一般情况下，大多仍采用价格低廉的木塞进行密封。

药包式固结法是将两组分液体分别包装在大小不一的塑料袋中，然后将两个包装袋装在一个长圆柱形的药包中。通常，药包是由 0.05～0.07mm 厚的塑料膜制成，典型的药包产品外径约 43mm，长约 300mm。根据美国专利文献介绍，药包内层为异氰酸酯、外层为分子量 400～2000 的聚醚多元醇，含有 10%～20%（质量）的增塑剂、0.3%～5.0%的水及适当的催化剂等成分。当井下工作区需要进行岩层加固时，选择适当的位置，垂直岩壁钻出孔径为 50mm 的孔，孔距一般为 2m。根据煤层或岩壁层理、破碎裂缝和发育状况，在每个孔内放入 1～2 个药包，使用带约 200mm 长连接套的电钻，驱动头部削尖的硬木方形锚杆，刺破药包并搅拌 20～30s，然后用木塞将钻孔口密封，浆液反应，发泡将硬木杆锚固并在发泡压力的作用下，使浆液渗透至破碎的岩壁裂缝中，完成固结作用。

压注固结法多用于破碎顶板的固结，能产生比药包法更大的渗透能力，对于大裂隙岩层的固结较为有利；药包固结法多用于松软性片帮、煤壁、水平或缓倾厚煤层工作面的固结。使用范例如图 9-19 所示。

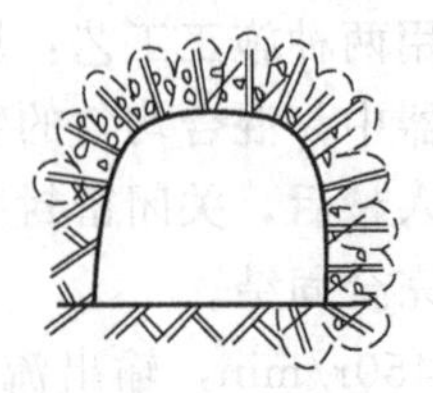

掘进巷道加固

使用药包加固倾斜煤层，钻孔向上倾斜15°

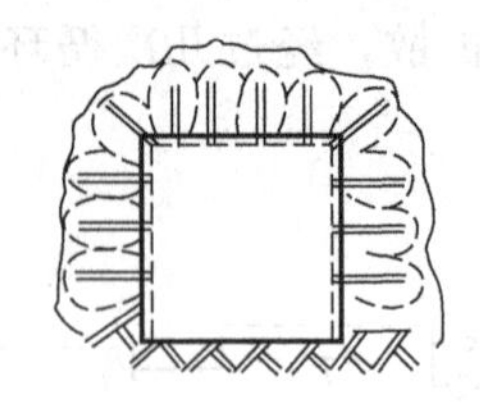

巷道加固

每孔使用3～4个药包，加固缓斜煤层，以防片帮冒顶

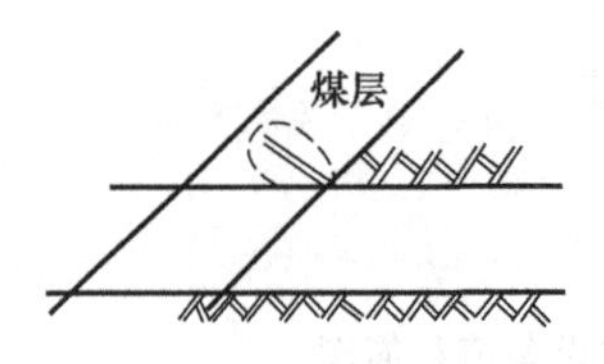

石门掘进穿过煤层加固，以防在掘进穿越煤层时，顶煤层冒顶脱落

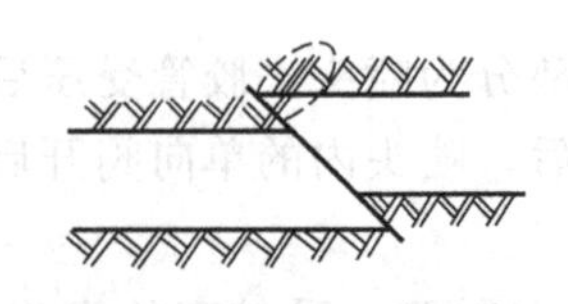

煤层掘进穿过曲折断层破碎带使用药包固结

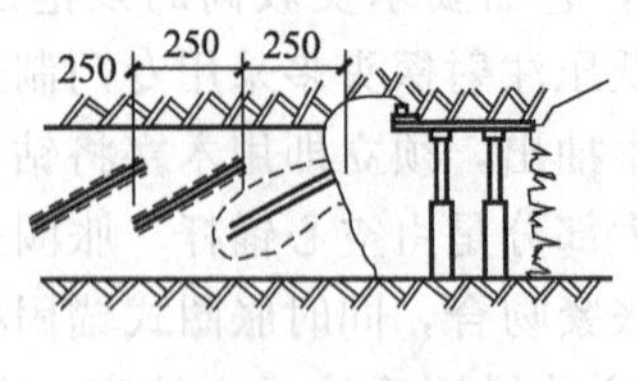

主要用于加固厚或中厚煤层带的回采过程，以防产生冒顶危险，或工作端面压力集中

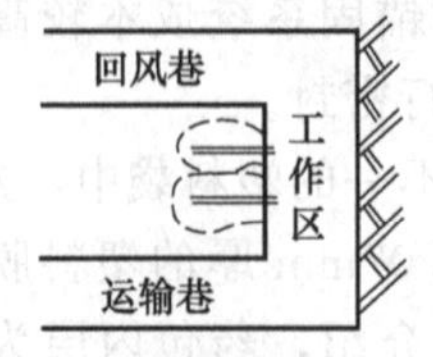

工作场所端部的固结加固

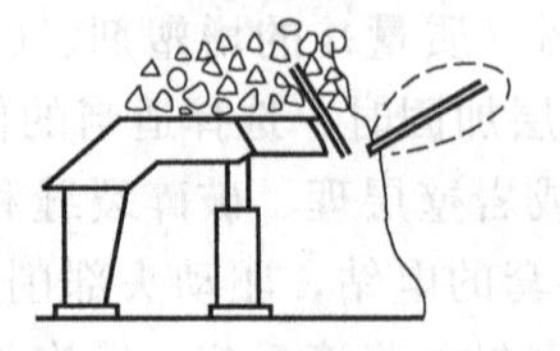

使用压注法对较大范围破碎顶板岩层进行支护固结或较大空穴修补固结

图 9-19 使用范例

9.4 聚氨酯屋面及墙体保温防水

聚氨酯是目前国际上公认的性能最优良的保温材料，也是建设部达到节能65%标准的国家规范优先选择保温材料。

9.4.1 国外硬泡聚氨酯防水保温一体化屋面技术发展情况

德国《新能源节约法》于2002年生效，制定了新建建筑的能耗新标准，规定建筑允许能耗比2002年前下降30%左右。德国建筑保温节能技术新规范的一大特点，是从控制单项建筑维护结构（如外墙、外窗和屋顶）的最低保温隔热指标，转化为控制建筑物的实际能耗。新建建筑只有满足新的节能标准才能上马，有节能措施的项目可享受低息贷款。随着对建筑屋面防水保温和节能效果的重视，推广应用聚氨酯硬泡体防水保温一体化屋面系统得到德国建筑工程院的授权，同时也得到其他欧洲国家的官方认定和应用授权。

德国是较早研究聚氨酯技术的，经过在实际应用中的不断发展，成功地提高了发泡材料的闭孔率，使保温材料同时具备了防水功能。聚氨酯硬泡体防水保温一体化材料在屋面上的使用，构成了可靠的防水保温屋面系统。一些早期的聚氨酯防水保温一体化屋面系统工程至今已使用30年以上，不需要翻修，仍然稳定地保持保温和防水功能。

美国硬泡聚氨酯防水保温材料在新、旧屋面中的应用已超过屋面系统总量的5%。由于美国对屋面的功能提出更高要求，要求屋面要有助于建筑物的节能。美国的防水保温一体化材料发展很快。据有关资料介绍，仅美国得克萨斯A&M大学主校区在过去30年有650000m^{2}的聚氨酯硬泡体屋面，一直保持与刚施工后一样完好的性能，且几乎没有维修过。

日本为了保证住宅建筑设计质量，对住宅各个部分都制定了标准，节能标准中按不同的温度区域，规定了热抵抗值和硬泡聚氨酯的施工厚度，提高居住的舒适度，延长建筑物的使用寿命。

聚氨酯防水保温一体化屋面系统在许多发达国家都制定了相关的标准规范和推广应用措施。

9.4.2 国内硬泡聚氨酯防水保温一体化屋面技术发展现状

我国建筑屋面节能现状比较差。目前建筑节能已成为我国十分重视的大事，中央领导多次强调：要充分重视节约能源资源的重要性和迫切性，切实做到从节约资源中求发展，大力发展节能型住宅，推广普及节能技术，把节能放在能源战略的首要地位。到2020年，如果城镇建筑全部达到节能标准，每年可节省3.35亿吨标准煤；空调高峰负荷可减少8000万千瓦。对于建筑建材行业，建筑节能刻不容缓。

现在我国城乡既有建筑面积约420亿平方米，对于屋顶，建筑采暖耗热量为发达国家2.5～5.5倍，屋面热损失在建筑物全部热损失中约占9%，能耗过高。与国外屋顶传热系数对比，我国能耗浪费惊人。

随着人民生活水平的不断提高，对建筑热舒适度的要求也越来越高，但目前我国建筑屋面绝大多数达不到节能效果，要达到室内的舒适度，就必须加大采暖和空调的使用率，即要付出更多的能源代价。我国面临的是资源相对不足、资源循环利用差，因此提高屋面保温隔热及防水性能，切实达到节能标准，是非常迫切的任务。

总之，要发展优良的节能建筑，首先必须有条件的城市公共建筑、中高档小区住宅、别墅应发展聚氨酯喷涂保温防水一体化及外墙聚氨酯喷涂保温。聚氨酯喷涂保温防水一体化的经济性见表9-16。

表 9-16 聚氨酯喷涂保温防水一体化的经济性

(普通防水＋保温)每年摊销成本					
建筑等级	防水耐用年限	运用状况	防水成本	保温层本成本	每一年的摊销保温防水成本
一般工业与民用建筑	10年,一道防水必须用卷材	一般民用住宅楼	50元	80元	13元
重要性工业与民用建筑、高层建筑	15年,二道防水,必须有一道卷材	高档住宅楼、公共建筑	80元	80元	16元
特别重要的民用建筑和对防水有特殊要求的工业建筑	25年,三道或三道以上防水,其中必须有一道高分子防水卷材	重要性的国家建筑、公共建筑	150元	80元	23元
(聚氨酯保温防水一体化)每年摊销成本					
4cm 聚氨酯的保温层(节能65%)	30年(喷涂3层)	中、高档、甲级住宅楼、公共建筑	200元		6.6元/每年摊销成本
3cm 聚氨酯的保温层(节能50%)	30年(喷涂2层)	中、高档、甲级住宅楼、公共建筑	150元		5元/每年摊销成本

9.4.3 聚氨酯屋面、墙体保温的特点

聚氨酯硬微小泡体闭孔率≥95%，吸水率≤1%，节能、隔热效果好。聚氨酯硬泡体是高密度闭孔的泡沫化合物，热导率≤0.022W/(m·K)，节能效果好。施工厚度≥40mm就可以达到节能65%的要求。聚氨酯硬泡体的压缩强度≥300kPa，还可以根据实际情况加大压缩强度到600kPa以上，满足了工程的各种不同要求。

聚氨酯硬泡体直接喷涂于屋面层，系反应物料受压力作用，通过喷枪形成混合物直接发泡成型，液体物料具有流动性、渗透性，可进入到屋面基层空隙中发泡，与基层牢固地黏合并起到密封空隙的作用。其粘接强度超过聚氨酯硬泡体本身的撕裂强度，从而使硬泡层与屋面基层成为一体，不易发生脱层，避免了屋面水沿层面缝隙渗透。聚氨酯硬泡体能够与木材、金属、砖石、混凝土等各种材料牢固黏结。

聚氨酯具有很强的抗渗透能力，通过机械化施工，屋面形成无接缝连续壳体。

异型屋面极易施工，结点处理简单方便，防水性能可靠。

聚氨酯硬泡体40mm，代替传统做法中的防水层、保温层及其中间的找平层等，且40mm厚的聚氨酯硬泡体每平方米重量约为2.4kg（密度为$60kg/m^3$），大大降低了屋面荷载，适合各种平面、曲面、结构复杂的屋面。

聚氨酯硬泡体在低温（−50℃）情况下不脆裂，在高温（＋150℃）情况下不流淌，不粘连，可正常使用，且耐弱酸，弱碱等化学物质侵蚀。

机械化施工，施工人员少，减少安全隐患，一套进口设备（喷涂设备）在良好条件下每天可完成$800\sim1000m^2$的施工，比常规防水保温材料施工时间节省80%。

当旧基层未发生脱层、起鼓，可以不铲除旧基层，直接在旧基层上喷涂施工降低了工程强度和难度，节省工程造价及施工时间。无氟发泡，绿色无污染采用先进的无氟发泡技术，符合环保要求。

9.4.4 硬泡聚氨酯喷涂的施工工艺

（1）聚氨酯屋面喷涂　聚氨酯硬泡喷涂是聚氨酯两种黑、白料胶体采用高压（大于

10MPa）无气喷涂机，混合式高速旋转及剧烈撞击在枪口上形成均匀细小雾状点滴喷涂在物体表面，几秒内产生无数微小的相连但独立的封闭泡孔结构，整个屋面形成无缝的、渗透深的、粘接牢固的保温防水层，充分地雾化成封闭泡沫结构，确保高标准的聚氨酯硬泡现场施工质量。施工现场的气温不宜低于 15℃，空气相对湿度宜小于 85%，否则会影响施工质量。降低施工效率和固化时间；风力应小于 3 级，否则聚氨酯硬泡体泡沫在风力作用下会四处飞扬，影响施工现场的周围环境和喷涂施工，无法保证聚氨酯硬泡体喷涂层表面呈现连续的、均匀的喷涂波纹，当风力大于 3 级时，应采取挡风措施。建筑屋面的结构层为混凝土时，应设找坡层或找平层。找坡层或找平层应坚实、平整（其平整度要求不得有明显积水）、干燥（其含水率应小于 8%），表面不应有浮灰和油污。平屋面的排水坡度不应小于 2%，天沟、檐沟的纵向排水坡度不应小于 1%。屋面与山墙、女儿墙、天沟、檐沟以及突出屋面结构的连接处应为圆弧形，其圆弧半径为 80～10mm。屋面上的设备、管线等应在聚氨酯硬泡体防水保温喷涂施工前安装就位，避免割破防水保温层的表面。不需保温部位（如山墙、女儿墙及突出屋面的结构）的硬泡防水层厚度不应小于 20mm。应多次喷涂，每次喷涂厚度宜在 10～15mm。将聚合物保护层原料用刮板涂在改性硬泡表面上，要求分三次刮涂成型，保护层厚度在 5mm 左右，最薄处不小于 3mm。

（2）聚氨酯外墙保温施工要点

① 基层墙面喷专用防潮底漆。

② 喷无溶剂硬泡聚氨酯。

③ 涂刷聚氨酯界面剂砂浆。

④ 抹第一遍聚合物砂浆。

⑤ 固定热镀锌钢丝网。

⑥ 抹第二遍聚合物砂浆。

⑦ 聚合物砂浆粘贴面砖，或直接在聚合物砂浆中间压入一层耐碱玻璃纤维布，然后涂料饰面。

（3）外墙保温施工材料及配套工具　聚氨酯黑白料（1∶1）、聚氨酯防潮底漆、聚氨酯界面砂浆、胶黏剂、复合胶粉聚苯颗粒砂浆、钢丝网或耐碱玻纤网格布、胀栓螺丝；喷涂机具、墨斗、杆尺、抹子、钢锯、废报纸。

聚氨酯保温墙体外挂经纬方格线，在外墙表面用线径小于 1mm 的非金属线或金属线作出厚度等于保温层厚度小方格；喷涂硬质聚氨酯修整表面缺陷；用轻质抹面砂浆找平。抹聚合物抗裂砂浆或轻质抹面砂浆；压入耐碱玻纤网格布。轻质抹面砂浆是有机高分子聚合物与无机硅酸盐作主要胶凝材料，与不同级配的轻质骨料混合配制而成。最后，刮柔性腻子或喷浮雕涂料、刷面层涂料。解决了现场喷涂硬质聚氨酯泡沫塑料外保温墙体表面平整度难以控制、面层与聚氨酯硬泡保温层之间附着力差、面层易开裂的技术难题。具有保温性能优异、施工周期短、综合造价低的优势。聚氨酯墙体保温除采用喷涂方法外，还可采用灌注保温的方法；聚氨酯灌注 XPS 复合面板外墙外保温示意图如图 9-20 所示。

聚氨酯灌注 XPS 复合面板外墙外保温系统是用胶黏剂把 XPS 复合面板粘贴于基层上，XPS 复合面板与基层间预设的空腔内灌注硬质聚氨酯泡沫塑料溶液现场发泡而形成的外墙外保温系统。

聚氨酯灌注 XPS 复合面板外墙外保温系统具有以下特点。

① 以 XPS 挤塑板为构造骨架，聚氨酯现场灌注的外墙外保温发泡体，最大限度地减少墙体保温层的厚度，有效保证建筑节能的效果。

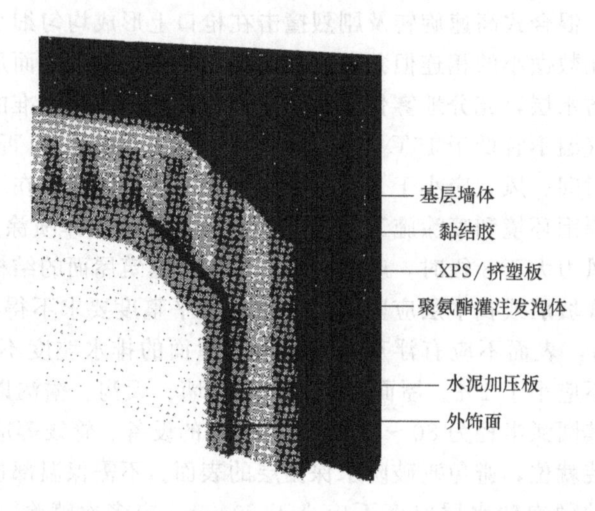

图 9-20　聚氨酯灌注 XPS 复合面板外墙外保温示意图

② 保护层（水泥加压板）与保温层之间，保温层与建筑物体之间采用胶黏剂粘贴 XPS 板条，空腔内灌注聚氨酯。依靠发泡时受物理、化学变化双重作用产生的高强度黏结特性，实现百分之百的黏结，并且达到黏结强度大于 0.2MPa，满足外饰面粘贴陶瓷面砖的推荐强度值，有效保证系统安全，克服了现有体系中易开裂、起鼓、脱落等缺陷。

③ 保护层采用水泥薄板多块拼装做法，能有组织释放因热胀冷缩产生的应力变形，较好解决因温度产生的裂缝问题，有效提高外墙外保温系统的耐久性。

④ 该系统为无空腔构造，稳定性好，保温层均为憎水材料，块与块之间的所有缝隙全部采用聚氨酯灌注现场发泡技术进行封闭，能完全阻断渗水通道，有效保证外墙防湿防潮，提高抗冻融能力。

⑤ 复合饰面板可以进行工业化生产，减少现场湿作业，易于保证工程质量。

下面给出一种参考配方及工艺：

聚醚多元醇	95～105 份
异氰酸酯	170～188 份
发泡剂	35～45 份
催化剂	3～5 份
催化交联剂	28～35 份
泡沫稳定剂	4～6 份
阻燃剂	5～10 份
阻燃助剂	38～45 份
玻璃丝纤维（3～5mm）	2～10 份
发泡时间	4～6min
原料温度	20～30℃
环境温度	20～25℃

尽管聚氨酯硬泡材料具有科技含量高、资源消耗低、使用寿命长、环境污染少的优势，但现在聚氨酯硬泡在外墙保温系统中的使用只占不到 10% 的份额。原因主要有以下几个方面。

① 外墙保温不同地域有着不同的要求，温度、湿度、风雨、霜、雪都是对外墙的考验，

不同材质有不同的热导率，材料与材料之间的融合等都是需要很好的加以解决。目前还存在一定的问题。

② 聚氨酯硬泡保温材料性能优异的特点十分明显，这是不争的事实。然而，目前有许多人还认为使用具有优质保温效果的聚氨酯硬泡的成本是使用普通聚苯板材的两倍，使得大部分开发商仍然对聚氨酯硬泡外墙保温系统说“不”。纠正这种认识仅仅是时间问题。

《硬泡聚氨酯保温防水工程技术规范》自 2007 年 9 月 1 日起实施，其中的强制性条文如下。

① 现场喷涂硬泡聚氨酯施工时，应对作业面外易受飞散物料污染的部位采取遮挡措施。

② 硬泡聚氨酯保温及防水工程所采用的材料应有产品合格证书和性能检测报告，材料的品种、规格、性能等应符合设计要求和本规范的规定。材料进场后，应按规定抽样复验，提出试验报告，严禁在工程中使用不合格的材料。

③ 热熔、热粘的防水材料，不得直接在硬泡聚氨酯层上施工。

④ 屋面单向坡长不大于 9m 时，可用轻质材料找坡；单向坡长大于 9m 时，宜作结构找坡。

⑤ 主控项目：保温材料和防水材料必须符合设计要求。检验方法：检查出厂合格证、质量检验报告和现场复验报告；复合保温防水层和保温防水层不得有渗漏和积水现象，检验方法：雨后或淋水、蓄水检验；天沟、檐沟、檐口、水落口、泛水、变形缝和伸出屋面管道的防水构造，必须符合设计要求，检验方法：观察检查、检查隐蔽工程验收记录；保温层不得小于设计厚度，检验方法：采用插针法检查，用 ϕ1mm 钢针检查，最小厚度不得小于设计厚度。

⑥ 设计选用硬泡聚氨酯外墙外保温系统时，不得更改系统构造和组成材料。

第10章 其他聚氨酯制品

10.1 聚氨酯轮胎

10.1.1 低速轮胎

聚氨酯弹性体材料的耐磨性非常好。除了和一般橡胶材料相比较为优越之外，在低速重载情况下，其耐磨性可超过生铁几倍。在矿山开采的路面上，对普通橡胶轮胎磨损非常大，有人将橡胶轮胎改为生铁轮胎和聚氨酯轮胎进行对比试验，结果发现，聚氨酯轮胎的耐磨性超过生铁轮胎3倍以上。

既然聚氨酯轮胎在低速重载情况下有很好的耐磨性，那么，在高速情况下又是怎样？有试验数据说明，聚氨酯轮胎的极限速度为47km/h。当然，这是对目前一般的聚氨酯配方而言。当速度超过47km/h，聚氨酯轮胎的发热非常厉害，因为聚氨酯和地面的摩擦系数较大，聚氨酯轮胎具有较好的防滑性。显然，这是一对利弊矛盾。

即使聚氨酯轮胎使用速度在47km/h以下，聚氨酯轮胎的应用范围也比较宽，使用效果也很有特色。比如，建筑工地上手推车的轮胎，采用聚氨酯外胎非常耐磨耐用。如果做成空心轮胎，既不存在坚硬的石头、铁钉扎破内胎的问题，也不用给内胎充气。这种空心PU胎除了应用于工地推车外，还应用于童车、玩具车、工具车等，效果都很好。也有人试图将PU空心轮胎用于不充气自行车轮胎。但是，PU空心胎和普通充气轮胎比较，阻力大，骑车费力。这是因为PU空心胎的回弹力不及充气胎好。PU空心胎用作自行车时可作为健身车。

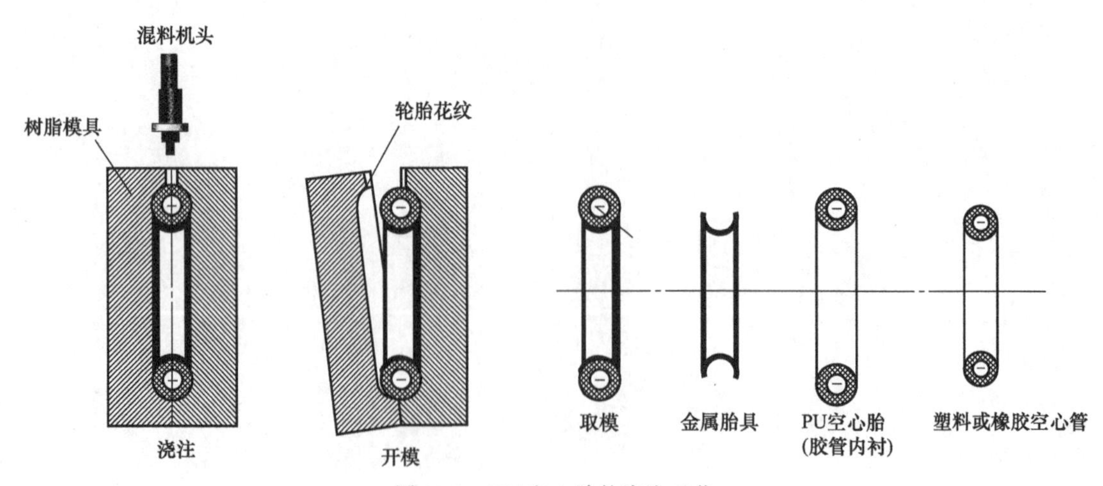

图10-1 PU空心胎的浇注工艺

PU空心胎的浇注工艺如图10-1所示。作为轮胎，无论空心或实心，轮胎表面都需要花纹。轮胎花纹的制作，传统工艺是采用金属模具成型。制作一个金属轮胎花纹模具成本较高，而且制作周期长。在聚氨酯轮胎的浇注成型中可采用树脂模具。首先准备一空心塑料或橡胶管，封闭两端形成一个环状，将环状空心胶管和一个金属胎具放入树脂模具。这样，在树脂模具里面形成了一个环状空心型腔。通过浇注口，浇注头将聚氨酯液体料灌入型腔，固化成型后打开模具，取出金属胎具，PU 空心胎就做成了。实际上，实心胶管被聚氨酯包裹在里面形成胶管内衬。

聚氨酯轮胎一般采用低压浇注。在浇注时，有两种方式，即水平浇注和垂直浇注，如图 10-2 所示。有人认为，水平浇注，液体料进入模具型腔后，分散均匀，发泡的均匀度好。但是，浇注通道的残料浪费较大。垂直，浇注口道的残料浪费较少，但是，发泡的均匀度较差，发泡梯度较大。以笔者实际体会，垂直浇注较水平浇注效果更好。因为，发泡过程中，垂直空间越大越有利于发泡顺利进行。应当说，在垂直浇注时产生的发泡梯度并不明显。这可能因为聚氨酯发泡料灌注到模具型腔后，料液会沉积在下面部位，上面部位发泡度较大，形成了发泡梯度。

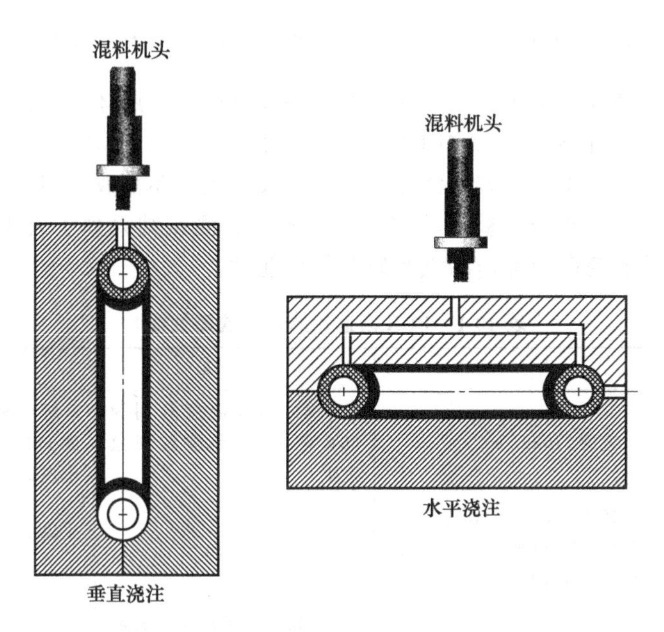

图 10-2 PU 胎的两种浇注方式

10.1.2 高速轮胎

聚氨酯橡胶耐热性能较差且又具有较高的内生热，聚氨酯轮胎在高速运行下，会使材料性能大幅度下降，这一问题一直限制了该材料在高速轮胎产品中的应用。但是，在许多科学家的不懈努力下，目前，该材料因高频应力-应变产生的高的内生热问题已有了较大突破，使用聚氨酯橡胶制备高速轮胎在几个发达国家获得实现。当然，全世界大规模推广应用还需要一定时间。

使用聚氨酯橡胶制备高速汽车轮胎，采用浇注方式。浇注型聚氨酯橡胶轮胎结构比传统轮胎简单，见图 10-3，它基本由胶体层、带束层和胎面层三部分组成。胶体层由内生热低、弹性模量高的聚氨酯橡胶浇注而成，带束层是使用芳纶纤维沿轮胎圆周缠绕构成，带有轮胎花纹的胎面胶层由模量相对较低的聚氨酯浇注橡胶制成，从而使轮胎具有优良的耐磨性和行驶安全性。

该种轮胎的生产采用 RIM 工艺，分段实施，模具由多块活络的内模和外模组成。

同时，为了适应胎体胶和胎面胶的浇注加工，模具的外模可以配套更换组成。它们在钢

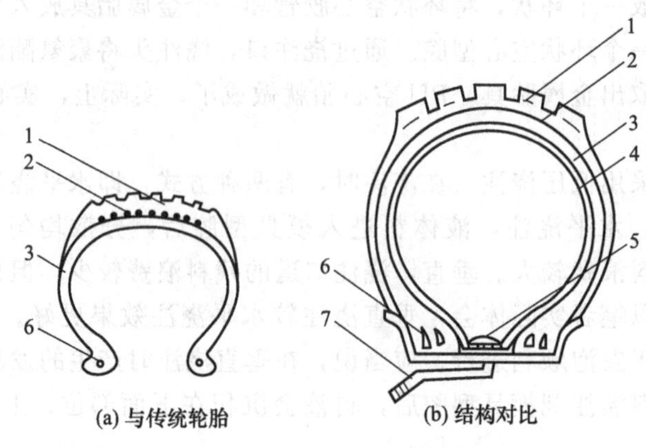

图 10-3　PUR 轮胎

1—胎面胶；2—带束层；3—胎体胶；4—内胎；5—衬带；6—钢丝圈；7—气门嘴

圈固定好后进行分段浇注和加工。首先在装配好的模具中浇注胎体胶，待其固化后，使用缠绕机将一定规格的芳纶纤维沿圆周方向排列缠绕，然后，由自动机械装置将带有胎面花纹的外模具合拢、装配，使用不同配方的液体聚氨酯橡胶，进行胎面胶的浇注，轮胎脱模后进行一定后处理即可完成。轮胎经实验室检测和性能对比，测试结果列于表 10-1 中，显示出使用浇注型聚氨酯橡胶制备高速无内胎汽车轮胎的可能性。

表 10-1　PUR 高速轮胎试验检测性能

项目	内　容	结　果	备　注
高速试验	速度 210km/h	胎肩、胎面温度分别为 55℃和 48℃，无驻波现象发生	对比的子午线轮胎，胎肩温度 110～126℃，有驻波现象并出现爆裂
耐久试验	速度 75km/h，负荷为 ETRTO 规定负荷的 150%，气压为额定气压增加 0.5bar①	耐久寿命：230h	斜交线胎寿命为 120h 子午线轮胎寿命为 160～180h
滚动阻力	时速 80km	PU 轮胎的滚动阻力较斜交轮胎低 40%；较子午线轮胎低 20%	
抗侧偏特性	外倾 4°，时速 180km/h	PU 轮胎较子午线轮胎低 35% 介于子午线轮胎和斜交轮胎之间	
自动回正力矩试验		较子午线轮胎和斜交轮胎小	
负荷变形		较子午线轮胎硬，但比斜交轮胎软	
气压破坏试验		PU 胎：233N	子午线轮胎 293N；斜交轮胎 186N
脱圈试验		PU 轮胎脱圈力>9100N	符合 DOT MVSS 109 规范标准

① 1bar＝10^5Pa。

在道路实验中，PUR 轮胎的动态膨胀试验胎面宽度增加 8.5%，低于欧洲 ETRTO 规定，但符合美国 TRA 规范；蛇形穿杆试验较子午线轮胎慢 2%，湿牵引制动性较子午线轮胎差 6%，侧偏差 7%，干牵引性能也较子午线轮胎差一些，但在雪地牵引试验中，表现出优于子午线轮胎的良好性能，并具有优良的自洁性能，轮胎胎面摩擦单耗较子午线轮胎高20%，不易产生水漂现象；零压行驶性优于子午线轮胎。

由此可见，虽然 PUR 轮胎在一些性能上尚还存在一定差距，但它表现出来的优异性能也是十分突出的。在进一步研究开发的基础上，使用聚氨酯橡胶制备常规高速汽车轮胎将是完全可能的。

聚氨酯轮胎连接方式分为压配式、螺丝连接式和固定式，见图 10-4。使用 PUR 制备这类轮胎，生产工艺简单，可以使用浇注机进行连续化生产，也可以使用手工浇注方式。但不管使用何种方式生产，都应注意以下两方面技术关键。

① 工艺配方要恰当、准确、稳定，以使产品获得均一、良好的质量。

② 必须处理好 PUR 和金属等轮辋之间的黏合问题。通常低速高负荷实心轮胎不会出现因高的内生热而产生的耐热问题，而主要是因为它的高负荷下的运动使材料与轮辋间产生很大的剪切力造成分离。因此，在实际生产中，不仅需要对金属轮辋表面进行良好的喷砂等表面处理工作，而且要涂覆粘接性能优良的黏合剂，其中特别推荐异氰酸酯类专用黏合剂。为降低材料与金属轮辋间剪切应力的集中，也可以在它们之间增添硬质橡胶过渡层。这样做虽然会增加一些复杂的生产工艺程序，但却能有效地提高材料与轮辋间的粘接强度。

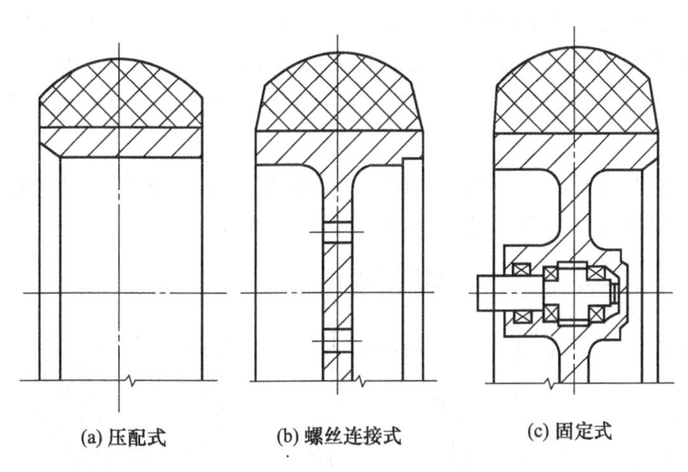

图 10-4 聚氨酯轮胎连接方式

我国低速高负荷实心轮胎的相关标准，基本分为八种。要求材料的拉伸强度大于10MPa，伸长率大于 200%，磨耗量小于 0.1mm。而普通聚氨酯橡胶的拉伸强度，一般为40MPa，伸长率大于 350%，磨耗量小于 0.1mm。从性能指标上不难看出，使用聚氨酯橡胶制备低速高负荷实心轮胎的优越性。同时，聚氨酯橡胶高的弹性模量和抗压能力，在原规格尺寸的基础上，聚氨酯橡胶实心轮胎的最大负荷能力至少可以提高 0.5 倍。换句话说，使用聚氨酯橡胶制备的实心轮胎在最大负荷相当的情况下，可以将轮胎直径做得更小，宽度更窄。俗称脚轮的小型实心轮胎（外径 25～305mm）在国外已基本由聚氨酯橡胶制备。这种脚轮耐磨性能好，负荷大，滚动阻力小，在地面上运行没有传统黑橡胶留下的印痕，清洁而无噪声，装备在各种小型移动设备上，尤其受到医院、学校、图书馆、会议室以及车站、码头、机场、超级市场等场所的欢迎。

10.1.3 轻型聚氨酯轮胎的设计

轻型聚氨酯轮胎的设计目前有下面几种。

（1）无内胎、无帘线的 PUR 自行车轮胎 选择高性能 PUR，使用浇注成型生产无内胎

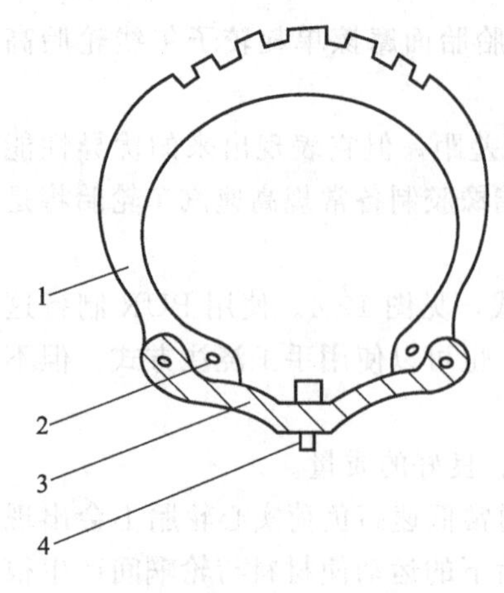

图 10-5 无内胎自行车彩色 PUR 轮胎结构
1—PUR 轮胎；2—胎圈；3—轮辋；4—气门嘴

自行车用彩色轮胎。基本结构如图 10-5 所示。轮胎胎体由高性能 PUR 制备，它在室温至 60℃温度范围内的滚动损失系数为 0.15，胎体最厚处是最薄处的 1.5～2.0 倍，最好为 1.75 倍，胎侧最宽部位胶层厚度约 1.0～2.5mm，最好为 2.0mm，胎顶花纹处胶层厚度最大。该轮胎无需使用帘线补强。使用钢丝圈作为胎圈，浇注前将钢丝圈装配在模具中进行浇注，使胶料与钢丝圈牢固地结合在一起，它们能对轮辋产生较大的张紧力和密封性，在轮胎和轮辋间的空间内充气并能有效地予以密封。这种自行车轮胎滚动阻力小、骑乘舒适、轮胎色泽鲜艳美观、生产工艺简单。

美国专利介绍了一种更为简单的 PUR 轻型轮胎。轮胎的外轮廓基本为椭圆形，但其内部却为拱形，轮胎跟部比轮辋直径小 3%～5%。依靠 PUR 的高弹性，装配在轮辋上。轮胎的载荷力主要由高拉伸强度的 PUR 和宽形胎体传递至轮辋上，高强力、高回弹胎体与轮辋之间构成的拱形隧道则提供了轮胎所必需的减震、缓冲功能。该类轮胎承载力高、减震性能适中、抗磨性能优异。由于该轮胎的断面较传统轮胎厚度大得多，因此，它在一定程度上不怕刺扎、划伤，适宜在路面状况较差的道路上运行。

美国 Carefree 自行车轮公司利用液体聚氨酯橡胶研究开发出一种防爆、抗扎的自行车轮胎，它与传统轮胎相比，在外形上有较大区别，见图 10-6。

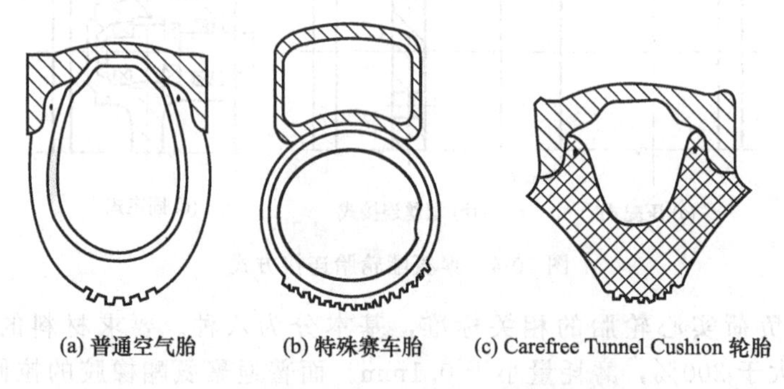

图 10-6 自行车轮胎的外形与 Carefree 轮胎比较

使用热塑型聚氨酯橡胶也可以制备自行车内胎，即使用聚醇、异氰酸酯和低分子扩链剂为原料，按 NCO 与 OH 比例 1∶(1.5～1.1) 制备 T-PUR 胶粒，采用挤出工艺直接生产厚度仅有 0.3mm 的圆筒，将圆筒按一定长度截断后，使用高频黏合工艺将圆筒对接，粘着气门嘴等附件后，即可装配在普通自行车轮胎中。该种内胎重量轻，低于 50g；气密性好，其气密性优于天然胶乳内胎而与丁基橡胶内胎相似，据实验表明：使用这种内胎行驶 1000km 仍无异常。如果使用该种新型内胎，结合法国有关专利，可将这种内胎置于模具中，外部直接浇注硬度（邵尔 A）40～70 的聚氨酯橡胶，可制成全密封型自行车轮胎，见图 10-7，这种新轮胎更舒适、更轻便，使用寿命更长。

（2）特种轻型聚氨酯轮胎　针对轮胎在使用的过程中经常受到地面杂物的意外损伤，尤其是在采石场、矿山、农田、建筑工地、金属加工、玻璃制品生产车间等场所，传统充气轮胎的破损率极高。运输装备的维修保养费用极大。为克服轮胎刺、扎受损问题，人们研究并发明了许多新办法，如液体自补技术、泡沫充填技术等。

使用聚氨酯泡沫弹性体充填轮胎技术是借鉴 20 世纪 60 年代战地火炮防弹轮胎经验发展起来的。战场中的火炮用充气轮胎经常会因流弹或弹片击穿，造成内胎泄气而无法转移，使用普通的泡沫橡胶填充，重量较大，移动困难。在此基础上，改进使用了发泡聚氨酯弹性体填充式内胎，不仅轮胎的重量减轻了，而且，它还具有不怕刺扎的优点，这种工艺逐渐在低速、易刺扎的农、林机械等车辆中获得了应用和推广。在聚氨酯发泡技术日益成熟的今天，尤其是聚氨酯自结皮技术的发展，使得聚氨酯泡沫实心轮胎获得了较大进步，这种无充气、耐刺扎的实心轮胎在田园机械、高尔夫球车、自行车、轮椅车等小型车辆设备中，获得了一定的商业市场。无充气 PU 泡沫实心轮胎通常采用双组分聚氨酯发泡原料，经混合后浇注至旋转的离心成型模具中，室温熟化成型。控制配方、模温等工艺参数，使轮胎的外部形成无泡、致密的外表皮，内部密度由表至里逐渐降低。该类 PU 自结皮实心轮胎的结构与传统轮胎有极大区别，见图 10-8。从图中可以看出，传统轮胎是由包括胎面胶、帘线带束层和钢圈的外胎与内胎及气门嘴等组成，而 PU 实心轮胎，则没有内、外胎之分，只是由一种聚氨酯泡沫弹性材料和高强度纤维绳组成。不仅轮胎结构简单，而且不需要打气，没有爆胎、慢泄气、怕扎和补胎的烦恼。因此，这种新型轮胎十分适合在地面有碎石瓦砾、钢钉铁屑、破碎玻璃、瓷片等路面状况十分恶劣的场所使用。目前，该种轮胎已在轮椅、轻型搬运车、割草机等小型车辆上应用，亦可以用于自行车等轻型、短距离交通工具。

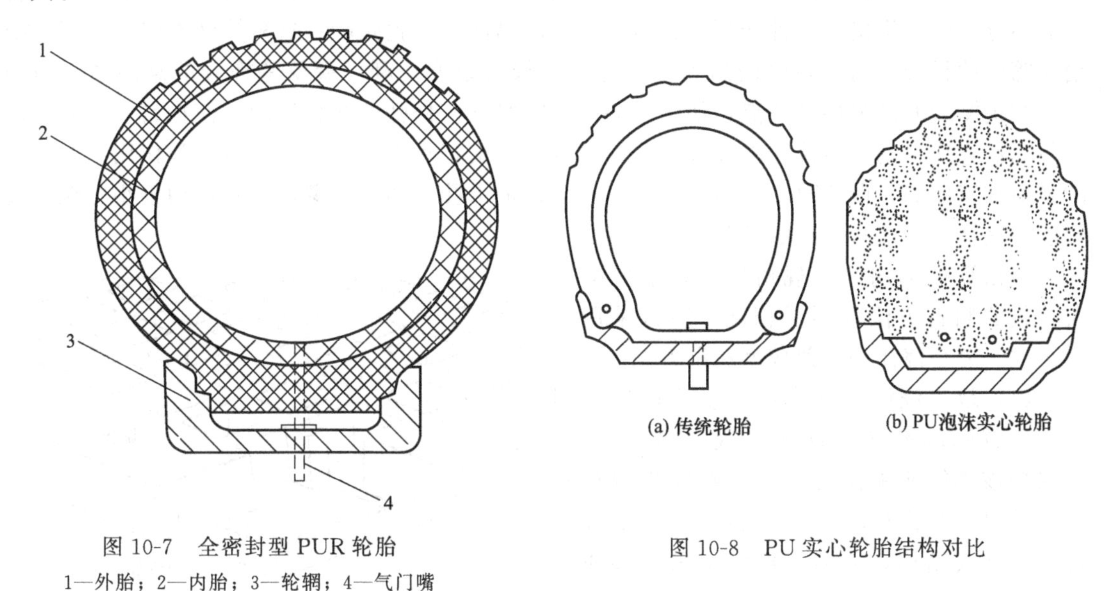

图 10-7　全密封型 PUR 轮胎

1—外胎；2—内胎；3—轮辋；4—气门嘴

图 10-8　PU 实心轮胎结构对比

10.2　聚氨酯筛板

筛分设备是矿山、冶金、煤炭、建材等工业的主要装备。其关键部件是将大小不同固体颗粒分离开来的筛板。按筛板操作方式可分为固定筛和运动筛两类。前者设备简单、操作方便，适宜于筛分能力较低的场合，在大规模生产中则主要应用运动筛。按筛网形状，可分为转筒式（如圆盘形、圆筒形、链形等）和平板式。后者根据筛板的运动方式不同，又有摇动、簸动以及新式的弛张方式（图 10-9）等。

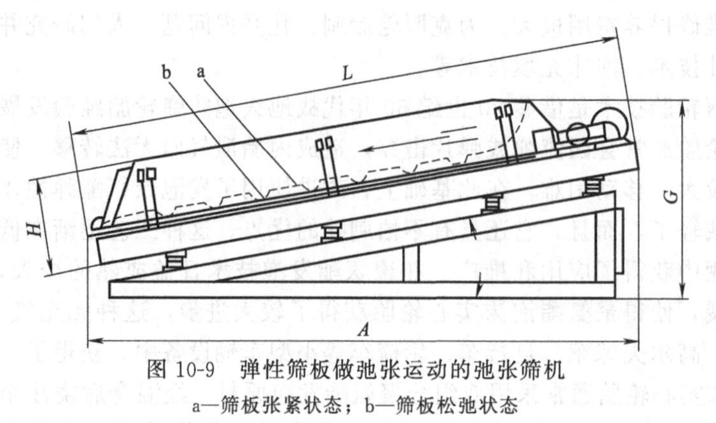

图 10-9 弹性筛板做弛张运动的弛张筛机
a—筛板张紧状态；b—筛板松弛状态

通常，筛分物料的筛网和筛箱之间使用刚性连接，采用特定的机械设计使筛网和筛箱做平面圆运动、平面直线运动或平面椭圆运动。颗粒物料做小幅振动的基本直线运动，物料在机械振动下产生 2～4mm 的弹跳高度，达到物料连续筛分的目的。在工业中，也可将不同孔径的筛网进行组合，或单层或双层，以提高连续进行筛分的效率。

传统的筛网多是由钢条焊接而成，重量大、能耗高、噪声大，颗粒物料容易卡孔而使筛分效率下降，尤其是对粒径小于 20mm 的颗粒物料，必须配备水力冲洗，否则固体颗粒易成糊，阻塞筛孔。目前，国外正大力推广使用聚氨酯弹性体等橡胶弹性筛板来取代传统钢质筛板，它们不仅重量大大地减轻，能耗降低了，易于模制出合理断面结构的筛孔，不易出现物料卡孔现象，也可以配置筛板振打装置，利用橡胶筛板的适当弹性，克服了物料卡孔造成筛分效率下降的问题。

随着橡胶质弹性筛板的推广使用，为提高物料筛分效率，适应粒径更小或含水量较高物料的筛分，国外推出了一种新型筛分运动形式的筛网——弛张筛。这种筛网不仅改变了传统钢质筛网的材质，而且在筛网运动方式上做了极大改变。利用聚氨酯橡胶的高耐磨、高强力、高抗撕裂和高弹性的特点，使筛网面能进行张紧、松弛的交替运动，使物料一改基本沿倾斜面作直线运动的传统，随弹性筛网面的弛、张交替动作，使物料产生抛弹作用。其产生的弹射加速度高，彻底改变了传统筛分中易出现的卡孔、堵孔现象，尤其适用于小颗粒、高湿度、黏性大的散状物料的筛分。

根据筛板的用途和规格要求，聚氨酯橡胶筛板的制备方法也不尽相同，通常采用敞模浇注、离心浇注和注射成型三种方法。

(1) 敞模浇注　敞模浇注主要适用于制备板型较厚的普通振动式筛板（图 10-10）。为保持该类筛板的刚度，通常在筛板内衬有钢质骨架。在面积较小的筛板，钢骨架多为焊接的框式结构，大型筛板则多采用多股钢丝绳作为骨架。制备这类筛板时，首先根据筛板的尺寸规格、形状及筛孔的要求，装模具在钢质加热平台上进行组装，拼装金属边框，并予以密封，利用恒温加热式平台对组装好的模具予以加热、喷涂脱模剂，完成浇注前的准备工作。对于连续化生产，浇注多使用 PUR 浇注机进行，浇注程序和操作方法与普通 PUR 浇注工艺相同。但对于大型筛板要注意物料浇注分配和胶料凝结关系的协调和大型浇注平台温差的严格控制，以及脱模后控制足够的后硫化处理等技术关键。对于窄缝筛板必须在模具上喷施性能优良的脱模剂；对于埋置在 PUR 橡胶中的金属骨架，均必须做好黏合处理。

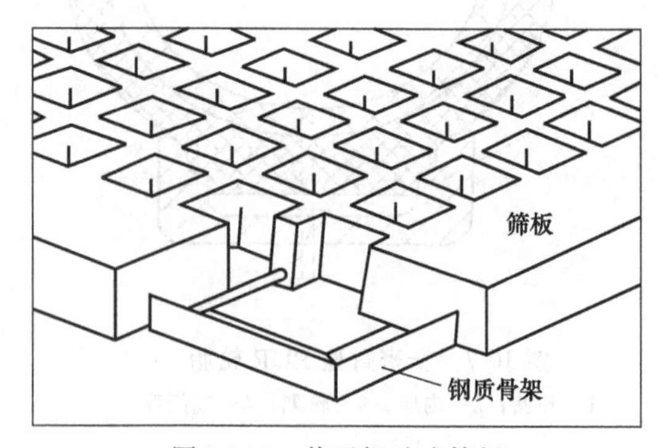

图 10-10 普通振动式筛板

(2) 离心浇注成型　弛张筛主要用于筛分粒径较小、黏性较大的固体颗粒物质，如煤粉、化肥、城市垃圾等。该类弹性筛板一般呈狭长条片状，长边与物料流动方向垂直，短边与物料流动方向平行，整个筛分筛面由多块橡胶筛板条构成，通过相邻筛板条的张紧、松弛的交替作用，使物料产生较大跳动筛分作用。为便于使筛板产生弛、张作用，使用 PUR 制备的筛板厚度均小于 4mm。常用的长度一般大于 2000mm，宽度大于 250mm。因此，这类筛板最简单的生产方法是采用离心成型方式，即将混合好的 PUR 液体注入大直径的卧式离心成型筒中，在控制转速和加热的情况下，逐渐固化成型，大片 PUR 板脱模后，截断并使用锋利的组合式裁刀进行冲孔成型，再经过后熟化后即可。

(3) 注射成型　为克服浇注聚氨酯橡胶固化时间长、生产效率较低的缺点，对于小型聚氨酯橡胶筛板，可使用热塑型聚氨酯橡胶以注射方式成型加工。该种筛板的尺寸一般都较小，边缘设计有装配销钉预留孔。这种加工方式具有以下优点：

① 生产效率高；

② 在实际使用中，不会因个别筛孔损伤而使整个筛板报废，只要将已损坏的小块筛板十分方便地进行更换即可。

由于筛分机械的功能不同，各国及生产厂家制造的筛机型号各不相同，因此，筛板的外形尺寸、筛孔形状和排列等都有较大差异。现以美国 Norris 筛板和制造有限公司（西弗吉尼亚州）、瑞典卓拉堡（TRELLEBORG）公司、德国亨·莱曼（Hein·Lenmann）、澳大利亚亨特筛类产品公司为代表，对典型的聚氨酯橡胶筛板作简单介绍。筛分装置除了滚筒筛以外，大部分筛板为平坦或略带弧形配置在筛机的框架上，对于跨度大的大型筛板，则利用筛机的下支撑架构成弧形筛面，而当筛面宽度大于 1500mm 时，通常需使用中间夹板使之稳定。对于跨度较小、带有高强度钢质骨架的筛板，可以将筛板直接配置在筛框上如图 10-11 所示。

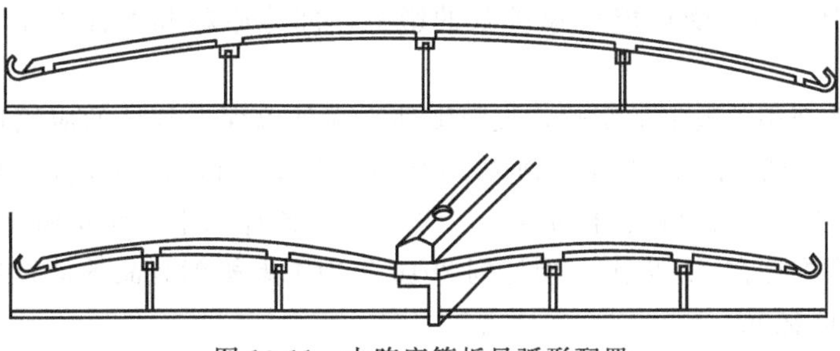

图 10-11　大跨度筛板呈弧形配置

由于在筛分操作中，筛板从入料端到出料端各段承受物料的冲击和磨耗不一致，在入料端筛板筛孔的损坏状况要比出料端严重得多，在实际生产中，大块筛板常常会因局部损坏而不得不将整个大块筛板更换下来。随着 PUR 筛板的推广应用，对这一问题的最好解决办法是使用配装式小型 PUR 筛板如澳大利亚的亨特公司的长条形窄缝筛和美国 Norris 筛类和制造公司的方形窄缝筛，将它们与下支撑架用柱销等装置连接起来。筛板直接配置在筛框示意见图 10-12。

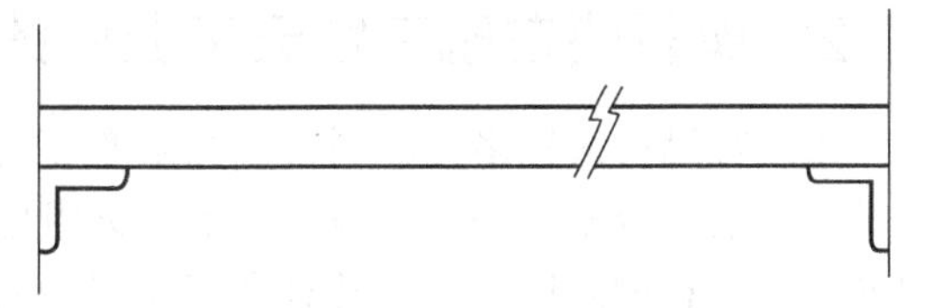

图 10-12　筛板直接配置在筛框

根据筛板尺寸规格及跨度的大小，在筛板下部设置支撑梁，有的在支撑梁上端配制了聚氨酯橡胶的梁托，有的使用上部橡胶压条，有的则直接在橡胶模制时，设计出能相互啮合的压条或连接部件，提高筛板的整体性，使它在操作的过程中与筛框保持同步运动。

第11章 聚氨酯制品的应用

11.1 聚氨酯制品应用概述

中国聚氨酯产业布局目前已基本形成了以上海为中心的长三角地区、以烟台为中心的黄河三角洲环渤海地区、以广州为中心的珠三角地区、以葫芦岛为中心的东北地区、以兰州为中心的西北地区以及正在形成的以重庆为中心的西南地区、以福建泉州为中心的海西地区等聚氨酯产业聚集地区。

中国是世界第三大经济体，也是聚氨酯的第二大消费市场。首先，中国生产了全世界95%的冷藏集装箱、60%的鞋子以及70%的玩具；其次，中国的建材、氨纶、纺织品、合成革和汽车产量均居世界第一；同时，中国的城市化进程加快、高速铁路投资加大，环保合成木材需求增加等，这些产业的强势发展都为聚氨酯带来了巨大的市场机会。

中国已成为聚氨酯生产大国，是推动未来全球聚氨酯市场增长的主力军，即使在2008～2009年世界金融危机高潮期间，世界主要聚氨酯产销市场大幅萎缩情况下，中国聚氨酯产销量仍有很大增长。近几年来，国内聚氨酯行业通过自主研发和技术引进，技术创新水平不断提高，产业升级步伐稳步加快，在原料领域企业积极扩张产能，产业规模不断扩大，产品质量稳步提高；但同时，受产能快速扩张的影响，部分原料和产品产能过剩的压力与日俱增。

此外，由于受到相关政策的影响，聚氨酯硬泡在外墙保温领域的应用推广仍举步维艰。2002年中国聚氨酯产量约160万吨，到2005年总产量增长到300万吨，2011年聚氨酯总产量达到689万吨。2006～2011年年均增长率约12%，预计未来5年仍将保持较高的增长态势，年均增长率将维持在9%以上。预计到2016年中国聚氨酯制品的消费量将达到1067万吨，实现产值3200亿元。

聚氨酯制品应用领域主要可分为五大产业：家具业、家用、交通行业和制鞋、制革业。其中家具业主要应用在涂料、黏合剂、沙发、扶手和交通工具座椅等方面。但是，随着时间的发展聚氨酯在不同的领域都有快速的发展。

11.2 聚氨酯在航空航天工业中的应用

采用难燃的改性多元醇制得的高阻燃和高垫材性能的聚氨酯软泡，在航空用坐垫的阻燃性试验中达到合格水平。国内开发的防火阻燃聚氨酯高回弹材料，其性能达到航空部飞机舱内非金属材料的阻燃要求，既有高回弹制品的优点，又有较高阻燃性，可替代进口产品，现在客机的座位已有90%～95%是用软质聚氨酯泡沫塑料制造的，不仅舒适美观，制造简单，价格便宜，而且因聚氨酯泡沫塑料比其他材料轻，减少了飞机的自重，可以增加飞行速度。图11-1所示为采用软质聚氨酯泡沫塑料制造的客机座位。

特殊的软质聚氨酯网状泡沫用作飞机油箱中的填充材料，成为飞行安全的一个重要措施。该泡沫体有95%以上的孔隙率，在油箱中仅占不到5%的体积，吸饱汽油的泡沫体在油箱中不因飞行中油箱的晃动而使油面晃动，影响飞机的平衡。同时，在战争中，油箱遇弹后，可以延期爆炸，及时采取措施，使飞行员安全脱险，因此其作用十分重要。图 11-2 所示直升机的油箱中，就填充了特殊的软质聚氨酯网状泡沫。

图 11-1 采用软质聚氨酯泡沫塑料制造的客机座位

图 11-2 直升机的油箱中填充了特殊的软质聚氨酯网状泡沫

客机座位的扶手及一些内装饰件均可以用聚氨酯半硬质泡沫塑料制造。硬质聚氨酯泡沫塑料在航空工业中的应用也日趋广泛，可以作为某些部件的结构材料，也可以作为机翼、机尾的填充支撑材料，还可作一些特殊要求和用途的材料。低密度的硬质泡沫体作机翼机尾的支撑填充料，可以增加强度，减少金属用量，提高飞行质量，效果十分明显。图 11-3 所示为低密度的硬质泡沫体作机翼机尾的支撑填充料。

在飞机中控制飞机发动机耗油量的汽化器浮子要求很高，长期在汽油中工作不能有丝毫变形，还要保持表面光洁平整。这种浮子一直采用优质铜带制造，工艺复杂，报废量大，成本高。当用硬质聚氨酯泡沫塑料取代后，不仅节省了大量的优质有色金属，而且成本仅为原来铜浮子的 1/50。如图 11-4 所示。

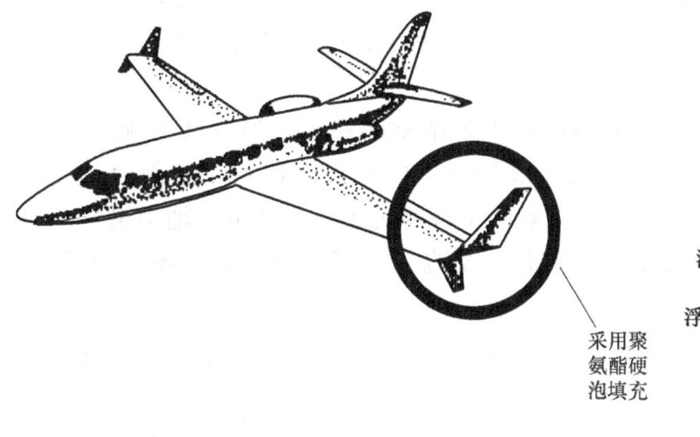

图 11-3 低密度的硬质泡沫体作机翼机尾的支撑填充料

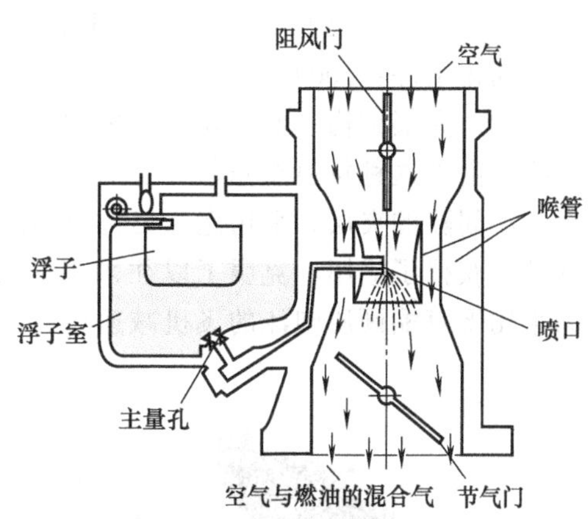

图 11-4 汽化器浮子采用硬质聚氨酯泡沫塑料

11.3 聚氨酯在军事工业中的应用

聚氨酯泡沫塑料在国防军工上的应用也涉及许多方面，利用聚氨酯的各种特点，有的作耐烧蚀材料，有的作超低温绝热材料，有的作各种特殊用途的结构材料，有的作保护材料，已有实际应用的情况简介如下。

(1) 雷达天线罩　雷达天线罩，原来采用玻璃钢蜂窝结构，使用时发现在低频范围内可用，在高频范围内就不好用了。图 11-5 所示为玻璃钢蜂窝结构的雷达天线罩。

当采用聚氨酯硬质泡沫塑料后，则在高低频范围内均能使用，在较宽的波段范围内力学性能和电性能都满足要求，成本也低，实践证明是一种重量轻，性能好的天线罩。在强度方面能耐受 12 级风 (60m/s 风速)，在电性能方面介电常数为 1.2 左右，在较宽的波段范围内对天线方向性基本上没有影响，只是在毫米波段时对天线方向性有些影响，对电磁波的反射和折射都比较小，对电磁波的损耗也小，在 LS 波段大约为 0.5dB，在 CX 波段为 1dB，在毫米波段为 1～2dB。图 11-6 所示为聚氨酯硬质泡沫雷达天线罩。

图 11-5　玻璃钢蜂窝结构的雷达天线罩

图 11-6　聚氨酯硬质泡沫雷达天线罩

(2) 机罩　用硬质聚氨酯泡沫塑料制造军事上的一种机头罩，完全达到使用要求，耐热性能良好，80℃试验无变化，−25～60℃可长期使用。图 11-7 所示为聚氨酯硬质泡沫飞机机头罩。

这种材料的配方和工艺如下。

配方 (质量份)：303 聚醚 100；硅油 2；三乙醇胺 2.5；水 1.41；PAPI 161.7。

工艺条件：模温 45～50℃；料温 20～30℃；搅拌速度 1400r/min；搅拌时间 70～80s；固化条件：100℃×2h。

(3) 夹层结构　两层硬铝为蒙皮，中间灌注硬质聚氨酯泡沫塑料，形成硬铝-硬泡夹层结构。由于这种材料重量轻，比强度高，刚度大，成型简单的优点，特别对变剖面、多曲度、小间隙的夹层，采用泡沫结构更为适合，已在某些飞机的机头，减速板，辅助进气门等部件上获得了应用，克服了以往采用铆接工艺的弊病，提高了飞行的安全性。图 11-8 所示为采用聚氨酯硬质泡沫的飞机减速板。

图 11-7　聚氨酯硬质泡沫飞机机头罩

图 11-8　采用聚氨酯硬质泡沫的飞机减速板

适用于夹层结构的聚氨酯硬质泡沫塑料的配方和工艺如下：

配方：N-505 聚醚 100；三乙醇胺 2mL；硅油 7g；有机锡 2 滴；发泡剂 30g；PAPI 140g。

工艺条件：模温 52℃；搅拌 30s；发泡 5min；硬化 7min。

硬铝-硬泡夹层结构还应用于军用的厢式车辆，如移动通讯用的电子方舱，在恶劣的气候条件下可以保证通讯正常，也改善了操作人员的工作环境。

(4) 减震器材　随着国防工业的发展，为了确保各种电子仪器装置的可靠性和使用寿命，需要与产生震动和冲击的环境隔离，如噪声、机械震动、外来冲击等。因此良好的减震和阻尼材料特别受到国防军事工业的重视。

软质聚氨酯泡沫塑料受压缩时，呈现弯曲，有良好的能量贮藏性能，再加上多孔结构的气体力学作用和泡沫材料骨架具有的阻尼作用，在同样厚度下，软质聚氨酯泡沫体要比其他材料的防震防冲击效果好。图 11-9 所示为采用聚氨酯软质泡沫的减震器。

图 11-9　采用聚氨酯软质泡沫的减震器

对减震材料的性能要求如下。

① 密度 0.08～0.09g/cm^3

② 材料压缩 5%，压缩强度在 7kPa 以上。

③ 在室温下，压缩 5%其弹性模量在 150kPa 以上。

④ 耐油性和耐海水性能好。

⑤ 在−20～40℃情况下，泡沫体稳定。

⑥ 材料压缩 5%～10%，在工作状况下永久变形小。

为了使材料强度较好，采用聚酯型软质聚氨酯泡沫塑料配方完全能达到使用要求。

(5) 深冷绝缘材料　空间模拟装置传送液氮的深冷管道的温度为−196℃，因此使原有的玻璃纤维绝缘体崩解成泥饼状。改用第二代聚氨酯 PIR 的工作温度是−196～−149℃，能保证液氮的正常运行，这种材料用在宇宙飞船的燃料槽中作绝缘材料时，它既耐液态火箭燃料的深冷，亦耐空间发射时的高温。

(6) 其他应用　在初发弹药箱中用现场喷灌聚氨酯工艺代替聚氯乙烯泡沫塑料与箱体粘接的工艺，使夏季箱内温度下降了十几度，保证了舰船使用的弹药质量；用玻璃纤维增强的硬质聚氨酯船艇，不仅质轻、高强度，而且对少量漏洞有自密性，不沉没；吸音聚氨酯涂覆于潜艇，能吸收敌方声系统发出的声频信号；前已述及的泡沫状活性炭，是以片状聚氨酯浸上活性炭后作吸附材料，制成的防毒服透气并大量用于部队装备，提高了部队对通过皮肤引起中毒的化学毒剂的防护能力；由微孔聚氨酯制成的实心轮胎不用充气，不会瘪，实际上也就是防弹轮胎。

11.4 聚氨酯在汽车工业中应用

由于对能源节约的重视，聚氨酯泡沫在汽车工业中应用量大大增加。应用 PUR 除使汽车重量大大减轻外，成本便宜，可进行广泛的新型设计，还具有内饰软化、驾乘的舒适性、减少噪声、夏天隔热、冬天保温等优越性。随着作为支柱产业的汽车工业的发展，聚氨酯在

图 11-10　汽车仪表板

汽车工业中的应用市场将日益扩大，它在汽车中的实际应用如下。

(1) 汽车仪表板　汽车仪表板是安装仪表、收录机、空调开关、暖风及各种灯具开关的固定板。仪表板总成是由外表皮、半硬聚氨酯填充料、金属骨架三部分组成，具有软装饰、美化的作用。以前由金属薄板冲制的硬制件易引起乘员的撞伤。现均采用 PU 半硬泡在外表皮内发泡成型，制成外皮是带皮纹感的（厚 0.8～1mm），内层是 PU 半硬泡的复合材料。汽车仪表板如图 11-10 所示。

与 PVC 相比，采用聚氨酯仪表板的触感更为柔软也更为舒适，德国工厂采用创新的加湿工艺生产仪表板。首先利用一项特殊技术将聚氨酯装饰层喷射到铸型中，随即遥控设备将铸型倒入半刚性泡沫塑料中。冷却后，泡沫塑料便在皮革及承重架之间形成了一层稳定且富有弹性的黏合物。这种黏合物同时符合有关抗老化性的严格规定。

(2) 坐垫、靠背、头枕　几乎所有的容车、卡车的坐垫、靠背均被聚氨酯软质泡沫塑料所取代，既经济耐用，又舒适安全，如图 11-11 所示。

坐垫等的制造一般采用热成型和冷成型两种加工方法，这些制品是聚氨酯在汽车上用量最大的部位，也是人们乘坐舒适性最敏感的地方，用高活性聚醚与聚合物多元醇等为原料制造的高回弹冷成型坐垫，其回弹性高，压陷承载性能好(压陷因子＞3)，因此，乘坐感比热成型坐垫舒适。但是，热成型法要求的原料价廉易得，仍有一定应用市场。从安全性考虑，需用阻燃型坐垫。

图 11-11　汽车坐垫、靠背均被聚氨酯软质泡沫塑料所取代

国外开发的“双硬度”，“多硬度”坐垫，也属于冷模塑坐垫。它们是在同一坐垫上具有不同硬度的制品，使汽车在转弯时侧面受力部位有较高的承载性来保持平衡，以提高驾、乘人员的舒适性。国产的改性 MRI 体系，用计算机控制的单混合头浇注机，通过瞬间改变异氰酸酯指数的方法。低指数时得到低硬度，高指数时得到高硬度，就能生产出软、硬区之间无明显硬度区别的双硬度泡沫坐垫。其性能基本达到国外同类产品指标。

(3) 其他汽车零部件　PU 半硬泡填充料有通用型和室温熟化两种。这种由 PU 半硬泡填充的复合材料可制成汽车的部件还有扶手、小件物品存放箱盖子、弯件、车底垫材、车柱和车门的包覆材料、驾驶盘轴杆垫、防震垫等。这类制品减震吸能的原因是开孔型的半硬泡在受挤压时内部空气被逐出，而后包封在外的 ABS 或 PVC 厚膜又使被逐出的空气进行回填，当挤压力较大时，也可使坚韧的泡孔结构变形而减震。

使用 PU 半硬泡作车底垫材的背面料时，它的消音、抗震效果明显，其外表层为塑料或合成纤维地毯，内层为 PU 半硬泡等，如一种结构形式为：PVC 板材-橡胶阻尼材料-PU 半硬泡-薄膜。国内有手工与机械复合的制品，其质量与国外产品尚有差距。

方向盘的结构是内部有钢骨架，外部覆盖有整皮 PU 半硬泡，由反应注射成型（RIM）一次制成具有坚韧的致密外皮和蜂窝状内芯的制品，形成的皮层厚度从十分之几毫米到 5mm。表皮密度 1000～1200kg/m^3，而内芯密度是每立方米几百公斤，制品的皮层和芯层是连在一起的整体，其连续而光滑柔软的皮层可保护泡沫芯不致受到机械损坏。整皮 PU 半硬泡体系根据不同的配方，可得到各种不同的密度和硬度。这类制品主要用在汽车工业上，当发生意外事故时具有保护乘客的作用，因为即使在非常低的冲击速度下，非“软化”的硬的部件对乘员危害极大。而整皮方向盘手感舒适、握盘稳牢，成为汽车内部安全部件。

保险杠是汽车外部安全部件，采用“重型”整皮 PU 半硬泡制造（密度 1100kg/m^3），当车头遇到时速 80km 的正面冲击后，这类保险杠会弹回原样，保护了汽车的各种零部件不致损坏，如前灯、车门、引擎顶盖、燃料和冷却系统仍处于完好的工作状态。保险杠、挡泥板也可用玻纤增强聚氨酯，这种加工称为增强反应注射成型（RRIM）。

各类挡泥板由于制品较薄、形状变化复杂；并要有防泥浆石子碰击、耐冲击和在－40～＋160℃的工作可靠性等，制作难度较大。整皮 PU 半硬泡的其他用途包括摩托车和自行车的坐垫。

硬质聚氨酯可以制造车顶衬里、车内侧边部件等轻质装潢材料，有效地保证了汽车顶棚的隔热、隔声性能。另一种结构是采用车顶内喷涂硬质聚氨酯，并在其上复合 PVC-PU 软泡的复合薄层，复合薄膜上打有直径小于 1mm 的小孔，用作吸音的车顶内饰。汽车两侧围护板的隔热、隔声性能可以用现场喷涂硬质聚氨酯来解决。硬质聚氨酯还可用作汽车构件间的型腔密封。整皮 PU 硬泡适用于汽车的内部装潢，例如托架、车门内板、顶棚衬里等。硬质结构聚氨酯可用作后盖板。

采用模压软质聚氨酯的矩形密封条（垫），其一面带有压敏胶，用于汽车暖风系统、尾灯组件、仪表板总成或其他部位的密封，装配使用方便可靠，国内尚待开发；软质聚氨酯还可用于过滤，软质聚氨酯亦能部分代替微孔 PU 弹性体用作汽车的轻质工程部件和吸能部件，如缓冲块等。聚氨酯在汽车中应用的其他主要部件还有遮阳板、滑套、轴衬、扁簧座、锁零件、防尘罩和发动机的隔热部件等，用于 SRIM（RIM）的 PU 系列可制造地板底座、车身板等大的部件。

专用运输车如冷藏货车应用硬质聚氨酯隔热保冷后，大大提高了保温效果，并减轻了冷藏货车的自重，增大了容积，增加了冷藏运输量。国内生产的特种 PU 板材，解决了高密度大块泡沫内部的烧芯开裂问题，成功地用于冷藏货车。

沥青汽车槽车，采用聚氨酯硬质泡沫塑料保温运输后，可以直接使用，不需要重新加热，不仅使用方便，提高效率，而且大大的节省了能量，降低了使用成本。

11.5　聚氨酯在家具行业中的应用

硬质聚氨酯泡沫在家具行业的应用在逐渐增加，聚氨酯仿木家具使来越广泛。近年出口数量的增加，越来越受到人们的关注。聚氨酯家具产品具有密度小、质量轻、尺寸稳定性好和不易变形等特性，通过结构性支撑部件，做成组合家具非常方便。聚氨酯仿木家具利用模型的方法，可以模制及雕刻图案，可刨、可钉、可锯，有“合成木材”的美称。仿木家具相对于传统木质家具来说，其价格更具优势，并且随着天然木材匮乏意识的增加，聚氨酯仿木家具在欧美等发达地区越来越受到欢迎。目前，大规模生产家具的企业比较少，稍具规模的也不多，大部分都集中在华东、华南沿海。产品全部用于出口，因而聚氨酯仿木家具在国内市场具有巨大的发展空间。

图 11-12　部分聚氨酯仿木家具

高密度的聚氨酯硬质泡沫塑料，具有某些木材的特性，常常作为各种高级家具的结构材料，并可用模塑的方法模制出各种复杂的结构及雕刻图案，有效地解决了因缺少优质木材和缺乏技术水平高的木工的问题，从而降低了家具的成本。如工作台端面采用木纹型聚氨酯模塑体；用整皮硬泡模塑出雕花的桌、屏风、椅、门、窗等家具立体感强、色彩鲜艳。前几年在市场上流行的聚酯家具有两种，分别由不饱和聚酯树脂、聚氨酯制成，聚氨酯型在性能上稍逊于聚酯型，但价格仅为聚酯的 1/2～1/3，可为一般消费者所接受。图 11-12 所示为部分聚氨酯仿木家具。

这种似木型及雕刻型“合成木材”的配方和性能见表 11-1。

表 11-1　“合成木材”的配方与性能

配方与性能	聚醚型似木硬质泡沫塑料		雕刻型“合成木材”	
配方/质量份	多元醇	100	多元醇	100
	发泡剂	9.0	硅烷表面稳定剂	1.5
	聚硅氧烷乳化剂	2.0	胺系催化剂	0.5
	二月桂酸二丁基锡	0.2	水	0.3
	多异氰酸酯	65.6	多异氰酸酯	114
性能	核心密度/(kg/m^3)	144.2	密度/(kg/m^3)	302
	压缩强度/MPa	1.31	挠曲强度/MPa	6.9
	挠曲强度/MPa	4.27		
	干燥热扭曲(93℃,7d)	无变化		
	尺寸稳定,ΔV%			
	−27℃,7d	无变化		
	38℃,75%HR,7d	2		

聚氨酯泡沫塑料用在家具上以后，在家具的制造业是一种突破。制品结构简单、成本经济，美观大方，如一种低成本的聚氨酯组合家具仅由四部分组成，其中用铝质型条固定，极易装配和组合成不同形状。这种整皮聚氨酯泡沫家具可以方便地在办公室或家庭中组合使用，特别适合于安放隐蔽电缆的计算机。

聚氨酯仿木材料与天然木材相比明显的优点是可以通过模具设计，模塑成型批量生产各种形状，特别是具有雕刻花纹图案的木雕制品形态真，制品的重复模塑性能极为优良，成型工艺简单，省时高效；

高密度聚氨酯硬泡强度高，承载能力强，而重量却很轻，可以取代密度较大的传统石膏板、聚酯、玻璃钢等其他合成木材，制备装饰性条板、天花板、大型吊灯图案板等。PU 合成木材模塑生产重复性能优良，制品尺寸精确，印制花纹图案清晰，木材纹理逼真，可以精确复制各种复杂的雕刻工艺品，省工省时。

硬质聚氨酯（PU）仿木组合料主要用于以下各种产品的生产：聚氨酯（PU）仿木家具配件；聚氨酯（PU）发泡相框，镜框；浮雕装饰线板、灯盘、工艺品、饰品；聚氨酯（PU）花盆；高密度仿木制品。

11.6 聚氨酯床上用品

床具的各类制品几乎都可以用聚氨酯泡沫塑料制造，软质泡沫塑料用于床垫、枕头、靠腰和床靠，超柔软泡沫塑料用于褥垫、被褥和床罩的内衬，坚硬泡沫塑料（用 RIM 法）可做成雕花床架。

以往的床垫材料主要是棉花、乳胶、钢制弹簧加麻丝等，自从 20 世纪 50 年代软质聚氨酯泡沫塑料作为商品后，衬垫是首先得到推广应用的领域。它的优点远远超过了乳胶和弹簧，负荷强度高，挠曲性好，不易沾灰，不生霉，不受虫蛀，没有气味，重量轻，仅为弹簧床垫的四分之一，价格也便宜，同一规格床垫聚氨酯泡沫塑料的价格仅为乳胶的 40%，为弹簧床垫的 63%，因此这种床垫不仅在家庭中被人们喜爱，特别在医院病房中的应用更显示出优越性，因为强度好，经久耐用，回弹性好，柔软舒适，还可进行消毒杀菌。

聚氨酯泡沫制成的药物保健软垫具有补益安神、理气理血祛湿功能。其中草药，由药垫起到中药外治的作用，适用于腰腿痛、关节痛、局部组织痛、腰肌劳损等。

床垫用的软质泡沫塑料大多采用块料生产，然后切割成所需要的尺寸和厚度，再外覆织物面层。床垫配方与性能见表 11-2。

表 11-2 床垫配方与性能

配方与性能	聚醚型“冷熟化”模塑软泡		聚醚型“冷熟化”模塑软泡	
	作各种坐垫		作全泡沫家具	
配方/质量份	聚醚,分子量为 3000	100	聚醚,分子量为 4800	100
	水	3	水	2.5
	三亚乙基二胺	0.3	稳定剂	1.0
	三乙胺	0.4	三乙醇胺	1.0
	交联剂①	0.6	三乙胺	0.4
	稳定剂	1.0	三亚乙基二胺	0.2
	异氰酸酯②	46.4	异氰酸酯③	39
性能	密度/(kg/m^3)	43	密度/(kg/m^3)	40
	拉伸强度/MPa	0.06	拉伸强度/MPa	0.06
	伸长率/%	135	伸长率/%	90
	压缩负荷(40%)/Pa	2352	压缩负荷(40%)/Pa	2156
	压缩变形(90%)/%	4.1	压缩变形(90)/%	3
	回弹率/%	62	回弹率/%	70

① 为非芳香族的胺类催化剂。
② 为改性的甲苯二异氰酸酯。
③ 60%的 MDI 与 40%的 TDI（65/35）的混合物。

枕头的芯材，长期以来一直采用木棉、蒲绒、弹簧等。这些材料有的弹性差，有的不卫生，有的价格贵，都不够理想。用聚氨酯软质枕芯，既轻，弹性又好，价格又便宜。还可根据各人的使用习惯，制成各种不同的软硬程度。最近发展起来的新产品中，一个双人枕芯的左右硬度不同，这种双人枕芯十分科学的为人们所使用。

聚氨酯软质枕芯出现了一些实用性的新品种，各具功能，如轻巧的旅游枕、颈保健枕、音乐助眠枕、加入药用香料在泡沫配方中发泡制得的药疗香味枕等。颈保健枕是按照人体颈椎的生理曲线设计，与人体的头颈部相吻合，对颈、肩的穴位具有按摩和调节神经的作用，能预防和治疗各种颈椎病，已获得国家专利号。国外制造的一种音乐助眠枕，选用透气率高的聚氨酯泡沫，内部装有使用内连卡片的立体声装置，发出最镇静的波浪声、田野气息的昆虫和青蛙的鸣唱声等几种音乐，使人精神稳定而入眠。

被垫希望轻，保暖性好，撕力强。超柔软的聚氨酯泡沫塑料，完全满足上述要求，是做各种被垫的好材料。轻而暖和，十分舒服。国内利用己二酸、一缩二乙二醇制备的聚酯，开发出超柔软、低密度聚酯型聚氨酯泡沫塑料，其伸长率、拉伸强度等性能均好于国外公司的超柔软聚醚型泡沫，只是在回弹性方面低一些，具有一定的使用价值。

11.7 聚氨酯在铁路运输中的应用

火车客车与飞机、汽车一样，客车座椅几乎90%～95%采用聚氨酯软质泡沫制造。图11-13所示采用聚氨酯的动车座位顶板、地板及墙板可采用硬质聚氨酯泡沫塑料保温，这对低温地区的列车显得特别重要。当全部用聚氨酯保温的列车，六面平均喷涂60mm厚的硬质聚氨酯泡沫体，每辆车大约用料900kg，将这种列车行驶在室外温度－30℃的地区，车箱内仍可保持20℃，而采用一般的毛毡材料只能在0℃左右，可见防寒性能极佳。

图11-13 采用聚氨酯的动车座椅

图11-14 采用聚氨酯保温的动车

图11-14所示采用聚氨酯保温的动车。保温列车用硬质聚氨酯泡沫塑料保冷以后，它的工作效率可以提高七倍，比用脲醛泡沫体、聚苯乙烯泡沫体经济且效果好，从表11-3可以看出。

表11-3 聚氨酯泡沫体与聚苯乙烯泡沫体保温效果比较

泡沫材料名称	车体各部保温层厚度/mm				传热系数/[W/(m²·K)]	热导率/[W/(m·K)]
	车顶	地板	车端	侧墙		
聚苯乙烯	236	189	238	238	0.415	0.041～0.047
聚氨酯	90	80	90	100	0.366	0.021～0.029

泡沫材料名称	密度/(kg/m³)	吸水性/(kg/m²)	耐热性/℃	耐寒性/℃	压缩强度/MPa	自熄性/s	材料利用率/%
聚苯乙烯	25～50	0.15	75	－80	0.18	2～5	70
聚氨酯	25～60	0.118	140	－196	0.2	离火自熄	95～98

采用喷涂方法施工，工时可以比用聚苯乙烯泡沫体粘贴工艺节省2/3～5/6，每节车箱约耗用聚氨酯泡沫体1.8t。因它的热导率低，强度好，保温效果也好，使用寿命也可以延长。

在冬季，严寒地区客车车箱的主排泄管，当室外温度低于－20℃时，车内水箱因怕冻裂而不敢进水，厕所也由于主排泄管冻结而积便堵塞。影响使用，影响卫生，损坏便器，但当主排泄管用硬质聚氨酯泡沫塑料保温后，室外温度低达－50℃时，仍能防冻，正常使用，改善了列车条件，提高了客车冬季运行性能。

火车车轮轴箱的油卷，原来采用棉线和澳大利亚羊毛，这种天然材料不仅价格贵而且来源困难，现用软质开孔型聚氨酯泡沫塑料取代，完全满足使用要求，而且可以防止吃线热轴现象。每吨泡沫体可节省棉线1.5t，羊毛0.5t。

为了提高内燃机车的隔声、保温、防火性能，用喷涂硬质聚氨酯泡沫塑料代替车体的内壁木结构，其优越性十分明显。

这种工艺提高劳动生产率五倍。用木结构一台车的实用工时为 500h，而用聚氨酯喷涂为 100h。每台车节约胶合板 70 张和木材 3.7m^2。提高了隔声、隔热、防寒性能，并可以使每台车减重 765kg。

阻燃性能好，用 1000℃ 火焰烧 5s，离火后在 2～3s 内可自熄。

用喷涂硬质聚氨酯泡对火车罐车进行现场保温，效果非常好，如图 11-15 所示。

图 11-15　火车罐车现场保温

绝热保冷的硬质聚氨酯大量应用于火车冷藏车、可进行海陆联运的制冷集装箱，防止了食品、药物的变质。软质聚氨酯中的阻燃高回弹制品，已在中蒙苏国际旅游列车中使用。半硬质聚氨酯可在火车中制造防震缓冲件，如座位扶手和一些内装饰件。日本用玻纤增强硬质聚氨酯制成复合板材，再用数张复合板材贴合成“合成枕木”，经过 10 年的铺设应用试验没有损坏，未进行维修，预计使用寿命可达 60 年，长远经济评估可比木制枕木节约经费 30％，由于重量轻，耐久性好，已在桥梁，隧道等场所使用。

11.8　聚氨酯在船舶工业中的应用

软质、硬质、半硬质聚氨酯泡沫塑料在造船工业中均能得到应用。过去船用保温材料一般采用软木、玻璃棉，20 世纪 60 年代推广了聚氯乙烯泡沫塑料和聚苯乙烯泡沫塑料。这种绝缘材料的施工方法以手工为主，即将各种规格的泡沫塑料板材加工成需要的尺寸，然后用胶水将其粘接在钢板上，因此工序复杂。生产效率低，周期长，浪费大，且容易脱落，保温效果较差。当采用了聚氨酯泡沫塑料保温绝缘后，克服了上面的缺点，如图 11-16 所示。

图 11-16　采用聚氨酯软质、硬质、半硬质泡沫作为船用保温材料

对于一般的舱室，上层建筑的墙板、顶板、地板等可采取喷涂施工，厚度小于 50mm，对于冷冻舱室，冷冻管束以及作为结构材料、填充材料、浮力材料可以采取灌注工艺施工，厚度大于 50mm。

聚氨酯泡沫塑料性能优于聚氯乙烯泡沫塑料，见表 11-4。

聚氨酯的隔声效果优于聚氯乙烯泡沫塑料。在厚 3mm 的钢板上，喷涂 25mm 厚的聚氨酯泡沫塑料，以及在厚 3mm 的钢板上，粘接 25mm 厚的聚氯乙烯泡沫塑料，其隔声效果见表 11-5。

表 11-4　聚氨酯泡沫塑料与聚氯乙烯泡沫塑料性能比较

环境温度/℃	材料	施工工艺	厚度/mm	容器体积/cm³	开始温度/℃	1h后温度/℃	24h后温度/℃	48h后温度/℃	72h后温度/℃
12	聚氯乙烯泡沫塑料	黏合	57	8000	90	88	47	26	18
	聚氨酯泡沫塑料	喷涂	28	8000	90	88	50	30	20
0	聚氯乙烯泡沫塑料	黏合	57	8000	80		53		
	聚氨酯泡沫塑料	喷涂	28	8000	80		54		
−18	聚氯乙烯泡沫塑料	黏合	57	8000	80		30		
	聚氨酯泡沫塑料	喷涂	28	8000	80		32		

表 11-5　聚氨酯泡沫塑料的吸声系数

项目	200Hz	250Hz	400Hz	500Hz	800Hz	1000Hz	2000Hz	2500Hz
喷涂聚氨酯泡沫塑料	0.07	0.01	0.03	0.05	0.04	0.06	0.11	0.23
粘接聚氯乙烯泡沫塑料	0.09	0.02	0.02	0.03	0.02	0.01	0.07	0.19

聚氨酯的阻燃烧、抗震动性能也优于粘结的聚苯乙烯泡沫。在施工中，用油回丝点火，在火区喷涂，泡沫塑料及环境气体不燃，喷枪对准火喷也不燃烧，但聚苯乙烯泡沫遇火即很快燃烧。喷涂的聚氨酯泡沫塑料，经激烈的震动后仍能保持良好的粘接状态，无脱落现象。

聚氨酯生产效率和经济效果优于聚氯乙烯泡沫塑料和聚苯乙烯泡沫塑料，效果比较见表 11-6。

表 11-6　聚氨酯与其他泡沫的经济效益比较

对比项目	聚氯乙烯泡沫塑料	聚苯乙烯泡沫塑料	聚氨酯喷涂泡沫塑料
敷设同一舱室劳动量/工时	90	90	6～10
敷设 1m³ 泡沫塑料胶水价值/元	960	960	不用胶水
材料利用率/%	70	70	95～98
成本/(元/m³)	2160	2160	800

喷涂聚氨酯泡沫塑料在渔轮上应用后解决了鱼类的保鲜问题。根据规定：渔轮的制冷机停止工作时，冷藏货舱的温度回升速度不能大于 1℃/h。以往的渔轮采用聚苯乙烯泡沫塑料板绝缘，由于渔舱结构复杂，安装泡沫塑料板接缝多，难于全封闭，常常达不到上述要求，跑冷都在 1.4～2℃/h 之间，影响了鲜鱼的贮存。当采用喷涂 50～60mm 厚的聚氨酯硬质泡沫塑料于渔舱的内壁作绝热材料后，保冷效果明显提高，达到了规定的升温指标。图 11-17 所示采用聚氨酯软质、硬质、半硬质泡沫作为渔舱用保温材料。

在经济效果上，喷涂泡沫塑料所需要的费用比安装聚苯乙烯泡沫板或聚氯乙烯泡沫板小，而且节省了木工工时。

图 11-17　采用聚氨酯软质、硬质、半硬质泡沫作为渔舱用保温材料

在造船业中，聚氨酯泡沫塑料对打捞沉船有特殊的作用。采用低密度闭孔的硬质泡沫塑料配方，灌入沉船中，待发泡膨胀后利用其浮力将沉船升起。还可制造不沉的船只。

软泡、半硬泡在造船上的应用与其他部门一样，作坐垫、靠背、床垫、衬垫、扶手、防震件和装饰件。国内生产阻燃整皮 PU 半硬泡的救生艇用座椅及靠背，通过挪威国际船检组织年检后出口。

11.9　聚氨酯在纺织工业中的应用

纺织品及地毯上应用的聚氨酯泡沫塑料主要是软质泡沫塑料。要求软泡透气性好，常用开孔型的，孔的大小、柔软度可以根据需要，用改变原料品种和配方来满足。

纺织品中广泛应用的聚氨酯泡沫塑料是织物与泡沫片能复合制品。泡沫体首先切割成泡沫片，泡沫片的生产有两种，一是将块状泡沫塑料用循形切片机切割成所需的厚度（通常使用 30m 长的块状泡沫，常用切片厚度为 0.4～2.5cm）；另一是将筒形的软泡沫体用同心圆切割机切割成所要求厚度的连续薄片。筒形软泡沫可用箱式发泡或普通卧式发泡机改造成槽式发泡机生产，而采用先进的垂直发泡机生产时，工艺要求严格。

纺织品聚氨酯的复合方法——火焰复合法。火焰复合又称熔融黏合。是国内普遍采用、大量制造纺织品聚氨酯复合面料的方法。所用的火焰复合机和泡沫配方中的专用阻燃剂 P-430，国内均有多家厂家供应。图 11-18 所示为火焰复合机。

图 11-18　火焰复合机

火焰复合是以可燃气体的细小喷嘴作为热源，燃烧泡沫体的表面，使之熔化，然后立即与织物结合，进行辊轧，即形成泡沫塑料层压织物。被熔化的形成黏附性的泡沫体厚度大约为 0.08cm。用这种方法生产的制件空气渗透性较小，复合面料可用织物、人造革、乳胶片等火焰复合成单（或双）面，因此花色品种可多达数百种，广泛应用于服装、鞋帽、箱包、篷布及装饰等各行业。

除火焰复合法外还可采用黏合法。这种方法使用比较普遍，主要原因是现在有了各种好的胶黏剂，这些胶黏剂对湿洗和干洗有极好的牢固性。

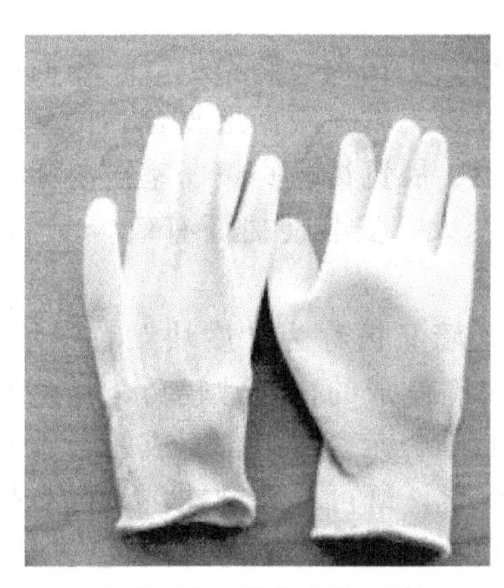

图 11-19　尼龙-PU 手套

国内利用引进的尼龙-PU 复合设备，在 PU 泡沫片材上涂刷特种胶黏剂，再与尼龙布基紧贴，加压加热制成单（或双）面复合面材，这类面材既保持聚氨酯柔软、弹性、保温性，又具有尼龙的表面光滑耐磨、手感好等优点，适于作运动鞋、旅游鞋、垫里、帽子、手套等多种用途。图 11-19 为尼龙-PU 手套。

直接层压法是在发泡时利用发泡混合液有很好的黏结性，可以上下直接与织物黏合，然后自中间切开，形成上下二片层压制品。此法因织物会吸收部分发泡液，使原料利用率降低，同时只能生产较厚的层压制品。

泡沫织物层压品制成后，就可以根据需要选用不同的厚度和泡孔及柔软程度，制成各种衣服、手套、帽子、鞋子等。用这种泡沫制品制成的衣服特别轻，柔软，保暖性好，做冬季的滑雪服更为适宜。

用各类织物与 PU 泡沫片复合的面料可应用于品种繁多的各类制品，如冬季轻便服装、橡塑鞋、旅游鞋的帮面、帽子、手套、箱包、汽车篷布、军用帐篷、地毯等。

用于地毯底衬的软质聚氨酯应具有一定的泡沫硬度，例如泡沫体的成穴负荷（ILD25%

变形）要求在100以上。软质聚氨酯地毯底衬的优越性很多，它不仅能耐老化，耐腐蚀，耐霉，耐潮湿，也能耐热空气、热水及一般的溶剂和清洁剂，还可以减轻脚步声和绝热。

地毯底衬的生产工艺如下。黏合法：用块状泡沫或废泡沫制备再生泡沫，切割成所需厚度的片材，用胶黏剂粘接到地毯的背面。地毯衬里全部材料中块状软泡占70%；转鼓刮辊涂布法：这种方法是以一直径为5m，宽5.5m，用环氧树脂玻璃钢制成的圆型转鼓，聚氨酯混合物是由刮辊涂布于鼓上，随后地毯的背面与反应混合物接触，圆鼓转动一周，发泡交联作用完成，泡沫塑料粘复于地毯的背面，然后把涂好的地毯抽出以备整理使用。

聚氨酯簇绒地毯。它由软质聚氨酯代替胶乳黄麻背衬，与簇绒地毯聚丙烯编织底布复合制成，是一种中高档的地毯品种。可采用如下方法生产。

火焰复合法：用软质聚氨酯片材与簇绒地毯背面底布热压，通过火焰复合机一次完成。

喷涂发泡法：用聚氨酯发泡机在地毯背面喷涂发泡。喷涂发泡法又可分为无空气法和压缩空气法。其中，压缩空气法较常用，当喷涂的双组分原料从喷嘴喷出时，压缩空气使物料雾化，就能较好控制泡沫薄层，不会出现物料下浸现象。此种工艺简单，操作简单，设备投资小，用于生产较为可行。聚氨酯发泡背衬和胶乳黄麻背衬成本相近，但是聚氨酯发泡能使簇绒地毯档次提高一个等级。

11.10 聚氨酯在建筑业中的应用

硬泡在房屋建筑中主要作为隔热材料和结构材料。高密度的聚氨酯硬质泡沫塑料可以做房屋的支架、窗架、窗扇、窗框、门等。普通密度的可以做房顶的排水沟、通风口、天花板、积水槽、平顶屋面的绝热层、工业建筑结构的墙壁、冷藏建筑的隔热墙等。

建筑上应用硬泡的密度范围一般在25～70kg/m^3，能满足现代建筑材料的主要性能。在寒冷地区的隔热性能优异，节约能源消耗。

硬泡容易加工，现场施工、运输、安装方便。使用寿命长，如双面夹心板可达20年以上。比强度高，可在其上行走。阻燃型具有良好的防火安全性。重量轻，还可调节密度以满足多方面的用途。

夹层型材的重要应用有以下几方面。

墙壁用型材中的硬面层有钢、铝、镀锌铁板、石膏水泥板、矿棉板、塑料板等，软面层有纸、铝箔、玻璃布、合成织物等，可以单或双面复合，也可以一软一硬面层复合。由金属面制成的型材大量用于墙壁型材，已成功地用于大型工业建筑、展览馆、宾馆、室内游泳池和体育馆及许多其他类型的建筑。这类预制墙重量很轻，跨度大，安装便捷而有效。图11-20所示为采用聚氨酯的墙面。

图11-20 采用聚氨酯的墙面

模块背景墙又被称为“魔块”背景墙，是由聚氨酯材料制成的，非常轻巧，是由不同材质制作的单个元素块组合而成的，排列形式可任意变化，既可单独悬挂，又可多品组合整墙使用。这种背景墙材料颜色多样、亮丽，图案多以花卉为主，具有浮雕感觉。图11-21所示为采用聚氨酯材料制成的“魔块”背景墙。

工厂用预制屋顶、轻质屋顶常用梯形波纹片材结构，这种屋顶可用两种方法隔热：在梯形波纹片材上放置PU板材；用梯形波纹片材、屋顶密封片材作内、外面屋的 PU 夹层型材，直接拼装成屋顶。用作陡坡屋顶的夹层型材由陡坡屋顶的桁条架支撑，可节省桁子材料，能提供充分的隔热，并在顶楼内部形成一个建筑上完善的空间。夹层型材的长度不超过 6m。

PU 发泡板是现在国际最新型的屋面板材，不但外表美观、材质轻型、安装方便，而且与同类产品夹心板相比具有极高的隔热性、隔声性、防火及使用寿命长等优点。安装采用直接搭接、施工便捷、造价相对较低，而且能更好地防止屋面脱胶、渗漏等现象，是钢结构厂房、工矿及民用建筑最理想的屋面材料。

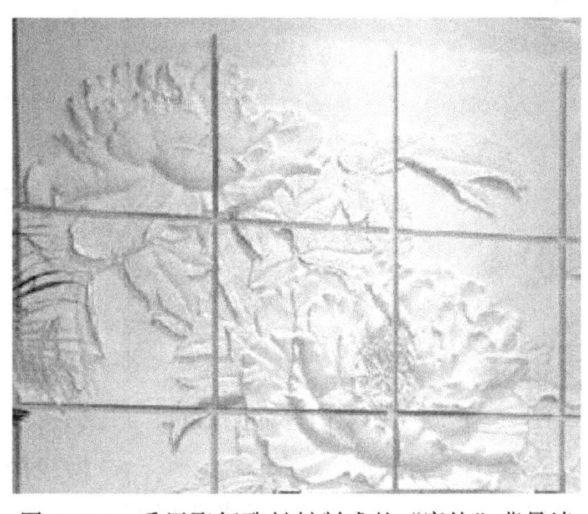

图 11-21　采用聚氨酯材料制成的“魔块”背景墙

采用两层彩色涂层钢板（一般称为彩钢瓦）内灌聚氨酯泡沫，如图 11-22 所示。它适用于工业与民用建筑、如仓库、厂房等钢结构房屋的屋顶、墙面以及内外墙装饰等，具有质轻、高强、色泽丰富、施工方便快捷、抗震、防火、防雨、寿命长、免维护等特点，现已被广泛推广应用。

用于平面屋顶的 PU 板材，可在连续层压机上生产，或制成块料再切割成板材，如图 11-23 所示。

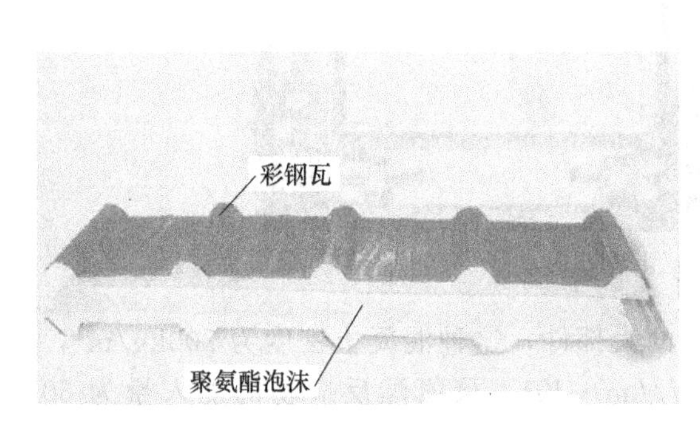

图 11-22　轻质建材——聚氨酯屋顶、墙面的结构

图 11-23　聚氨酯板材连续生产线

板材能和耐热沥青黏合，黏合做成的复合屋顶板可以有 2～5cm 的厚度，具有较高的耐压强度，它的重量比其他相当绝缘效果的镶板轻 75%，并可以做成各种特殊的形状。

喷涂型泡沫适用于屋顶的隔热或密封。喷涂料在屋面发泡固化后，可以多层涂覆。也可以在墙上喷涂一层作为保温层，外装各种装饰材料，如塑料墙纸、塑料板、三夹板等。也可用于地板、天花板增加绝热效果。图 11-24 所示为聚氨酯泡沫喷涂屋顶。

高密度整皮硬质聚氨酯的结构件和建筑件的密度大于 150kg/m^3。主要用于以下几个方面。

装饰窗框除符合建筑有关的各项性能外，还能满足审美和建筑方面的种种要求，而且，性价比好，使这类窗子在很短的时间内便在市场确立了地位，为建筑界推崇。无论欧式、中

图 11-24 采用聚氨酯泡沫喷涂屋顶

式装饰窗框采用高密度整皮硬质聚氨酯泡沫材料制作，效果如图 11-25 所示。

聚氨酯泡沫塑料在建筑上的应用不仅省材料，省人工，而且还增加了有效面积。同样效能的绝缘材料，所用聚氨酯泡沫材料的体积比其他材料要少用一倍。这些聚氨酯的多种特性，引起了许多建筑师、设计师的设想，产生了不少新的设计，如圆顶设计、薄壳设计，使各种建筑物更加新颖美观。

利用聚氨酯泡沫塑料轻、强度好的特点可以做成各种折叠房屋，作为野外临时用房和防震用房。如将 10mm 厚的聚氨酯泡沫塑料的表面涂上聚乙烯，做成的折叠房屋，体积为 4.27m×4.27m×4.27m，重量仅为 63.5kg。也可以制成全聚氨酯完整结构的球形房屋。制造方法是将一充气的塑料球固定在地上，在球外喷涂硬质聚氨酯泡沫塑料，待发泡熟化后，再放气，就成为一所可供临时使用的球型房屋，塑料球可以重复使用。

图 11-25 欧式、中式装饰窗框

用聚氨酯轻质混凝土可以制成 8m×2.5m 的大部件，这种混凝土密度为 200kg/m^3，压缩强度为 0.59～0.78MPa，热导率为 0.064W/(m·K)，聚氨酯反应物的加入量为 60～70kg/m^3。

用于梁，支架等承重结构件，可以使用玻璃纤维增强聚氨酯泡沫塑料，这种材料不仅具有很高的强度，而且有良好的耐候、耐老化及耐腐蚀性能。

聚氨酯在建筑业上的用途还有：用于建造不需连接电源设备的太阳能房屋；耐化学品地板、轻质化学砖、弹性地板砖和铺路用砖；开孔硬泡用于建筑中的换气板等。

聚氨酯作为灌浆材料在建筑工程中有独特的应用，广泛的用于大坝、隧洞、地下铁道、地下建筑物、矿井、桥梁、房建等方面，对解决近代工程中一些用常规方法难于解决的工程问题，发挥了巨大的作用。

所谓灌浆，就是将岩体或土体的孔隙用材料充填，使达到阻止地下水的移动或加固地基的目的，所用材料为灌浆材料，随着近代大工业的发展，各种建设工程规模越来越大，遇到的地质条件也越来越复杂，对灌浆材料的要求也越来越高，从石灰、黏土、水泥，直到普通化学材料，已不能满足要求。从 20 世纪 40 年代开始，成功应用的高分子化学灌浆材料有络木素、氨基树脂、酚醛树脂、丙烯酰胺、丙烯酸盐、环氧树脂等。直到 70 年代初，聚氨酯才作为一种新型的化学灌浆材料而应用于建筑工程。该材料按特点分为两大类，一类是水溶性多元醇为基的聚氨酯类，另一类为非水溶性多元醇为基的聚氨酯类。它们的共同点都是利用异氰酸酯和水反应生成聚氨酯泡沫体，借此达到堵水和加固地基的目的。不同点是水溶性的可与水混溶，非水溶性的则不混溶。水溶性浆材为水溶性多元醇为基的聚氨酯灌浆材料也叫 OH—浆材，其特点是和水反应产生二氧化碳气体并逐渐硬化，因此可用于封堵强烈的涌水和阻止地基中的流水。由于和土粒附着力大，能得到高强度的弹性固结体，因此，能充分适应地基的变型，一旦固结，便不再发生地基龟裂、崩坏等现象。如图 11-26 所示为对大坝墙体裂缝进行聚氨酯灌浆处理。

由于是与水反应而固结，因此不会出现浆液流失或不固结等情况。用于水坝处理墙体裂缝，效果很好。如图 11-27 所示为对水电站大坝墙体进行聚氨酯灌浆处理。

图 11-26　对大坝墙体裂缝进行聚氨酯灌浆处理

图 11-27　对水电站大坝墙体进行聚氨酯灌浆处理

由于可以任意比例溶解或均匀分散于水中（水量最大可达 40 倍），与水反应后生成含水凝胶，因此可做到价格便宜。灌浆可采用单液法，也可采用双液法。

由于表面活性作用，浆液渗透性良好。由于发泡，固结体积增大。由于发泡压力，可促进浆液的渗透。各种 OH—浆液的性能和用途见表 11-7。

表 11-7　OH—浆液的性能和用途

种类	分类	外观	相对密度 /(g/cm^3)	黏度 (20℃) /Pa·s	凝固点 /℃	主要用途
OH—1A	冬季用	淡黄色透明液	1.11	0.7	−9	稳定,强化,漏水
						稳定,强化,表面
OH—2A	一般用	同上	1.11	0.8	2	稳定,止漏,防漏
OH—2B	一般用	同上	1.06	0.2	−2	造隔水壁
OH—7B	速凝用	同上	1.07	0.2	−4	大漏水,防止流水
OH—8B	低压灌注用	同上	1.07	0.4	−6	造隔水壁
OH—1	建筑用	同上	1.14	1.6	4	灌注填充地基

某地下室面积约为 400m^2，因地板和墙壁渗水不能使用，当排水泵一停，地下水立即从各处流入，地面积水，最深可达 1m。渗水原因是由于地板及防水胶泥的裂隙所引起。采用双重防水层的办法来解决，外防水层采用 OH—浆液灌浆，内防水层用硫化橡胶片。通过地

板以下，墙壁以外的灌浆后，经测定完全形成了外防水层，地板和墙壁的湿度为 5%～10%，成功地防止了漏水。

某风井，井筒直径为 6.5m，井深 325m，双层井壁皆由混凝土构成，内壁厚 300mm，外壁厚 600mm，由于施工质量差，致使井壁不匀，并出现涌水，最大涌水量达 $18m^3/h$。用水泥水玻璃系材料注浆效果很差，采用 OH—浆液多孔注浆后收到了效果，结果见表 11-8。

表 11-8　OH—浆液多孔注浆后的效果

出水孔位量/m	出水量/(t/h)	注浆压力/MPa	注浆时间/s	注浆量/kg	注浆效果	备　注
75	1.66	1.47	268	5	堵住水	
145	1.56 {0.62, 0.94}	2.94	600	12	堵住水	注一孔，堵两出水孔
163	2.15 {1.73, 0.42}	1.76	870	4	堵住水	注一孔，堵两出水孔
163	1.45 {0.45, 1.00}	1.76	510	11	堵住水	注一孔，堵两出水孔
430	0.10	—	345	10.5	堵住水	多处严重跑浆，最后全堵住

非水溶性浆材主体成分是以氧化丙烯多元醇与 TDI 反应生成末端为异氰酸酯的预聚体。其特点如下。

当浆液没有遇到水之前，不发生化学反应，是稳定的。遇水后立即反应，黏度增加，生成不溶于水的固结体。由于水是反应的组成部分，因此浆液不会被水冲淡或流失。浆液遇水反应时，放出二氧化碳气体，使浆液发生膨胀，向四周渗透扩散，直至反应结束时才停止膨胀和渗透。因而有较大的渗透半径和凝固体积比，凝结物有较高的抗压强度。

单液灌浆，这类灌浆材料应用在混凝土施工缝漏水；结构裂缝漏水；变形缝漏水的修补；局部混凝土质量较差出现的孔洞漏水；隧道井圈部位由于不均匀沉陷造成的开裂涌水等，最大涌水量可达 900L/h，对于用普通方法难于处理的慢渗漏点，用该材料进行处理，可以得到良好的效果。

某工程隧道，由于地基的不均匀沉降，造成变形缝上下错位，位差 2cm，止水带局部破裂，涌水量达 450kg/h，地下水压为 59kPa，经用 MN-69 浆液灌注后，全部止水。

采用聚氨酯防渗隔潮效果也优于其他材料。

对防渗隔潮材料的基本要求是：本身能形成致密的薄膜；与被覆盖材料有良好的结合能力。喷涂聚氨酯材料完全符合以上要求，耐压强度可达 19.6MPa，耐磨性能好，与混凝土（或水泥砂浆）的黏结强度大于 0.55MPa，，收缩变形小。

某单位砖砌地下风道，底标高为－1.20m 以下，最高地下水位高于－0.25m，地下水呈酸性，砖砌地下风道外包两毡三油，内做防水砂浆抹面。由于施工质量不好，建成后渗湿严重，影响使用，采用多种办法处理，一直没有收到效果，后来用聚氨酯材料隔潮后，彻底解决了问题。经过相当时间的考验，证明聚氨酯防渗隔潮性能良好。

某水塔，因混凝土裂缝，大量漏水，后经五层刚性防水处理，由于操作不良，仍多处漏水，无法使用，采用聚氨酯浆液涂刷二次后，阻止了漏水，能够正常使用。

11.11　聚氨酯在石油化工中的应用

聚氨酯泡沫塑料在油田、炼油及石油化工领域的应用很普遍，主要是以硬质聚氨酯泡沫塑料为管道和设备的防腐绝热材料，软质泡沫体为贮油罐的填塞密封材料。如图 11-28 所

图 11-28　输油管道保温

示，输油管道都需要进行防腐保温。

油田原油集输油管的防腐保温，过去一直采用沥青防腐、矿渣棉、玻璃棉、牛毛毡等材料保温。集油管道加热输送，用沥青绝缘防腐，受热后容易变形损坏，特别靠近加热炉的高温段更严重，成为油田安全生产的一个隐患。另外为了加热原油，需要设置大量的加热炉，消耗大量的天然气，同时引起轻质油品的损失，有的油田天然气消耗在井口及干线炉部分的约占天然气产量的 26%，加热炉的设置所造成的局部摩阻使管道的回压增加，影响了管道的输油能力。而且大量的管道土堤，对农田、水利、交通都不方便。矿渣棉、玻璃棉等保温材料，吸水性大，保温效果差，对潮湿低温地区很不适应。采用硬质聚氨酯泡沫塑料为集输油管的防腐保温材料，克服了这些缺点，显示出很大的优越性。

用不同保温材料保温的集油管，对其总传热系数进行实测比较，证明硬质聚氨酯泡沫塑料的保温效果是最好的。由于保温效果好，可减少或取消集油干线的加热炉，降低了回压，提高了原管道的集油能力，还可降低输油温度。

硬质聚氨酯泡沫塑料既防腐又保温，施工条件好，效能高。用矿渣棉，玻璃棉等作保温材料时，要加防水层，当防水层有漏洞时，保温效果大大降低，防腐也会受到影响。

聚氨酯泡沫塑料可以在工厂机械化成型，也可以现场机械化施工，劳动条件较好，而玻璃棉，矿渣棉要用人工包扎，且纤维对人体刺激大，劳动条件较差。

由于聚氨酯泡沫塑料防腐保温，不需要管道土堤，有利于农田、水利、交通的建设。大庆、华北、辽河等各油田都建立了保温管道生产线，大庆油田自建的四条生产线，直径 60～114mm，管道 800～1400km。图 11-29 所示为保温管道生产线。

图 11-29　保温管道生产线

预制的保温管道有夹克保温管和管道保温瓦两种形式。夹克保温管是由内管、硬质聚氨酯隔热层、护套外管组成，内管一般为钢管，护套外管可用聚乙烯、聚丙烯、聚氯乙烯、铝箔、石棉水泥等制备，如常用的一种为外包聚乙烯的夹克保温管（称为“管中管”），适用长输管道，防腐保温效果理想，有明显的经济效果，据测算，仅节省燃料费和减少的加热站费二项费用，几年就可收回投资。国产的管中管浇注机可生产直径 50～300mm 的标准管。管道保温瓦是一种半管式型材，即端面呈半圆形的硬质聚氨酯预制件，根据使用要求可用沥青纸、塑料薄膜或铝片等金属片材作面材，使用时，把两个半圆形的保温瓦对合，就装配成完整的管道保温套。夹克保温管和管道保温瓦可经受－200～＋130℃的温度。施工方法如下。

在工厂内生产保温管预制件，然后运往现场，进行补口，补伤，下沟，回填。

现场直接浇注成型，连续作业。这种方法提高了效率，提高了施工质量，避免拉运损坏，节省了原材料，节省了人力。

炼油厂中的某些设备的保温及保冷，各种管道的保温及保冷，蒸汽管道的保温绝热均可以采用硬质聚氨酯泡沫塑料。

软质聚氨酯泡沫塑料在贮油罐中，作为密封结构，有很大的优越性：密封效果好，浮动灵活，安装维修方便，成本低。如图 11-30 所示为贮油罐底部的密封处理。

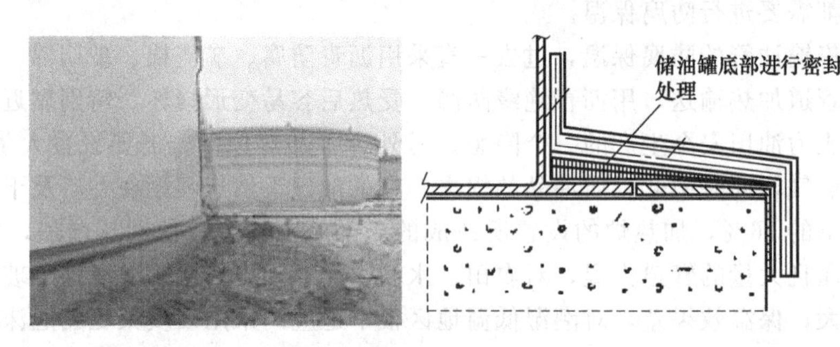

图 11-30　贮油罐底部的密封处理

在轻质油品和原油的贮存中，大量采用浮顶油罐，对于这样的油罐在罐体与浮顶之间的密封结构，要求既有良好的密封性能，又要能保证浮顶灵活升降。图 11-31 所示为油罐在罐体与浮顶之间的密封结构。

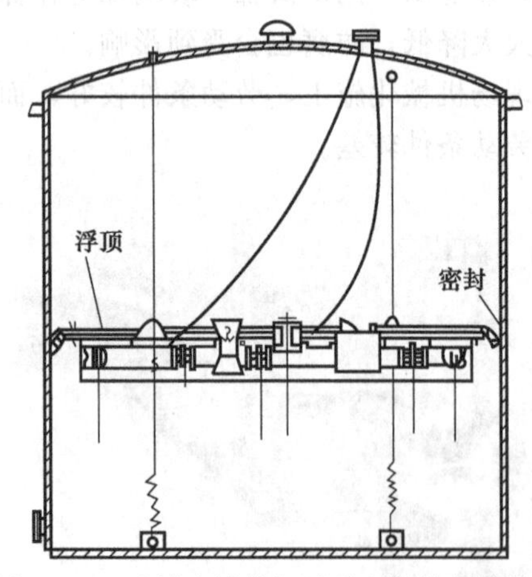

图 11-31　油罐在罐体与浮顶之间的密封结构

原用机械结构的重锤式，弹簧式和炮架式，这些结构均在构件下方存在一个油气空间，密封不严密，每年将有 10%的低馏分油品挥发，不仅浪费，而且污染空气，也易引起火灾，很不安全。当改用软质聚氨酯泡沫塑料密封后，克服了以上毛病。这种结构是由密封胶袋、软泡沫塑料块、防护板、固定带、固定环、导向架和防静电装置等组成。将具有压缩弹性的聚氨酯泡沫塑料块用耐油橡胶布包裹起来，填塞在浮顶和罐壁之间的环形间隙内，因具有弹性，能保持密封而且浮动自如，橡胶布包裹着的塑料块浸入油面以下 20～30mm，消除了蒸发空间，每台万吨油罐每年可以减少挥发损失 20t 油，防止了环境污染，消除了引起火灾的危险因素。在油罐顶上采用硬质聚氨酯泡沫塑料保温则效果更好。同时油罐的内浮顶板也可采用 50mm 厚的硬质聚氨酯泡沫塑料，外包玻璃钢来制造。

炼油厂中的管线、容器、套管、保冷机械设备，原来采用软木保温保冷材料，效果较差，当采用喷涂硬质聚氨酯泡沫塑料后，因保温层为整体，无接缝，受热和受冷均无裂缝，效果十分好。

聚氨酯与软木保温效果的比较见表 11-9。

表 11-9　聚氨酯与软木保温效果比较

项　　目	软木	硬质聚氨酯
密度/(kg/m^3)	140～180	45～50
吸水性/%	25	0.2～0.3
耐寒性/℃	－35	－150
耐热性/℃	100	140
热导率/[W/(m·K)]	0.056～0.093	0.046
保温厚度(－40℃)/cm	10	6
材料利用率/%	60～65	97

化工厂的大量管道、设备，需要保温和保冷，硬质聚氨酯泡沫塑料是好材料。施工方法对管道来说有直接喷涂或灌注在管道上和先将硬质泡沫体灌注成预制件再包覆在管线上两种。对设备来说绝大部分采用喷涂的施工方法。图 11-32 所示为现场喷涂示意。

图 11-32　现场喷涂示意

在工厂的制冷系统中，选用硬质聚氨酯代替硅石、珍珠岩等吸水性强的保冷材料，是节能的有效手段。例如，全国有千余家的小型合成氨化肥厂，其制冷系统管道严重结霜结露，部分管道裸露，消耗了大量能源，用难燃硬质聚氨酯对氨冷器的保冷试验表明，保冷层无缝隙、无结露结霜现象，粘接性能好、施工方便，完全符合化工单位防爆防火要求，与聚苯乙烯相比，投资费用相当，相对节约冷损失 59.72%；与玻璃棉相比，相对节约冷损失 93.1%；与硅酸铝纤维相比，相对节约冷损失 91.3%，与未保冷相比，节约冷损失 95%。按保冷经济分析，2 年可收回全部投资。

聚氨酯与硅酸铝复合保温材料用于醋酐车间淬冷冷凝器（盘管式间接换热），被冷物料乙烯酮和稀醋酸温度高达 500～700℃，而又需淬冷至 0～5℃，聚氨酯与硅酸铝的复合材料既能耐低温又能耐高温，使用两年来材料未发生变形和变性，保证了设备运行良好。国外介绍一种浸渍石墨的聚氨酯板材，有减少摩擦的自润滑作用，提高了耐久性，其耐温 4.4～132℃，可用来制造填密片、洗涤设备的垫圈、阀门密封垫及其他密封件。

城市、工厂的集中供热工程，在能源利用上有可观的经济和社会效益，硬质聚氨酯一般使用温度为 100℃，其上限温度为 130℃，不能满足热力管网内的过热蒸汽温度高达 150℃的要求。第二代的硬质聚氨酯——聚异氰脲酸酯泡沫塑料（PIR）可以在 150℃下长期使用，提供了热力管网的理想保温材料，对过热蒸汽、过热水的管线保温，由于绝缘效果好，热损失小，节省了大量的能量。对于供热中心来说可以用较低的温度，输送更远的距离，PIR 这类保温材料国内已有多家开发成功，正在取代泡沫混凝土、玻璃棉、岩棉等吸水性强、保温效果差的现有热力管网保温材料。

11.12　聚氨酯在包装行业中的应用

随着市场经济的发展，商品的内、外贸易量日益扩大，商品的流通距离愈来愈远，而对商品的安全程度也越受重视，这促进了包装工业的发展。特别对一些精密仪器、易碎品、工艺品等为了便于运输和在运输中不受损坏，更要选择合适的包装材料。以前采用棉花、纸条、木花、碎布等材料，这些材料不仅来源有限，而且不卫生，不可靠。而聚氨酯泡沫塑料为包装工业提供了优良材料，不仅来源不受限制，而且轻、卫生、安全可靠。一般产品的包装可以利用软泡沫体生产单位的边角废料进行装填，特殊的一些精细商品，可以采取灌注的方法，特别是超低密度（小于0.01g/cm^3）。半硬质泡沫塑料品种更适合，将聚氨酯泡沫塑料模压成各种形状，把商品装填在泡沫体中间。甚至可将商品用塑料薄膜包裹好，注入发泡原料，将商品直接封装在泡沫塑料的中间，这样更为安全可靠。这种超低密度聚氨酯包装缓冲材料是现代国外发展起来的一种新型高效发泡包装材料，具有发泡速度快、防振性能好、加工方便等优点，其特点：发泡倍率高，可达110～200倍，而可发性聚苯乙烯仅有30～40倍；聚氨泡沫密度可低至5kg/m^3，缓冲性能好；可以现场随时直接灌注在包装箱内，不用任何模具，以被包装物为模即可瞬时成型。而可发性聚苯乙烯则必须制作价格昂贵的金属模具预制成型。

聚氨酯对任何不规则的产品，特别是异形易碎物品，均能按其形状空间填充满。牢固可靠，而可发性聚苯乙烯难以达到。无污染，对人体无害，不含水分，对产品无腐蚀性，如图11-33所示。

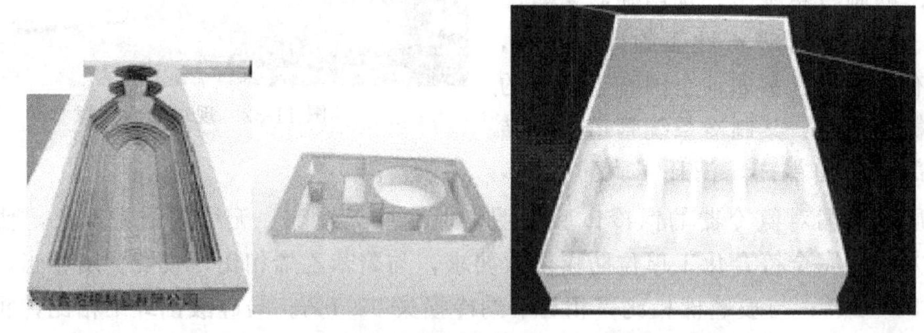

图11-33　聚氨酯泡沫模压成各种形状包装异形易碎物

国内华京包装技术公司引进美国英士德派克公司的新型包装技术，经过消化吸收，已能生产系列聚氨酯现场发泡设备、原料和配套的清洗剂。系列中有GF-3现场发泡设备，采用微电子技术，由电脑自动控制温度和流量；还有最新推出的微电脑控制的高压聚氨酯现场发泡机，如图11-34所示。

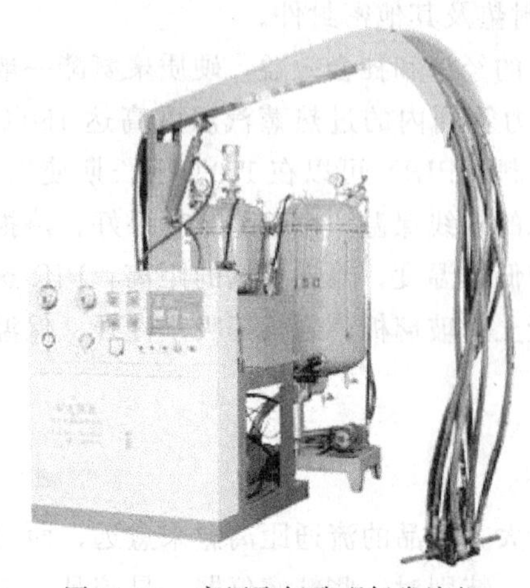

图11-34　高压聚氨酯现场发泡机

通过选用不同硬度品级的发泡原料，可制得软质到半硬质的聚氨酯，使人们有可能选择一种在极危险的运输条件下使产品得到保护的包装材料，使破碎率为零，避免意外的物资损失而节约大量资金，超低密度聚氨酯的用途有以下几方面：精密仪器、精密机械零部件、精密机械包装；电子计算机、电子电器产品包装；文物古玩、工艺品、陶瓷、玻璃器皿包装；运输加固材料；衬板、填穴料、填充材料；吸引销售的包装。

近年发展的纸浆模塑技术也属于现场发泡包装技术的范围，它是将适度破碎的废纸碎片，作为填充剂以约70%的重量配比混合于聚氨酯发泡原料中，先注入下模，再合上模发泡成型，脱模后即成为纸浆模塑制品，其特点是低温瞬时发泡成型，可用木模；废弃物对环境污染少，可被细菌分解，也可以再利用；纸浆填充后提高了压缩强度和缓冲性能，可用于较大、较重的工业制品的包装。

11.13　聚氨酯在生活、运动、娱乐用品中的应用

聚氨酯泡沫塑料作为家庭生活用品已深入到各个方面，从床上用品到衣服鞋帽，从家用电器到卫生设备均以各自的特点显示出了优越性。

衣服、鞋帽、手套制造业对聚氨酯的应用已很普遍。软质聚氨酯可用于外衣、保护服、垫肩、鞋面材料和袋类等，特别是用聚氨酯浆料涂布在纺织基布上的人造革、合成革，已有大规模的工业制造规模，可用于衣服料、鞋类、箱包等家庭用品，还可用于传动带、帐篷、遮篷、绝缘薄膜、熨斗板布料、玻纤用的防滑涂料等工业产品。国内研制的聚氨酯发泡人造革泡孔细密均匀；有良好的弹性、挺括性和耐屈折性；重量轻、而且保持原有不发泡聚氨酯人造革具有的手感柔软、颜色鲜艳、耐磨、耐热、耐低温、透气、无臭无味和不发霉等优点，有广阔的应用前景。国外用亲水性聚氨酯浆料，用多辊法涂层机涂于针织物，这样制得的人造革具有散潮透湿性能，可达 2500～5000mL/(24h·m^2) 防水性能。PU 防水透湿布料，透气不透水，大量用于制造高级运动服，如登山夹克上衣、登山袋等，制品利润丰厚。

家用电器的某些零部件也可以用聚氨酯泡沫塑料来制备，家用电冰箱的夹层，电扇的叶片，电视机，收录机、组合音响的外壳等均可用聚氨酯材料制成。

现在家庭中用的冰箱和冷藏箱的保冷夹层几乎全部由硬质聚氨酯灌注制成，用聚氨酯代替冰箱夹层中原来使用的玻璃纤维，其厚度可从 50mm 减少到 28mm，等于增加了 20%的内部容积。

家庭卫生间的各种设备用聚氨酯泡沫塑料制造非常美观，如浴池、洗脸盆等。甚至家庭用的擦块，洗瓶用的瓶刷，连家庭用的粉扑儿等都可以用软质聚氨酯泡沫塑料来制造。用聚氨酯作衬层的软浴缸，缸的表层是热塑性弹性体，这种浴缸比硬壁浴缸舒适、安全，且缸内水温不易散失。由聚氨酯壳的保温饭盒，盒内盛满 95℃ 的水，在冬天经 6h 水温仍在 50℃以上。

日常生活中遇到水池、水管漏水、渗水的麻烦事可用单组分聚氨酯发泡料来解决，发泡料事先贮于管状容器内，待使用时将盖子打开即可浇注发泡，适用于家庭的补漏、填隙。

聚氨酯还可用于食品保鲜，例如 3mm 厚的泡沫片，经柠檬酸水融液浸渍、烘干，包装在其内的鱼类、蔬菜、水果等食品保鲜 10d 不变质。聚氨酯的发泡配方内加入 H_3PO_4 等除臭剂，可制脱臭聚氨酯，对吸收硫醇、硫化氢、氨等臭味有效。也可保鲜食品，用作厕所、冰箱、床褥的除臭材料和防臭鞋垫。

运动器具要求坚固耐用，要能经受极高的机械荷载而不损坏，具有耐候性，并在酷暑严寒下不会脆化。使用整皮硬质聚氨酯制造的运动器具能满足以上要求，如雪橇芯、网球拍架和把、滑雪靴、运动鞋底、划船桨叶、冲浪板、泳池设备等，聚氨酯结构泡沫可以制造木滚球遇回装置。

原始的跳远垫用沙坑。跳高垫也用沙坑或麻垫、棕垫。体操垫也用棕垫、棉垫，由于质硬，不安全，容易使运动员的腿脚扭伤。这些垫材全部可以用软质聚氨酯泡沫塑料来代替。

一种新的运动器具——空气垫，其外壳采用整皮聚氨酯泡沫塑料制成，它可以在陆地、水面、冰、雪上行驶，乘具速度可达 64km/h。

以往的玩具芯子常采用棉花、碎布等材料，这不仅受到材料来源的限制，而且不卫生，

操作也较复杂，采用聚氨酯泡沫塑料后克服了这些弊病，提高了玩具的质量。如聚氨酯泡沫球是一种玩具新品种，柔软弹性好，色泽明快，受到少年儿童的喜爱。聚氨酯起初作为玩具的填充材料，现在有整皮模塑聚氨酯玩具，其特点是生产效率高，玩具色彩图案丰富，不易损坏，可用廉价的树脂模具和鞋底生产线制造。还有一种慢回弹玩具，其聚氨酯的回弹速度比高回弹泡沫慢得多所以玩具在挤、捏变形后，会慢慢地恢复原形而使娱乐者饶有兴趣。

11.14 聚氨酯在医药工业中的应用

聚氨酯在医药卫生方面的应用主要用于外科材料、假肢、医疗仪器壳体等。软质聚氨酯用作病房的床垫、被垫、不仅轻暖，还可消毒处理。软质泡沫体还可做成各种垫块，止血块可作为注射室、手术室的辅助材料，用来代替棉花、纱布。PU材料在医学上有好的生物相容性和血液相容性等特性，所以可用于齿科材料、胸腔填充物、人工肺、医用人造皮、烧伤敷料、各种夹板和矫形绷带等。如国内研制的PU矫形绷带代替石膏绷带，使用方便，只须将绷带浸入水中30s，即可取出缠绕在需要固定的部位上，在室温下固化成低密度聚氨酯材料，此种绷带材料强度大，质轻层薄，具有良好的透气性、透X射线、耐水性，使用它既减轻了病人的痛苦，也提高了治疗效果。利用不饱和双键的光聚合原理，还可制成光敏性PU矫形绷带，它在日光下，4min就能固化。国内30万卷绷带生产线已建成，产品畅销海外。国外生产的PU人造皮是弹性较好的软质聚氨酯，它由两种不同泡孔的聚氨酯片叠合制成，厚约0.5～0.6mm，孔径大的一面贴在烧伤病人的创面上，可用于三度烧伤病人。PU医用人造皮的优点是透气性好，能促使表皮加速生长，可防止伤口水分和无机盐的流失，阻挡外部细菌防感染，制品规格有10mm×70mm和10mm×20mm。国内生产的PU护伤膜同样具有防水、隔菌、抗菌、拉合伤口等功能，克服了以往使用碘酒、胶布、止血贴等不透气、不防水、易感染的缺点，治疗小创伤功效特佳，对皮肤无过敏反应，愈合率达100%。类似护伤膜的产品还有“PU液体胶布”，使用时喷（涂）到创面上，溶剂挥发后形成的韧性膜起到护伤作用。除去泡沫壁膜称为网状聚氨酯，其网泡经硅化处理可用于血液的消泡和过滤。据报道，聚氨酯可用于人工鳃，这种称为“血海绵”的鳃可供海底的人所需的氧气，它由聚氨酯预聚物与血红蛋白混合构成了“活海绵”，而具有结合水中游离氧分子的能力。与碘混合制成的聚氨酯，已用作外科的无菌擦洗海绵。假肢是聚氨酯在医学中的重要应用，聚氨酯微孔材料制作的假肢与人体组织有很好的相容性，用模塑加工的一种表皮较薄的整皮聚氨酯可用作假肢肢体包覆骨架的外部材料，它有一定的弹性和模仿人体皮肤的肉感，屈挠性能好，耐磨性能超过乳胶护套。以MDI-聚酯为原料可制作手掌、手指部分的包覆材料和假脚。

聚氨酯保健服装系列（包括风帽、护膝、护胃、护腰）可用于防病治病，服装基材为聚氨酯，用浆料把中草药涂敷在聚氨酯基材上，中药成分可由皮肤吸收达到保健治病的效果。开孔的聚氨酯浸上含有胶黏剂的活性炭粉末后，可用作医用除臭材料，如人工肛门垫或纸、简易防毒和除臭口罩、除臭鞋垫以及腐体包覆材料。聚氨酯与纸版的层压材料可用作外科手术的处理材料，既保护了病人，又保护了医务人员。

硬质聚氨酯可制造医疗仪器的壳体，代替金属板，如心脏定速系统分析仪壳体、尿分析仪壳体等。

11.15 聚氨酯在农业、林业中的应用

聚氨酯在农林业上的用途是多方面的，如在大型机械化农场，用聚氨酯以喷涂密封运粮

汽车的车身，可减少集运过程中粮食的大量损失，半干青饲料塔的保温材料，建造蔬菜贮藏库和畜牧业圈舍的材料，都可选用聚氨酯材料，并能降低运输成本、缩短建筑周期、显著地降低建筑物的能源消耗。聚氨酯在农林业的众多用途中，很有意义的是作为植物培养的基体材料来代替土壤。天然土壤是由固相，液相和气相组成，其中固相的土粒部分具有支持植物的机能，气相和液相在空隙中作为植物的生长因素，如水分、空气、养分等。在孔隙中同时存在着大孔隙和毛细孔隙，大孔隙作为通气和排水，毛细孔隙为保持水分和养料。疏松的土粒不影响植物根部的生长。聚氨酯泡沫塑料可以通过人工的方法，做成类似土壤，满足植物生长的多孔材料，这种材料将具备有如下特点。

① 适宜于各种植物的生长，从微生物到高级植物。

② 重量轻、用量少、单位容积孔隙量大，为优良的轻质栽培地。

③ 气泡连续开孔，植物根容易贯通，水容易通过，不发生过湿。

④ 具有一定的弹性和伸长性，植物的支持能力大，且不妨碍地下部分的伸长和肥大。

⑤ 绝热性大，具有冬季保温，夏季保冷的作用。

⑥ 不存在因加温而发生变形，歪斜和变质，可以安全地进行对病原性微生物的消毒。

⑦ 在低温下能稳定，地区适应性强。

⑧ 耐药品性大，不会因使用化肥和农药而引起变质及化学变化。

⑨ 没有臭气，使用时没有不快的感觉，也不因臭气而导致引诱害虫和鸟兽等。

⑩ 加工性能良好，耐久性好。且能大量生产，质量均匀一致。

以上这些特点，作为聚氨酯泡沫塑料来说是完全可以达到的。

作为植物培养的基体材料（人造土壤）在开孔的聚氨酯泡沫塑料里，加入水和合成肥料，对番茄、黄瓜、葡萄等蔬菜及果树进行栽培，能很好的生长，所收获的果实有正常的味道和化学组成。对一些低级的植物，如水藻、菌类、微生物等也能很好地生长，用聚氨酯泡沫塑料作为栽培地，对植物生长有如下特点：对各种作物生长速度快，可缩短栽培时间；肥料的吸收作用良好并节约；没有病虫害；没有杂草；不需要残根处理，耐久性也好。

由于聚氨酯泡沫塑料成本的原因，尚未在作物的栽培上大规模的使用，但作为水稻、蔬菜、花卉等的育苗显示了简易、省力的优点。在育苗时，一般采用一定厚度的泡沫体，裁成一定的尺寸大小，放入育苗箱内，加入液体肥料，在室内进行。这种育苗床轻，搬运方便，移植时断根少，成活率高，初期生长好。

聚氨酯泡沫塑料作为土壤的覆盖物，主要是对土壤表面起到保护作用，防止土的侵蚀，保温，保冷和调节水分的蒸发，防止地面上的各种污染，并还有一定的装饰性作用。用这些手段使植物的生长快并能提高产量和质量。

聚氨酯泡沫塑料作为植物的表面材料，主要是保护植物体。可以使正在生长中的植物终止生长，也可以用于贮藏中植物的保护。这类材料的使用弥补了自然土壤的一些不足，而不影响土壤对植物生长的各种因素，养分、水分、肥料等能起到更好的保护，在实际应用中也很方便有效，容易推广。

土壤改良材料是改良土壤的物理性能，使土粒间具有较大的孔隙，形成好的通气环境，促使植物良好生长。最理想的改良剂是在土壤中不丧失通气性的多孔物质，并具有相当好的耐久性。具有 98%孔隙率的聚氨酯泡沫塑料完全能满足这些条件，将它混入土壤内，便成为富于通气性的排水良好的膨软土，与砂、砾等并用时也可使得保水性提高。一般作为改良材料的使用量为栽培地基体材料重量的 1%以下，并均匀的分散于基体材料中。当一些透气性较差的土壤，用聚氨酯泡沫塑料进行改良后，对植物的生长显示出很大的好处，产量、质量均可提高。如在10亩地里混入30～50kg的小片聚氨酯泡沫，混入土中深10～50mm，进行普通栽培，经计算早稻、烟草、葱头、杉苗等的产量增加10%～50%。特别是用于海岸的砂质地和山间效果更好。若将聚氨酯小片在表面活性剂内浸渍一下，增强其亲水性，再与堆肥混合施用，则增加的效果更加突出。

聚氨酯泡沫塑料作为土壤改良材料，它的耐久性优于其他材料，经过五年的使用，仍有良好的通气效果，虽然由于紫外线或机械原因，其结构会因此而破坏，量也会有损失，但它的残余物在土壤中，对植物的生长毫无影响，这是由于聚氨酯的孔隙与土壤的孔隙对植物的生长具有同样的效能。

所谓将聚氨酯泡沫塑料作为肥料，并非是本身作为肥料使用，而是利用它的多孔特性，能将肥料成分吸着在孔隙内，成为良好的吸着肥料，它的吸着量相当于全部孔隙容量，达到聚氨酯泡沫体的50倍以上，因此吸着材料所占的比例很小，显示了很大的优越性。同时对改良土壤也起到了一定的作用。

吸着肥料的制法有以下几种。

含浸吸着法：即将软质聚氨酯边角废料，粉碎成一定大小的颗粒，然后浸入所需要的液体肥料中，待吸足肥料后，把泡沫体分散于土壤中。

带电吸着法：以静电作为动力，吸着粉状肥料，在聚氨酯破碎时将肥料加入，使破碎和肥料的吸着同时进行。

造粒成型法：在颗粒肥料的表面用聚氨酯进行包覆。这种包覆肥料有着广泛的发展前途。

聚氨酯微胶囊的方法：在反应中将农药包覆在以聚氨酯为壁膜的微胶囊型缓释剂中，形成农药含量为5%的微胶囊悬浮液，稀释后即可喷洒应用。而微胶囊缓释剂的释放速度是一定的，使缓释剂具有长效性和实用性，农药通过聚氨酯壁膜缓慢地定量地释放到农作物上，这样就克服了一些农药如除虫菊酯易被紫外线分解掉和在碱性条件下降解的缺点，使施用农药具有长效性。

聚氨酯在林业上可制成"人造树"，以治理沙漠，用吸水的聚氨酯填充树干的"人造树"，高7～10m，带有吸收、凝结水汽的棕榈形的树叶，树干内的几根空心管与树根底部的孔连接，以使发泡的聚氨酯可挤入根下固定树干，在沙漠地区的数万株或更多的"人造树"之间种植真树，估计能在10年内绿化沙漠。

聚氨酯在农林业上的用途前景广阔，尚待开发。应用聚氨酯各类材料，农作物可以在工厂中进行生产，肥料、水分、阳光、气温等植物生长条件全部可以用人工来进行控制。克服了农业生产受自然条件影响的因素，可以不受季节和地区的限制，生产出各种农产品。对城市的蔬菜供应和园艺的发展提供了十分有利的条件。

第 12 章 聚氨酯废料的回收利用

12.1 聚氨酯废料回收的物理方法

聚氨酯性能优越，成型加工简单，应用面广，目前，产量与用途与日俱增。其中发展最快，产量最大的品种是聚氨酯泡沫塑料。随着产量的增长，聚氨酯泡沫塑料的边废料也相应增加，三废治理的问题从而突出起来。变废为宝不仅是回收原料，降低成本的途径，而且也是环保的必然要求。

聚氨酯边废料来源主要有两个方面：一是在生产与制备聚氨酯泡沫塑料过程中产生的废品与边废料，另外是使用多年之后，老化报废的各种聚氨酯泡沫塑料，由于泡沫塑料密度小，一般软质泡沫塑料密度在 20～30kg/m^3，硬质泡沫塑料密度在 40～50kg/m^3，所以泡沫废料的占地面积大，加上成型后的聚氨酯泡沫塑料废料都是三向交联固化的聚合物，不能用橡胶废料的回收再生方法。早期一般都用燃烧处理。然而，燃烧聚氨酯废料将产生一种很臭的带刺鼻性强的黑烟，严重地污染大气。

聚氨酯泡沫塑料在制造过程中产生的废料量，随泡沫制品的品种不同而异。软泡在制备过程中大约产生 12%的废料；硬泡在制备过程中大约产生 20%的废料。而作为聚氨酯树脂的主要原料有机多异氰酸酯，尤其是甲苯二异氰酸酯与精制二苯基甲烷二异氰酸酯，其在精制过程中也将产生 10%～15%的残渣废料。以万吨级工厂而言，每年新积存的残渣废料就达 1000～1500t，其数量相当惊人。而且，异氰酸酯残渣废料的燃烧处理，还需外添加 1～2 倍重量的甲苯或二甲苯，为此，其损失就更加严重。

另外，聚氨酯和其他高分子化合物一样，都有一定的使用年限，即所谓老化期。使用年限随泡沫塑料应用的对象不同而异，对于汽车工业，聚氨酯泡沫制品寿命为 5～6 年，冷藏电气工业泡沫制品寿命为 10 年。超过使用年限之后报废更换下来的废品数量与年俱增，其绝对数量将比生产过程中产生的废料大。

早期，聚氨酯泡沫塑料废品利用，大都采用物理方法；软泡边废料的利用一般是将其破碎，然后用黏合剂固化成块状泡沫做家具及汽车衬里等低档部件。硬泡废料的再利用一般有如下几个方面。

① 与热塑性高分子材料混炼。

② 与水溶性黏合剂混合制板状物。

③ 制复合泡沫塑料。

④ 作人工土壤。

硬质聚氨酯泡沫塑料的回收处理有如下几种方法：粉碎法、物理回收、化学回收以及燃烧回收热能法。

聚氨酯边角料及旧废料在应用前首先切割或者粉碎、筛分得到所需粒度的小块或者细粉。一般说来硬质的边角料粉碎比较容易，所以其粉碎技术也比较成熟，大多已经投入商品化，精密切割都能够将其粉碎为粒度小于 1mm 的颗粒。

物理方法回收利用聚氨酯废旧料是指改变废旧料的物理形态后直接利用的方法。物理回收利用方法有热压成型、黏合加压成型、挤出成型和用作填料等，而以黏合加压成型为主。

黏合加压成型法是废旧聚氨酯回收利用中最普遍的方法。其要点是：先将废旧聚氨酯硬质泡沫粉碎成细片状，涂撒聚氨酯黏合剂等，再直接通入水蒸气等高温气体，使聚氨酯黏合剂熔融或溶解后对粉状的废旧聚氨酯粘接，然后加压固化成一定形状的泡沫。

硬质聚氨酯泡沫塑料废料主要有两类：一类是以冰箱、冷库为代表的聚氨酯废旧硬质泡沫，不含其他混杂物：一类是绝热夹心板产生的废旧硬质聚氨酯泡沫，含有较多的纤维或金属面材，是掺混物。它们的回收利用工艺有一定的差别。

冰箱等用的硬质聚氨酯泡沫废旧料是单一的聚氨酯，回收利用比较简单，常用多苯基多亚甲基多异氰酸酯做胶黏剂。胶黏剂必须均匀分散于废旧泡沫碎片之间，可在连续或者非连续的混合器中进行，最好用无空气喷雾法将胶黏剂喷雾到废旧泡沫碎片上，胶黏剂用量约为废旧料质量的5%～10%，混合均匀后，预制成疏松的坯垫，置入涂有脱模剂的模中，在高压和加热下压制成泡沫碎料板或者制件，一般模温在120～220℃，模内压力根据预制坯垫的密度及制成品要求的密度决定，一般在0.15～5MPa，模压时间与模温和废旧料的热导率有关。模温为180℃时，每毫米厚的硬质聚氨酯碎料板需模压约0.5min。由于硬质聚氨酯废料碎料板耐水性优良，常用来制作舰船用家具。此外，聚氨酯碎料板有很好的回弹性，广泛用作体育馆地板。

废旧绝热夹心板聚氨酯泡沫粉碎后约含70%聚氨酯泡沫、25%纤维（如房顶绝热板面层)、3%铝箔和2%玻璃纤维，难于筛分。若直接加到聚醚多元醇中用作填充料，则多元醇的黏度急剧增大，添加量仅4%时，已变成膏状物，不能使用。

采用胶粘工艺是可行的方法。将硬质聚氨酯泡沫夹心板废旧物料粉碎为约7mm碎片后加入约6%的多苯基多亚甲基多异氰酸酯（PMDI）胶黏剂，在转动式混合器中混合（即将定量的胶黏剂连续喷雾到碎泡沫片上)，然后在约176℃经约6min模制成厚约12.7mm板。板的内部粘接强度、弯曲强度、硬度优于木质碎料板，耐水性及尺寸稳定性远超过所有木质板材。在密度相等的情况下，硬质聚氨酯碎泡板的刚度比木质碎料板差，可以添加价格低廉的木纤维、回收废纸碎片、木材碎片来增加刚度，满足标准要求。实例：白杨树碎片和3%的PMDI胶黏剂混合制成芯，外层用硬质聚氨酯泡沫碎片与6%的PMDI胶黏剂一步法制成板，完全可以符合标准的要求。模塑板表面光滑，耐湿性很好，是室外室内用家具所需的理想板材，有很好的潜在市场。这种方法最大的缺陷是再生后的泡沫制品性能下降，只适用于做家具及汽车衬里等低档部件，应用面窄，而且工艺繁琐、劳动量大、经济价值也不高。

废旧硬质聚氨酯泡沫塑料粉常用作聚氨酯建筑材料的填料，如作屋顶的绝热层，将水泥、砂、水和废硬质聚氨酯泡沫粉混合铺于房顶面的底层，材料的绝热性能优良，质量轻(几乎是不加废硬质聚氨酯泡沫的水泥层密度的1/2)，材料可以钉钉。另外，废聚氨酯可作为填料用于生产RIM（反应注塑）制品，吸能泡沫和隔声泡沫。如果将得到的废聚氨酯粉末投加到生产原部件的原料中，再次生产相同部件，则由于粉末具有与原料相同的结构，用量可达20%，而最终制品的力学性能没有明显的削弱。在日本，已将废硬质聚氨酯泡沫塑料用作灰浆的轻质骨料。

挤出成型是通过热力学作用把分子链变成中等长度链，将PU材料转变成软塑性材料，这种材料适合作强度高、硬度高，但对断裂伸长率要求不高的塑料件。

对于软质微孔PU泡沫废料，可以将其粉碎成粉末，掺混到热塑性聚氨酯中，在挤出成型机中造粒，采用注射成型方法制造鞋底等制品。

12.2　聚氨酯废料回收的化学方法

由于聚氨酯的聚合反应是可逆的，控制一定的反应条件，聚合反应可以逆向进行，会被逐步解聚为原反应物或其他的物质，然后再通过蒸馏等设备，可以获得纯净的原料单体多元醇、异氰酸酯、胺等。用化学方法处理聚氨酯废旧料，回收多元醇等作为原料再制备聚氨酯的工艺路线，已有多套装置投入试运行，是当前回收利用废旧聚氨酯的主要努力方向之一。

化学回收技术归纳起来有 6 种：醇解法、水解法、碱解法、氨解法、热解法、加氢裂解法。各种方法所产生的分解产物不同。醇解法一般生成多元醇混合物；水解法生成多元醇和多元胺；碱解法生成胺、醇和相应碱的碳酸盐；氨解法生成多元醇、胺、脲；热解法生成气态与液态馏分的混合物；而加氢裂解法主要产物为油和气。

在 20 世纪 70 年代，人们发现用热水蒸气在一定压力下可以将 PU 软泡降解成二胺和聚醚型多元醇。直接水解是用水蒸气水解聚氨酯废旧料或水和二元醇混合物作混合水解剂回收二胺及多元醇，水解产物组成复杂，难于分离和醇化。

在所有化学法回收利用聚氨酯废料的研究中醇解法研究得最多，技术比较成熟，且已形成了一定的工业规模。

以醇类化合物为分解剂，在加热的情况下，聚氨酯废料被分解为聚醚多元醇的方法，即为醇解法。聚氨酯废旧料用乙二醇类二元醇为醇解剂，在中等温度或中等温度/催化剂和有惰性气体保护下反应降解为低分子低聚多元醇等，降解产物稳定，组成较简单，易于分离和纯化。乙二醇醇解聚氨酯主要发生两种键断裂，即 C—N 键断裂和 C—O 键断裂，生成多元醇或多元醇和端氨基 2-端羟基聚合物。

对于硬质的聚氨酯泡沫塑料，比较适宜于用醇解法工艺处理，其特点是醇解条件温和，反应速率比水解法、热解法低，允许废旧料含其他杂质，如聚氨酯或聚酰胺纤维、聚碳酸酯和聚甲醇等。

醇解反应与所用催化剂有关。醇解反应用的催化剂有二月桂酸二丁基锡、四丁基钛、三乙烯二胺、氢氧化钠、乙酸钾等碱性催化剂，其催化效力高，有利于氨酯键解离生成胺和二氧化碳。醇解速度与废旧料的化学组成、催化剂、反应温度、反应时间、醇解剂的类型和用量有关。在相同条件下催化剂用量多醇解速度快。醇解剂的用量多醇解速度快，但醇解剂用量与废料的比达 1∶1 时再增加醇解剂反应速度增加不多。醇解剂用量增加，醇解产物的平均分子量下降。醇解反应也与醇解时间和反应温度有关。

硬质聚氨酯泡沫塑料废旧料醇解时，氨酯键醚键断裂生成多元醇及少量的芳胺 TDA（或者 4,4′-MDA，其中芳胺是可以引起癌症的有害物质，特别是 4,4′-MDA，美国 OSHA（美国职业安全与健康管理局）规定任何多元醇中 4,4′-MDA 的含量不允许超过 0.11%。为了符合要求，回收多元醇需经过很多的分离过程。

冰箱用硬质聚氨酯泡沫废旧料用 10%～30%丙二醇或乙二醇作醇解剂回收的多元醇同多元醇混合时，泡沫的性能优良，热导率较不用回收多元醇制泡沫的小。

降解法是以 M-OH（M 为 Li、K、Na、Ca 之一或多种混合物）为降解剂，在 160～200℃下将聚氨酯硬泡降解成低聚物。当在降解产物中加入非极性溶剂（酯类或卤代烃）和水时，降解产物分成两层，上层经蒸馏得多元醇，可直接用于再次生产聚氨酯泡沫，下层经浓缩、结晶、重结晶或真空蒸馏的二胺，加光气可生成异氰酸酯。

缺点是由于反应是在高温强碱条件下进行，对设备要求高，生产成本高，工业化较为困难。

燃烧回收热能：聚氨酯主要含碳、氢、氧、氮，与空气中氧燃烧时，产生大量的热能，每千克聚氨酯约产生 25～28mJ。聚氨酯废旧料常与城市固体废料一起作燃料，可取代部分煤，作锅炉的燃料，聚氨酯是洁净燃料，燃烧产生的气体只含少量的 NO_2，不含 SO_2，远优于煤、燃油等燃料。

但需要指出的是，如果在焚烧过程中燃烧不完全将会产生有毒气体，对大气造成污染，所以，焚烧法的反对呼声不断高涨。

由于聚氨酯泡沫塑料性能优良和用途广泛，其发展与日俱增，因此对其废旧制品的回收利用不仅能有效地保护环境，减少污染，而且能节省资源，变废为宝。对于聚氨酯废料的利用，从产前投入的经济角度看，以直接回收利用好，但是，制品的性能较差，只能作低档用品使用。从最终产品的使用性能看，还是化学回收法中的醇解、碱解和水解较好。与此同时，选择不同的处理方法还要结合实际的情况，具体问题具体分析，以获得最好的投入产出比。

参考文献

[1] 方禹声，朱吕民. 聚氨酯泡沫塑料 [M]. 北京：化学工业出版社，1994.
[2] 徐培林，张淑琴. 聚氨酯材料手册 [M]. 北京：化学工业出版社，2002.
[3] 李绍雄，刘益军. 聚氨酯树脂及其应用 [M]. 北京：化学工业出版社，2002.
[4] 陈宣. 聚氨酯的应用和开发研究 [J]. 化工文摘，2007 (1)：21-22.
[5] 彭丽敏，尚会建，盖丽芳，郑学明. 聚氨酯工业现状与发展趋势 [J]. 河北工业技术，2006，23 (4)：253-256.
[6] 林永飞，王晓东. 聚氨酯合成板在建筑节能中的应用 [J]. 聚氨酯，2008 (1)：34-36.
[7] 万晓霏，唐平龙，张栋煌. 外墙保温技术及环保节能材料探讨 [J]. 中国高新技术企业，2008 (3)：70-72.
[8] 吴蓁，郭青. 新型环保型发泡剂在聚氨酯硬泡中的应用研究 [J]. 新型建筑材料，2008 (1)：42-47.
[9] 易玉华，石朝锋. 聚氨酯夹层结构板的性能与制造方法 [J]. 造船技术，2007 (6)：36-38.
[10] 张雪芹. 外墙外保温技术及聚氨酯硬泡在建筑节能中的应用研究 [J]. 保温材料与节能技术，2007 (6)：12-17.